復刊

半群論

田村孝行 著

共立出版株式会社

序　文

かつて代数学，群論の書物では結合律の定義に附随して半群(準群)の名をあげるに過ぎなかったが，最近では半群のためにいくらかページ数をさく書物も現れるようになった．そもそも半群 (Semigroup, Halbgruppe, demi-groupe) の名が数学文献に出はじめたのは約 70 年前だといわれている．代数的半群の最初の論文として Suschkewitsch (1928) はさておき，今日の半群論研究は 1940 年頃二，三の先覚者によって始められ，その甲斐あって 1950 年頃からようやく多くの人々によって研究されるようになった．創始混沌の時に一つの指針を与えるごとく，1960 年に Ljapin がロシヤ文で最初の書物を，1961 年に Clifford, Preston が英文によって Vol. 1 を，つづいて 1967 年 Vol. 2 を出現させるや実に数多くの論文が発表され，百花咲き開かれようとして半群論はまさに数学の一分野となった．アメリカ，ソ連，フランス，イギリスでは新進の研究者が続々輩出され，洋々たる将来に向って，最近の発展は目ざましいものがある．アメリカを中心に研究者の，半ば組織的な活動によって情報交換を緊密にし，半群論の専門誌を発行する段階になった．

さてわが国においてはどうであろうか．1950 年頃から数人の有志によって研究が始められたことは，世界の将来を見透したといえば喜ばしいことであるが，諸外国における発展にひきかえ後続者に乏しい現状ではわが国におけるこの分野の将来は寒心にたえないものがある．代数的半群は抽象代数学の一分野として興味あるばかりでなく，オートマタ理論にも関連があり，解析，位相方面に将来深く関係づけられんとする魅力ある分野である．数学で世界的に注目されている日本がひとりこの分野でたち遅れるとは考えられない，またそうあるべきでない．わが国で半群という分野の存在すら余り認識されていないことは，半群に関する和文の書物がないことにも原因があるのでなかろうか．まず和書の出現がわが国，半群論の将来への第一歩であると信ずる．この点に早くから留意した共立出版株式会社，並びに「現代の数学」編集委員各位の明察に深く敬意を表する．

私は執筆をお引受したものの責任の重大性を痛感した．日本における最初の書物であるがゆえに，将来を慮れば慮るほど重大さが身にしみた．執筆に二つの重点がある．多くの初学者に理解せしめるために，できるだけ容易な所から興味をもって入門させる配慮，これは教育的重点である．一般半群の書物として現在 Clifford-Preston，Ljapin の二つがあるが，この点ではいささか不満足な点がないわけではない．しかし，この二つの書物をモデルとしてダイジェスト的なものにするという考えはもとより私の選ぶ所でない．独特の体系を中心として展開しようとするのが理論的重点である．第二の重点を保ちながら第一の重点を重要視した．著者が 10 年間カリフォルニア大学で試みた講義の成果を基にして手を加えたのが本書である．

置換が群にむすびつくように変換が半群にむすびつく．整数が群にむすびつくように自然数が半群にむすびつく．半群は群より“原始的”であり“自然的”である．代数系において半群は重要基本概念である．しかし一方，半群論の詳論については体系はいまなお混沌としている．これは半群が余りにも広すぎる概念だからである．群に近い半群もあれば，群とは全くかけ離れた半群もある．半群論に入るには，親しみやすい自然数を基点とする数半群から入るのも一つの方法である．数半群は単なる例としてでなく，代数の基礎概念とみなされる．第3章を第 12 章から引離して初めに設けたのはこの理由による．第1章の基本概念の列挙は月並であるが，第4章の特殊型の半群は，しばしば現れる基本型なるがゆえに重要であると同時に，読者をしてまず特殊半群に興味を起させることが必要だと思ったからである．合同を中心とする「関係」が代数の重要概念であることはいうまでもない．半群論入門にさし当って必要な基礎事項を理解させるため，核心をなす第6章に先んじて第2章を設置した．第5章の完全単純半群は歴史的にもまた現在においても一つの中心的基本性をもつ．半群からある一定の型をもつ半群への準同形写像，特にその最大準同形写像が重要な意義をもつ．これを構成するために関係の作用素を用いる．半群に限らず一般代数系にも応用される（第6章）．その中で最も重要なのは像が半束になる，いわゆる最大半束分解である．すべての半群は半束分解不能半群（すなわち素単純半群）の半束和になる．素単純半群の研究とあいまって半群の半束分解と素単純半群の半束和合成を考えるというのが半群論研究の基本方針である．すでにこの方針は 1955 年頃確立されていた．著者が 1954 年に位数4の半群を，1955 年に位数5の半群を計算したのはこの基本方針を適用する実験例であった．もちろんこの方針にも未解決の点があり幾多の困難があるが，近時この方針の重要性が認識され，これに基づく研究結果が多くなったことは注目すべきである．第6, 7, 10, 11, 12 章の中に理論の根幹を見出すであろう．第11章では分解，合成の総合的応用を駆使する例を示し，第 12 章の可換アルキメデス的半群の詳論は新しい結果も含んでいる．群と関連させて半群を研究するのは自然なコースである．群の条件の緩和に発して右群，逆半群，極大部分群もその材料であるが，半群の群への準同形を第8章で考える．群合同が群論におけるそれとやや類似した理論を得る．群の直積と半群の直積を比較するという立場から第9章が始まる．つむぎ積は木村-山田によって導入された概念である．

独特の理論根幹を保ちながら半群論入門書としての教育的結果を重要視した．これを効果的ならしめるために，他の既成分野と異なり，ページ数もさることながら特別の考慮が必要であった．しかし広い半群論の結果を網羅することはとうてい不可能である．半順序半群，位相半群，オートマタへの応用について述べることができなかったのは残念であるが，別の機会に譲りたい．順序半群については斎藤亨氏，コンパクト半群については沼倉克己氏の世界的な貢献があることをここに特記したい．

本書を書き終ってもなお満足感は得られない．諸台の御批正を仰ぐとともに，上に述べた著者の意を十分御賢察下さることをお願いする．執筆をお引受してすでに何年を経過したことであろうか．編集委員の方々ならびに共立出版の方々にいろいろ御迷惑をおかけしたことをお詫びするのはもちろんであるが，次の事実をもって最大の申訳とする．

本書の原稿を発送した翌日に親友 Mario Petrich 氏が英文による半群論の書物を書き終って発行者に発送したというしらせを受取った．Clifford-Preston の出版以来すでに 10 年，次の時代への新しい書物が現れようとしている．かつて1954 年，木村と著者が発表した可換半群の最大半束分解は，McLean が巾等半群の最大半束分解を発表したことと時を同じくしている．著者が位数 5 の半群を計算した 1955 年に Motzkin-Selfridge が同じ結果を計算機で求めた．いずれも歴史的な偶然事であった．いままた 1972 年，和文，英文の新しい書物がはからずも洋の東西に出現しようとする．この一致は必ずしも偶然でないような気がする．日本ならびに世界の半群論がいよいよ盛んになることを切に祈る．

吉田嶺吉氏，中島史図雄氏，下川滋氏，市川徹夫氏，福井俊雄氏，藤岡大三氏には原稿を通読して下さった後，校正にも一方ならぬお世話になった．ここに深くお礼を申上げる．遠隔の地にある著者にたえず連絡の労をとって下さり，有益なご注意をいただいた吉田氏に特に感謝の意を表したい．また出版に関し長年ご心配をかけた上，特別の配慮をいただいた坂野一寿氏はじめ社の方々，ならびに編集委員の諸氏に厚くお礼を申上げるしだいである．

1972 年 2 月 25 日

恩師正田建次郎先生の古稀を寿ぎ
謹しんで本書を呈する．

カリフォルニア州 デヴィスにて
田 村 孝 行

再 版 に 際 し て

再版の校正については小林茂氏ならびに平山靖夫氏に大変お世話になった．ここに深甚な謝意を表する．

目　　次

序章　集合，写像，等値関係，順序について

第 1 章　亜群，半群の基本概念

第 2 章　関係について

第 3 章　数半群について

第 4 章　基本的な半群

第 5 章　完全（0-）単純半群

第 6 章　与えられた型への分解

第 7 章　最大半束分解

第 8 章　半群から群への準同形

第 9 章　直積，部分直積，極限

第 10 章 移動，拡大，合成

第 11 章 構造論，構成論の適用

第 12 章 可換アルキメデス的半群

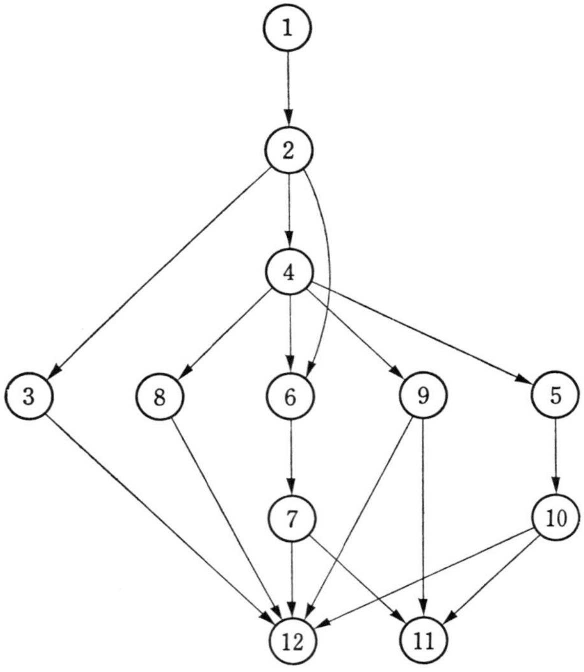

章の間の関係図

序章　集合，写像，等値関係，順序について

読者はこれらについての予備知識を有すると仮定する．

集合　集合 E が与えられるということは，**要素**（元ともいう）の範囲が明確に定められることはもちろん，任意の $a,b\in E$ に対し $a=b$，$a\neq b$ のいずれか一つが確定することを意味する．記号 $\{x:\text{“—”}\}$ は条件“—”を満足するすべての元 x の集合を表わす．$F\subset E$ は $F\subseteq E$ でかつ $F\neq E$ を意味し，空集合は $\varnothing$ または $\square$ で表わし，$|E|$ は集合 E の**濃度**を表わす．$E\cap F=\varnothing$ のとき E と F は**互いに素**であるという．$E\times F=\{(x,y):x\in E,\ y\in F\}$ を E と F の**直積集合**または**積集合**という．$F\subset E$ のとき $E\backslash F$ は F に含まれない E の元の集合を表わす．

論理的に A から B が導かれるとき $A\Rightarrow B$ と書く．$A\Rightarrow B$ でかつ $B\Rightarrow A$ であるとき $A\Leftrightarrow B$ と書き，A と B は**同値**（または**同等**）であるという．また T の定義を D で与えるとき $T\Leftrightarrow D$ と表わすことがある．そのときには定義であることを明記する．

等値関係　集合 E の元の間に一つの関係 ρ が定義されていて反射，対称，推移律を満足するとき，ρ を等値関係という．

写像　集合 E を E' の中へ写す写像 φ を $\varphi:E\to E'$ または $\varphi:E\to_{\mathrm{in}}E'$ と書き，$x\in E$ の φ による像を $x'=x\varphi$ と書く．E を φ の**変域**．$E\varphi=\{x\varphi:x\in E\}$ を φ の**値域**という．$F'\subseteq E'$ とするとき $\{x\in E:x\varphi\in F'\}$ を φ による F' の**原像**または**逆像**という．$E\varphi=E'$ のとき φ を E から E' への**全射**といい，$\varphi:E\to_{\mathrm{on}}E'$ と書くことがある．$\varphi:E\to E'$ が1対1であるとき φ を**単射**といい，全射でかつ単射であるとき**全単射**という．$\varphi:E\to_{\mathrm{in}}E'$，$\psi:E'\to_{\mathrm{in}}E''$ の積 $\eta:E\to_{\mathrm{in}}E''$ を $x\eta=(x\varphi)\psi$ で定義する．φ,ψ がともに全（単）射であれば $\varphi\psi$ も全（単）射である．$\varphi\psi$ が全射であれば ψ は全射であり，$\varphi\psi$ が単射であれば φ は単射である．なお $x\varphi$ のかわりに φx と書くこともある．そのとき積は $(\psi\varphi)(x)=\psi(\varphi(x))$ である．写像 $\varphi:E\to_{\mathrm{in}}E'$ の変域を E の部分集合 F に制

限して得られる写像を**φ の F への制限**といい $\varphi|F$ と書く．また $F\subseteq E$ のとき F の各元をそれぞれ自身に対応させる単射 $F\to_{\mathrm{in}}E$ を**包含単射**とよぶ．

類別（分割）　集合 E を互いに素な部分集合の和集合に分けることを E の**類別**または**分割**という：$E=\bigcup_{\lambda\in\Lambda}E_\lambda$，$E_\lambda\cap E_\mu=\varnothing(\lambda\neq\mu)$．各 E_λ を**等値類**という．

等値関係，類別，写像の三概念は同値である．すなわち E の等値関係が与えられれば，E の類別が定まり，類別が与えられれば E の元に対しそれを含む類を対応させる写像が定まり，写像 $\varphi: E\to E'$ が与えられれば「$x\varphi=y\varphi$ であるとき $x\rho y$」によって ρ を定義すれば等値関係を得る．等値関係 ρ によって定まる等値類（ρ-(等値)類，または ρ- クラスとよぶ）のすべての集合を E/ρ で表わす．

順序　E の元の間に関係 $\leqq$ が定義されていて，反射，推移律のほかに反対称律 $a\leqq b$，$b\leqq a\Rightarrow a=b$ を満足するとき $\leqq$ を**半順序**という．$a\leqq b$ かつ $a\neq b$ であるとき $a<b$ と書く．任意の a,b に対し $a<b$，$a=b$，$b<a$ のうちただ一つが定まる半順序 $\leqq$ を**全順序**（または**完全順序**）という．全順序が定義された集合 E を**鎖**という．$a\leqq x\Rightarrow a=x$ を満足するとき，すなわち a より大なる元がないとき，a を E の**極大元**という．すべての $x\in E$ に対し $x\leqq a$ であるとき a を E の**最大元**という．最大元はもしあればただ一つである．最大元は極大元であるが，逆は一般に成立しない．最小元，極小元も双対的に定義される．半順序を図で表示することがある．$a<a_1<\cdots<a_n<b$ のとき b を a_n の上方に，a_n を a_{n-1} の上方に，$\cdots,a_1$ を a の上方に位置させて，それぞれ線分でむすぶ．この図を半順序の**図式**という．$x\nleqq y$ かつ $y\nleqq x$ であるとき，x と y は**比較不能**という．二つの半順序集合 $(E,\leqq)$ と $(E',\preceq)$ において全単射 $f: E\to E'$ があって，$x<y\Leftrightarrow f(x)\prec f(y)$ を満足するとき，E の $\leqq$ と E' の $\preceq$ は**同形**であるといい，$x<y\Leftrightarrow f(x)\succ f(y)$ を満足するとき**反同形**（または**逆同形**）であるという．

問　半順序集合が最大(小)元をもてばそれはただ一つの極大(小)元である．有限半順序集合がただ一つの極大(小)元をもてばそれは最大(小)元である．しかし極大(小)元がただ一つであっても一般には最大(小)元をもつとは限らない．

昇鎖条件，降鎖条件，極大条件，極小条件，選択公理，整列定理などはここで説明するまでもなく，読者は承知のこととする．

第1章　亜群，半群の基本概念

定義と例から入って部分半群，イデアル，準同形など最も基本的な概念を説明して半群論への入門とする．群公理の検討は半群を学習する一つの動機を与える．結合法則のいろいろな解釈はきわめてやさしい理論であるが，基礎を固めるためにはっきりと把握する必要がある．

1·1　亜群と半群

G（空でない）を集合とし，G の任意の元の順序対 (a, b)（順序を考慮に入れた対）に対して G の元 c がただ一通りに定まる，つまり $G\times G$ から G の中への写像が与えられているものとする．(a, b) に対する c を a, b の**積**とよび

$$c=ab$$

と書く．この写像 $G\times G\to G$ を G における**二項演算**という．もちろん ab と ba は一般に等しくない．本書では二項演算のみを扱うから「二項」を略して「**演算**」とよぶ．演算が定義されている集合 G を**亜群**（groupoid）という．特に演算が

(1·1·1)　結合律　すべての $a, b, c\in G$ について $(ab)c=a(bc)$

を満足するとき，この演算は**結合的**（associative）であるといい，G はこの演算に関して**半群**（または**準群**, semigroup）をなすという．このとき三元 a, b, c だけでなく任意の有限個の元 $a_1, a_2, \cdots, a_n$ に対し順序さえ変えなければどのように括弧を入れかえても等しいことが証明される．すなわち $a_1a_2\cdots a_k$ を k に関する帰納法により

$$a_1a_2\cdots a_k=(a_1a_2\cdots a_{k-1})a_k$$

で定義すると

(1·1·2)　$(a_1a_2\cdots a_m)(a_{m+1}a_{m+2}\cdots a_n)=a_1a_2\cdots a_m\cdots a_n,\quad n\geqq 3$

が n に関する帰納法で証明される：

$n=3$ のときは (1·1·1) 自身だから問題はない．$n>3$ と仮定する．$r<n$ なる

すべての r について (1·1·2) が成立すると仮定し

$$(a_1a_2\cdots a_m)(a_{m+1}a_{m+2}\cdots a_n)=(a_1a_2\cdots a_m)((a_{m+1}\cdots a_{n-1})a_n)$$
$$=((a_1a_2\cdots a_m)(a_{m+1}\cdots a_{n-1}))a_n$$
$$=(a_1a_2\cdots a_ma_{m+1}\cdots a_{n-1})a_n$$
$$=a_1a_2\cdots a_n.$$

n 個の a の積 $\underbrace{aa\cdots a}_{n}$ を a^n で表わすと，$n, m>0$ に対し

$$a^na^m=a^{n+m},\quad (a^n)^m=a^{nm}$$

が証明される．

亜群 G の部分集合を A, B とするとき AB を $AB=\{ab : a\in A,\ b\in B\}$ で定義する．G が半群であれば $(AB)C=A(BC)$ である．

半群 G の演算が特に，すべての a, b に対し

(1·1·3) $$ab=ba$$

であるとき，G は**可換**であるという．このとき有限個の元 $a_1, a_2, \cdots, a_n$ の積はどんな順序にとっても等しい．つまり $(i_1, i_2, \cdots, i_n)$ を $1, 2, \cdots, n$ の任意の順列とするとき

(1·1·4) $$a_{i_1}a_{i_2}\cdots a_{i_n}=a_1a_2\cdots a_n.$$

これを証明しよう．$n>2$ と仮定してよい．すべての $r<n$ に対し (1·1·4) が成立すると仮定する．$a_1=a_{i_k}$ とおき

$$a_{i_1}\cdots a_{i_{k-1}}a_{i_k}a_{i_{k+1}}\cdots a_{i_n}=(a_{i_1}\cdots a_{i_{k-1}}a_1)(a_{i_{k+1}}\cdots a_{i_n})$$
$$=(a_1a_{i_1}\cdots a_{i_{k-1}})(a_{i_{k+1}}\cdots a_{i_n})$$
$$=a_1(a_{i_1}\cdots a_{i_{k-1}}a_{i_{k+1}}\cdots a_{i_n})$$
$$=a_1(a_2\cdots a_n)=a_1a_2\cdots a_n.$$

可換半群では

$$(ab)^n=a^nb^n,\quad n>0.$$

半群 G が次の条件を満足するとき G は群である．

(1·1·5) すべての $a\in G$ に対し $ae=a$ なる元 $e\in G$ がある．

(1·1·6) 任意の a に対し $ab=e$ を満足する $b\in G$ がある．

問 半群 S (可換でなくても) において $(ab)^m=a^mb^m$ が $m=2, 3$ で成立するならば，すべての m について成立することを証明せよ (p. 325 のヒントをみよ)．

亜群の演算はしばしば表で示される．有限であるときはもちろんであるが，無限の場合でも演算の様子がわかるので便利なことがある．

$$G=\{a_1, a_2, \cdots, a_n\},$$

$b_{ij}=a_ia_j$ を次のように表わす．

$$\begin{array}{c|ccc} & a_1 & \cdots\cdots & a_j\cdots\cdots \\ \hline a_1 & b_{11} & & \vdots \\ \vdots & & & \vdots \\ a_i & & \cdots\cdots\cdots & b_{ij} \\ \vdots & & & \end{array} \qquad b_{ij}=a_ia_j$$

この表を**乗積表**または Cayley table とよぶ．$b_{11}, b_{22}, \cdots$ を通る直線を対角線とよべば，G が可換であるのは乗積表が対角線に関して対称であるときに限る．

亜群ではすべての順序対に対して積が定義されるが，これを一般化した概念として偏亜群がある．

集合 G において演算が $G\times G$ に定義されるとは限らず，$G\times G$ の部分集合 H に対し $H\to_{\mathrm{in}}G$ で定義されるとき G を**偏亜群**という．$a, b\in G$ に対し積 c が定義されるとき $c=ab$ と書く．特に偏亜群 G が次の条件を満足するとき G を**偏半群**という．

(1·1·7) $a, b, c\in G$ に対し $ab, (ab)c$ が定義されるならば，$bc, a(bc)$ も定義され，逆に $bc, a(bc)$ が定義されるならば，$ab, (ab)c$ も定義されて

$$(ab)c=a(bc).$$

G を亜群とする．

すべての $x\in G$ に対し $e_lx=x$ $(xe_r=x)$ であるとき，$e_l(e_r)$ を**左(右)単位元**；

すべての $x\in G$ に対し $ex=xe=x$ であるとき，e を**(両側)単位元**；

すべての $x\in G$ に対し $0_lx=0_l$ $(x0_r=0_r)$ のとき，0_l (0_r) を**左(右)零**；

すべての $x\in G$ に対し $0x=x0=0$ のとき，0 を**(両側)零**；

$a^2=a$ であるとき，a を**巾**(べき)**等元**という．

もし亜群 G が左単位元 e_l と右単位元 e_r をもてば，定義により

$$e_l=e_le_r=e_r.$$

したがって，G が両側単位元をもてばそれはただ一つである．右零，左零につ

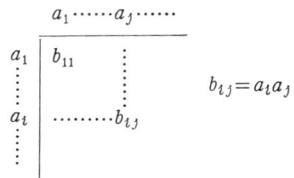

いても同じようなことがいわれる．左，右単位元に関して次の4つの場合が可能である：

(1·1·8)　左単位元もなく，右単位元もない．

(1·1·9)　左単位元が少なくも一つあるが，右単位元がない．

(1·1·10)　左単位元がないが，右単位元が少なくも一つある．

(1·1·11)　ただ一つの両側単位元がある．

以上四つの場合のおのおのに対し例をあげよう．

(1·1·8) の例．　すべての正整数のなす集合Gで普通の加法を演算とする．

(1·1·9) の例．　Gを有限または無限集合とし，すべての $x, y \in G$ に対し演算を $xy=y$ で定義すると，すべての元が左単位元である．

(1·1·10) の例．　(1.1.9) の例で「$xy=y$」を「$xy=x$」でおき換えると，すべての元が右単位元である．

(1·1·11) の例．　(1·1·8) の例の G に 0 をつけ加えて普通の加法を演算とする半群，または任意の群．

問　半群 S が左零をもてば，S は両側零をもつかまたは2個以上の左零をもつ．

1·2 半 群 の 例

数半群の例　以下「すべて」という言葉を省く．演算は加法または乗法である．正整数；整数；正有理数；正実数；有理数；実数；複素数；$x \geqq 3$ なる整数(有理数，実数)x；$x>3$ なる有理数(実数)x．

a, b を正整数として固定する．$G=\{xa+yb : x, y$ は $x+y>0,\ x \geqq 0,\ y \geqq 0$ なる整数$\}$．たとえば $\{3, 5, 6, 8, 9, 10, \cdots\}$．2, 4, 7 は要素でないが，8 より以上すべて含む．

変換半群の例　集合 E の**変換** φ とは E を E の中へ写す写像である．E のすべての変換の集合を $\mathcal{T}_E$ と書く．$\mathcal{T}_E$ の元 φ, ψ の相等 $\varphi=\psi$ は「すべての $x \in E$ に対し $x\varphi=x\psi$」で定義し，演算 $\varphi\psi$ は

$$x(\varphi\psi)=(x\varphi)\psi,\quad x \in E$$

で定義される．このとき $\mathcal{T}_E$ を，E の上の**全変換半群**(または**対称半群**)という．

(1·2·1)　$\mathcal{T}_E$ はこの演算に関して半群をなす．

$\varphi, \psi, \eta \in \mathcal{T}_E$, $x \in E$ とすると，

$$x[(\varphi\psi)\eta] = [(x\varphi)\psi]\eta = x[\varphi(\psi\eta)].$$

これがすべての $x \in E$ に対し成立するから $(\varphi\psi)\eta = \varphi(\psi\eta)$.

例 1　$E = \{1, 2\}$ とすると $\mathcal{T}_E$ は 4 個の変換 $\alpha, \beta, \gamma, \delta$ からなる：

$$\alpha = \begin{pmatrix} 1 & 2 \\ 1 & 1 \end{pmatrix}, \quad \beta = \begin{pmatrix} 1 & 2 \\ 2 & 2 \end{pmatrix}, \quad \gamma = \begin{pmatrix} 1 & 2 \\ 1 & 2 \end{pmatrix}, \quad \delta = \begin{pmatrix} 1 & 2 \\ 2 & 1 \end{pmatrix}.$$

$\mathcal{T}_E$ の乗積表は

	α	β	γ	δ
α	α	β	α	β
β	α	β	β	α
γ	α	β	γ	δ
δ	α	β	δ	γ

例 2　E を可付番集合：$E = \{1, 2, 3, \cdots\}$ とするとき，$\mathcal{T}_E$ は連続の濃度をもつ半群である．

E の変換の中で置換すなわち E を E の上へ写す 1 対 1 変換のすべての集合は，変換の演算に関して群をつくる．

例 3　$A = \begin{pmatrix} a_{11} & a_{12} \\ a_{21} & a_{22} \end{pmatrix}$ を実数要素の正方行列とし，このすべての集合を M とする．演算は普通の行列の積とする．M は平面の一次変換のなす半群である．一般に $n \times n$ 型の正方行列についても同じである．熟知のように行列式 $|A|$ が 0 でないすべての行列 A のつくる集合は群をなす．

特殊な半群

(1·2·2)　**一元半群**　一つの元からなる半群．自明な半群という．これはいろいろな場合における「**自明な**」ものと考えられる．一元群，一元亜群といっても同じである．

(1·2·3)　**零半群**　0 を S の特定の元とし，演算をすべての $x, y \in S$ について $xy = 0$ で定義する．0 は S の零であり $(xy)z = 0 = x(yz)$ だから S は半群である．

(1·2·4)　**右零半群**　すべての $x, y \in S$ に対し $xy = y$ と定義すると，$(xy)z = z = xz = x(yz)$ だから半群である．すべての元が右零である．同じように**左零半群**は $xy = x$ で定義される．

(1·2·5) **帯** すべての元 $x \in S$ が巾等： $x^2=x$ である半群，**巾等半群**ともいう．右（左）零半群は帯である．

(1·2·6) **半束** 可換な帯．すなわち S のすべての元 x, y, z に対し $(xy)z=x(yz)$，$x^2=x$，$xy=yx$ を満足する．

(1·2·7) 半群 S に新しい単位元をつけ加えたもの： S^1 (S の **1-添加**ともいう)．S を半群，1 を新しい元．$S^1=S \cup \{1\}$ とする．S^1 の演算・を次のように定義する： x, y がともに S にあれば $x \cdot y$ は S における積 xy に等しいとし，すべての $x \in S^1$ につき

$$1 \cdot x = x \cdot 1 = x$$

と定義する．1 は S^1 の単位元である．S^1 が半群であることを証明するのは容易である．S がすでに単位元をもつときでも上の方法で新しい単位元をつけ加えることができる．そのとき古い S の単位元はもはや S^1 の単位元でない．

(1·2·8) S の **0-添加** S^0．半群 S に新しい零をつけ加えたもの：S を半群，0 を新しい元，$S^0=S \cup \{0\}$ とする．S^0 の演算・は，$x, y \in S$ であれば $x \cdot y$ は S での積 xy に等しく，かつ

$$0 \cdot x = x \cdot 0 = 0, \quad x \in S^0.$$

0 は S^0 の零．S^0 が半群になる．

(1·2·9) よく知られている代数系と関連をもつ半群の例．環は加法，乗法のそれぞれについて半群，特に加法については可換群．

可除環　乗法に関して半群——群に 0 をつけ加えたもの．

束　結び$\cup$，交わり$\cap$のおのおのについて半群をなすが，次の条件を満足する．

巾等律　$a \cup a = a$，$a \cap a = a$，

可換律　$a \cup b = b \cup a$，$a \cap b = b \cap a$.

$\cup$ と $\cap$ の間には

吸収律　$(a \cup b) \cap a = a$，$(a \cap b) \cup a = a$.

1·3 群の公理の検討

出発点として群の公理ならびに基本的性質をのべる．群論でよく知られていることだから証明を要しない．

定義 二項演算(·)の定義されている集合で，次の条件を満足するとき**群**という．

(1·3·1) 結合法則 $(ab)c=a(bc)$.

(1·3·2) すべての元 a に対し $ae=a$ なる e がある(右単位元の存在).

(1·3·3) 任意の a に対し $ab=e$ を満足する b がある(右逆元の存在).

上の公理系{(1·3·1), (1·3·2), (1·3·3)}は次の系{(1·3·1), (1·3·2′), (1·3·3′)}と同値である.

(1·3·2′) すべての元 a に対し $e'a=a$ なる e' がある(左単位元の存在).

(1·3·3′) 任意の a に対し $b'a=e'$ なる b' がある(左逆元の存在).

このとき $e=e'$, $b=b'$ が証せられる．したがってすべての元 a に対し $ae=ea=a$, $ab=ba=e$ なる b がある．そして e, b の唯一性が示される．群に関連して半群の右(左)可約性と消約性を定義する．S を半群とする．

(1·3·4) **左可約的**：任意の $a, b\in S$ に対し $ac=b$ なる $c\in S$ がある.

(1·3·5) **右可約的**：任意の $a, b\in S$ に対し $da=b$ なる $d\in S$ がある.

(1·3·4)は $aS=S$ と同値であり，(1·3·5)は $Sa=S$ と同値である.

(1·3·6) **左消約的**：$ab=ac\Rightarrow b=c$；**右消約的**：$ba=ca\Rightarrow b=c$.

左消約的でかつ右消約的であるとき，**消約的**(cancellative)という.

(1·3·7) 左可約的かつ右可約的な半群は群である．逆も成り立つ.

群は消約的半群である．しかし消約的半群は必ずしも群でない．たとえば正整数加法半群は消約的であるが，群でない．しかるに

(1·3·8) 有限な消約的半群は群である.

有限であれば，左(右)消約性と左(右)可約性は同値であるからである.

容易にわかるように{(1·3·1), (1·3·2), (1·3·3)}は{(1·3·1), (1·3·2), (1·3·4)}と同等である．いま(1·3·1), (1·3·2), (1·3·4)の独立性を示す.

(1·3·1), (1·3·2)を満足するが，(1·3·4)を満足しない例.

	a	b	c
a	a	b	c
b	b	b	c
c	c	c	b

$\{b, c\}$ は群，$\{a, b, c\}$ は群に単位元 a をつけ加えたもの.

(1·3·1), (1·3·4)を満足するが，(1·3·2)を満足しない例.

	a	b	c
a	a	b	c
b	a	b	c
c	a	b	c

	a	b	c	d
a	a	b	c	d
b	b	a	d	c
c	a	b	c	d
d	b	a	d	c

第1の例について結合律を験証するのはやさしい．第2番目の二つの例については後に右群として明らかにされる．なお p.25 の問1をみよ．

(1·3·2), (1·3·4) を満足するが，(1·3·1) を満足しない例．

	a	b	c
a	a	c	b
b	b	a	c
c	c	b	a

$(bb)b=ab=c,\ b(bb)=ba=b.$

群の公理に関連して {(1·3·1), (1·3·2′), (1·3·3)}，すなわち結合律，左単位元の存在，左単位元に関する右逆元の存在を考える．もちろん群はこれらを満足するが，逆は成り立たない．上述の第2番目の例はこれを示す（また §4·6 をみよ）．

1·4　部分亜群，部分半群，生成系

G を亜群，H を G の部分集合とする．もし

$$a, b\in H \Rightarrow ab\in H$$

を満足するとき，H は G（の演算）で**閉じる**といい，また H を G の**部分亜群**という．G 自身も G の部分亜群であるが，H が G の真部分集合であるとき，H を G の**真部分亜群**という．もし G が巾等元 e を含むならば，$\{e\}$ も部分亜群である．

Gが半群であるとき

(1·4·1)　半群の部分亜群は半群である．

証明　$a, b, c\in H$ とするとき，$ab, (ab)c$ は G で定義されているが，いずれも H に含まれる．$bc, a(bc)$ についても同じことがいわれる．ところが G が半群であるから $(ab)c=a(bc)$ が G で成立するが，両辺は H の元であるから結合法則は H で成立する．ゆえに H は半群である．▮

H を半群 G の**部分半群**とよぶ．真部分半群の定義については類推されたい．

$\{H_\alpha\colon \alpha\in\Lambda\}$ を亜群 G の部分亜群の族とする．$\bigcap_\alpha H_\alpha$ が空集合でなければ，

それはまた G の部分亜群である．

問 1 和集合 $\bigcup_{\alpha} H_\alpha$ は必ずしも G の部分亜群でない．このような群 G の例をあげよ．

問 2 群論における「部分群」について復習せよ．有限群の部分半群は部分群である．

以下半群についてのみ考える．

$\{H_\alpha : \alpha \in \Lambda\}$ を半群 S の部分半群の族とする．$\bigcap_{\alpha} H_\alpha \neq \emptyset$ であれば $\bigcap_{\alpha} H_\alpha$ は S の部分半群である．K を半群 S の空でない部分集合とし，K を含むすべての S の部分半群の共通集合を D とすると，D は明らかに空でなく K を含む最小の部分半群である．これはまた次のようにもいわれる：K のすべての有限個の元の積の集合，すなわち

$a_1, a_2, \cdots, a_n \in K$ を任意にとり，それらの積 $a_1 a_2 \cdots a_n$ のすべての集合（n はすべての正整数 $1, 2, \cdots$ を動く）

を D' とする．

(1·4·2) D' は S の部分半群で $D = D'$ である．

証明 D' が部分半群であることを示すのは容易だから $D = D'$ だけを証明しよう．K を含む任意の部分半群を L とする．D' の定義により $D' \subseteq L$，したがって $D' \subseteq D$．一方 D' は K を含む一つの部分半群だから $D \subseteq D'$．ゆえに $D = D'$． ▮

K を D の**生成系**または**生成集合**，K の元を**生成元**とよび，半群 D は K で**生成される**という．

生成系について S を半群，G を S の生成系とする．生成系は一つとは限らないが，いかなる半群 S も生成系をもつ．S 自身 S の生成系である．S のすべての生成系のなす集合において，包含関係に関する極小元を S の**基底**または**極小生成系**（**極小生成集合**）といい，基底の各元を**基元**という．S の部分集合 B が S の基底であるとは

(i) S が B で生成され，

(ii) B のいかなる真部分集合も S の生成系になり得ないことである．

(ii) は次の (ii′) と同値である．

(ii′) B のいかなる元 b もそれ以外の B の元の積として表わすことができない，すなわち $b = b_1 \cdots b_k$，$b_i \in B$ $(i = 1, \cdots, k)$ であれば $b_i = b$ なる i がある．

(ii)⇒(ii′) の証明　(ii) を満足して，しかも B のある元 b が $b=b_1b_2\cdots b_k$, $b_1,\cdots,b_k\in B$, $b_i\neq b(i=1,\cdots,k)$, $k>1$ とする．したがって $B\backslash\{b\}$ が S を生成する．これは (ii) に矛盾する．

(ii′)⇒(ii) の証明　(ii′) を満足してしかも B の真部分集合 B_1 が S を生成すると仮定すると，$b\in B\backslash B_1$ は B_1 の元の積として表わされる．$b=b_1\cdots b_k$, $b_i\in B_1(i=1,\cdots,k)$, 当然 $k>1$, これは (ii′) に矛盾する．■

例 1　零半群 S, すべての $x,y\in S$ に対し $xy=0$ であるから，$S\backslash S^2$ が基底．

例 2　全正整数加法半群 $S=\{1,2,3,\cdots\}$ の基底は $\{1\}$, $H=\{3n\colon n\in S\}$ の基底は $\{3\}$ である．$D=\{3,5,6,8,9,10,\cdots\}$ では $\{3,5\}$ が基底である．

以上はただ一つの基底をもつ例であるが，

例 3　位数 $n(>2)$ の巡回群では基底のとり方は一通りでない．

例 4　すべての正有理数からなる加法半群は基底をもたない（補遺1をみよ）．

問　例3を証明せよ．

例 5　右零半群 S は S 自身基底である．

半群 S が有限の生成系 K をもつとき，S は**有限的に生成される**という．また基底がただ一元からなる場合，すなわち特定の元で生成される半群を**巡回半群**という．

群における「生成される部分群」と「生成される部分半群」という用語には注意を要する．G を群，K を G の部分集合とするとき，次の二つの陳述は同値である．

(1·4·3)　D は K を含む最小の部分群である．

(1·4·4)　$D=\{a_1^{\varepsilon_1}a_2^{\varepsilon_2}\cdots a_n^{\varepsilon_n}\colon a_i\in K\ (i=1,\cdots,n),\ n=1,2,\cdots,\ \varepsilon_i=+1$ または $-1\ (i=1,\cdots,n)\}$．a_i^{-1} は a_i の G における逆元である．

もし K のすべての元が有限位数であるときは，D が K によって半群の意味で生成されることと，K により群の意味で生成されることとは同値である（後の §4·1, p.65 の注意を参照）．

基底と $S\neq S^2$ との関係

例 6　$x\geqq 1$ なるすべての実数のなす加法半群を S とすれば，S の基底は $B=\{x:1\leqq x<2\}$ である．$B=S\backslash S^2$.

例 7　$S=\{x:0<x\leqq 1\}$, 1より大でないすべての正実数の集合を S とする

S に演算 $(\circ)$ を

$$x \circ y = \begin{cases} x+y & (x+y<1 \text{ のとき}) \\ 1 & (x+y \geqq 1 \text{ のとき}) \end{cases}$$

で定義する．S は基底をもたないが，$S=S^2$ である (p. 305，補遺 1 をみよ)．

例 8 次の乗積表で定義される半群を S とする．$S=\{a, b, c, d, e\}$．

	a	b	c	d	e
a	a	b	c	a	a
b	b	c	a	b	b
c	c	a	b	c	c
d	a	b	c	a	a
e	a	b	c	a	a

S の基底は $B=\{c, d, e\}$ または $\{b, d, e\}$．
しかし $S\backslash S^2=\{d, e\}$．$B \neq S\backslash S^2$．
なお p. 25 の問 1 をみよ．

例 9 すべての負でない実数のなす加法半群を A，一つの集合を B，A の零を 0 で表わし，$S=A\cup B$ とする．S の演算を

$$a\cdot b = \begin{cases} a+b & (a, b \in A \text{ のとき}) \\ a & (a \in A,\ b \in B \text{ のとき}) \\ b & (a \in B,\ b \in A \text{ のとき}) \\ 0 & (a, b \in B \text{ のとき}) \end{cases}$$

で定義する．$S \neq S^2$ であるが，S は基底をもたない．

これらの例からわかるように，$S=S^2$ であるか否かは基底をもつこととと一般に無関係であり，S が基底をもつ場合でも基底はただ一つとは限らない．有限半群が基底をもつことは明らかである．

補題 1·4·5 半群 S が $S \neq S^2$ で，かつ基底 B をもつならば，$S\backslash S^2 \subseteq B$．

証明 S の生成系を G とするとき，$S\backslash S^2 \subseteq G$ を証明する．$a \in S\backslash S^2$ とする．仮定により $a=g_1\cdots g_k$, $g_i \in G\ (i=1, \cdots, k)$，しかし $a \notin S^2$ だから $k=1$．ゆえに $a \in G$．これが任意の生成系 G について成り立つから $a \in B$． ∎

半群が基底 B_1, B_2 をもつ場合でも $|B_1|=|B_2|$ であるとは限らない．たとえば S がすべての整数からなる加法群であれば，$\{-1, 1\}$, $\{-3, 5\}$, $\{-10, 6, 15\}$ はいずれも S の基底である．これは半群としての基底であるが，群としての基底ではない．

系 1·4·6 $S \neq S^2$ で，かつ S が $S\backslash S^2$ で生成されるならば，$S\backslash S^2$ は S のただ一つの基底である．

基底，すなわち，極小生成系に対して既約生成系を定義する．

S を半群，I を S の空でない部分集合とする．もし I が S の生成系であって，I のいかなる元 x も S の二つ以上の元の積として表わされない，すなわち

$$x=x_1\cdots x_n,\ x_i\in S(i=1,\cdots,n)\ \Rightarrow\ n=1,\ x=x_1.$$

そのとき I を S の**既約生成系**という．

命題 1·4·7 S が既約生成系 $I(\neq\emptyset)$ をもつならば，$S\neq S^2$ で $I=S\backslash S^2$．逆に $S\backslash S^2\neq\emptyset$ で S が $S\backslash S^2$ で生成されるならば，$S\backslash S^2$ は既約生成系である．

証明 $I\subseteq S\backslash S^2$ は容易である．I は基底であるから補題 1·4·5 により $S\backslash S^2\subseteq I$．ゆえに $I=S\backslash S^2$．後半は明らかである． ∎

S の既約生成系は S のただ一つの極小生成系である．しかし逆に極小生成系がたとえただ一つであっても必ずしも既約でない．たとえば右零半群 S はただ一つの極小生成系 S をもつが，$S=S^2$ なるゆえ既約生成系をもたない．また $S\neq S^2$ であっても $S\backslash S^2$ は必ずしも既約生成系でない（p. 13，例 8，9 を見よ）．

1·5 イ デ ア ル

S を亜群，I を S の空でない部分集合とする．$SI\subseteq I$ であるとき，I を S の**左イデアル**，$IS\subseteq I$ であるとき，I を S の**右イデアル**，I が S の左イデアルでかつ右イデアルであるとき，I を S の **(両側)イデアル**という．上述のものは I が真部分集合であれば，それぞれ真左イデアル，真右イデアル，真イデアルとよばれる．特別な場合として S 自身 S の左（右，両側）イデアルである．I が1個の元 a からなる：$I=\{a\}$ とすれば，I が左（右）イデアルであるのは a が S の右（左）零であるときに限る．

A_α, A, B, C を S の部分集合とするとき

$$B\Big(\bigcup_\alpha A_\alpha\Big)=\bigcup_\alpha BA_\alpha,\qquad B\Big(\bigcap_\alpha A_\alpha\Big)\subseteq\bigcap_\alpha BA_\alpha,$$
$$\Big(\bigcup_\alpha A_\alpha\Big)B=\bigcup_\alpha A_\alpha B,\qquad \Big(\bigcap_\alpha A_\alpha\Big)B\subseteq\bigcap_\alpha A_\alpha B,$$
$$A\subseteq B\quad\Rightarrow\quad AC\subseteq BC,\ CA\subseteq CB.$$

これらはたびたび用いられる．

$\{I_\alpha:\alpha\in\Lambda\}$ を任意個数の左（右，両側）イデアルの族とするとき

(1·5·1) 共通集合 $\bigcap_{\alpha\in\Lambda} I_\alpha$ が空でなければ，それは左（右，両側）イデアルである．もし Λ が有限であれば常に空でない（$I_1\cdots I_k\subseteq I_1\cap\cdots\cap I_k$ だから）．

(1·5·2)　$\bigcup_{\alpha\in\Lambda} I_\alpha$ はまた左（右，両側）イデアルである．

半群 S の空でない部分集合を K とする．K を含む S のすべての左イデアル（必ず存在する．たとえば S）の共通集合 I_l は空でない左イデアルである．I_l は K を含む最小の左イデアルである．これを K で**生成される** S の左イデアルという．右，両側イデアルについても同じようなことがいわれる．

問　K は S の部分集合とする．K で生成される左，右，両側イデアルをそれぞれ I_l, I_r, I とする．次を証明せよ．

$$I_l=SK\cup K=S^1K,$$
$$I_r=KS\cup K=KS^1,$$
$$I=SKS\cup SK\cup KS\cup K=S^1KS^1.$$

特に K が一元 a からなるとき，すなわち $I_l=S^1a$（$I_r=aS^1$）を a で生成される**主左（主右）イデアル**，$I=S^1aS^1$ を a で生成される**主イデアル**という．

例 1　S を右零半群とする．S の任意の真部分集合 T は S の左イデアルである．T は T で生成される．

例 2　$S=\{1,2,3,\cdots\}$：全正整数加法半群．$I=\{x : x\geqq 5\}$ は S のイデアルであって，$\{5\}$ で生成される．

例 3　全正有理数加法半群 S．$I=\{x : x>1\}$ は S のイデアル，$1<\alpha$ を任意にとると，I は集合 $\{x : 1<x<\alpha\}$ で生成される．

半群 S が S 以外に左(右)イデアルをもたないとき，S を**左(右)単純半群**，S が S 以外にイデアルをもたないとき，S を**単純半群**という．したがって 2 元以上の左(右)単純半群は右(左)零を含まない．もし含むとすれば 1 元からなる左(右)イデアルを含むことになるからである．同じように 2 元以上の単純半群は零を含まない．

もし S が両側零 0 を含む半群であって，S と $\{0\}$ 以外に左(右)イデアルを含まないとき，S を**左(右) 0-単純半群**，S と $\{0\}$ 以外にイデアルを含まないとき，S を **0-単純半群**という．

(1·5·3)　S が単純半群であれば，S^0 は 0-単純半群であって，零因子を含まない．

元 $a\in S$ が**零因子**とは $a\neq 0$ であって

$$ab=0 \quad \text{または} \quad ba=0$$

なる $b\neq 0$ があることである．

証明　I を S^0 のイデアルで $I\neq\{0\}$ とする．明らかに I は 0 を含む．$I'=I\cap S$ とおけば，$I=\{0\}\cup I'$ である．そのとき I' が S のイデアルであることが証明されるから $I'=S$，したがって $I=S^0$ がみちびかれる．S^0 が零因子を含まないことは容易に示される．▮

上の（1·5·3）は後に第5章に（5·1·1）として再び陳述される．

零因子を含まない 0-単純半群は単純半群に 0 を添加することによって得られる．しかし零因子を含む 0-単純半群はそう簡単ではない（詳しいことは第5章をみよ）．

例 1　右零半群 S は（右）単純半群である．S の任意の右イデアルを I とする．$x\in S$，$y\in I$ を任意にとり，$x=yx\in IS\subseteq I$，ゆえに $S=I$．

例 2　群は（左，右）単純，群に 0 を添加したものは 0-単純である．G を群とすると任意の $x\in G$ に対し $xG=Gx=G$ であることは周知のとおりである．I を G の（右）イデアルとし，$a\in I$ をとる．

$$G=aG\subseteq IG\subseteq I. \qquad ゆえに\ G=I.$$

問 1　S を半群，$|S|>1$ とする．S は位数 1 より大きい真左イデアルをもたないが，S は少なくとも一つ右零をもつとする．S は次の場合の一つに限ることを証明せよ．

(1) 位数 2 の零半群，(2) 位数 2 の右零半群，(3) 左単純半群に零をつけ加えたもの．

問 2　(井関) 半群 S のすべての左イデアル L，すべての右イデアル R に対し $RL=R\cap L$ であるためには，すべての $a\in S$ に対し $axa=a$ なる $x\in S$ があることが必要十分である．

1·6　準同形，同形

G, G' を亜群とする．G を G' の中へ（上へ）写す写像 $\varphi: G\rightarrow_{\text{in}} G'$ ($G\rightarrow_{\text{on}} G'$) があって，すべての $x, y\in G$ に対し

$$(xy)\varphi=(x\varphi)(y\varphi)$$

を満足するとき，φ を G から G' の中へ（上へ）の**準同形写像**といい，G は φ により G' の中へ（上へ）**準同形**であるという．また $x\varphi$，$G\varphi$ をそれぞれ x, G の φ による**準同形像**という．G から G' の中へ（上へ）の準同形写像が少なくとも一つあるとき，G は G' の中へ（上へ）準同形であるという．特に φ が 1 対 1（すなわち単射）であるとき，上述の定義のうち「準同形」を「**同形**」，「準同形写像」を「**同形写像**」でおきかえる．

$\varphi: G \to_{\text{in}} G'$, $\psi: G' \to_{\text{in}} G''$ がともに準同形であれば，その合成 $\varphi\psi: G \to_{\text{in}} G''$ は準同形である．とくに φ, ψ がともに全射であれば $\varphi\psi$ も全射であり，φ が全単射であれば φ, φ^{-1} が同形であり，また恒等変換が同形であるから，亜群から亜群「の上へ同形」という概念は等値関係である．

亜群 G から G の上への同形写像を G の**自己同形写像**という．G から G の中への準同形写像を**自己準同形写像**という．G の自己同形写像のすべては G の置換群をなし，自己準同形写像のすべては G の変換半群をなす．

例　a で生成される巡回半群を S とする：

$$S=\{a, a^2, \cdots, a^n, \cdots\}.$$

もし S が無限であれば，$m \neq n$ に対し $a^m \neq a^n$ でかつ $a^m \cdot a^n = a^{m+n}$ であるから $a^m \mapsto m$ なる写像により S は全正整数加法半群 $\{1, 2, \cdots\}$ の上に同形である．

G から G' の中へ（上へ）の準同形写像 φ が同形写像でないとき，すなわち1対1でないとき，準同形写像 φ は**真**（または固有）であるといい，そのときの像 $G\varphi$ を G の**真の**（固有の）**準同形像**という．

本書では準同形写像（同形写像）というべきところを，簡単のために準同形写（同形写）あるいは準同形（同形）とよぶこともある．したがって準同形（同形）は二様に用いられる．「A が B に準同形である」(homomorphic) というように形容詞的に用いられる場合と「準同形 $\varphi: A \to B$」(homomorphism) というように名詞的に写像そのものを表わす場合がある．「$\varphi: A \to B$ は準同形である」として用いても混乱のおそれはないと信ずる．

左(右)単位元，左(右)零，部分亜群，結合法則，可換性などは準同形写像によって変わらない性質である．たとえば G が

$$(1\cdot6\cdot1)\qquad \begin{cases} (xy)z = x(yz) & (\text{すべての } x, y, z \text{ に対し}) \\ x^2 = x & (\text{すべての } x \text{ に対し}) \\ xy = yx & (\text{すべての } x, y \text{ に対し}) \end{cases}$$

を満足するものと仮定する．(1·6·1) のように各式の両辺に含まれる文字が独立に自由に G の元を変動しても常に成立する等式 $f(x_1, \cdots, x_n) = g(x_1, \cdots, x_n)$ をそれらの文字に関する**恒等式**という．$x, y, \cdots$ のように変化する元を表わす文字を**変元**という．恒等式の集まりを**恒等式系**とよぶ．(1·6·1) は半束を定義

する恒等式系である．

恒等式系は準同形写像によって不変である．たとえば(1·6·1)の $x^2=x$ についていえば，G のすべての元 x について $x^2=x$ であれば，x の φ による準同形像 $x'=x\varphi$ について $x'^2=x'$ が成立する．φ は G' 上への写像だから x' は G' のすべての元を動く．同じように G で $xy=yx$ ならば G' では $x'y'=y'x'$ である．

「e が G の単位元である」という性質は $ex=xe=x$ で表わされる．x は変元であるが，e は G の特定の元を表わす文字（**定元**という）である．このように定元と変元を含む等式もやはり準同形写像で不変である．この意味は G で $ex=xe=x$ であるとき，G' では $e'x'=x'e'=x'$，$e'=e\varphi$ で，e' は G' の定元，x' は G' の変元である．変元 $x_1, \cdots, x_n$，または変元 $x_1, \cdots, x_n$ のほかに定元を含む等式 $f(x_1, \cdots, x_n)=g(x_1, \cdots, x_n)$ を**一般化恒等式**という．

等式を用いて表わされるが，恒等式でない性質がある．「$f(\cdots, z, \cdots)=g(\cdots, z, \cdots)$ を満足する z がある」という形の性質，たとえば群の公理の一つ

任意の x, y に対し　$xz=y$ なる z がある．

このような形の性質も準同形写像で不変である．

これに反し，たとえば左消約律　$xy=xz \Rightarrow y=z$,

$$\text{消約律}\quad \begin{cases} xy=xz \Rightarrow y=z, \\ yx=zx \Rightarrow y=z, \end{cases}$$

など，一般に $f=g \Rightarrow h=k$（f, g, h, k は文字を含む）で表わされる条件を**連坐式**(implication)という．一般に連坐式は準同形写像によって保存されない．たとえば $S=\{1, 2, 3, \cdots\}$ を全正整数加法半群，$T=\{\bar{1}, \bar{2}\}$ として T の演算(·)を次のように定義する．

	$\bar{1}$	$\bar{2}$
$\bar{1}$	$\bar{2}$	$\bar{2}$
$\bar{2}$	$\bar{2}$	$\bar{2}$

次の写像 $\varphi: S \to_{\text{on}} T$ は準同形である：

$$1\varphi=\bar{1},\quad n\varphi=\bar{2}\quad (n \geqq 2).$$

S は消約的であるが，T はそうでない．

亜群 G, G' において，$\varphi: G \to_{\text{on}} G'$ ($G \to_{\text{in}} G'$) がすべての x, y に対し

$$(xy)\varphi=(y\varphi)(x\varphi)$$

を満足するとき，φ を G から G' の上へ（中へ）の**反準同形写像**または**逆準同形写像**といい，G はG' の上へ（中へ）**反準同形**であるという．特に φ が単射（1対1）であるとき，φ を**反同形写像**または**逆同形写像**とよぶ．自己反同形などの定義も類推されたい．

例　S を実数要素のすべての行列のなす半群，演算は行列の普通の意味の積，行列 X の転置行列を X' で表わすと

$$X\to X' \text{ は } S \text{ の自己反同形：} (XY)'=Y'X'.$$

群論で知られているように，群では準同形，合同関係，正規部分群はみな同値の概念である．しかし半群では逆元は一般に定義されないから，正規部分群に相当する概念は考えられないが，準同形写像と合同関係を関連させることは半群でも可能である．

問　亜群が連坐式を満足すれば，その部分亜群も同じ連坐式を満足する．

1·7 結合律のいろいろな見方

S を半群とし，S の任意の元を a とする．各 a に対し S の変換 φ_a, ψ_a を次のように定義する（p. 305 の補遺2をみよ）．

(1·7·1)　$x\varphi_a=xa,\ x\in S,$　　(1·7·2)　$x\psi_a=ax,\ x\in S.$

このとき

(1·7·3)　$\varphi_a\varphi_b=\varphi_{ab},$　　(1·7·4)　$\psi_a\psi_b=\psi_{ba}$

が成立する．$\varphi_a\varphi_b, \psi_a\psi_b$ は変換としての積である．(1·7·3), (1·7·4) の証明は

$$x(\varphi_a\varphi_b)=(x\varphi_a)\varphi_b=(xa)b=x(ab)=x\varphi_{ab},$$
$$x(\psi_a\psi_b)=(x\psi_a)\psi_b=b(ax)=(ba)x=x\psi_{ba}.$$

さて

$$R=\{\varphi_a:\ a\in S\},\quad L=\{\psi_a:\ a\in S\}$$

とおく．(1·7·3) と (1·7·4) により R は半群であって，S は R の上に準同形であり，L は半群であって S は L の上に反準同形である．R, L が半群であるといったのは次の理由による．S の全変換半群を $\mathcal{T}_S$ で表わすとき，(1·7·3) により R は $\mathcal{T}_S$ の部分亜群である．したがって R は $\mathcal{T}_S$ の部分半群である．L についても同じ．なお

$$a \mapsto \varphi_a \text{ は } S \text{ から } \mathcal{T}_S \text{ の中への準同形写像,}$$
$$a \mapsto \psi_a \text{ は } S \text{ から } \mathcal{T}_S \text{ の中への反準同形写像}$$

である．もし S が群であれば $a \mapsto \varphi_a$，$a \mapsto \psi_a$ はいずれも1対1である．しかし半群のときは一般にそうでない．極端な例として S が零半群：すべての $x, y \in S$ に対し $xy=0$ であるとき，R, L はいずれもただ一つの変換 φ_0 からなる：

$$\text{すべての } x \in S \text{ に対し } \quad x\varphi_0 = 0.$$

半群の場合にも S のかわりに S^1 をとると少し事情が変わる．

$$S^1 = S \cup \{1\}$$

S^1 は S に単位元1をつけ加えてできる半群である．$a \in S$ に対し S^1 の変換 φ_a^1, ψ_a^1 を

$$x\varphi_a^1 = xa, \quad x \in S^1; \quad x\psi_a^1 = ax, \quad x \in S^1$$

で定義すると，前と同じようにして

$$\varphi_a^1 \varphi_b^1 = \varphi_{ab}^1, \quad \psi_a^1 \psi_b^1 = \psi_{ba}^1$$

が成立するだけでなく，$a \mapsto \varphi_a^1$ が1対1になる．

$$\varphi_a^1 = \varphi_b^1$$

とする．すべての $x \in S^1$ に対し $xa = xb$ だから，特に $x=1$ とおけば $a=b$ を得る．同じように $a \mapsto \psi_a^1$ も1対1である．よって次の定理を得る．

命題 1·7·5 半群 S は $\mathcal{T}_S$ の中へ準同形（反準同形）であり，$\mathcal{T}_{S^1}$ の中へ同形（反同形）である．

$a \mapsto \varphi_a$ で定義される準同形写像 $S \to_{\text{in}} \mathcal{T}_S$，すなわち $S \to_{\text{on}} R$ を S の**右正則表現**とよぶ．同じように $a \mapsto \psi_a$ で定義される $S \to_{\text{in}} \mathcal{T}_S$，すなわち $S \to_{\text{on}} L$ を S の**左正則表現**とよぶ．これらの正則表現が1対1であるとき，これらの正則表現は**忠実**であるという．たとえば S が群であるときはそうである．

S を必ずしも半群としないで亜群と仮定しよう．φ_a, ψ_a をやはり (1·7·1)，(1·7·2) でそれぞれ定義し，R, L の定義も問題はない．容易に証明できるように

命題 1·7·6 次の3条件は同等である．

(i) 亜群 S が半群である．

(ii) 亜群 S のすべての元 a, b に対し $\varphi_a \varphi_b = \varphi_{ab}$.

(iii) 亜群 S のすべての元 a, b に対し $\psi_a \psi_b = \psi_{ba}$.

いずれも結合法則をいい変えたに過ぎない.

S が半群であれば, R は $\mathcal{T}_S$ の部分亜群, すなわち部分半群である. しかしこの逆は成立しない. 反例をあげよう.

亜群 S を次の乗積表で与える.

	a	b	c
a	a	a	a
b	a	b	b
c	a	a	a

このとき $\varphi_b=\varphi_c$, $\psi_a=\psi_c$,

$$\varphi_a=\begin{pmatrix} a & b & c \\ a & a & a \end{pmatrix},\quad \varphi_b=\begin{pmatrix} a & b & c \\ a & b & a \end{pmatrix},\quad \psi_a=\begin{pmatrix} a & b & c \\ a & a & a \end{pmatrix},\quad \psi_b=\begin{pmatrix} a & b & c \\ a & b & b \end{pmatrix}.$$

$R=\{\varphi_a,\varphi_b\}$ と $L=\{\psi_a,\psi_b\}$ はいずれも半群である. しかし S は半群でない. $(bc)b=bb=b$, $b(cb)=ba=a$.

この例で $S^1=\{a,b,c,1\}$ とし

$$\varphi_a^1=\begin{pmatrix} a & b & c & 1 \\ a & a & a & a \end{pmatrix},\quad \varphi_b^1=\begin{pmatrix} a & b & c & 1 \\ a & b & a & b \end{pmatrix},\quad \varphi_c^1=\begin{pmatrix} a & b & c & 1 \\ a & b & a & c \end{pmatrix}.$$

このとき $R^1=\{\varphi_a^1,\varphi_b^1,\varphi_c^1\}$ は $\mathcal{T}_{S^1}$ で閉じない. $L^1=\{\psi_a^1,\psi_b^1,\psi_c^1\}$ についても同じことがいえる.

一般的に次のことがいえる.

S を亜群, 各 $a\in S$ に対し S^1 の変換 $x\varphi_a^1=xa$, $x\psi_a^1=ax$ を考え, $R^1=\{\varphi_a^1\colon a\in S\}$, $L^1=\{\psi_a^1\colon a\in S\}$ とする.

命題 1·7·7 次の3条件は同等である.

(i) 亜群 S が半群である.

(ii) 亜群 S に対し R^1 が $\mathcal{T}_{S^1}$ で閉じる.

(iii) 亜群 S に対し L^1 が $\mathcal{T}_{S^1}$ で閉じる.

証明 S が半群であれば R^1 が $\mathcal{T}_{S^1}$ で閉じることはすでに証明されている. 逆を証明しよう. R^1 が閉じると仮定する. 任意の $a,b\in S$ に対し $\varphi_a^1\varphi_b^1=\varphi_c^1$ を満足する $c\in S$ がある. それで $1\varphi_a^1\varphi_b^1=1\varphi_c^1$ だから $ab=c$. ゆえに $\varphi_a^1\varphi_b^1=\varphi_{ab}^1$. $x\in S$ に対しても $x\varphi_a^1\varphi_b^1=x\varphi_{ab}^1$, これは $\varphi_a\varphi_b=\varphi_{ab}$ に他ならない. 命題 1·7·6 により S は半群である. これで (i)⇔(ii) が証明されたが, (iii) について

も同じである． ∎

命題 1·7·8　亜群 S が半群であるための必要十分条件は，すべての $a, b\in S$ に対し，$\varphi_a\psi_b=\psi_b\varphi_a$ が成立することである．

証明　単なる結合法則ののべかえに過ぎない． ∎

例 1

S	a	b	c
a	a	a	a
b	a	b	c
c	c	c	c

$$\psi_a=\begin{pmatrix} a & b & c \\ a & a & a \end{pmatrix},\quad \psi_b=\begin{pmatrix} a & b & c \\ a & b & c \end{pmatrix},\quad \psi_c=\begin{pmatrix} a & b & c \\ c & c & c \end{pmatrix}.$$

ψ_a, ψ_b, ψ_c のいずれも $\varphi_a, \varphi_b, \varphi_c$ と可換であるから，S は半群である．

例 2

S	a	b	c	d
a	a	a	a	d
b	a	b	b	d
c	a	c	c	d
d	d	d	d	a

簡単な計算の結果，ψ_a と φ_d；ψ_b と φ_a, φ_d；ψ_c と φ_a, φ_d が可換である．その他の可換性は容易にわかる．ゆえに S は半群である．

例 3

S	a	b	c
a	a	a	a
b	a	b	b
c	c	c	c

$$\psi_b\varphi_a=\begin{pmatrix} a & b & c \\ a & b & b \end{pmatrix}\begin{pmatrix} a & b & c \\ a & a & c \end{pmatrix}=\begin{pmatrix} a & b & c \\ a & a & a \end{pmatrix},$$

$$\varphi_a\psi_b=\begin{pmatrix} a & b & c \\ a & a & c \end{pmatrix}\begin{pmatrix} a & b & c \\ a & b & b \end{pmatrix}=\begin{pmatrix} a & b & c \\ a & a & b \end{pmatrix}.$$

ゆえに S は半群でない．

命題1·7·8による結合法則の検定法はしばしば用いられる．このほかに次にのべる Light の方法がある．

S を亜群，一つの元 $a\in S$ を固定し，S に二つの演算 $_a*$ と $*_a$ を次のように定義する．xy は S における演算を表わす．

$$x\ {}_a{*}\ y=(xa)y, \quad x\ {*}_a\ y=x(ay).$$

S が半群であるための必要十分条件は，すべての $a, x, y\in S$ につき

$$x\ {}_a{*}\ y=x\ {*}_a\ y \tag{1·7·9}$$

が成立することである．すべての $a\in S$ に対して (1·7·9) が成立するためには，a が S の生成元であるときに成立することを要求すればよい．すなわち S のすべての生成元を $a_1, a_2, \cdots, a_n, \cdots$ とするとき，すべての $a_i (i=1, \cdots, n, \cdots)$ とすべての x, y に対し

$$(xa_i)y=x(a_iy)$$

が成立するならば，(1·7·9) が成立することを証明しよう．

S の任意の元 a は a_i の積で表わされる：$a=a_{i_1}a_{i_2}\cdots a_{i_k}$. k に関する帰納法によって上のことを証明する．このためには $(xb)y=x(by)$, $(xc)y=x(cy)$ がすべての x, y に対して成立するとき，$(x(bc))y=x((bc)y)$ がすべての x, y に対して成立することを証明すればよい．さて

$$(x(bc))y=((xb)c)y=(xb)(cy)=x(b(cy))=x((bc)y).$$

S が半群であるための必要十分条件は，S の生成元 a_i とすべての $x, y\in S$ に対し

$$x\ {}_{a_i}{*}\ y=x\ {*}_{a_i}\ y$$

が成立することである．これによって結合律を判定する方法を **Light の方法**とよぶ．特に有限のときは取扱いやすく効果的である．有限亜群 S の乗積表が与えられるとき，S の極小生成系を $a_1, a_2, \cdots, a_n$ とする．

乗積表の縦を**列**，横を**行**とよぶ．また第1行，第2行，第3行，…をそれぞれ a-行，b-行，c-行，…ともよび，第1列，第2列，第3列，…をそれぞれ a-列，b-列，c-列，…ともよぶ．Light の方法を適用するには S の各生成元 a_i について ${}_{a_i}{*}$ の乗積表（詳しくいえば，同じ集合 S における ${}_{a_i}{*}$ に関する乗積表）を作り，これが ${*}_{a_i}$ の乗積表と一致するかどうかを見る．

${}_{a_i}{*}$ の乗積表を作るには，各 x について S の xa_i-行を新しい x-行に移し，${*}_{a_i}$ の乗積表を作るには，各 y について S の a_iy-列を新しい y-列に移す．

実際には ${}_{a_i}{*}$, ${*}_{a_i}$ の乗積表を二つ作る必要はなく，いずれか一つだけ作れば十分である．次の例をみよ．

例

S	a	b	c	d
a	a	a	c	c
b	a	b	c	c
c	c	c	a	a
d	c	d	a	a

$\{b, d\}$ が S の極小生成系である．

$*_d$ の乗積表は S の c-行を新しい a-行と b-行に移し，S の a-行を新しい c-行と d-行に移して得られる．

	a	b	c	d
a	c	c	a	a
b	c	c	a	a
c	a	a	c	c
d	a	a	c	c

これは S の c-列を a-列に，S の d-列を b-列に，S の a-列を c-列と d-列に移して得られる $*_d$ の乗積表に一致する．b についても同じようなことがなされる．

(1·7·1)，(1·7·2) で定義した φ_a, ψ_a はすべての $x, y \in S$ に対し $(xy)\varphi_a = x(y\varphi_a)$，$(xy)\psi_a = (x\psi_a)y$ を満足する．φ_a, ψ_a だけでなく変換 $\varphi : S \rightarrow_{\text{in}} S$，$\psi : S \rightarrow_{\text{in}} S$ で $(xy)\varphi = x(y\varphi)$ を満足する φ を S の**右移動**といい，$(xy)\psi = (x\psi)y$ を満足する ψ を S の**左移動**という．特に φ_a を S の**内部右移動**，ψ_a を S の**内部左移動**という．すべての $x, y \in S$ に対し

$$(x\varphi)y = x(y\psi)$$

を満足するとき，右移動 φ と左移動 ψ は**つながる**という．(内部) 左移動，(内部) 右移動は半群だけでなく亜群に対して定義される．Light の判定法は次のごとくのべられる．

亜群 G が半群であるためには，すべての $a \in G$ に対し内部右移動 φ_a と内部左移動 ψ_a がつながることが必要十分である．

移動については第10章で詳しく論ぜられる．

同形な乗積表　同じ集合 S において演算 $\cdot, *$ をもつ亜群 S をそれぞれ $S(\cdot), S(*)$ で表わす．集合 S の置換 σ と亜群 $S(\cdot)$ を与えるとき，$S(\cdot)$ から $S(*)$ の上への同形写像が σ であるような $S(*)$ を求める方法を考える．

$\sigma : S \rightarrow_{\text{on}} S$ が $S(\cdot)$ から $S(*)$ の上への同形写像であるから $x \in S, x\sigma = x' \in S$

とすると，すべての $x, y \in S$ に対し

$$(x \cdot y)\sigma = (x\sigma) * (y\sigma).$$

$\sigma = \eta^{-1}$ とおくと

(1·7·10) $\qquad x' * y' = [(x'\eta) \cdot (y'\eta)]\eta^{-1}.$

実際に $S(\cdot)$ の乗積表と σ（または η）が与えられたとき，$S(*)$ の乗積表を求めるには次の過程をとる．

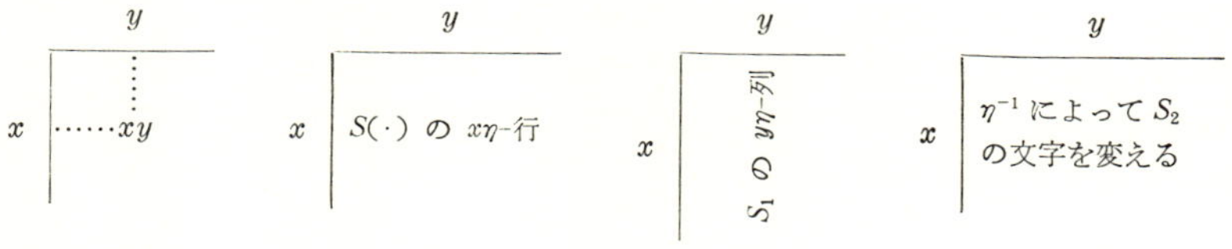

	y		y		y		y
x	$\cdots xy$	x	$S(\cdot)$ の $x\eta$-行	x	S_1 の $y\eta$-列	x	η^{-1} によって S_2 の文字を変える
	$S(\cdot)$		S_1		S_2		$S(*)$

(i) 各 x について $S(\cdot)$ の $x\eta$-行を x-行に移し得られる表を S_1,

(ii) 各 y について S_1 の $y\eta$-列を y-列に移して得られる表を S_2,

(iii) 表 S_2 の各 x を $x\eta^{-1}$ でおきかえると $S(*)$ を得る．

まず (ii) を行なってからのち (i) を行なっても同じである．

例 $S(\cdot)$

	1	2	3	4
1	1	1	1	1
2	1	2	2	4
3	1	2	3	1
4	1	4	1	4

$\sigma = \begin{pmatrix} 1 & 2 & 3 & 4 \\ 2 & 3 & 4 & 1 \end{pmatrix}$ したがって $\eta = \begin{pmatrix} 1 & 2 & 3 & 4 \\ 4 & 1 & 2 & 3 \end{pmatrix}.$

1	4	1	4
1	1	1	1
1	2	2	4
1	2	3	1

S_1

4	1	4	1
1	1	1	1
4	1	2	2
1	1	2	3

S_2

	1	2	3	4
1	1	2	1	2
2	2	2	2	2
3	1	2	3	3
4	2	2	3	4

$S(*)$

問 1 p. 10 の第 2，第 3 の例，p. 13 の例 8 の結合律を判定せよ．

問 2 p. 10 の第 2 の例を $S(\cdot)$ とし，$\sigma_1 = \begin{pmatrix} a & b & c & d \\ b & c & d & a \end{pmatrix}$, $\sigma_2 = \begin{pmatrix} a & b & c & d \\ c & d & a & b \end{pmatrix}$ に対する $S(*)$ を求めよ．

問 3 $S(\cdot)$ から σ によって得られた $S(*)$ が同じ演算，すなわちすべての x, y に対し $x \cdot y = x * y$ であれば，σ は $S(\cdot)$ の自己同形である．

第2章　関係について

二項関係は数学全般にわたって重要な役割を演ずるのみならず，関係そのものが半群の例をつくる．特に擬順序，等値関係，合同関係は半群論には不可欠の概念である．この章では関係についての基本知識とともに与えられた関係で生成される擬順序，等値，合同関係の構成を最短のコースで説明するが，体系的詳論は第6章にて展開される．Rees 合同は基本的であり，約除関係は Green 関係に関連する．

2·1　関係の定義

E を集合とする．積集合 $E\times E=\{(x,y):\ x,y\in E\}$ の部分集合 ρ を E における**二項関係**または**関係** (relation)，あるいは E の**関係**とよぶ．そして

$(x,y)\in\rho$　を　$x\rho y$　とも書き，

x が y に ρ-関係するという．

しばしばあらわれる重要な用語を列挙する：

ρ が**反射的**：　すべての $x\in E$ に対し　$x\rho x$.

対称的：　$x\rho y \Rightarrow y\rho x$.

推移的：　$x\rho y,\ y\rho z \Rightarrow x\rho z$.

反対称的：　$x\rho y,\ y\rho x \Rightarrow x=y$.

反射的で推移的な関係を**擬順序** (quasi-order) という．

たとえば整数のすべてからなる集合 E において，x が y で割りきれるとき，$x\rho y$ と定義するなら，ρ は擬順序である．$a\neq 0$ であれば $a\rho(-a)$，$(-a)\rho a$，しかし $a\neq -a$.

反対称的擬順序が半順序であり，対称的擬順序が等値関係である．半順序 ρ が次の条件を満足するとき，ρ を(完)**全順序**または**線形順序**という：

任意の $x,y\in E$ に対し　$x\rho y$ または $y\rho x$.

たとえばすべての正整数の集合 P において，x が y で（P において）割りきれるとき $x\rho y$ と定義すると，ρ は半順序であるが，同じ P で普通の大小関

係 $\leqq$ は線形順序である.

E を亜群とする. ρ が E の関係であって, かつ

$$(2\cdot1\cdot1) \qquad x\rho y,\ z\rho u \Rightarrow xz\rho yu$$

を満足するとき, ρ は**安定的である**という. また ρ が**左(右)両立的である** (left (right) compatible) ということを次のように定義する:

(2·1·2) 左両立的: $x\rho y \Rightarrow$ すべての $z\in E$ に対し $zx\rho zy$,

(2·1·3) 右両立的: $x\rho y \Rightarrow$ すべての $z\in E$ に対し $xz\rho yz$.

命題 2·1·4 擬順序という仮定の下では左両立的かつ右両立的であることと安定的であることとは, 同値である.

証明 (2·1·2), (2·1·3) を仮定すると, $x\rho y$ から $xz\rho yz$; $z\rho u$ から $yz\rho yu$. 推移律により $xz\rho yu$, これで (2·1·1) を得る. (2·1·1) を仮定すると, 反射律により $z\rho z$. これと $x\rho y$ から (2·1·1) により (2·1·2), (2·1·3) を得る. ▌

亜群において

左(右)両立的な等値関係を**左(右)合同関係**,

安定的な等値関係を**合同関係**または**合同**,

安定的な半順序が定義されている亜群 (半群) を**半順序亜群 (半群)** という. 半順序亜群(半群)の半順序が全順序であれば**全順序亜群(半群)**という.

関係の間に包含関係が定義される.

$$x\rho y \Rightarrow x\sigma y$$

であるとき, $\rho\subseteq\sigma$ と書き

$\rho\subseteq\sigma$ でかつ $\sigma\subseteq\rho$ であるとき $\rho=\sigma$ と書く.

合同関係とよぶべきところを本書では「合同」といい, 「合同関係」と同意語として用いる.

問 集合 E に次の条件を満足する関係 ρ が与えられているとする.

(i) すべての $x\in E$ に対し $x \not\rho\, x$,

(ii) $x\rho y \Rightarrow y \not\rho\, x$,

(iii) $x\rho y, y\rho z \Rightarrow x\rho z$.

ただし $x \not\rho\, y$ は $(x, y)\notin\rho$ の意味である. このとき σ を適当に定義して次の条件を満足するようにできる:

(1) σ は半順序,

(2) $x\rho y \Rightarrow x\sigma y$.

関係の重要な例として等値関係，合同関係，擬順序，半順序などをあげたが，写像も関係と考えることができる．$f: A \to B$ を集合 A から集合 B の中への写像とすると，$\{(a, af): a \in A\}$ は和集合 $X = A \cup B$ における二項関係であり，特に A における変換は A における二項関係とみなされる．多意写像などは関係とみなすのが自然であろう．このような意味で関係は重要な基本概念である．

2·2 関係の演算

E における関係は $E \times E$ の部分集合として定義されたのであるから，集合としての和集合，共通集合などの演算が可能である．空部分集合を**空関係**といい，$\square$ または $\varnothing$ と書く．特別な関係 ι_E, ω_E (E を省いてもよい) を次のように定義する：

$$\iota_E = \{(x, x):\ x \in E\} \quad \text{すなわち} \quad x\iota y \Leftrightarrow x = y,$$
$$\omega_E = E \times E \quad \text{すなわち} \quad x\omega y \Leftrightarrow x, y \in E.$$

ι を**相等関係**，ω を**全関係**とよぶ．E の関係の族 $\{\rho_\alpha:\ \alpha \in \Lambda\}$ に対し

$$\text{和} \quad \bigcup_\alpha \rho_\alpha, \qquad \text{共通} \quad \bigcap_\alpha \rho_\alpha$$

も関係である．後者は $\square$ になることもある：

集合 E におけるすべての関係の集合を $\mathscr{B}$ で表わす．$\mathscr{B}$ は空関係 $\square$ も含むものとする．$\mathscr{B}$ に一つの演算 $(\cdot)$ を定義する：$\rho, \sigma \in \mathscr{B}$ に対し

$$\begin{cases} \rho\cdot\sigma = \left.\begin{cases} \{(x, y):\ x\rho z, z\sigma y \text{ なる } z \in E \text{ がある}\} \\ \square \quad (\text{もしこのような } z \text{ がなければ}) \end{cases}\right\} (\rho \neq \square,\ \sigma \neq \square \text{ のとき}) \\ \square\cdot\rho = \rho\cdot\square = \square \quad (\text{すべての } \rho \in \mathscr{B} \text{ に対し}). \end{cases}$$

命題 2·2·1 $\mathscr{B}$ はこの演算 $(\cdot)$ に関して半群をなす．$\square$ が零，ι が単位元である．

証明 任意の $\rho, \sigma, \tau \in \mathscr{B}$ に対し $(\rho\cdot\sigma)\cdot\tau = \rho\cdot(\sigma\cdot\tau)$ を証明する．まず $(\rho\cdot\sigma)\cdot\tau \neq \square$ であると仮定して $(\rho\cdot\sigma)\cdot\tau \subseteq \rho\cdot(\sigma\cdot\tau)$ を証明する：$(\rho\cdot\sigma)\cdot\tau \neq \square$ だから $\rho\cdot\sigma \neq \square$，$\rho \neq \square$，$\sigma \neq \square$，$\tau \neq \square$．さて $(\rho\cdot\sigma)\cdot\tau$ の任意の元を (x, y)，$x, y \in E$ とする．$x(\rho\cdot\sigma)\cdot\tau y$，演算の定義により $x(\rho\cdot\sigma)z$，$z\tau y$ なる $z \in E$ がある．また $x\rho u$，$u\sigma z$ なる $u \in E$ がある．$u\sigma z$，$z\tau y$ だから $u(\sigma\cdot\tau)y$．次に $x\rho u$ と $u(\sigma\cdot\tau)y$ から $x\rho\cdot(\sigma\cdot\tau)y$，ゆえに $(\rho\cdot\sigma)\cdot\tau \subseteq \rho\cdot(\sigma\cdot\tau)$ が証明された．したがって $\rho\cdot$

$(\sigma\cdot\tau)\neq\square$. 同じようにして，もし $\rho\cdot(\sigma\cdot\tau)\neq\square$ であれば $\rho\cdot(\sigma\cdot\tau)\subseteq(\rho\cdot\sigma)\cdot\tau$. したがって $(\rho\cdot\sigma)\cdot\tau\neq\square$ が証明される．以上により一つが $\neq\square$ であれば他も $\neq\square$ であって $(\rho\cdot\sigma)\cdot\tau=\rho\cdot(\sigma\cdot\tau)$，したがって一つが $\square$ であれば他も $\square$ である．$\square$ が零であることは定義より明らか．ι が単位元であることは次のようにして直ちに証明される：$(x,y)\in\rho$ に対し $\{(x,y)\}\cdot\iota=\iota\cdot\{(x,y)\}=\{(x,y)\}$ だから $\rho\cdot\iota=\iota\cdot\rho=\rho$ を得る． ∎

任意の関係 ρ に対し新しい関係 $\rho(-\mathbb{1})$ を

$$\rho(-\mathbb{1})=\{(y,x)\colon\ (x,y)\in\rho\}$$

で定義する．

(2·2·2) $$\{\rho(-\mathbb{1})\}(-\mathbb{1})=\rho.$$

証明 $\{\rho(-\mathbb{1})\}(-\mathbb{1})=\{(z,u)\colon\ (u,z)\in\rho(-\mathbb{1})\}=\rho.$ ∎

(2·2·3) $$(\rho\cdot\sigma)(-\mathbb{1})=\sigma(-\mathbb{1})\cdot\rho(-\mathbb{1}).$$

証明 $(\rho\cdot\sigma)(-\mathbb{1})=\{(x,y)\colon\ (y,x)\in\rho\cdot\sigma\}$

$=\{(x,y)\colon$ ある z に対し $(y,z)\in\rho,\ (z,x)\in\sigma\}$

$=\{(x,y)\colon$ ある z に対し $(z,y)\in\rho(-\mathbb{1}),\ (x,z)\in\sigma\cdot(-\mathbb{1})\}$

$=\sigma(-\mathbb{1})\cdot\rho(-\mathbb{1}).$ ∎

したがって，写像 $\rho\mapsto\rho(-\mathbb{1})$ は $\mathcal{B}$ の自己反同形写像である．

問 1 $\rho\subseteq\sigma$ であれば，$\rho(-\mathbb{1})\subseteq\sigma(-\mathbb{1})$.

問 2 $\rho\subseteq\sigma$ であれば，$\rho\cdot\tau\subseteq\sigma\cdot\tau$，$\tau\cdot\rho\subseteq\tau\cdot\sigma$；$\rho\subseteq\sigma,\xi\subseteq\eta$ であれば $\rho\cdot\xi\subseteq\sigma\cdot\eta$.

(2·2·4) $$\sigma\cdot\bigcup_\alpha\rho_\alpha=\bigcup_\alpha(\sigma\cdot\rho_\alpha).$$

証明 集合の等式だから一つの辺が他の辺に含まれることを示せばよい． ∎

問 3 $(\bigcup_\alpha\rho_\alpha)\cdot\sigma=\bigcup_\alpha(\rho_\alpha\cdot\sigma)$ を証明せよ．また $(\bigcup_\alpha\rho_\alpha)\cdot(\bigcup_\beta\sigma_\beta)=\bigcup_{\alpha,\beta}(\rho_\alpha\cdot\sigma_\beta)$ も証明せよ．

問 4 $(\bigcup_\alpha\rho_\alpha)(-\mathbb{1})=\bigcup_\alpha\rho_\alpha(-\mathbb{1})$.

問 5 次を証明せよ．

$$(\bigcap_\alpha\rho_\alpha)\cdot\sigma\subseteq\bigcap_\alpha(\rho_\alpha\cdot\sigma),\quad \sigma\cdot(\bigcap_\alpha\rho_\alpha)\subseteq\bigcap_\alpha(\sigma\cdot\rho_\alpha),\quad (\bigcap_\alpha\rho_\alpha)(-\mathbb{1})=\bigcap_\alpha\rho_\alpha(-\mathbb{1}).$$

一般に $$(\bigcap_\alpha\rho_\alpha)\cdot\sigma\neq\bigcap_\alpha(\rho_\alpha\cdot\sigma).$$

たとえば $\rho_1=\{(2,1)\}$，$\rho_2=\{(1,1),(2,2)\}$，$\sigma=\{(1,3),(2,3)\}$，$\rho_1\cap\rho_2=\square$，$(\rho_1\cap\rho_2)\cdot\sigma=\square$. しかし $\rho_1\cdot\sigma=\{(2,3)\}$，$\rho_2\cdot\sigma=\{(1,3),(2,3)\}$，$\rho_1\cdot\sigma\cap\rho_2\cdot\sigma=\{(2,3)\}$.

また一般に $$\sigma\cdot(\bigcap_\alpha\rho_\alpha)\neq\bigcap_\alpha(\sigma\cdot\rho_\alpha).$$

たとえば $\rho_1=\{(2,1)\}$，$\rho_2=\{(1,1),(2,2)\}$，$\sigma=\{(2,1),(2,2)\}$ とすれば

$$\sigma\cdot\rho_1\cap\sigma\cdot\rho_2\neq\sigma\cdot(\rho_1\cap\rho_2).$$

次に $\rho\cdot\rho=\rho^2$, $\underbrace{\rho\cdot\rho\cdots\rho}_{n}=\rho^n$ で表わす.

上に導入した記号を用いると

ρ が推移的であるための必要十分条件は $\rho^2\subseteq\rho$,

ρ が対称的であるための必要十分条件は $\rho(-1)\subseteq\rho$,

ρ が反射的であるための必要十分条件は $\iota\subseteq\rho$.

$\rho(-1)=\rho$ は $\rho(-1)\subseteq\rho$ と同等である. なんとなれば $\rho(-1)\subseteq\rho$ と仮定する. 問1により $\rho(-1)(-1)\subseteq\rho(-1)$. (2·2·2) より $\rho\subseteq\rho(-1)$, ゆえに $\rho(-1)=\rho$.

容易に証明されることであるが,

(2·2·5) σ が反射的であれば $\rho\subseteq\rho\cdot\sigma$, $\rho\subseteq\sigma\cdot\rho$.

両立性と安定性を簡単に表わすために, 一つの記号を導入する. G を亜群, ρ,σ を関係とする. ρ,σ に対し一つの関係 $\rho\otimes\sigma$ を次のように定義する:

$$\rho\otimes\sigma=\{(xy,zu):\ (x,z)\in\rho,\ (y,u)\in\sigma\},$$

xy, zu は亜群における積である.

ρ が左両立的である $\Leftrightarrow \iota\otimes\rho\subseteq\rho$,

ρ が右両立的である $\Leftrightarrow \rho\otimes\iota\subseteq\rho$,

ρ が安定的である $\Leftrightarrow \rho\otimes\rho\subseteq\rho$.

ρ が擬順序であれば, $\rho\otimes\iota\subseteq\rho$ と $\iota\otimes\rho\subseteq\rho$ の組合せは $\rho\otimes\rho\subseteq\rho$ と同値である. 特に E が半群であれば, 関係 ρ,σ,τ に対し

$$(\rho\otimes\sigma)\otimes\tau=\rho\otimes(\sigma\otimes\tau).$$

ρ_α が反射律, 対称律, 推移律, 反対称律, 左(右)両立性, 安定性の一つを満足すれば, $\bigcap_\alpha\rho_\alpha$ も空でない限り同じ条件を満足する. したがって

(2·2·6) $\rho_\alpha(\alpha\in\Lambda)$ が擬順序であれば $\bigcap_\alpha\rho_\alpha$ も擬順序,

(2·2·7) $\rho_\alpha(\alpha\in\Lambda)$ が等値関係であれば $\bigcap_\alpha\rho_\alpha$ も等値関係,

(2·2·8) $\rho_\alpha(\alpha\in\Lambda)$ が半順序であれば $\bigcap_\alpha\rho_\alpha$ も半順序,

(2·2·9) $\rho_\alpha(\alpha\in\Lambda)$ が合同関係であれば $\bigcap_\alpha\rho_\alpha$ も合同関係.

問 6 $\bigcup_\alpha\rho_\alpha$ についてどんなことがいえるか. 反射, 対称, 推移, 反対称, 左(右)両立, 安定のうちどの性質が $\cup$ によって保たれるか.

問 7 $\rho^2\subseteq\rho$ であれば $(\rho(-1))^2\subseteq\rho(-1)$ であることを証明せよ.

2·3 部分集合における関係

ρ を集合 E における関係とする．E を示す必要のあるときは ρ_E で表わすことがある．F を E の部分集合とし，ρ_E が与えられたとき F の関係 ρ_F を次のように定義する：

$$\rho_F=\rho_E|F=\rho_E\cap(F\times F).$$

ρ_F は空集合になることもある．ρ_F を ρ_E の F 上への**制限**という．

(2·3·1) $F_1\subseteq F_2\subseteq E$ であれば $\rho_E|F_1\subseteq\rho_E|F_2$.

(2·3·2) $F_\alpha\subseteq E(\alpha\in\Lambda)$ とする．$\bigcap F_\alpha\neq\emptyset$ のとき，$\rho_E|\bigcap_\alpha F_\alpha=\bigcap_\alpha(\rho_E|F_\alpha)$.

証明 $\rho_E|\bigcap F_\alpha=\rho_E\cap\{(\bigcap F_\alpha)\times(\bigcap F_\alpha)\}\subseteq\rho_E\cap(F_\alpha\times F_\alpha)=\rho_E|F_\alpha$．ゆえに $\rho_E|\bigcap_\alpha F_\alpha\subseteq\bigcap_\alpha(\rho_E|F_\alpha)$．一方$(x,y)\in\bigcap_\alpha(\rho_E|F_\alpha)$とする．すべての α について $x,y\in F_\alpha$ そして $x\rho_E y$，したがって $x,y\in\bigcap_\alpha F_\alpha$．ゆえに $\bigcap_\alpha(\rho_E|F_\alpha)\subseteq\rho_E|\bigcap_\alpha F_\alpha$．∎

(2·3·3) ρ_E が反射律，対称律，推移律，反対称律の一つを満足すれば $\rho_E|F$ もまた同じ条件を満足する．

(2·3·4) ρ_E が擬順序であれば $\rho_E|F$ も擬順序.

(2·3·5) ρ_E が等値関係であれば $\rho_E|F$ も等値関係.

(2·3·6) ρ_E が半順序であれば $\rho_E|F$ も半順序.

2·4 商集合における関係

σ を集合 E の等値関係とし，σ によって引起こされる E の類別を $E=\bigcup_{\alpha\in\Lambda}E_\alpha$ とする．各 E_α を σ による**等値類**という．σ による E の等値類のすべての集合を E/σ で表わし，$E/\sigma=\{E_\alpha:\alpha\in\Lambda\}$，$E/\sigma$ を E の σ による**商集合**とよぶ．

いま $\sigma\subseteq\rho$ である ρ に対し E/σ の関係 ρ/σ を次のように定義する（ただし E の元 x を含む等値類を $\bar{x}$ で表わすものとする)：

$\bar{x}\rho/\sigma\bar{y}\Leftrightarrow x\sigma x_1$，$x_1\rho y_1$，$y_1\sigma y$ なる $x_1,y_1\in E$ がある（このことを簡略して $x\sigma x_1\rho y_1\sigma y$ と書いてもよい)．この定義は σ-類だけに関係して，x,y の選び方に関係しないことは次のようにしてわかる：

$\bar{x}\,\rho/\sigma\,\bar{y}$，$x'\sigma x$，$y\sigma y'$ とすると σ が推移的だから $x'\sigma x_1\rho y_1\sigma y'$，したがって $\overline{x'}\,\rho/\sigma\,\overline{y'}$ である．特に ρ が擬順序であれば上の定義は次の定義と同値である：

$$\bar{x}\,\rho/\sigma\bar{y}\ \Leftrightarrow\ x\rho y.$$

ρ/σ を ρ の σ による**商関係**という．σ が合同関係であれば，$\bar{x}=\bar{z}$，$\bar{y}=\bar{u}$ のとき $\overline{xy}=\overline{zu}$ だから，E/σ に $\bar{x}\bar{y}=\overline{xy}$ で演算が定義される．

以下 ρ,σ はいずれも集合 E の関係とする．次の三命題は容易に証明される．

命題 2·4·1 ρ が擬順序，σ が等値関係で $\sigma\subseteq\rho$ であれば ρ/σ は擬順序である．

命題 2·4·2 ρ,σ がともに等値関係で $\sigma\subseteq\rho$ であれば ρ/σ は等値関係である．

命題 2·4·3 ρ が半順序，σ が等値関係で $\sigma\subseteq\rho$ であれば，ρ/σ は半順序である．

ρ を擬順序，σ_0 を $\sigma_0=\rho\cap\rho(-\mathbb{1})$ で定義する．$\iota\subseteq\rho$，$\iota\subseteq\rho(-\mathbb{1})$ だから $\iota\subseteq\sigma_0$，§2·2 問5により $\sigma_0(-\mathbb{1})=\rho(-\mathbb{1})\cap\rho=\sigma_0$，$\rho^2\subseteq\rho$ と §2.2 問7により

$$\sigma_0^2=(\rho\cap\rho(-\mathbb{1}))^2\subseteq\rho^2\cap\rho\cdot\rho(-\mathbb{1})\cap\rho(-\mathbb{1})\cdot\rho\cap(\rho(-\mathbb{1}))^2$$
$$\subseteq\rho\cap\rho(-\mathbb{1})=\sigma_0.$$

ゆえに σ_0 は等値関係である．

命題 2·4·4 ρ を擬順序，上で定義した等値関係を σ_0 とすれば ρ/σ_0 は半順序である．

証明 ρ/σ_0 が擬順序であることはすでに証明されたから，反対称律だけを証明すればよい．$\bar{x}\,\rho/\sigma_0\,\bar{y}$，$\bar{y}\,\rho/\sigma_0\,\bar{x}$ とする．定義により，$x\rho y$，$y\rho x$．したがって $x\rho(-\mathbb{1})y$．ゆえに $x\sigma_0 y$，すなわち $\bar{x}=\bar{y}$． ▮

命題 2·4·5 ρ が亜群の両立的関係，σ が合同関係で $\sigma\subseteq\rho$ であれば，ρ/σ は両立的関係である．したがって ρ が両立的半順序であれば，ρ/σ もまたそうであり，ρ が合同関係であれば ρ/σ もまたそうである．

次は容易に証明されるから練習問題とする．

(2·4·6) σ を等値関係，$\sigma\subseteq\rho_1\subseteq\rho_2$ とすれば $\rho_1/\sigma\subseteq\rho_2/\sigma$．特に ρ_1，ρ_2 が擬順序であれば逆が成立し，$\rho_1/\sigma=\rho_2/\sigma \Rightarrow \rho_1=\rho_2$．

(2·4·7) σ を等値関係，$\{\rho_\alpha:\alpha\in\Lambda\}$ を関係の集合とする．すべての α につき $\sigma\subseteq\rho_\alpha$ であれば，$(\bigcap_\alpha\rho_\alpha)/\sigma\subseteq\bigcap_\alpha(\rho_\alpha/\sigma)$．

特に ρ_α がすべて擬順序であれば等号が成立する．

2·5 関係の積と等値，擬順序，合同関係

ρ と σ がともに E の等値（合同）関係であれば，$\rho\cdot\sigma$ もまた等値（合同）関係になるであろうか．

たとえば $E=\{1,2,3,4\}$ とし，$\rho=\{(1,2),(2,1),(3,4),(4,3)\}\cup\iota$，$\sigma=\{(2,3),(3,2)\}\cup\iota$ とする．
ρ と σ は等値関係である．しかし

$$\rho\cdot\sigma=\{(1,2),(2,1),(2,3),(3,2),(3,4),(4,3),(1,3),(4,2)\}\cup\iota$$

は対称的でないから等値関係でない．ではいかなるときこれが成立するかを，できるだけ弱い条件の下で調べてみよう．

(2·5·1)　ρ と σ がともに反射的であれば，$\rho\cdot\sigma$ も反射的である．

証明　$\iota\subseteq\sigma=\iota\cdot\sigma\subseteq\rho\cdot\sigma$. ▮

(2·5·2)　ρ と σ がともに対称的であるとする．$\rho\cdot\sigma=\sigma\cdot\rho$ であるときそのときに限り，$\rho\cdot\sigma$ は対称的である．

証明　$(\rho\cdot\sigma)(-\mathbb{1})=\sigma(-\mathbb{1})\cdot\rho(-\mathbb{1})=\sigma\cdot\rho$　から容易にわかる． ▮

(2·5·3)　ρ と σ がともに左（右，両側）両立的であれば，$\rho\cdot\sigma$ もまた左（右，両側）両立的である．

証明は容易である．

(2·5·4)　ρ が推移的で $\rho\cdot\sigma=\sigma\cdot\rho\cdot\sigma$ であれば，$\rho\cdot\sigma$ は推移的である．

証明　$(\rho\cdot\sigma)^2=\rho\cdot\sigma\cdot\rho\cdot\sigma=\rho\cdot(\rho\cdot\sigma)=\rho^2\cdot\sigma\subseteq\rho\cdot\sigma$. ▮

(2·5·5)　ρ は擬順序，σ は反射的であるとする．$\rho\cdot\sigma$ が推移的であるための必要十分条件は

$$\rho\cdot\sigma=\sigma\cdot\rho\cdot\sigma.$$

証明　§2·2，問2により $\rho\subseteq\rho\cdot\sigma$，$\sigma\subseteq\rho\cdot\sigma$ だから $\rho\cdot\sigma$ が推移的であれば，$\sigma\cdot\rho\cdot\sigma\subseteq(\rho\cdot\sigma)^2\subseteq\rho\cdot\sigma$．一方 $\rho\cdot\sigma\subseteq\sigma\cdot\rho\cdot\sigma$ だから $\rho\cdot\sigma=\sigma\cdot\rho\cdot\sigma$．逆は (2·5·4) で証明されている． ▮

定理 2·5·6　ρ を擬順序，σ を反射的関係とする．次の3条件は同値である．

(2·5·7)　$\rho\cdot\sigma$ は擬順序である．

(2·5·8)　$\rho\cdot\sigma=\sigma\cdot\rho\cdot\sigma$.

(2·5·9)　$\rho\cdot\sigma$ は $\rho\cup\sigma$ を含む最小の擬順序である．

証明　(2·5·7) ⇒ (2·5·8) は (2·5·5) による．(2·5·8) ⇒ (2·5·9)：$\rho\cdot\sigma$ は反射的であり，(2·5·8) と (2·5·4) により $\rho\cdot\sigma$ は推移的，したがって擬順序である．さらに $\rho=\rho\cdot\iota\subseteq\rho\cdot\sigma$，$\sigma=\iota\cdot\sigma\subseteq\rho\cdot\sigma$ である．次に ρ と σ を含む任意の擬順序を τ とする．$\rho\subseteq\tau$，$\sigma\subseteq\tau$．これから $\rho\cdot\sigma\subseteq\tau\cdot\tau\subseteq\tau$．これで $\rho\cdot\sigma$ の最小性を

証明した．(2·5·9) ⇒ (2·5·7) は自明． ▌

この定理の結果から直ちに

系 2·5·10 ρ,σ を擬順序とする．$\rho\cdot\sigma$ が擬順序であるための必要十分条件は

$$\rho\cdot\sigma=\sigma\cdot\rho\cdot\sigma.$$

系 2·5·11 ρ,σ を等値（合同）関係とする．$\rho\cdot\sigma$ が等値（合同）関係であるための必要十分条件は

$$\rho\cdot\sigma=\sigma\cdot\rho.$$

証明 $\rho\cdot\sigma$ を等値関係とする．対称的だから (2·5·2) により $\rho\cdot\sigma=\sigma\cdot\rho$．逆に $\rho\cdot\sigma=\sigma\cdot\rho$ であれば $\sigma\cdot\rho\cdot\sigma=\rho\cdot\sigma\cdot\sigma\subseteq\rho\cdot\sigma$．また $\rho\cdot\sigma\subseteq\sigma\cdot\rho\cdot\sigma$ だから $\rho\cdot\sigma=\sigma\cdot\rho\cdot\sigma$ を得る．定理 2·5·6 により $\rho\cdot\sigma$ は擬順序であるが，仮定により対称的だから $\rho\cdot\sigma$ は等値関係である．ρ,σ が左（右）両立的であれば無条件に $\rho\cdot\sigma$ も両立的である． ▌

問 1 (2·5·12) ρ,σ を合同関係とする．もし $\rho\cdot\sigma=\omega(\omega=E\times E)$ であれば，$\sigma\cdot\rho=\omega$ である．

問 2 (2·5·13) E において ρ_1,ρ_2 を推移的関係，σ を等値関係で $\sigma\subseteq\rho_1$，$\sigma\subseteq\rho_2$，$\sigma\subseteq\rho_1\cdot\rho_2$ とするとき

$$\frac{\rho_1\cdot\rho_2}{\sigma}=\frac{\rho_1}{\sigma}\cdot\frac{\rho_2}{\sigma}.$$

特に $\rho_1\cdot\rho_2=\omega$ ならば，$\frac{\rho_1}{\sigma}\cdot\frac{\rho_2}{\sigma}=\omega_{E/\sigma}$．

2·6 等値，合同関係の構成

$\rho\neq\square$ を集合 E の任意の関係とする．ρ を含むすべての等値関係の集合を $\mathfrak{A}=\{\rho_\alpha:\ \alpha\in\Xi\}$ とする．$\mathfrak{A}$ は少なくとも $\omega=E\times E$ を含むから $\mathfrak{A}\neq\varnothing$ である．$\rho_0=\bigcap_{\alpha\in\Xi}\rho_\alpha$ とおくと，$\rho_0\neq\square$ で，ρ を含む最小の等値関係であることが §2·2 により容易に示される．ρ_0 を ρ で生成される等値関係，あるいは ρ の**等値閉被**とよぶ．同じように，ρ で生成される擬順序（ρ の**擬順序閉被**），反射閉被，対称閉被，**推移閉被**が定義される．E が亜群であれば，ρ で生成される合同関係（ρ の**合同閉被**）が定義される．$\rho\neq\square$ であれば，これらの ρ の閉被はたしかに存在する．

問 1 $\rho(\neq\square)$ を含む最小の半順序が存在するか．

E のすべての関係の集合を $\mathscr{B}$（空関係も含む）とする．写像 $P:\mathscr{B}\to_{\mathrm{in}}\mathscr{B}$ が次の条件を満足するとき，P を $\mathscr{B}$ の**作用素**という（補遺 16 をみよ）．

(2·6·1)　すべての $\rho\in\mathscr{B}$ に対し $\rho\subseteq\rho P$　　**拡大性**，

(2·6·2)　$\rho\subseteq\sigma\ \Rightarrow\ \rho P\subseteq\sigma P$　　**単調性**，

P_1, P_2 が作用素であれば，$\rho(P_1P_2)=(\rho P_1)P_2$ で定義される P_1P_2 もまた作用素である．

問 2　P_1, P_2 が作用素であるとき，P_1P_2 も作用素であることを証明せよ．

P が作用素であって

(2·6·3)　すべての $\rho\in\mathscr{B}$ に対し　$\rho P^2=\rho P$　　**巾等性**

を満足するとき，P を**閉作用素**とよぶ．

説明するまでもないことであるが，二つの作用素 P_1, P_2 の相等 $P_1=P_2$ は「すべての $\rho\in\mathscr{B}$ に対し $\rho P_1=\rho P_2$」で定義される．したがって (2·6·3) を $P^2=P$ と書く．

特別な作用素 R, S, T を次のように定義する．

$$\rho R=\rho\cup\iota,\quad \rho S=\rho\cup\rho(-\mathbb{1}),\quad \rho T=\bigcup_{i=1}^{\infty}\rho^i.$$

次のことは容易に示される．

問 3　τ が反射的である $\Leftrightarrow$ $\tau R\subseteq\tau$ $\Leftrightarrow$ $\tau R=\tau$，
τ が対称的である $\Leftrightarrow$ $\tau S\subseteq\tau$ $\Leftrightarrow$ $\tau S=\tau$，
τ が推移的である $\Leftrightarrow$ $\tau T\subseteq\tau$ $\Leftrightarrow$ $\tau T=\tau$．

問 4　R, S, T は単調である．

補題 2·6·4　ρR は ρ の反射閉被，ρS は ρ の対称閉被，ρT は ρ の推移閉被である．

証明　$\iota\subseteq\rho R$ だから ρR は反射的である．

$$\rho S(-\mathbb{1})=(\rho\cup\rho(-\mathbb{1}))(-\mathbb{1})=\rho(-\mathbb{1})\cup\rho=\rho S$$

だから ρS は対称的である．ρT が推移的であることを示すために §2·2 の問3を用いて

$$(\rho T)^2=\left(\bigcup_{i=1}^{\infty}\rho^i\right)\left(\bigcup_{i=1}^{\infty}\rho^i\right)=\bigcup_{i+j=2}^{\infty}\rho^{i+j}\subseteq\bigcup_{i=1}^{\infty}\rho^i=\rho T.$$

$\rho R, \rho S, \rho T$ が ρ を含むことは定義から明らかである．ただ閉被すなわち ρ を含む最小のものであることの証明が残っているが，これは単調性から直ちに示さ

れる．T についていう：ρ を含む推移的関係を σ とする．問4により $\rho\subseteq\sigma$ から $\rho T\subseteq\sigma T$，σ が推移的だから問3により $\sigma T=\sigma$．これで $\rho T\subseteq\sigma$ がいえた．R, S についても全く同じである． ▮

命題 2・6・5 R, S, T はいずれも閉作用素である．

証明 T についてだけのべる．他についても同じである．$(\rho T)T$ は ρT の推移閉被，すなわち ρT を含む最小の推移関係である．ところが補題2・6・4により ρT 自身推移的だから，$(\rho T)T=\rho T$ すなわち $T^2=T$． ▮

説明するまでもないことであるが念のために

$a\rho Rb$ とは $a\rho b$ かまたは $a=b$ であり，$a\rho Sb$ とは $a\rho b$ かまたは $b\rho a$ であり，$a\rho Tb$ とは $a=a_0, a_1, \cdots, a_{n-1}, a_n=b$ なる元の列があって

(2・6・6) $$a_0\rho a_1\rho a_2\rho a_3\rho\cdots\rho a_{n-1}\rho a_n$$

であること．これは

(2・6・7) $$a_0\rho a_1, a_1\rho a_2, a_2\rho a_3, \cdots, a_{n-1}\rho a_n$$

の意味であるが，簡約して(2・6・6)のように書く．

次に Q を $Q=RST=SRT$ ($RS=SR$ は容易にたしかめられる) で定義する．すなわち $\rho Q=\rho RST=(\iota\cup\rho\cup\rho(-1))T$．$Q$ は明らかに作用素である．τ が等値関係であることは $\tau Q\subseteq\tau$ または $\tau Q=\tau$ と同値である．

定理 2・6・8 Q は閉作用素で，ρQ は ρ の等値閉被である．

証明 Q が作用素であることは明らかだから，ρQ が等値関係であることを証明すれば $(\rho Q)Q\subseteq\rho Q$ だから $Q^2=Q$ がいえて証明を完了する．さて $\rho_1=\rho RS$ とおくと，$\iota\subseteq\rho_1\subseteq\rho_1T=\rho Q$ だから ρQ は反射的である．ρ_1T が推移的だから $(\rho Q)T=(\rho_1T)T=\rho_1T=\rho Q$，したがって ρQ は推移的である．次に ρQ の対称性を証明しよう．$\rho_0=\rho Q$ とおく．ρQ の定義により，$a\rho_0b$ とは a から始まり b で終わる，次のような有限個の元の列が存在することである．

$$a=a_0, a_1, \cdots, a_{n-1}, a_n=b.$$

各 i について，a_i と a_{i+1} は次の三つのうちのいずれか一つの関係をもつ：

$$a_i=a_{i+1},\ a_i\rho a_{i+1},\ a_{i+1}\rho a_i \quad (i=0, 1, \cdots, n-1).$$

しかし $\rho\subseteq\rho_1$ で ρ_1 が反射的，対称的だから

$$b=a_n\rho_1a_{n-1}\rho_1\cdots\rho_1a_2\rho_1a_1\rho_1a_0=a.$$

つぎに $\rho_1\subseteq\rho_0$ だから ρ_1 を ρ_0 でおきかえ，ρ_0 の推移性を用いると，$b\rho_0a$ を得

る．これで ρQ の対称性を証明したから，ρQ は等値関係である． ▮

同じようにして

(2·6·8′) ρRT は ρ で生成される擬順序である．

E を半群とすると E のすべての関係の集合 $\mathscr{B}$（空関係も含む）の作用素として R, S, T, Q のほかに次のような作用素を定義する：

$$\rho C_l=\{(ax, ay):\ (x, y)\in\rho,\ \ a\in E^1\},$$
$$\rho C_r=\{(xa, ya):\ (x, y)\in\rho,\ \ a\in E^1\},$$
$$\rho C=\{(axb, ayb):\ (x, y)\in\rho,\ \ a, b\in E^1\}.$$

§2·2 における記号を用いると，これらは次のように表わされる．

$$\rho C_l=\rho\cup\iota\otimes\rho,\ \ \rho C_r=\rho\cup\rho\otimes\iota,$$
$$\rho C=\rho\cup(\iota\otimes\rho)\cup(\rho\otimes\iota)\cup(\iota\otimes\rho\otimes\iota).$$

問 5 C_l, C_r, C はいずれも閉作用素である．

問 6 τ が左両立する $\Leftrightarrow$ $\tau C_l\subseteq\tau$ $\Leftrightarrow$ $\tau C_l=\tau$.
τ が右両立する $\Leftrightarrow$ $\tau C_r\subseteq\tau$ $\Leftrightarrow$ $\tau C_r=\tau$.
τ が両立する $\Leftrightarrow$ $\tau C\subseteq\tau$ $\Leftrightarrow$ $\tau C=\tau$.

さて合同関係を作る作用素を考える．

$$\rho N=(\iota\cup\rho\cup\rho(-\mathbb{1}))CT.$$

あるいは次のように書いてもよい．

$$N=RSCT=SRCT.$$

明らかに N は作用素である．N を**合同作用素**とよぶ．関係 τ が合同関係であることは

$$\tau R\subseteq\tau,\quad \tau S\subseteq\tau,\quad \tau T\subseteq\tau,\quad \tau C\subseteq\tau$$

と同値である．

問 7 τ が合同関係である $\Leftrightarrow$ $\tau N\subseteq\tau$ $\Leftrightarrow \tau N=\tau$.

定理 2·6·9 N は閉作用素であって，ρN は ρ の合同閉被である．

証明 証明の方針は Q のときと同じだから，ρN が合同関係であることだけを証明すればよい．ρN が反射的であり，推移的，対称的であることは Q のときと同じようにして証明される．ここでは ρN の左両立性を証明しよう．右両立性も同じ方法で証明できる．さて $\rho_0=\rho N$ とおき，$a\rho_0 b$ と仮定する．$RSCT$ の定義から次のような元の列がある．

$$a=a_0, a_1, a_2, \cdots, a_{n-1}, a_n=b.$$

各 i につき $x, y\in E$, $u, v\in E^1$ があって

$$a_i=uxv,\quad a_{i+1}=uyv,$$

そして x と y は次の三つの内いずれか一つの関係をもつ.

$$x=y,\quad x\rho y,\quad y\rho x,$$

ただし x, y, u, v は i に従属する*). さて $c\in E$ に対し次のような列を考える：

$$ca=ca_0, ca_1, ca_2, \cdots, ca_{n-1}, ca_n=cb,$$

したがって $ca_i=cuxv$, $ca_{i+1}=cuyv$. ゆえに $ca\rho_0 cb$. ∎

本節では拡大性 (2·6·1), 単調性 (2·6·2) を満足する作用素のみを扱ったが, 最後に拡大性を「縮小性」でかえた作用素の例をあげる.

混同のおそれがあるときは前者を拡大的作用素, 後者を**縮小的作用素**とよぶ. しかし単に「作用素」といえば前者を意味することにする. ξ を擬順序とする. ξ に対し $\tilde{\xi}$ を次のように定義する： $\tilde{\xi}=\xi\cap\xi(-1)$, すなわち

$$a\tilde{\xi}b \Leftrightarrow a\xi b \text{ かつ } b\xi a.$$

$\tilde{\xi}$ は等値関係である（命題 2·4·4 における ρ に対する σ_0 である). $\xi\mapsto\tilde{\xi}$ は次を満足する.

（1） $\xi\subseteq\eta \Rightarrow \tilde{\xi}\subseteq\tilde{\eta}$　単調的,

（2） $\tilde{\xi}\subseteq\xi$　縮小的,

（3） $\tilde{\tilde{\xi}}=\tilde{\xi}$　巾等.

$\tilde{\xi}$ は ξ に含まれる最大の等値関係である.

命題 2·6·10　$\xi, \eta, \xi\cdot\eta$ を擬順序とするとき, $\tilde{\xi}\cdot\tilde{\eta}\subseteq\widetilde{\xi\cdot\eta}$.

証明　$\xi\subseteq\xi\cdot\eta$ から $\tilde{\xi}\subseteq\widetilde{\xi\cdot\eta}$, また $\tilde{\eta}\subseteq\widetilde{\xi\cdot\eta}$, したがって $\tilde{\xi}\cdot\tilde{\eta}\subseteq(\widetilde{\xi\cdot\eta})^2=\widetilde{\xi\cdot\eta}$. ∎

問 1　$\tilde{\xi}\cdot\tilde{\eta}\neq\widetilde{\xi\cdot\eta}$ なる例をつくれ.

問 2　ξ を擬順序とする.

（i） ξ が半順序であるのは $\tilde{\xi}=\iota$ であるときに限る.

（ii） ξ が等値関係であるのは $\tilde{\xi}=\xi$ であるときに限る.

（iii） $\tilde{\xi}=\omega \Leftrightarrow \xi=\omega$.

（iv） $\widetilde{\xi\cap\eta}=\tilde{\xi}\cap\tilde{\eta}$.

問 3　$\widetilde{\xi\cup\eta}$ と $\tilde{\xi}\cup\tilde{\eta}$ の間に何か関係があるか.

---

*)　x, y, u, v に添数 i を付すべきところ煩雑をさけるため省いた.

2·7　合同関係，分解，準同形

集合における等値関係，類別，写像の三概念が密接な関係にあるように，合同関係，分解，準同形は同値な概念と見ることができる．以下 G を亜群とする．

次の条件を満足する G の関係 ρ を**合同関係**または**合同**という．

(2·7·1)　すべての $x\in G$ に対し　$x\rho x$　　反射律，

(2·7·2)　$x\rho y \Rightarrow y\rho x$　　対称律，

(2·7·3)　$x\rho y, y\rho z \Rightarrow x\rho z$　　推移律，

(2·7·4)　$x\rho y \Rightarrow xz\rho yz,\ zx\rho zy$　　両立律．

(2·7·4) は次の (2·7·5) でかえてよい．

(2·7·5)　$x\rho y, z\rho u \Rightarrow xz\rho yu$　　安定律．

分解　合同関係は等値関係であるから，G の類別を引き起こす．合同関係 ρ が与えられるとき，G の類別を

$$G=\bigcup_{\lambda\in\Gamma}G_\lambda,\quad G_\lambda\cap G_\mu=\varnothing\quad(\lambda\neq\mu)$$

とし，集合 $\{G_\lambda:\ \lambda\in\Gamma\}$ を G/ρ で表わす．

さて G/ρ に演算が定義されることを説明しよう．$a\in G$ とし，a を含む ρ-等値類を $\bar{a}$ で表わす（a を含む ρ-等値類を $a\rho$ で表わすこともある）．すなわち $\bar{a}\in G/\rho$．

$\bar{a},\bar{b}\in G/\rho$ に対し $\bar{a}\bar{b}$ を次のように定義する．

(2·7·6)　$$\bar{a}\bar{b}=\overline{ab}.$$

この定義は可能である．なぜなら $\bar{a}=\overline{a'}$，$\bar{b}=\bar{b}'$ とすると $a\rho a'$，$b\rho b'$ であるが，(2·7·5) により $ab\rho a'b'$．ゆえに $\overline{ab}=\overline{a'b'}$．

亜群 G の類別において (2·7·6) により類と類の間に演算が定義されるとき，そのような類別を G の**分解**という．

合同関係，分解，準同形が同値な概念であることを説明しよう．たったいまのべたことにより合同関係が与えられると分解が得られる，すなわち「合同関係 $\Rightarrow$ 分解」が証明されたから，次に「分解 $\Rightarrow$ 準同形」を説明しよう．

G/ρ に (2·7·6) で演算を定義して得られる亜群（半群）を G の ρ による**剰余亜群**（**半群**）とよぶ．写像 $\varphi: G\to{}_{\mathrm{on}}G/\rho$ を $a\mapsto\bar{a}$ で定義すれば (2·7·6) により準同形であることがわかる．$a\mapsto\bar{a}$ で定義される写像 $G\to{}_{\mathrm{on}}G/\rho$ を ρ によ

る**自然な** G **の準同形**，G/ρ を G の ρ による**自然な準同形像**とよぶ．

次に「準同形 ⇒ 合同関係」を説明しよう．亜群 G が亜群 G' 上に準同形であるとする．その写像を φ とする．$\varphi: G \to_{\mathrm{on}} G'$，$a \in G$ に対し $a' = a\varphi$ と書く．G に一つの関係 ρ を定義する：

$$a\rho b \Leftrightarrow a\varphi = b\varphi$$

とする．このとき ρ が G の等値関係であることは前に証明した．さらに合同関係であることを示すために $a\rho b, c\rho d$ とする．$a\varphi = b\varphi, c\varphi = d\varphi$．
φ が準同形であるから

$$(ac)\varphi = (a\varphi)(c\varphi) = (b\varphi)(d\varphi) = (bd)\varphi,$$

ゆえに $ac\rho bd$ である．

この ρ を準同形 φ による G の**自然な合同関係**という．最後に準同形と合同関係の相互関係をまとめておく．

定理 2·7·7　G を亜群，ρ を G の合同関係とするならば，G は G/ρ の上に準同形である．もし亜群 G が亜群 G' の上に写像 φ によって準同形であれば，次の条件を満足する G の合同関係 ρ と，G/ρ から G' の上への同形写像 η がいずれもただ一つ存在する：自然な準同形 $G \to G/\rho$ を ψ とすると

$$\varphi = \psi\eta.$$

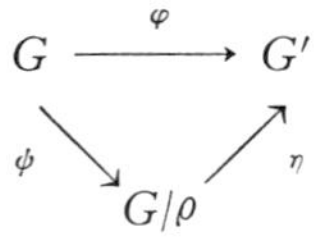

証明　$G \to G/\rho$ が準同形写像であることはすでに証明したから後半を証明しよう．$\varphi: G \to_{\mathrm{on}} G'$ を準同形とし，φ による自然な合同関係を ρ とする．$a \in G$ に対し $a\varphi = a'$ とし，a を含む ρ 類を $\bar{a} \in G/\rho$ とする．G/ρ から G' の上への写像 $\bar{a} \mapsto a'$ を考える．ρ の定義により $a\varphi = b\varphi$ と $\bar{a} = \bar{b}$ とは同値であるから $\bar{a} \mapsto a'$ は1対1である．ρ が合同関係，φ が準同形だから

$$\bar{a}\bar{b} = \overline{ab} \mapsto (ab)' = (ab)\varphi = (a\varphi)(b\varphi) = a'b',$$

ゆえに $\bar{a} \mapsto a'$ は同形である．この写像を η と書く．$a \overset{\psi}{\mapsto} \bar{a} \overset{\eta}{\mapsto} a'$ かつ $\varphi: a \mapsto a'$ だから $\varphi = \psi\eta$ である．η が全単射だから，ψ による自然な合同は φ による自然な合同に一致する．$\eta: G/\rho \to G'$ の唯一性も容易にみられる（p.305 の補遺3をみよ）． ∎

定理 2·7·8 ρ, σ を亜群 G の合同関係とし，ρ, σ による自然な準同形写像をそれぞれ φ, ψ とする．もし $\sigma \subseteq \rho$ であれば G/σ から G/ρ の上への準同形写像 η がただ一つ存在して

$$\varphi = \psi\eta.$$

証明 $a \in G$ とし，a を含む σ-類を $\bar{a}$，a を含む ρ-類を $\bar{\bar{a}}$ で表わす．φ, ψ の定義により $a\psi = \bar{a}$，$a\varphi = \bar{\bar{a}}$．さて $\bar{a} \mapsto \bar{\bar{a}}$ は G/σ から G/ρ 上への写像である：$\bar{a} = \bar{b}$ とするとき $a\sigma b$．仮定により $\sigma \subseteq \rho$ だから $a\rho b$．ゆえに $\bar{\bar{a}} = \bar{\bar{b}}$．したがって $\bar{a} \mapsto \bar{\bar{a}}$ は G/σ で定義されることがわかった．次に ψ, φ が準同形だから

$$\bar{a}\bar{b} = \overline{ab} \Rightarrow \overline{\overline{ab}} = \bar{\bar{a}}\bar{\bar{b}}.$$

これで $\bar{a} \mapsto \bar{\bar{a}}$ が準同形であることが証明された．$\bar{a} \mapsto \bar{\bar{a}}$ で定義される写像 $G/\sigma \to_{\text{on}} G/\rho$ を η で表わす．$\varphi = \psi\eta$ は

$$a \overset{\psi}{\mapsto} \bar{a} \overset{\eta}{\mapsto} \bar{\bar{a}} \quad と \quad a \overset{\varphi}{\mapsto} \bar{\bar{a}}$$

から理解される． ▮

準同形写像 $\eta : G/\sigma \to_{\text{on}} G/\rho$ によって生ずる G/σ の合同関係は §2·4 で定義された ρ/σ である．定理 2·7·7 により

系 2·7·9 $$(G/\sigma)/(\rho/\sigma) \cong G/\rho.$$

2·8 Reesの剰余亜群（半群）*)

G を亜群，I を G のイデアルとする．G の合同関係 τ を次のように定義する：

$x = y$ か，または x, y がともに I に属するとき，$x\tau y$.

いいかえると，I のすべての元は τ-関係にあり，I の外側では等号と一致する．さて τ が合同関係であることを証明しよう．反射律，対称律は明らかである．推移律を証明するために，$x\tau y, y\tau z$ とすると次の4個の場合が可能である．

$$(1)\begin{cases} x = y \\ y = z \end{cases} \quad (2)\begin{cases} x = y \\ y, z \in I \end{cases} \quad (3)\begin{cases} x, y \in I \\ y = z \end{cases} \quad (4)\begin{cases} x, y \in I \\ y, z \in I. \end{cases}$$

(1) では等号の推移律により $x = z$．(2),(3),(4) では $x, z \in I$．いずれの場合にも $x\tau z$ を得る．次に $x\tau y$ とするとき $xz\tau yz$，$zx\tau zy$ となることを証明する．もし $x = y$ であれば当然 $xz = yz$，$zx = zy$；もし $x, y \in I$ であれば I がイデアル

*) Rees (1940) による．

だから xz, yz, zx, zy はいずれも I に含まれる．結局 τ が合同関係であることが証明された．G の τ-類では I のすべての元が一つの類をなし，I に属さない元は一つの元が一つの類をなす．そして $xI\subseteq I$, $Ix\subseteq I$ だから類 I は剰余半群 G/τ の零である．

上に定義した合同関係 τ を G の **Rees-合同**（関係）とよぶ．G/τ はイデアル I によって決定されるから G/I とも書かれ，G の I による **Rees-剰余亜群**という．定理2·7·7により G は G/I 上に準同形である．写像 $G\to_{\mathrm{on}}G/I$ を G の I による **Rees-準同形**という．もし G が半群ならば G/I も半群である．恒等式 $(xy)z=x(yz)$ が準同形で不変だからである．

亜群 G のイデアル I による Rees-剰余亜群が Z の上に同形であるとき，G を $\boldsymbol{I}$ **の** $\boldsymbol{Z}$ **によるイデアル拡大**という．

亜群 G とそのイデアル I が与えられたとき，$G/I\cong G'$ は次のようにして得られる．

まず $G=I\cup H$, $H=G\setminus I$ とする．一つの新しい元 0 をとり $G'=\{0\}\cup H$（ただし $0\notin H$ とする）とし，G の演算を xy で表わすとき，G' の演算 $x\cdot y$ を次のように定義する：

$$x\cdot 0=0\cdot x=0 \qquad (\text{すべての } x\in G' \text{ に対し}),$$

$$x\cdot y=\begin{cases} xy & (\text{もし } xy\notin I \text{ ならば}),\\ 0 & (\text{もし } xy\in I \text{ ならば}).\end{cases}$$

亜群（半群）G のイデアルと G の Rees-合同が1対1に対応する．これは群の正規部分群と合同の間の関係に似ている．しかし群の場合はすべての合同が正規部分群に対応するけれども，亜群（半群）の場合は一般に Rees-合同だけであることに注意すべきである（p. 305 の補遺4をみよ）．

2·9 約除による擬順序

S を半群とする．S に二つの関係 ρ_0, σ_0 を次のように定義する．

$$(2\cdot 9\cdot 1)\qquad \begin{cases} a\rho_0 b \Leftrightarrow a=xb \text{ なる } x\in S^1 \text{ がある．}\\ a\sigma_0 b \Leftrightarrow a=by \text{ なる } y\in S^1 \text{ がある．}\end{cases}$$

いうまでもなく $a\rho_0 b$ は $a=b$ かまたは $a=xb$ なる $x\in S$ があることを意味する．明らかに ρ_0 も σ_0 も擬順序であり，ρ_0 は右両立的，σ_0 は左両立的である．

命題 2·9·2 $\rho_0\cdot\sigma_0=\sigma_0\cdot\rho_0$ であって，これは ρ_0 と σ_0 で生成される擬順序である．

証明 $a\rho_0\cdot\sigma_0 b$ と仮定すると，$a\rho_0 c$, $c\sigma_0 b$ なる $c\in S$ がある，すなわち $xc=a$, $by=c$ なる $x, y\in S^1$ がある．これより $a=x(by)=(xb)y$. いま $d=xb$ とおくと $a=dy$. ゆえに $a\sigma_0 d$. $d\rho_0 b$. これで $\rho_0\cdot\sigma_0\subseteq\sigma_0\cdot\rho_0$ が証明された．逆向きの包含も同じようにして得られる．後半は(2.5.8)⇒(2.5.9)によって証せられる．$\sigma_0^2=\sigma_0$ により $\rho_0\cdot\sigma_0=\sigma_0\cdot\rho_0\cdot\sigma_0$ が成り立つからである． ∎

§2·6 で定義したように，$\tilde{\rho}_0$ を

$$a\tilde{\rho}_0 b \Leftrightarrow a\rho_0 b \text{ でかつ } b\rho_0 a$$

と定義する（$\tilde{\sigma}_0$ も同じように）．

命題 2·9·3 $\tilde{\rho}_0\cdot\tilde{\sigma}_0=\tilde{\sigma}_0\cdot\tilde{\rho}_0$ で，これは $\tilde{\rho}_0$ と $\tilde{\sigma}_0$ で生成される等値関係である．

証明 後半は系2·5·11によるから前半だけを証明すればよい．$a\tilde{\rho}_0\cdot\tilde{\sigma}_0 b$, すなわち $a\tilde{\rho}_0 c, c\tilde{\sigma}_0 b$ なる $c\in S$ があると仮定する．定義により $a=xc$, $c=ya$, $c=bz$, $b=cu$ なる $x, y, z, u\in S^1$ がある．$d=au$ とおくと

$$d=au=xcu=xb,\ a=xc=xbz=dz,\ b=cu=yau=yd.$$

これから $a\tilde{\sigma}_0 d$, $d\tilde{\rho}_0 b$. ゆえに $a\tilde{\sigma}_0\cdot\tilde{\rho}_0 b$. $\tilde{\rho}_0\cdot\tilde{\sigma}_0\subseteq\tilde{\sigma}_0\cdot\tilde{\rho}_0$ が証明された．逆向きの包含も同じようにする． ∎

ρ_0, σ_0 と左，右，イデアルの関係をしらべる．

a で生成される主左イデアルを $L_a=S^1a$; 主右イデアルを $R_a=aS^1$; 主イデアルを $P_a=S^1aS^1$ と書く．$\tau_0=\rho_0\cdot\sigma_0$ とおく．

$$(2\cdot9\cdot4)\quad \begin{cases} a\rho_0 b \text{ と } L_a\subseteq L_b \text{ とは 同値である．} \\ a\sigma_0 b \text{ と } R_a\subseteq R_b \text{ とは 同値である．} \\ a\tau_0 b \text{ と } P_a\subseteq P_b \text{ とは 同値である．} \end{cases}$$

$$(2\cdot9\cdot4')\quad \begin{cases} a\tilde{\rho}_0 b \text{ と } L_a=L_b \text{ とは 同値である．} \\ a\tilde{\sigma}_0 b \text{ と } R_a=R_b \text{ とは 同値である．} \\ a\tilde{\tau}_0 b \text{ と } P_a=P_b \text{ とは 同値である．} \end{cases}$$

(2·9·5) $L_a=\{x : x\rho_0 a\}$, $R_a=\{x : x\sigma_0 a\}$, $P_a=\{x : x\tau_0 a\}$.

片側または両側イデアルを擬順序でいえば

命題 2·9·6

(2·9·6·1) 半群 S の部分集合 L が S の左イデアルであるための必要十分条

件は

$$a \in L,\ b \in S,\ b\rho_0 a \Rightarrow b \in L.$$

(2·9·6·2)　S の部分集合 R が S の右イデアルであるための必要十分条件は

$$a \in R,\ b \in S,\ b\sigma_0 a \Rightarrow b \in R.$$

(2·9·6·3)　S の部分集合 I が S のイデアルであるための必要十分条件は

$$a \in I,\ b \in S,\ b\tau_0 a \Rightarrow b \in I.$$

$\widetilde{L}_a = \{x : x\tilde{\rho}_0 a\}$, $\widetilde{R}_a = \{x : x\tilde{\sigma}_0 a\}$, $\widetilde{P}_a = \{x : x\tilde{\tau}_0 a\}$ とおく.

S の左（右）イデアルは S のいくつかの $\tilde{\rho}_0$-類（$\tilde{\sigma}_0$-類）$\widetilde{L}_a(\widetilde{R}_a)$ の和集合であり，S のイデアルは S のいくつかの $\tilde{\tau}_0$-類 $\widetilde{P}_a$ の和集合である．次の定理2·9·7は $\tilde{\rho}_0$ に関するが，$\tilde{\sigma}_0$ に関しても同じような結果を得る．

定理 2·9·7　$a\tilde{\rho}_0 b$ すなわち $a = tb$, $b = sa$ $(t, s \in S^1)$ とする．そのとき $x \mapsto sx$ で定義される写像 $\varphi : R_a \to R_b$ は全単射であって

$$\widetilde{R}_a\varphi = \widetilde{R}_b,\ x\tilde{\rho}_0 x\varphi. \qquad \text{ゆえに}\ (L_a \cap R_a)\varphi = L_b \cap R_b.$$

証明　$x \in R_a$ をとると $x = au$ なる $u \in S^1$ があり，$sx = sau = bu \in R_b$．逆に $x' \in R_b$ に対し $x' = bz = saz$ なる $z \in S^1$ があるから az が x' に写される．これで φ が全射であることが示された．1対1を見るために $sx = sy$ $(x, y \in R_a)$ と仮定する．$x = au, y = av$ なる $u, v \in S^1$ があるから $tsau = tsav$．一方 $a = tb, b = sa$ だから $tsa = a$．ゆえに $au = av, x = y$ を得る．φ は全単射である．

$\widetilde{R}_a\varphi = \widetilde{R}_b$ を証明する．$x \in \widetilde{R}_a$ に対し $a = xz$, $x = aw$ なる $z, w \in S^1$ があり，$b = sa = sxz$ より $b\sigma_0 sx$．また $sx = bw$ から $sx\sigma_0 b$，ゆえに $sx\tilde{\sigma}_0 b$ を得る．$f \in \widetilde{R}_b$ に対し $f = bp$, $p \in S^1$，だから $sap = bp = f$．φ は全射である．$x\tilde{\rho}_0 x\varphi$ を証するために $x \in R_a$, $x = au$, $u \in S^1$ から $tsx = tsau = tbu = au = x$．ゆえに $x\rho_0 sx$．なお $sx\rho_0 x$ は明らかだから $x\tilde{\rho}_0 x\varphi$ を得る．最後の結論は φ が R_a から R_b の上への全単射であることと $x\tilde{\rho}_0 x\varphi$ であることから明らかである．∎

定理 2·9·8　$a\tilde{\rho}_0 \cdot \tilde{\sigma}_0 b$，すなわち $sa = c$, $tc = a$, $cs' = b$, $bt' = c$ $(s, t, s', t' \in S^1)$ とする．そのとき $x \mapsto sxs'$ で定義される写像 $\psi : R_a \cap L_a \to R_b \cap L_b$ は全単射であって

$$\widetilde{M}_a\psi = \widetilde{M}_b,$$

ただし $\widetilde{M}_a = \{x : x(\widetilde{\rho_0 \cap \sigma_0})a\}$.

定理2·9·7とその双対的な場合を適用して証明される．証明は読者に任す．

定理 2·9·9 $a\rho_0 a', b\sigma_0 b'$ であれば，$ab\tau_0 a'b'$.

証明 ρ_0 は右両立的，σ_0 は左両立的であるから，$a\rho_0 a'$ より $ab\rho_0 a'b$ を得，$b\sigma_0 b'$ より $a'b\sigma_0 a'b'$，したがって $ab\rho_0\cdot\sigma_0 a'b'$. ∎

系 2·9·10 $a\tilde{\rho}_0 a', b\tilde{\sigma}_0 b'$ であれば，$ab\tilde{\rho}_0\cdot\tilde{\sigma}_0 a'b'$.

半順序集合 P のイデアルとは，P の部分集合 I で次の条件を満足するものをいう.

$$a\in I,\ x\leqq a \Rightarrow x\in I.$$

$\tau_0=\rho_0\cdot\sigma_0$ だから集合 $S/\tilde{\tau}_0, S/\tilde{\rho}_0, S/\tilde{\sigma}_0$ はそれぞれ $\tau_0/\tilde{\tau}_0, \rho_0/\tilde{\rho}_0, \sigma_0/\tilde{\sigma}_0$ に関して半順序集合をなす．命題 2·9·6 によれば

S のイデアルは　$S/\tilde{\tau}_0$ の $\tau_0/\tilde{\tau}_0$ に関するイデアルにより，

S の左イデアルは $S/\tilde{\rho}_0$ の $\rho_0/\tilde{\rho}_0$ に関するイデアルにより，

S の右イデアルは $S/\tilde{\sigma}_0$ の $\sigma_0/\tilde{\sigma}_0$ に関するイデアルにより

それぞれ定まる．また

命題 2·9·11 S が左単純半群であるための必要十分条件は $\tilde{\rho}_0=\omega$.

S が右単純半群であるための必要十分条件は $\tilde{\sigma}_0=\omega$.

S が単純半群であるための必要十分条件は　$\tilde{\tau}_0=\widetilde{\rho_0\cdot\sigma_0}=\omega$.

$\tilde{\rho}_0\cdot\tilde{\sigma}_0=\omega$ であるとき，S を**双単純** (bisimple) とよぶ．双単純半群は単純である．それは $\tilde{\rho}_0\cdot\tilde{\sigma}_0\subseteq\widetilde{\rho_0\cdot\sigma_0}$ が成り立つからである．

$\tilde{\rho}_0, \tilde{\sigma}_0,\ \tilde{\tau}_0,\ \tilde{\rho}_0\cdot\tilde{\sigma}_0,\ \tilde{\rho}_0\cap\tilde{\sigma}_0$ これらは **Green の関係**とよばれ (Green, 1951)，しばしば次のような記号が用いられる．

$$\tilde{\rho}_0=\mathcal{L},\quad \tilde{\sigma}_0=\mathcal{R},\quad \tilde{\tau}_0=\mathcal{J},\quad \tilde{\rho}_0\cap\tilde{\sigma}_0=\mathcal{H},\quad \tilde{\rho}_0\cdot\tilde{\sigma}_0=\mathcal{D}.$$

双単純はまた **$\mathcal{D}$-単純**ともよばれる．$\mathcal{D}\subseteq\mathcal{J}$ であるが，一般に $\mathcal{D}\neq\mathcal{J}$.

集合 X の全変換半群を $\mathcal{T}_X$ とする．$\alpha\in\mathcal{T}_X$ に対し π_α は α によって引き起こされる X の等値関係を表わす，すなわち

$$x, y\in X,\ x\pi_\alpha y \Leftrightarrow x\alpha=y\alpha.$$

問 1 $\alpha\rho_0\beta \Leftrightarrow X\alpha\subseteq X\beta$. $\alpha\mathcal{L}\beta \Leftrightarrow X\alpha=X\beta$, $\alpha\sigma_0\beta \Leftrightarrow \pi_\alpha\supseteq\pi_\beta$, $\alpha\mathcal{R}\beta \Leftrightarrow \pi_\alpha=\pi_\beta$.

問 2 $|X\alpha|=|X/\pi_\alpha|$ を α の階数という．$\alpha\mathcal{D}\beta$ であるためには α と β の階数が等しいことが必要十分である．

問 3 $|X|=3$ または 4 のときのすべての $\mathcal{D}$-類を求めよ．

第3章　数半群について

数半群をかえりみて，抽象的半群論に入る前提とする．半群の例としてのみならず，可換半群，可換アルキメデス的半群論の基礎に関連するとともに，数体系の半群論的考察の一端でもある．本章に入るには初等的整数論の知識さえあればよい．

3・1　正整数半群の基底

すべての正整数のつくる普通の加法に関する半群を P とする：

$$P=\{1,2,3,\cdots\}.$$

P の部分半群，すなわち正整数からなる加法半群 S を**正整数加法半群**という．この節では演算は加法だけに定まっているから「正整数半群」とよんでもよい．P は無限巡回半群に同形であるが，S は一般には無限巡回半群でない．

S を正整数半群とする．S に次のような関係を定義する：

$a=b$ かまたは $a=b+c$ なる $c\in S$ があるとき $a\leqq b$．$\leqq$ は半順序である：反射律は明らかであり推移律も簡単に証明される．反対称律を証明しよう．$a\leqq b$ かつ $b\leqq a$ とすると次の四つの場合が考えられる．

（i）$a=b$　　（ii）$\begin{cases}a=b\\ b=a+d\end{cases}$　　（iii）$\begin{cases}a=b+c\\ b=a\end{cases}$　　（iv）$\begin{cases}a=b+c\\ b=a+d.\end{cases}$

（ii），（iii），（iv）のいずれの場合にも $a=a+k, k\in S$ となるが，これは不可能である．結局（i）の場合だけが可能である．ゆえに反対称律が証明された．

$a\leqq b$ であるが $a\neq b$ であるとき，$a\prec b$ と書く．

S は $\leqq$ に関して昇鎖律を満足する．すなわち

$$a_0\leqq a_1\leqq a_2\leqq\cdots$$

であれば，正整数 m が存在して $a_m=a_{m+1}=\cdots$．

これは $a\prec b$ であれば普通の大小 $a>b$ が成り立つことから明らかである．したがって S は $\leqq$ に関して極大元をもつ．すなわち x が S の極大元であることは $x=y+z$ なる $y,z\in S$ が存在しないことである．

問 加法半群 $S=\{3,5,6,8,9,10,\cdots\}$ の半順序$\preceq$に関する図式を書け.

(3·1·1) S のすべての元は極大元の和として表わされる.

証明 Sの元xをとる. もしxが極大元でなければ, $x=x_1+y$ なる x_1, y があるから $x\prec x_1$. もし x_1 が極大元でなければ $x_1\prec x_2$ なる x_2 がある. このようにして $x\prec x_1\prec x_2\prec\cdots$ なる列を得るが, 昇鎖律により $x_1\prec x_2\prec\cdots\prec x_n$ で止まる. すなわち極大元 x_n に達する. $x_n=p_1$ と書き直すと $x\prec p_1$ だから $x=p_1+z_1$ なる z_1 がある. z_1 が極大元でなければ $x=p_1+p_2+z_2$. これを繰り返して $x=p_1+p_2+p_3+z_3=\cdots$ でかつ $z_1\prec z_2\prec z_3\prec\cdots$ となるが, 昇鎖律によりこれも有限個で終わる. 結局 $x=p_1+p_2+\cdots+p_m$ となり, $p_1,\cdots,p_m$ は極大元である. ▌

S のすべての極大元の集合を B と書く. (3·1·1) により B は S の生成集合である. 以下に証明するように B は極小な生成集合すなわち基底である.

(3·1·2) B はただ一つの基底である.

証明 極大元の定義により, B の元は S の有限個 (2個以上) の元の和として, したがって B の2個以上の有限個の元の和として表わされないから, B の真部分集合は S の生成集合になることはできない. ゆえに B は基底である. C を任意の基底とする. B の元が極大元だから $B\subseteq C$ が容易に証明されるが, C が極小であるから $B=C$ である (系1·4·6, 命題1·4·7から明らかであるが, この章から読み始める読者のために説明した). ▌

(3·1·3) B は有限である.

証明 S のすべての元を普通の大小関係でならべるときの最小元を a_1 とする: (普通の大小を $<$ で表わす.)

$$a_1<a_2<\cdots$$

$a_1\prec x$ なる x はないから, a_1 は極大元, $a_1\in B$ である. $|B|>1$ と仮定してよいから B の相異なる2元 b, c に対して

$$b\not\equiv c \pmod{a_1}$$

を証明しよう. $b<c$ と仮定してよい. もし $b\equiv c \pmod{a_1}$ とすれば

$$c=b+n\cdot a_1 \quad (n\cdot a_1=\underbrace{a_1+\cdots+a_1}_{n}).$$

だから S は $B\setminus\{c\}$ で生成される. これは B が基底であることに矛盾する. B のいずれの異なる2元も a_1 を法として合同でないから

$$|B| \leqq a_1.$$ ∎

定理 3・1・4 正整数加法半群はただ一つの有限基底をもつ.

正整数半群 S の基底を $B=\{a_1, a_2, \cdots, a_n\}$ とし, $a_1<a_2<\cdots<a_n$ とするとき, a_1 は S の大小に関する最小元で

(3・1・4・1) $n \leqq a_1$,

(3・1・4・2) B のどの元も2個以上の B の元の和として表わされない,

という性質をもっている. 逆に (3・1・4・1), (3・1・4・2) を満足する正整数の集合 B が与えられるとき, B によって生成される正整数半群がただ一通りに定まる. すなわち S は次のように与えられる:

$$S=\left\{x:\ x=\sum_{i=1}^{n} x_i a_i,\ \sum_{i=1}^{n} x_i>0,\ x_i \geqq 0 \quad (i=1, \cdots, n)\right\}.$$

x_i は任意の負でない整数であるが, すべては0にならない.

(3・1・4・1), (3・1・4・2) なる条件を満足しなくても有限個の正整数の集合 $\{a_1, \cdots, a_m\}$ が与えられるとき, $a_1, \cdots, a_m$ で生成される正整数半群 S がただ一つ定まる. S を $S=[a_1, \cdots, a_m]$ と書く. $\{a_1, \cdots, a_m\}$ は S の生成集合であるが, 基底であるとは限らない.

例 $S=\{3, 5, 6, 8, 9, 10, \cdots\}=[3, 5, 11]$. しかし S の基底は $\{3, 5\}$ である.

正整数半群 S が与えられたとき S の基底を定義したが, あらかじめ S が与えられていなくても正整数の集合 $\{a_1, \cdots, a_n\}$, $(a_1<a_i\ (i \neq 1))$ が (3・1・4・1), (3・1・4・2) を満足するとき $\{a_1, \cdots, a_n\}$ を**基底**という.

B_1, B_2 が集合として異なる基底であれば, B_1, B_2 でそれぞれ生成される S_1, S_2 は異なる正整数半群であっても, 同形であることがある. どんな条件の下で $S_1 \cong S_2$ であるか.

定理 3・1・5 $B_1=\{a_1, a_2, \cdots, a_m\}$, $a_1<a_2<\cdots<a_m$, $m>1$,

$B_2=\{b_1, b_2, \cdots, b_n\}$, $b_1<b_2<\cdots<b_n$, $n>1$

を基底とし, B_1, B_2 で生成される正整数加法半群をそれぞれ S_1, S_2 とする. S_1 と S_2 が同形であるための必要十分条件は

(3・1・5・1) $$m=n$$

で

(3・1・5・2) $$\frac{a_1}{b_1}=\frac{a_2}{b_2}=\cdots=\frac{a_m}{b_m}.$$

注意　上の定理で $m>1, n>1$ と仮定したが，これを仮定しなくても，定理は $m=n=1$ かまたは $m=n>1$ で (3・1・5・2) が成立することと解釈される．

証明　S_1 から S_2 の上への同形写像を φ とする．

$$B_2'=\{a_1\varphi, a_2\varphi, \cdots, a_m\varphi\}$$

が S_2 の基底であることは次のように証明される．まず S_2 が B_2' で生成されることは容易にわかる．B_2' が極小であることをいうために $\{a_{i_1}\varphi, \cdots, a_{i_{m'}}\varphi\}$ ($m'<m$) が S_2 の生成集合であると仮定すると，$\varphi^{-1}: S_2\to S_1$ (同形写像) による像 $a_{i_1}, \cdots, a_{i_{m'}}$ が B_1 の真部分集合で S_1 の生成集合となり B_1 が基底であることに矛盾する．さて $B_2=\{b_1, b_2, \cdots, b_n\}$ が S_2 の基底であるから基底の唯一性により $B_2=B_2'$，したがって $m=n$．そこで $B_1=\{a_1, a_2, \cdots, a_m\}$，$B_2=\{b_1, b_2, \cdots, b_m\}$ ($m>1$)，そして $B_1\varphi=B_2$．次に $a_i\varphi=b_i$ ($i=1, \cdots, m$) になることを示そう．

$a_1\varphi=b_k$，$k>1$ と仮定すると，$a_l\varphi=b_1$ となる $l>1$ がある．

$$a_1a_l=\underbrace{a_1+\cdots+a_1}_{a_l}=\underbrace{a_l+\cdots+a_l}_{a_1}\in S$$

だから

$$(a_1a_l)\varphi=(a_l+\cdots+a_l)\varphi=\underbrace{a_l\varphi+\cdots+a_l\varphi}_{a_1}=a_1b_1,$$

$$(a_1a_l)\varphi=(a_1+\cdots+a_1)\varphi=\underbrace{a_1\varphi+\cdots+a_1\varphi}_{a_l}=a_lb_k.$$

ゆえに $a_1b_1=a_lb_k$，$a_1<a_l$ だから $b_k<b_1$ となり，最初の仮定に反する．したがって $k=1$，すなわち $a_1\varphi=b_1$ が証明された．$B_1\varphi=B_2$ だから φ によって $\{a_2, \cdots, a_m\}$ が $\{b_2, \cdots, b_m\}$ に写される．上と同じ方法で順次

$$a_2\varphi=b_2,\ \cdots,\ a_m\varphi=b_m$$

が証明される．さて

$$a_1b_i=a_1(a_i\varphi)=(a_1a_i)\varphi=(a_ia_1)\varphi=a_i(a_1\varphi)=a_ib_1,\quad i=2, \cdots, m.$$

ゆえに $\dfrac{a_1}{b_1}=\dfrac{a_i}{b_i}$ ($i=2, \cdots, m$) を得る． ∎

逆を証明するために一つの補題を用意する．

補題 3・1・6　d を任意の正整数とすると

$$[a_1, \cdots, a_m] \cong [da_1, \cdots, da_m].$$

($\{a_1, \cdots, a_m\}$ を基底と仮定しなくても生成集合と仮定するだけでこの補題は成立する.)

証明　$S_1=[a_1, \cdots, a_m]$, $S_1'=[da_1, \cdots, da_m]$ とおく.

$$x \in S, \ x=\sum_{i=1}^{m} x_i a_i \quad \left(x_i \geqq 0, \ \sum_{i=1}^{m} x_i > 0\right)$$

に対し

$$x\varphi=\sum_{i=1}^{m} x_i (da_i)$$

を対応させると, φ が S_1 から S_1' の上への同形写像になる. φ の1対1を証明するには x は上の表示とし, y を $y=\sum_{i=1}^{m} y_i a_i$ で表わしておいて $x\varphi=y\varphi$ とすると

$$d\left(\sum_{i=1}^{m} x_i a_i\right)=d\left(\sum_{i=1}^{m} y_i a_i\right).$$

正整数の性質 : $dz=du \Rightarrow z=u$ により $x=y$ を得る. φ が S_1' の上への写像であることと $(x+y)\varphi=x\varphi+y\varphi$ は容易に証明される. ▌

定理 3·1·5 の逆の証明　$S_1=[a_1, \cdots, a_m]$, $S_2=[b_1, \cdots, b_m]$ とする.

$$\frac{a_1}{b_1}=\cdots=\frac{a_m}{b_m}=\frac{l}{k}, \ k>0, l>0 \quad とおくと \quad ka_i=lb_i \ (i=1, \cdots, m).$$

補題 3·1·6 により $[a_1, \cdots, a_m] \cong [ka_1, \cdots, ka_m]=[lb_1, \cdots, lb_m] \cong [b_1, \cdots, b_m]$.
ゆえに $S_1 \cong S_2$ が証明された. ▌

系 3·1·7　二つの基底 $\{a_1, \cdots, a_m\}$, $\{b_1, \cdots, b_m\}$ が $a_1<\cdots<a_m$, $b_1<\cdots<b_m$, g.c.d. $\{a_1, \cdots, a_m\}$ = g.c.d. $\{b_1, \cdots, b_m\}=1$ を満足するものとする.

$[a_1, \cdots, a_m] \cong [b_1, \cdots, b_m]$ であるための必要十分条件は

$$a_1=b_1, \ \cdots, a_m=b_m.$$

証明　定理3·1·5の逆の証明において k と l は互いに素であると仮定してよい. g.c.d. $\{a_1, \cdots, a_m\}=1$ だから初等整数論で知られているように, $\sum_{i=1}^{m} z_i a_i=1$ となる整数 $z_1, \cdots, z_m$ が存在する. このとき $t=\sum_{i=1}^{m} z_i b_i$ とおくと $l/k=1/t$ から $k=lt$. ところが g.c.d. $\{k, l\}=1$ だから $l=1$. 同じように g.c.d. $\{b_1, \cdots, b_m\}=1$ から出発して $k=1$ を証明することができる. ▌

注意　公約数は正整数だけに制限して考えてよい．

3・2 標準基底と上片

定義　m 個の正整数の集合 $B: a_1<a_2<\cdots<a_m$ が (3・1・4・1), (3・1・4・2) のほかに

$$(3\cdot2\cdot1) \qquad \text{g.c.d.}\{a_1, \cdots, a_m\}=1$$

を満足するとき，B を**標準基底**とよぶ．

系 3・2・2　S が正整数加法半群であれば，標準基底 $\{b_1, \cdots, b_m\}$ がただ一つ存在して，

$$S\cong[b_1, \cdots, b_m].$$

すべての正整数加法半群の族を $\mathfrak{S}$，すべての標準基底の集合を $\mathscr{B}$ とする．$\mathscr{B}$ の元 $\{a_1, \cdots, a_m\}$, $a_1<a_2<\cdots<a_m$ と $\{b_1, \cdots, b_n\}$, $b_1<b_2<\cdots<b_n$ の相等は $m=n$ でかつ $a_1=b_1, a_2=b_2, \cdots, a_m=b_m$ なることで定義される．

$S_1, S_2\in\mathfrak{S}$ で $S_1\cong S_2$ であるとき $S_1\rho S_2$ と定義すれば，ρ は等値関係で $\mathscr{B}$ の元と $\mathfrak{S}/\rho$ の元の間に 1 対 1 の対応がある．この対応は $\mathscr{B}$ の $\{b_1, \cdots, b_m\}$ に対し $[b_1, \cdots, b_m]$ を含む ρ-類を対応させることである．

標準基底で生成される正整数加法半群を**標準的**であるという．$\{b_1, \cdots, b_m\}$ が標準基底で $S\cong[b_1, \cdots, b_m]$ であるとき，S が標準的でなくても $\{b_1, \cdots, b_m\}$ を S の**標準基底**という．

正整数からなる無限集合 A の最大公約数 $g(>0)$ が考えられる．もちろん最大公約数 g は A に属するとは限らない．A が加法半群であるとき，A の最大公約数は A の生成集合の最大公約数に一致する．したがって，正整数加法半群 S が標準的であるのは，S の最大公約数が 1 であるときに限る．

例　n を任意の正整数とし，$B=\{n, n+1, \cdots, 2n-1\}$ とおく．B は標準基底である．なぜなら $x\in B$ ならば $n\leqq x\leqq 2n-1$. $x, y\in B$ に対し $2n\leqq x+y$ だから条件 (3・1・4・2) を満足する．(3・1・4・1), (3・2・1) は明らかである．$2n-1<z$ なるすべての z に対し $z=x+i\cdot n$ なる $x\in B$ と正整数 i が存在するから，$[n, n+1, \cdots, 2n-1]=\{x: x\geqq n\}$. 逆に $\{x: x\geqq n\}$ なる形の半群は標準基底 $\{n, n+1, \cdots, 2n-1\}$ をもつ．このような形の正整数加法半群を**上片**といい，U_n で表わす：$U_n=\{x: x\geqq n\}$.

定理 3·2·3 Sを正整数加法半群とするとき，次の条件は同等である．

(3·2·3·1) Sは上片を含む．

(3·2·3·2) Sの最大公約数が1である．

(3·2·3·3) Sの大小に関する最小元をlとすると，Sは$c_i\equiv i\ (\mathrm{mod}.\ l)$, $i=0, 1, \cdots, l-1$なる$c_0, c_1, c_2, \cdots, c_{l-1}$を含む．

証明 (3·2·3·1)⇒(3·2·3·2)：仮定によりSはある$n, n+1$を含む．n, $n+1$の公約数は1であるからSの最大公約数は1である．

(3·2·3·2)⇒(3·2·3·3)：Sの基底を$B=\{a_1, \cdots, a_m\}$, a_1がSの最小元である．もし$m=1$——すなわち$S=[a_1]$——ならば，$a_1=1$のときに限ってSの最大公約数が1だから(3·2·3·3)は成り立つ．それで$m>1$として証明する．Sの最大公約数が1であるからBの最大公約数 g.c.d. $\{a_1, \cdots, a_m\}=1$である．したがって$\sum_{i=1}^{m} x_i a_i=1$を満足する整数$x_1, \cdots, x_m$が存在する．しかも$x_1>0$, $x_2, \cdots, x_m$をいずれも0でないようにとることができる（これはmについての帰納法で証明される）．この内あるものは正，あるものは負であるから，2, 3, $\cdots, m$の順序を適当に変更して

$$x_1, \cdots, x_k>0;\quad x_{k+1}, \cdots, x_m<0$$

と仮定する．確かに$k\geqq 1$, $m-k\geqq 1$.

$x_i\ (i=k+1, \cdots, m)$のおのおのに対し

$$y_i\equiv x_i (\mathrm{mod}.\ a_1) \quad で \quad y_i>0 \quad (i=k+1, \cdots, m)$$

なるようにy_iを選ぶ．$\sum_{i=1}^{m} x_i a_i=1$より

$$\sum_{i=1}^{k} x_i a_i+\sum_{i=k+1}^{m} y_i a_i=1+\sum_{i=k+1}^{m} (y_i-x_i) a_i.$$

これの左辺をb_1とおくと，b_1はSの元で，$b_1\equiv 1\ (\mathrm{mod}.\ a_1)$．直ちに$2b_1\equiv 2$, $\cdots, (a_1-1)b_1\equiv a_1-1$, $a_1\equiv 0\ (\mathrm{mod}.\ a_1)$．そして$a_1, b_1, 2b_1, 3b_1, \cdots, (a_1-1)b_1$は$S$の元である．これで(3·2·3·3)が証明された．

(3·2·3·3)⇒(3·2·3·1)：仮定により，$c_i\equiv i\ (\mathrm{mod}.\ l)$なる$c_0, c_1, \cdots c_{l-1}$が$S$に含まれているから$c_i\leqq x$, $x\equiv i\ (\mathrm{mod}.\ l)$なる正整数$x$はすべて$S$に含まれる．さて$c_0, c_1, \cdots, c_{l-1}$の最小公倍数を$c>0$とする．

$$c\equiv 0\ (\mathrm{mod}.\ l),\quad c+i\geqq c_i \quad (0\leqq i\leqq l-1),$$

かつ

$$c+i\equiv c_i\,(\mathrm{mod.}\,l),\ c+i\in S\quad(i=0,1,\cdots,l-1).$$

ゆえに c より大なる正整数はすべて S に含まれるから S は少なくも上片 U_c を含む. ∎

明らかに次のことがいえる：

正整数加法半群が上片を含むならば，最大の上片を含む.

上片をふくむ正整数加法半群 S の最小元を l とする. $0\leqq i\leqq l-1$ の各 i に対し

$$S_i=\{x\in S:\ x\equiv i\,(\mathrm{mod.}\,l)\}$$

を定義すると定理3・2・3により $S_i\neq\emptyset\ (i=0,\cdots,l-1)$，そして S は S_i の疎和*) $S=\bigcup_{i=0}^{l-1}S_i$ である. S_i の元の中で普通の大小に関する最小元を p_i とする. もちろん $p_0=l$ である. これら p_i は

$$p_i=l+x \text{ なる } x\in S \text{ が存在しない}$$

という性質をもつ. 逆に S の元 a で $a=l+x$ なる $x\in S$ がなければ，a はある S_i の最小元である.

このような $p_i\in S$ を l に関する（**加法的**）**素元**とよぶ. 上の $p_0,p_1,\cdots,p_{l-1}$ は l に関する S の素元のすべてである. l 自身 l に関する素元である.

正整数加法半群 S の基底を $\{a_0,\cdots,a_{n-1}\}$ とする. a_0 は S の最小数 l であり，$a_0,\cdots,a_{n-1}$ はすべて l に関する素元であるが，素元は必ずしも基底の元ではない. たとえば $[3,5]$ の $l=3$ に関する素元は $3,5,10$ である.

S の l に関するすべての素元の大小に関する最大元を p とする.

$$p=\max\{p_0,p_1,\cdots,p_{l-1}\}.$$

定理 3・2・4（佐々木） S が上片を含むならば，U_{p-l+1} は S に含まれる最大上片である. いいかえると $x>p-l$ なるすべての x は S に属するが，$p-l$ は S に属さない.

証明 まず $p\geqq 2l$ と仮定してもさしつかえないことを証明しよう. かりに $p<2l$ とすると，集合 $\{p_0,p_1,\cdots,p_{l-1}\}$ は $\{l,l+1,\cdots,2l-1\}$ と一致するから $S=U_l=\{x:\ x\geqq l\}$ となり，$p=2l-1$ だから $p-l+1=l$ で，定理は成り立つ. ゆえに $p\geqq 2l$ の場合だけ考えればよい.

$x>p-l$ である正整数 x については $x>p-l\geqq l$ だから $x\equiv p_i\,(\mathrm{mod.}\,l)$ なる

*) 互いに素な部分集合の和集合を疎和という.

p_i がただ一つ定まる．$p_i \leqq x$ であるから $x=p_i$ かまたは $x=p_i+sl\ (s>0)$，ゆえに $x \in S$．これで $x>p-l$ なるすべての x は $x \in S$ であることが証明された．

さて $q=p-l \in S$ と仮定する．$p=q+l$ だから $q \equiv p\ (\mathrm{mod.}\ l)$ で $q<p$．q はある $p_{i_0}\,(=p)$ を含む S_{i_0} の元であるが，このような $q \in S$ の存在は p_{i_0} の定義に矛盾する．ゆえに $p-l \notin S$． ∎

上の定理にのべた $p-l+1$ を S の**上初**という．すなわち r が S の上初とは $x \geqq r$ なるすべての x は $x \in S$ であるが，$r-1 \notin S$ であるような r のことである．

S を標準的加法半群とし，$\{a_0, a_1, \cdots, a_{n-1}\}$ をその標準基底とする．そして $a_0<a_1<\cdots<a_{n-1}$ とする．

定理3·2·4の特別な場合として

系 3·2·5 $n=a_0$ であるとき，S の上初は $a_{n-1}-a_0+1$ である．

証明 基底 $\{a_0, a_1, \cdots, a_{n-1}\}$ と素元の集合 $\{p_0, p_1, \cdots, p_{n-1}\}$ が一致するからである． ∎

系 3·2·6 $n=2$ であるとき，標準基底を $\{a_0, a_1\}$ $(a_0<a_1)$ とすれば，S の上初は

$$(a_0-1)(a_1-1)$$

である．

証明 a_0 と a_1 は互いに（乗法的に）素である．このとき

$$\{a_0, a_1, 2a_1, \cdots, (a_0-1)a_1\}$$

が a_0 に関する素元のすべてである．なぜならまずこの a_0 個のいずれの二つも a_0 を法として合同でない．次に $1 \leqq i \leqq a_0-1$ とし，$ia_1=a_0+x\ (x \in S)$ と仮定すると $ia_1=ya_0+za_1\ (y \geqq 1)$ だから $i>z$ である．それで $(i-z)a_1=ya_0$．しかし $1 \leqq i-z \leqq a_0-1$ であり，g.c.d.$\{a_0, a_1\}=1$ だからこの等式は不可能である．ゆえに $1 \leqq i \leqq a_0-1$ なる i に対し ia_1 は a_0 の素元である．a_0 についてはいうまでもない．最大の素元が $(a_0-1)a_1$ だから定理3·2·4により，S の上初は

$$(a_0-1)a_1-a_0+1=(a_0-1)(a_1-1). \quad ∎$$

こうして $n=a_0$ のときと $n=2$ のとき，S の上初は S の基元ではっきりと式で表わされるが，一般の場合はどうであろうか．この問題は素元を基元の和として表わす問題と関連する．最小元 a_0 を固定しても一つの式で表わすことは

困難である．

例 1 $\{4, a, b\}$，$4<a$，$4<b$，を標準基底とする（a, b いずれが大きいか仮定しない）．$S=[4, a, b]$ の上初 u_0 は

$2a\equiv b\,(\mathrm{mod.}\,4)$ または $2b\equiv a\,(\mathrm{mod.}\,4)$ のとき　$u_0=a+b-3$.

$$3a\equiv b\,(\mathrm{mod.}\,4)\ \text{のとき}\begin{cases} a<b\ \text{なら}\quad u_0=\max\{b, 2a\}-3, \\ b<a\ \text{なら}\quad u_0=\max\{a, 2b\}-3. \end{cases}$$

証明　4 に関する素元のすべてを $4, a, b, c$ とする．a, b の対称的な場合を除けば，可能な場合として次の（i），(ii)，(iii) だけを考えればよい．いずれも 4 を法とする．

（i）　$a\equiv 1$，$b\equiv 2$，$c\equiv 3$,

（ii）　$a\equiv 1$，$b\equiv 3$，$c\equiv 2$,

（iii）　$a\equiv 2$，$b\equiv 3$，$c\equiv 1$.

c が素元であるためには $c=x\cdot a+y\cdot b$，$0\leqq x<4$，$0\leqq y<4$ として考えられることはもちろんであるが，

（i）の場合には，$b\equiv 2a$，したがって $2b\equiv 0, b+2a\equiv 0$ だから c が素元であるためには $x=3, y=0$ または $x=y=1$.

（ii）の場合には，$3a\equiv b$，したがって $3b\equiv a$，$a+b\equiv 0$ だから $x=2$，$y=0$ か $x=0, y=2$.

(iii) の場合には，（i）で a と b を入れ替えた関係を得るから $y=3$，$x=0$ または $x=y=1$ である．

しかし（i）に対しては $2a>b$ である．なぜなら，もし $2a\leqq b$ とすれば，b が基元であることに矛盾する．$2a>b$ だから $a+b<a+a+a$.

ゆえに

（i）に対しては　$c=a+b$,

（ii）に対しては　$a>b$ ならば $c=2b$，$a<b$　なら $c=2a$,

(iii) に対しては　$c=a+b$.

定理 3・2・4 から直ちにこの例題の結論を得る．　∎

例 2　$S=[4, 9, 10]$．例 1 の（i）に当たるからもう一つの素元は 19 である．S のすべての元は次の四つに類別される．

$$S_0=\{4k:\ k=1, 2, \cdots\}$$

$$S_1=\{9+4k:\ k=0,1,2,\cdots\}$$
$$S_2=\{10+4k:\ k=0,1,2,\cdots\}$$
$$S_3=\{19+4k:\ k=0,1,2,\cdots\}.$$

この類別はすべての整数からなる加法群の4を法とする類別の S への制限になっているから，4を法とする剰余群を引き起こす．S の任意の元 x に対し，$x\in S_i$ なる i と k（たとえばもし $x\in S_1$ であれば，$x=9+4k_1$ なる k_1）がただ一通りに定まる．すなわち

$$x=p+4k\ (p \text{ は } 4, 9, 10, 19 \text{ のいずれかを表わす})$$

なる $k\geqq 0$ と p が定まる．さて p_1, p_2 が 4, 9, 10, 19 のいずれかを表わすとき

$$p_1+p_2=q+4k$$

なる q, k が一通りに定まる．

第1表は (p_1, p_2) に対する q を表わし，第2表は (p_1, p_2) に対する k を表わす．

	4	9	10	19
4	4	9	10	19
9	9	10	19	4
10	10	19	4	9
19	19	4	9	10

第1表

	4	9	10	19
4	1	1	1	1
9	1	2	0	6
10	1	0	4	5
19	1	6	5	7

第2表

たとえば $9+9=18=10+4\cdot 2$, $9+10=19+4\cdot 0$.

第2表でたとえば，第3列が $1+0+4+5=10$，また第4列の数字の和が 19 になっていることに興味を覚えるであろう．これらの意味についてはもっと一般的立場から後に究明しよう．

問 1 A, B を任意の正整数加法半群とする．A は B の中に同形である．A を B の中へ写すすべての同形写像はいかにして決定されるか．

問 2 任意の正整数加法半群は乗法に関してもまた半群をなし配分法則 $(a+b)c=ac+bc$ を満足する（二つの演算 $+, \cdot$ が定義されていて，両方の演算に関して半群をなし，配分法則 $(a+b)c=ac+bc$, $c(a+b)=ca+cb$ を満足する代数系を**半環** (semiring) という）．

問 3 全正整数加法半群 S の真の準同形像は有限である（$a, b\in S$ を異なる元とする．$\{(a, b)\}$ で生成される S の合同関係を考えよ）．

この問題は §4·1 の有限巡回群に関連する．

3・3 正有理数加法半群

前節までの正整数加法半群の議論を拡張して正の有理数からなる加法半群を考える．正整数の場合のように $<$ に関する昇鎖律や有限基底などは，もはや望みがない．しかしいかなる正有理数加法半群も正整数加法半群を部分半群として含むから，正整数半群を基礎にして組み立てる方法が考えられる．

すべての正有理数からなる加法半群を R とし

$$R_n=\left\{\frac{x}{n!}: x\text{ は正整数}\right\},\quad n=1,2,\cdots$$

とおく．もちろん $x/n!$ は既約分数であることを要求しない．各 R_n は R の部分半群であって $x/n!\mapsto x$ なる写像により全正整数加法半群に同形である．

$$R_1\subset R_2\subset\cdots\subset R_n\subset\cdots\quad\text{でかつ}\quad R=\bigcup_{n=1}^{\infty}R_n.$$

R は $\{R_n\}$ の昇鎖和（昇鎖の和集合）であるが，R_n から R_{n+1} の中への同形写像に注意すべきである．R_n の基元を a_n とすると，$a_n=1/n!$ $(n=1,2,\cdots)$ で，同形写像 $\varphi_l^m: R_l\to_{\text{in}}R_m$ $(l<m)$ は $a_l\mapsto(l+1)(l+2)\cdots m\cdot a_m$ で定まり，$k\leqq l\leqq m$ に対し

(3・3・1) $$\varphi_k^l\cdot\varphi_l^m=\varphi_k^m$$

を満足する．ただし φ_l^l は R_l の恒等写像を意味する．上述の和集合 $\bigcup R_n$ とは R_l の元 x と R_m の元 $x\varphi_l^m$ とを同一視した上での和集合という意味である．

S を任意の正有理数加法半群とし．$S_n=R_n\cap S$ とおく．$S_n\neq\emptyset$ であればすべての i に対し $S_{n+i}\neq\emptyset$．$S_n\subseteq R_n$ だから S_n は正整数加法半群に同形であって

$$S_1\subseteq S_2\subseteq\cdots\subseteq S_n\subseteq\cdots\quad\text{そして}\quad S=\bigcup_{n=1}^{\infty}S_n.$$

いま $S_l\neq\emptyset$ のとき $l\leqq m$ に対し $\psi_l^m: S_l\to_{\text{in}}S_m$ を φ_l^m の S_l への制限 $\varphi_l^m|S_l$ で定義すると，ψ_l^m は同形写像で下の (3.3.2) を満足する．なお S_l の基底を B_l とすれば，ψ_l^m は $\psi_l^m|B_l$ で決定される．

(3・3・2) ψ_l^l は恒等写像であり，$k\leqq l\leqq m$ のとき，$\psi_k^l\cdot\psi_l^m=\psi_k^m$.

一般に，半群の系 $\{A_n\}, n=1,2,\cdots$ と，$l\leqq m$ に対し定義される同形写像の系 $\psi_l^m: A_l\to_{\text{in}}A_m$ が (3・3・2) を満足するように与えられたとする．このとき，$x\in A_l$ と $x\psi_l^m\in A_m$ とを同一視してつくられる和集合 $\bigcup_{n=1}^{\infty}A_n=A$ に演算 $\circ$ を

次のように定義する：$x, y \in A$ とするとき，x, y をともに含む A_n をみつけ，$x \circ y$ を A_n における x と y との積として定義する．いま $x, y \in A_n$ かつ $x, y \in A_m$ $(n<m)$ とする．ψ_n^m は同形写像だから

$$(xy)\psi_n^m = (x\psi_n^m)(y\psi_n^m).$$

ψ_n^m による像と原像は同一視されたから A_n における xy は A_m における xy と等しい．なお A がこの演算に関して半群をなすことは容易に理解される．このようにして $\{A_n\}$ と $\{\psi_l^m\}$ から得られる半群 A を $\{A_n : n=1,2,\cdots\}$ の $(\{\psi_l^m : l \leqq m\}$ による) **帰納的極限** (inductive limit または direct limit) という．一般的な定義はまた第9章で与えられる．

さて有理数加法半群にもどって

命題 3·3·3 正有理数加法半群は正整数加法半群に同形な半群の系の単射準同形による帰納的極限である．逆に正整数加法半群に同形な半群の系の帰納的極限は正有理数加法半群に同形である．

前半はすでに証明された．後半の証明は§12·8の問3として残される．ただ§3·2の問1に関連して次の問1が問題になる．

問 1 $\{S_n\}$ を正整数加法半群の系とする．任意に与えられた $\{S_n\}$ に対し (3·3·2) を満足する $\{\psi_l^m\}$ を求めることができるか．

問 2 正整数加法半群に同形でない正有理数加法半群の例をあげよ（ただしすべての正有理数を含まない例であること）．

問 3 正有理数加法半群が正整数加法半群に同形であるための必要十分条件を求めよ(半群の元に現われる分母のすべての集合を考えよ)．

最後に正有理数加法半群のもつ性質を抽象しておく．

正有理数加法半群 S は次の性質をもつ．

(3·3·4) 巾等元をもたない．

(3·3·5) 消約的である： $x+y=x+z \Rightarrow y=z$.

(3·3·6) 任意の n に対し $n \cdot x = n \cdot y \Rightarrow x=y$,

ただし $n \cdot x = \underbrace{x+\cdots+x}_{n}$. (3·3·6) の性質をもつとき，$S$ は**巾消約(的)**または**巾約**であるという．

(3・3・7) 任意の $x, y \in S$ に対し $m \cdot x = n \cdot y$ なる正整数 m, n がある（もちろん m, n は x, y に依存する）.

この性質を巾合という.

(3・3・8) 普通の意味の大小関係 $\leqq$ に関して S は全順序半群である：

$$x \leqq y \ \Rightarrow \ x+z \leqq y+z.$$

そしてすべての x, y に対し $x < x+y$.

(3・3・6) と (3・3・7) は特に重要な性質で，正有理数加法半群を特徴づける有力な条件となる.

3・4 整数加法半群

正整数と負整数を含む加法半群を決定するのが本節の目的である．Z をすべての整数からなる加法群（全整数加法群）とする．実は Z の真部分半群は正整数加法半群または Z のいずれかに同形であることが示される.

S を Z の部分半群とする．次の五つの場合が可能である.

(3・4・1) S は正整数からなる.

(3・4・1′) S は負整数からなる.

(3・4・2) S は 0 と正整数からなる.

(3・4・2′) S は 0 と負整数からなる.

(3・4・3) S は正整数，負整数を含む.

正，負，0 を含む場合は (3・4・3) に含まれている.

(3・4・1′) の場合，S は正整数加法半群 S' に $x \mapsto -x$ なる写像により同形である．(3・4・2) の場合，S は正整数加法半群 S_+ に単位元 0 を添加したものである．(3・4・3) の場合，実は次のことがいわれる.

命題 3・4・4 S が正，負整数を含むならば，S は Z に同形である．すなわち $S \cong aZ = \{ap : p \in Z\}$ なる整数 a がある.

証明 S に含まれる正整数のすべてからなる部分半群を P，負整数からなる部分半群を N とする．P の（大小に関する）最小元を a，N の最大元を $-b$ (<0) とする．このとき $a=b$ となることを証明する．$a>b$ と仮定すれば，$a-b=a+(-b) \in S$ であるが，$0<a-b<a$ となり，a が P の最小元であるという仮定に反する．$b>a$ とすると $a-b \in S$ であるが $-b<a-b<0$ となり $-b$

に関する仮定に反する．ゆえに $a=b$ が証明された．さて $x\in S$ を任意にとる．

$$x=p\cdot a+r,\quad 0\leqq r<a$$

なる負でない整数 r と整数 p がただ一組定まる．そのとき

$$r=x+p\cdot(-a)\in S$$

であるから，もし $r>0$ とすれば，a が P の最小元であることに矛盾する．ゆえに $r=0$ でなければならない．したがって $x=p\cdot a$ が結論された．x は $p=1$ のとき a を，$p=-1$ のとき $b=-a$ を表わすから，p はすべての整数にわたって変化する．ゆえに $x\mapsto p$ なる対応により，S は Z の上に同形である． ▮

定理 3·4·5 自明でない整数加法半群 S は次のいずれか一つに同形である．

（i） 正整数加法半群 P,

（ii） 正整数加法半群に単位元 0 を添加した半群 P^0,

（iii） 全整数加法群．

(iii) に同形であるのは S が正，負整数を含むときに限る．

3·5 数半群の問題

前節までの結果から，当然提起される質問は有理数加法半群の分類に及ぶ．特に正負有理数を含む加法半群で，群でないものがあるだろうか．

定理3·4·5にほぼ同じような結果を得る．

定理 3·5·1 自明でない有理数加法半群は次のいずれかに同形である．

（i） 正有理数加法半群,

（ii） 正有理数加法半群に 0 を添加した半群,

(iii) 有理数加法群．

定理3·4·5との差異は (iii) にある．階数 (rank) 1 のねじれのないアーベル群はすべて定理3·5·1の (iii) に属する．命題3·3·3を群の場合に修正した命題を用いる：

有理数加法群は整数加法群に同形な系の帰納的極限として特徴づけられる．

すべての有理数からなる加法群を G とすれば，G は $\{G_n\}$ の昇鎖和（帰納的極限）

$$G=\bigcup_{n=1}^{\infty}G_n,\quad \text{ただし } G_n=\left[\frac{1}{n!}\right],\ \frac{1}{n!} \text{ で生成される群.}$$

さて正負有理数を含む加法半群を S とし，$S_n=S\cap G_n$ とおく．十分大きいすべての n に対し S_n は正，負の整数を含む半群なるゆえ，定理3·4·5により S_n は全整数加法群に同形である．全整数加法群の系の帰納的極限は有理数加法群であるから結論 (iii) を得る．

さて実数からなる加法半群ではどうだろうか．事情が全く異なる．定理3·5·1に類似した結果はもはや得られない．たとえばxを有理数，yを正有理数とするとき，$x+y\sqrt{2}$のすべての集合は加法半群であるが群でない．x, yを負でない有理数であるが，ともには0でないとするときの$x+y\sqrt{2}$のすべての集合も同じである．たとえ正の実数加法半群であっても(3·3·7)の巾合性は一般に成立しない．たとえばx, yをともに正有理数としたとき，$x+y\sqrt{2}$のなす半群がそれを示す．

全正整数加法半群Pと全正有理数加法半群R_aとの差異は後者が可除性(divisibility)をもつことである（任意の$x \in R_a$と任意の正整数nに対し$n \cdot y = \underbrace{y + \cdots + y}_{n} = x$なる$y \in R_a$があること）．$R_a$は$P$を含む可除的な半群で最小のものである．すべての正実数からなる加法半群をR_eとするとR_aとR_eとの関係はどうか．Dedekindの切断にはR_aのイデアルが対応する：$\alpha \in R_e$に対しR_aのイデアル$\{x \in R_a : x > \alpha\}$が1対1に対応する．

複素数加法半群について一言する．その元は実数の組として表わされるから二つの実数半群のつながりとして考えられる．そうなると複素数そのものよりむしろ実数半群の直積（第9章）の部分半群として扱われる．

P, R_a, R_eの元を一つ固定し，mで表わす．合同ρを「$x\rho y \Leftrightarrow x-y$が$m$の整数倍である」で定義するとき，$P/\rho$は位数$m$の巡回群，$R_a/\rho$はねじれ群，$R_e/\rho$は混合群である．このような特殊な$\rho$でなく，一般の合同に対してはどうか，すなわち$P, R_a, R_e$の真の準同形像はいかなる性質をもつか，また一般に正整数半群，正有理数半群，正実数半群に対してはどうであろうか．

以上すべて加法半群であったが，たとえば正整数乗法半群をとりあげると構造は加法半群に比して非常に複雑になる．可換半群の半束分解なる概念が必要になる．

問 R_a, R_eにおいて$\{(1, 5)\}$で生成される合同を求めよ．

第4章　基本的な半群

この章では基本的な半群と一，二の一般基本概念を説明する．群に関連してまず浮かぶのはアーベル群に含まれる半群，群を含む半群，特に極大部分群の導入である．巡回半群はいかなる半群にも含まれるから最も基本的であり，右群，直角帯，半束，逆半群，自由半群は今後の議論に現われる重要な型である．半群論の一端をあらかじめ展望せしめる例として，きわめて小さい位数ではあるが，位数2,3の半群を初めに掲げた．初等的理論でつくられる事実もさることながら後で再び第11章でとりあげられるときの理論と比較すれば興味をそそるであろう．

4·1　巡 回 半 群

半群 S が一つの元 a で生成されるとき，S を**巡回半群**という．S を a で生成される巡回半群とする．S のすべての元は

$$a, a^2, a^3, \cdots, a^n, \cdots \quad (n \text{ は任意の正整数})$$

である．ここで二つの場合が可能である．

Ⅰ．　$m \neq n \ \Rightarrow\ a^m \neq a^n$

Ⅱ．　$m \neq n$ であって，$a^m = a^n$ なる m, n がある．

Ⅰの場合は S は無限（可付番個）の元を含み，

$$a^{m+n} = a^m a^n$$

だから $a^m \mapsto m$ は S から全正整数加法半群 $\{n:\ n=1,2,\cdots\}$ の上に同形である．

Ⅱ の場合を考えよう．$a^n = a^m (n<m)$ なる m, n があるとする．正整数の集合 N を次のように定義する．

$$N = \{i:\ \text{ある } j>i \text{ に対し } a^i = a^j\}.$$

少なくも $n \in N$ だから $N \neq \emptyset$ でもし $i \in N$ であれば，i より大なるすべての j は N に含まれる．普通の大小関係についての N の最小数を n_0 とする．n_0 を固定し

$$K = \{k:\ a^{n_0} = a^k,\ \ k > n_0\}$$

とし，K の最小数を k_0 とすると，S のすべての異なる元は

$$a, a^2, \cdots, a^{n_0-1}, a^{n_0}, a^{n_0+1}, \cdots, a^{k_0-1}$$

である．k_0 の定義により初めて $a^{n_0}=a^{k_0}(n_0<k_0)$．したがって

$$a^{n_0+1}=a^{k_0+1}, a^{n_0+2}=a^{k_0+2}, \cdots, a^{k_0}=a^{2k_0-n_0}, \cdots.$$

そこで次のことが成立する：

(**4・1・1**)　$i, j \geqq n_0$ とする．$a^i=a^j$ であるのは $i \equiv j \pmod{k_0-n_0}$ であるときに限る．

このようにして II の場合 S は有限である．

n_0 を巡回半群 S または a の**指数**，k_0-n_0 を S または a の**周期**という．指数 n_0，周期 r_0 の S は n_0+r_0-1 個の元からなる：

(4・1・2)　$$a, a^2, \cdots, a^{n_0-1}, a^{n_0}, a^{n_0+1}, \cdots, a^{n_0+r_0-1}.$$

$G=\{a^{n_0}, a^{n_0+1}, \cdots, a^{n_0+r_0-1}\}$ は位数 r_0 の巡回群である．なぜなら，i を含み，r_0 を法とする剰余類を $\{i\}$ と書くとき，(4・1・1) により $a^i \mapsto \{i\}$ が 1 対 1 で

$$a^i a^j = a^{i+j} \ \mapsto \ \{i+j\}=\{i\}+\{j\},$$

だから G は r_0 を法とする剰余群に同形である．G の単位元は a^i $(n_0 \leqq i)$，$i \equiv 0 \pmod{r_0}$ である．G を S の**群部分**または**巡環**とよぶ．

有限巡回半群 S に対し指数 n_0，周期 r_0 という正整数の対 (n_0, r_0) がただ一通りに定まる．逆に正整数の対 (n_0, r_0) を任意に与えると，n_0 を指数，r_0 を周期とする有限巡回半群 S が（同形を無視すれば）ただ一通りに定まる．その元は (4・1・2) に示すとおりである．特に

指数 $n_0=1$ のとき，S は位数 r_0 の巡回群，

周期 $r_0=1$ のとき，S は零 a^{n_0} をもつ．

周期が 1，すなわち群部分が一元からなる巡回半群を**巾零巡回半群**という．巾零巡回半群はその指数，したがって位数によってただ一通りに定まる．

いままでのことを総合すると

定理 4・1・3　無限巡回半群はすべての正整数からなる加法半群に同形である．

$$S=\{a^j : j=1, 2, \cdots\}.$$

有限巡回半群は次のような半群に同形である．

$$S=\{a, a^2, \cdots, a^{n_0}, \cdots, a^{n_0+r_0-1}\}.$$

ただし $a^i=a^j (i \neq j)$ であるのは i, j ともに $\geqq n_0$ で

$$i \equiv j \pmod{r_0}$$

のときに限る．S の演算は

$$(4\cdot1\cdot4)\quad a^i\cdot a^j=\begin{cases}a^{i+j} & (i+j\leqq n_0)\\ a^k & (k\equiv i+j\ (\mathrm{mod.}\ r_0),\ i+j>n_0,\ n_0\leqq k<n_0+r_0).\end{cases}$$

この結果から直ちに

命題 4·1·5　有限巡回半群は無限巡回半群の真の準同形像である．逆に無限巡回半群の真の準同形像は有限巡回半群である．

証明　J を無限巡回半群：$J=\{a,a^2,\cdots,a^n,\cdots\}$ とする．n_0, r_0 を与えられた正整数とする．J の関係 ρ を次のように定義する．

(4·1·6)　$i=j$　かまたは

(4·1·7)　$i,j\geqq n_0,\ i\neq j$ で $i\equiv j\ (\mathrm{mod.}\ r_0)$

であるときに限り $a^i\rho a^j$.

ρ が合同であることは容易に験証される(問１)．J/ρ が指数 n_0，周期 r_0 である有限巡回半群であることもすぐわかる．

さて S を J の真の準同形像とすると，J の合同 $\rho\neq\iota$ が存在して $J/\rho\cong S$. $\rho\neq\iota$ だから

$$a^i\rho a^j\quad(i<j)$$

なる i,j がある．そこで定理 4·1·3 の証明と同じ議論により (4·1·6), (4·1·7) を満足する n_0, r_0 が定まる．ゆえに J/ρ は有限巡回半群である．∎

問 1　(4·1·6), (4·1·7) で定義される ρ が J の合同であることを証明せよ．

問 2　巡回半群の準同形像は巡回半群であることを証明せよ．

S を半群，a を S の元とする．a で生成される S の巡回部分半群が無限であるとき，元 a の位数は**無限**であるといい，a で生成される S の巡回部分半群が有限であるとき，元 a の位数は**有限**であるという．S の位数とは $|S|$ のことである（半群の位数と元の位数を混同しないように）．明らかに有限半群のすべての元は有限の位数をもつ．この逆が成立しないことは群で簡単に例がつくられることから明らかである．

定理 4·1·8　半群 S が位数の有限な元を含めば，S は少なくも一つ巾等元を含む．

証明　S の位数有限の元を a とする．仮定により巡回部分半群 $[a]$ が有限であるから，その周期を r_0 とすると位数 r_0 の巡回群 G が含まれる．G の単

位元が巾等元である. ∎

問 3 $[a]$ が有限であれば, $[a]$ はただ一つの巾等元をもつ.

元 a の位数が有限であれば, a のある巾が巾等元になる. この意味で有限位数の各元に一つの巾等元が対応する.

系 4・1・9 有限半群は少なくも一つ巾等元を含む.

半群が無限であれば必ずしも巾等元を含まない. たとえばすべての正整数からなる加法半群.

注意 有限巡回群は巡回半群 (指数が 1 の場合) であるが, 無限巡回群は巡回半群でない. いずれも一定の元で生成されるといっても「群の意味で生成される」ことと「半群の意味で生成される」ことの差異による.

問 4 無限巡回群 G が a によって群の意味で生成されるとき, G は $\{a, a^{-1}\}$ によって半群の意味で生成される. $\{a^i, a^j\}$ が G の半群の意味の基底であるための必要十分条件を求めよ.

4・2 位数 2, 3 の半群

位数 2, 3 の半群で, 互いに同形でなく, 反同形でないもの全部を決定しよう. 2,3 という位数の場合にはいままでにのべた初等的理論だけでつくられる. 後の第 11 章で再び同じ問題を考える.

位数 2 の半群 $S=\{a, b\}$ とする. 有限半群は少なくも一つ巾等元を含むから, a を巾等元であるとしてよい. §1・7 で定義された記号 φ_a, ψ_a を用いる. $\varphi_a^2=\varphi_a, \psi_a^2=\psi_a$, $\varphi_a\psi_a=\psi_a\varphi_a$ だから φ_a, ψ_a の組合せのあらゆる場合を考えて

(I)

	a	b
a	a	a
b	a	x

(II)

	a	b
a	a	b
b	a	x

(III)

	a	b
a	a	b
b	b	x

x は a か b か未定の文字である. $\begin{array}{|cc|}a & a\\ b & \end{array}$ は II の場合と反同形になるから省かれる.

(I) の場合. $x=a$ かまたは b である. 結合法則は命題 1・7・8 により判定される.

(II) の場合. $x=a$ とすれば, φ_b と ψ_b は可換でないが, $x=b$ とすれば φ_b と ψ_b が可換である. ゆえに $x=b$. 結合法則は明らかである.

(III) の場合. $x=a$ または b. $x=a$ のときは明らかに半群 (実は群). $x=b$ のときは (I) の $x=b$ の場合に同形である. 結局

1

	a	b
a	a	a
b	a	a

2

	a	b
a	a	a
b	a	b

3

	a	b
a	a	b
b	a	b

4

	a	b
a	a	b
b	b	a

1は零半群 ($xy=a$), 2は半束 ($xy=yx, x^2=x$), 3は右零半群 ($xy=y$), 4は群である．いずれの二つも同形でなく，反同形でないことは明らかで，またどんな位数2の半群もこのうちのいずれかに同形または反同形である．

1_1	a	b
a	b	b
b	b	b

2_1	a	b
a	a	b
b	b	b

$3'$	a	b
a	a	a
b	b	b

4_1	a	b
a	b	a
b	a	b

1_1 は 1 と同形，2_1 は 2 と同形，4_1 は 4 と同形である．$3'$ は 3 と反同形である．

位数3の半群　次の結果を用いる．S を半群とする．

(4·2·1)　有限半群は少なくも一つ巾等元を含む (§4·1 を見よ)．

(4·2·2)　すべての $x, y \in S$ に対し，$\varphi_x\psi_y=\psi_y\varphi_x$ (ただし $z\varphi_x=zx$, $z\psi_x=xz$)．

(4·2·3)　すべての $x, y \in S$ に対し，$\varphi_x\varphi_y=\varphi_{xy}, \psi_x\psi_y=\psi_{yx}$.

(4·2·4)　$x \in Sy$ であれば，$Sx \subseteq Sy$；$x \in yS$ であれば，$xS \subseteq yS$.

変換 φ_x と ψ_y が可換，すなわち $\varphi_x\psi_y=\psi_y\varphi_x$ であることを

$$\varphi_x \approx \psi_y \quad \text{または} \quad \psi_y \approx \varphi_x$$

と書くことにする．

右零または左零の存在の有無によって S を分類すると，次のとおりになる．

Ⅰ．右零も左零もない．

Ⅱ．両側零がある．したがってそれはただ1個．

Ⅲ．右零が2個ある．

Ⅲ′．左零が2個ある．

Ⅳ．右零が3個ある．したがって右零半群．

Ⅳ′．左零が3個ある．したがって左零半群．

反同形なものを考えに入れないから，Ⅲ′ とⅣ′ を除いてよい．

Ⅰ.　右零も左零もない場合

補題 4·2·5　位数3の半群 S が右零（左零）をもたないが，位数2の左（右）イデアル I を含むならば，I は S のイデアルである．

証明　$S=\{x, y, z\}, I=\{x, y\}$, x を巾等元とする．I が左イデアルでかつ x も y も右零でないから $Sx=Sy=I$. Sz が z を含まなければ $Iz \subseteq Sz \subseteq I$ だから I は S のイデアルである．それで $z \in Sz$ と仮定する．z が右零でないから $x \in Sz$ または $y \in Sz$, いずれにしても $I \subseteq Sz$, ゆえに $Sz=S$. かくて φ_z, φ_z^2 が S の置換，しかし φ_x も φ_y も置換でないから $\varphi_z^2=\varphi_z$. 巾等な置換は恒等置換に限るから $xz=x, yz=y, z^2=z$, したがって $Iz=I$, $IS \subseteq I$ を得る．∎

補題 4·2·6　S は位数3の半群，a をその巾等元とする．S に左零もなく，右零もなくかつ $|Sa|=2$ ($|aS|=2$) であれば

$$Sa=aS.$$

証明 $Sa=\{a,b\}$ とする．a が巾等元だから $a\in Sa$．補題4・2・5により Sa は S のイデアルだから $aS\subseteq SaS\subseteq Sa$．しかし a は左零でないから $b\in aS$，したがって $aS=\{a,b\}=Sa$． ∎

以下 $S=\{a,b,c\}$ とし，a を巾等元とする．補題4・2・6により

(4・2・7) 右零もなく左零もない場合は同形，反同形を考慮に入れれば，次の二つの場合に帰着される．

I.1 右零も左零もなく位数2のイデアルも含まない．

$$Sa=aS=\{a,b,c\}.$$

I.2 右零も左零もないが，位数2のイデアル $\{a,b\}$ を含む．

$$Sa=aS=\{a,b\}.$$

(4・2・8) I.1 の場合，S は群である．

証明 $Sa=\{a,b,c\}$ で a が巾等元だから φ_a,ψ_a はいずれも恒等置換，すなわち a は S の単位元である．このとき $Sb=Sc=S$ が次のように証明される．$b=ab\in Sb$ で b は右零でないから Sb は b 以外の元を含む．しかし $|Sb|=2$ であれば補題4・2・5により Sb は S のイデアルとなり仮定に矛盾する．よって $|Sb|=3$，ゆえに $Sb=S$．Sc,bS,cS についても同じことがいえる．S が群であることが証明された．よって I.1 の場合には本書末尾（p.313）の表の (1)6-α_0 を得る． ∎

ここで本書末尾の表について説明する．たとえば 4-α_0 は $\begin{array}{c|ccc} & a & b & c \\ \hline a & a & b & a \\ b & b & a & b \\ c & a & b & a \end{array}$ を指すが，省略して $\left|\begin{array}{ccc} a & b & a \\ b & a & b \\ a & b & a \end{array}\right|$ と書いてある．4-α_1 は $\left|\begin{array}{ccc} a & a & c \\ a & a & c \\ c & c & a \end{array}\right|$，これは 4-$\alpha_0$ に置換 $\alpha_1=\begin{pmatrix} a & b & c \\ a & c & b \end{pmatrix}$ を施して得られる．すなわち α_1 は 4-α_0 を 4-α_1 にうつす同形である．4-α_2，4-α_3，4-α_4，4-α_5 についても類推されたい．たとえば 6-α_0 に α_1 を施して得られるものは 6-α_0 に等しいので，同じ表を書くことを略した．同じ行（横）にあるものはすべて同形であり，i-α_0 とよばれるものは第1列（縦）にあるものを指し，同形でもなく反同形でもない．いかなる位数3の半群もある i-α_0 と同形であるかまたは反同形である．括弧の中の番号は本節§4・2における番号である．整理のため本節では併記してたとえば (1)6-α_0 と書くことにする．

I.2 の場合

$S=\{a,b,c\}$ とする．$S\xi=\{a,b\}$ かつ $a\xi=a$ なる巾等変換 ξ は

$$\begin{pmatrix} a & b & c \\ a & b & a \end{pmatrix},\quad \begin{pmatrix} a & b & c \\ a & b & b \end{pmatrix}$$

の二つだけである．φ_a,ψ_a をこの ξ から選ぶのであるが，$\varphi_a\approx\psi_a$ により φ_a,ψ_a のあらゆる組合せは，反同形な場合を除いて次の場合に限る．

$$(1)\quad \varphi_a=\psi_a=\begin{pmatrix} a & b & c \\ a & b & a \end{pmatrix} \qquad (2)\quad \varphi_a=\psi_a=\begin{pmatrix} a & b & c \\ a & b & b \end{pmatrix}.$$

(1), (2) いずれの場合にも $b^2=a$ である．なぜなら $\{a, b\}$ は S のイデアルだから $b^2=a$ または b である．

$b^2=b$ と仮定して，$cb=x$ とおく．

(1) の場合には

$$\begin{pmatrix} a & b & c \\ a & b & a \end{pmatrix} \approx \begin{pmatrix} a & b & c \\ b & b & x \end{pmatrix} \quad \text{より} \quad x=b$$

となり，b が右零になって仮定に反する．

(2) の場合には

$$\begin{pmatrix} a & b & c \\ a & b & b \end{pmatrix} \approx \begin{pmatrix} a & b & c \\ b & b & x \end{pmatrix} \quad \text{と} \quad Sb=\{a, b\}$$

であることから，やはり $x=b$ を得て同じく矛盾する．

ゆえに $b^2=a$ である．

さて (1) の場合

$$\begin{pmatrix} a & b & c \\ a & b & a \end{pmatrix} \approx \begin{pmatrix} a & b & c \\ b & a & y \end{pmatrix} \Rightarrow y=b$$

により，$bc=cb=b$ となる．c^2 だけが未定であるが，

$$\begin{pmatrix} a & b & c \\ a & b & a \end{pmatrix} \approx \begin{pmatrix} a & b & c \\ a & b & z \end{pmatrix} \Rightarrow z=a \text{ または } c$$

により $c^2=a$ または c．ゆえに (2) 4-α_0，(3) 16-α_0 を得る．

問 1　上の二つが半群であって同形でないことを確かめよ．

次に (2) の場合

$$\begin{pmatrix} a & b & c \\ a & b & b \end{pmatrix} \approx \begin{pmatrix} a & b & c \\ b & a & x \end{pmatrix} \Rightarrow x=a$$

であるから $bc=cb=c^2=a$ で，(4) 5-α_0 を得る．

問 2　(4) 5-α_0 が半群であって，(2) 4-α_0，(3) 16-α_0 のいずれにも同形でないことを確かめよ（以下これと同じ問を省く）．

II.　両側零をもつ場合

a を零とする．$\{a, b\}$, $\{a, c\}$ がイデアルになる可能性があるから，それらのあり方で分類する．

II.1　零1個からなるイデアル以外に真イデアルがない場合

この条件は，a が零であって

$$c \in bS \cup Sb \quad \text{でかつ} \quad b \in cS \cup Sc$$

と同等である．同形，反同形を考慮に入れると次の場合に帰着される．

$$(1)\ \begin{cases} c^2=b \\ bc=c \end{cases} \qquad (2)\ \begin{cases} b^2=c \\ c^2=b \end{cases} \qquad (3)\ \begin{cases} bc=c \\ cb=b. \end{cases}$$

(2) に対しては $c \in Sb$, $b \in Sc$ より $Sb=Sc$ だから $bc=c$, $cb=b$ であるが，$c \in bS$ であるのに $cS \subsetneq bS$ となり S は半群でない．

(1), (3) のいずれの場合にも bS, cS を考えることによりそれぞれただ一通りに定まる：(5) 10-α_0, (6) 8-α_0 がそれである.

II.2 $\{a, b\}$, $\{a, c\}$ がともにイデアルである場合

さらに細かく分けて

$b^2=c^2=a$ であるとき，$bc, cb\in\{a, b\}\cap\{a, c\}$ より $bc=cb=a$. ゆえに S は零半群，(7) 2-α_0.

$b^2=a, c^2=c$ であるとき，同じ理由で (8) 13-α_0.

$b^2=b, c^2=c$ であるとき，同じ理由で (9) 17-α_0.

(7) 2-α_0, (8) 13-α_0, (9) 17-α_0 が互いに同形または反同形でないことも明らかである.

II.3 $\{a\}$ 以外に $\{a, b\}$ だけがイデアルで，c が巾等元である場合

$\{a, c\}$ がイデアルでないから，bc, cb のうち少なくとも一つが b である.

$b^2=a$ であるとき (10) 14-α_0, (11) 15-α_0 を得，

$b^2=b$ であるとき，$bc=b$, $cb=a$ と仮定すると

$$\begin{pmatrix} a & b & c \\ a & b & b \end{pmatrix} \not\approx \begin{pmatrix} a & b & c \\ a & b & a \end{pmatrix} \quad \text{だから} \quad bc=cb=b$$

を得る. (12) 18-α_0.

II.4 $\{a\}$ 以外に $\{a, b\}$ だけがイデアルで，c が巾等元でない場合

$b^2=a, c^2=a$ であるとき

$$\begin{pmatrix} a & b & c \\ a & a & b \end{pmatrix} \not\approx \begin{pmatrix} a & b & c \\ a & b & a \end{pmatrix} \quad \text{だから} \quad bc=cb=a.$$

しかし S は零半群となりすでに出ている.

$b^2=a, c^2=b$ であるとき

$$\begin{pmatrix} a & b & c \\ a & a & b \end{pmatrix} \not\approx \begin{pmatrix} a & b & c \\ a & b & b \end{pmatrix} \quad \text{だから} \quad bc=cb=a.$$

よって (13) 3-α_0 を得る.

$b^2=b, c^2=a$ であるとき

$$\begin{pmatrix} a & b & c \\ a & b & b \end{pmatrix} \not\approx \begin{pmatrix} a & b & c \\ a & b & a \end{pmatrix} \quad \text{だから} \quad bc=cb=a$$

で，$\{a, c\}$ がイデアルとなるからすでに出たものである.

$b^2=b, c^2=b$ であるとき

$$\begin{pmatrix} a & b & c \\ a & b & a \end{pmatrix} \not\approx \begin{pmatrix} a & b & c \\ a & a & b \end{pmatrix} \quad \text{だから} \quad bc=cb=b.$$

よって (14) 9-α_0 を得る.

III. 右零が2個ある場合

a, b を右零とする. 右零の集合はイデアルをなすことを知っている. ψ_a のあり方は $\begin{pmatrix} a & b & c \\ a & b & a \end{pmatrix}$ と仮定してよい. なぜなら $\begin{pmatrix} a & b & c \\ a & b & b \end{pmatrix}$ もあるが，$\begin{pmatrix} a & b & c \\ b & a & c \end{pmatrix}$ によってそれらから得られる半群に同形になるからである.

$bc=b$ であるとき

$$\begin{pmatrix} a & b & c \\ a & b & b \end{pmatrix} \approx \begin{pmatrix} a & b & c \\ a & b & x \end{pmatrix}, \quad \begin{pmatrix} a & b & c \\ a & b & a \end{pmatrix} \approx \begin{pmatrix} a & b & c \\ a & b & x \end{pmatrix}$$

を同時に満足する x は $x=c$ であるから，$c^2=c$ を得て (15) 11-$\boldsymbol{\alpha}_0$.

$bc=a$ であるとき

$$\begin{pmatrix} a & b & c \\ a & a & y \end{pmatrix} \approx \begin{pmatrix} a & b & c \\ a & b & y \end{pmatrix} \Rightarrow y \neq b.$$

だから (16) 7-$\boldsymbol{\alpha}_0$，(17) 12-$\boldsymbol{\alpha}_2$ を得る.

IV. 右零が3個ある場合

S は右零半群である. よって (18) 1-$\boldsymbol{\alpha}_0$.

問 18個の乗積表が結合律を満足することをしらべよ. また18個のすべてが互いに同形でもなく，反同形でもないことを験証せよ.

注意 同形または反同形で不変な性質に注目すればよい. 分類の方法から異なった類に属するものは同形または反同形でない.

位数3の半群の表は，改めて本書の末尾 (p. 313) にかかげる.

4・3 可換消約的半群のはめこみ

有限群または周期的群の部分半群はいつも部分群であるが，たとえば無限巡回群の部分半群は第3章で示したように，必ずしも群でなく，巡回半群でもない. 問題を少し一般的にしていかなる半群が可換群の部分半群として含まれるであろうか. 群は消約的だからその部分半群も消約的でなければならない. しかし可換半群である限りこれが十分条件でもある. S の G の中への**はめこみ**とは G の中への同形写像を意味する.

定理 4・3・1 可換半群 S が群にはめこまれるための必要十分条件は，S が消約的なることである.

証明 必要なことは明らかだから十分なことを証明する. S を可換で消約的であるとする. 直積集合 $S\times S=\{(a,b)\colon a,b\in S\}$ を $\tilde{S}$ で表わし，演算を

$$(a,b)(c,d)=(ac,bd)$$

で定義する.

$\tilde{S}$ は明らかに消約的な可換半群である. $\tilde{S}$ に一つの関係 ρ を定義する：

$$ad=bc \quad \text{であるとき} \quad (a,b)\rho(c,d).$$

反射律，対称律は明らかである. 推移律を証明するために $(a,b)\rho(c,d),(c,d)\rho(e,f)$ とする. $ad=bc, cf=de$ から $adcf=bcde$. S の可換性と消約律を用い

て $af=be$ を得るから $(a,b)\rho(e,f)$. ρ が合同であることを証明するために $(a,b)\rho(c,d)$ とする. $ad=bc$ から $adef=bcef$, $(ae)(df)=(bf)(ce)$. ゆえに $(ae,bf)\rho(ce,df)$, あるいは $(a,b)(e,f)\rho(c,d)(e,f)$. これで ρ が合同関係であることが証明された. $\tilde{S}$ が可換半群だから $\tilde{S}/\rho$ も可換半群である. 次に $\tilde{S}/\rho$ が群であることを証明する. $G=\tilde{S}/\rho$ とおく. $\tilde{S}$ の元 (a,b) を含む ρ-類（すなわち G の元）を $\overline{(a,b)}$ で表わす. 合同に関する一般論により G の演算は

$$\overline{(a,b)}\,\overline{(c,d)}=\overline{(ac,bd)}.$$

まず, すべての x,y に対し $\overline{(x,x)}=\overline{(y,y)}$ である.

$$\overline{(a,b)}\,\overline{(c,c)}=\overline{(ac,bc)}=\overline{(a,b)}$$

だから $\overline{(c,c)}$ は G の右単位元である. 次に $\overline{(a,b)}$ が与えられたとき $\overline{(a,b)}\,\overline{(b,a)}=\overline{(ab,ba)}$. だから, $\overline{(b,a)}$ は $\overline{(a,b)}$ の右逆元である. これで G が群であることが証明された. 次に $\bar{S}=\{\overline{(ax,x)}:\ a,x\in S\}$ とおく. もちろん $\overline{(ax,x)}=\overline{(ay,y)}$ で, x,y に無関係である.

$$\overline{(ax,x)}\,\overline{(by,y)}=\overline{(abxy,xy)}$$

だから $\bar{S}$ は G の部分半群である. 写像 $\varphi: S\to\bar{S}$ を $a\varphi=\overline{(ax,x)}$ で定義する. 1対1であることを証明しよう. $\overline{(ax,x)}=\overline{(bx,x)}$ と仮定する. 定義により $ax^2=bx^2$, 消約律により $a=b$.

$$\overline{(ax,x)}\,\overline{(bx,x)}=\overline{(abx^2,x^2)}$$

だから φ は準同形である. 全射であることは明らかだから $S\cong\bar{S}$. これで証明を完了する. ∎

消約的可換半群 S が与えられるとき, S がはめこまれる群はいろいろある. たとえば3と5で生成される正整数加法半群 [3,5] は全整数加法群 I にはめこまれるが, $I\times I$, 全有理数加法群, 全実数加法群にもはめこまれる. しかし上の定理の G は次の意味で最小であり, 一意的である.

定理 4·3·2　消約的可換半群を S, 定理 4·3·1 でえられる可換群を G とし, $\varphi: S\to G$ をはめこみとする. いま任意に可換群 G' の中へのはめこみを $\psi: S\to G'$ とすれば下の図式が可換, すなわち $\psi=\varphi f$ ($x\psi=(x\varphi)f$ の意味) を満足するはめこみ $f: G\to G'$ がただ一つ存在する.

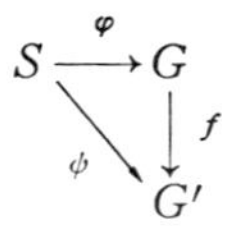

証明 定理4·3·1のGを思い出すと，$G=\bar{S}/\rho$，ただし$\bar{S}=\{(a,b):a,b\in S\}$，$(a,b)\rho(c,d)$は$ad=bc$で定義され$\varphi:S\to G$は$a\varphi=(\overline{ax,x})$であった．さて$G$から$G'$の中への写像$f$を

$$(\overline{a,b})f=(a\psi)(b\psi)^{-1}$$

で定義する．もし$(\overline{a,b})=(\overline{c,d})$であれば$ad=bc$．$\psi$が同形だから$(a\psi)(d\psi)=(b\psi)(c\psi)$，したがって$(a\psi)(b\psi)^{-1}=(c\psi)(d\psi)^{-1}$．これの逆も成り立つから$f$は定義可能で1対1である．$G$の定義により$(\overline{a,b})(\overline{c,d})=(\overline{ac,bd})$だから

$$\begin{aligned}(\overline{a,b})f(\overline{c,d})f&=(a\psi)(b\psi)^{-1}(c\psi)(d\psi)^{-1}=(ac)\psi((bd)\psi)^{-1}\\&=(\overline{ac,bd})f=[(\overline{a,b})(\overline{c,d})]f.\end{aligned}$$

ゆえにfはGをG'の中へ写す同形である．次にすべての$a\in S$に対し

$$a\varphi f=(\overline{ax,x})f=(ax)\psi(x\psi)^{-1}=a\psi.$$

最後にfの唯一性を示すために，はめこみ$f_1:G\to G'$が$\varphi f_1=\psi$を満足すると仮定する．すべての$(\overline{a,b})\in G$に対し

$$\begin{aligned}(\overline{a,b})f_1&=[(\overline{ax,x})(\overline{by,y})^{-1}]f_1=(\overline{ax,x})f_1[(\overline{by,y})f_1]^{-1}\\&=(a\varphi f_1)(b\varphi f_1)^{-1}=(a\psi)(b\psi)^{-1}=(\overline{a,b})f.\end{aligned}$$

これで証明を終える． ∎

問 1 定理4·3·1のGは群の意味で$\bar{S}$によって生成される．定理 4·3·2の条件を満足するGが二つG_1, G_2があったとすればどんなことがいえるか．

定理4·3·1で定められた可換群GまたはGに同形な群をSの**商群**という．たとえば，任意の正整数加法半群の商群は全整数加法群であり，正整数乗法半群の商群は全正有理数乗法群である．

G'を可換群，Sをその部分半群とする．Sで生成されるG'の部分群はSの商群に同形である．

可換半群Sの商群をG_Sと書くことにすると

問 2 $S_1\cong S_2$であれば$G_{S_1}\cong G_{S_2}$．$S_1\subseteq S_2$であれば$G_{S_1}\subseteq G_{S_2}$．

問 3 半群A,Bの直積とは直積集合$A\times B$に演算を$(a,b)(c,d)=(ac,bd)$で定義

して得られる半群であって，やはり $A\times B$ で表わす（詳しくは§4・5をみよ）．そのとき

$$G_{S_1}\times G_{S_2}\cong G_{S_1\times S_2}\quad (\times \text{ は直積}).$$

4・4 極大部分群

半群 S の部分半群 G が群であるとき，G を S の**部分群**という．S が部分群を含むためには S は巾等元を含むことが必要十分である．すなわち，もし S が巾等元 e を含むならば $\{e\}$ が部分群であり，逆に S が部分群 G を含むならばG の単位元が巾等元である．S の各巾等元 e に対し e を含む部分群のうちで最大なものがあることを証明しよう．

e を S の巾等元とする．e に対し次の二条件を満足する S の元 a のすべての集合を G_e とする．

(4・4・1)　$ae=ea=a.$

(4・4・2)　$xa=ay=e$ である $x,y\in S$ がある．

G_e は e を含むから空集合でない．

定理 4・4・3　G_e は e を含む最大の部分群である．すなわち G_e は e を含む S の部分群であり，e を含む任意の部分群 H は G_e に含まれる．

証明　G_e の任意の元を a,b とするとき，$ab\in G_e$ を証明する．まず，$(ab)e=e(ab)=ab$ が容易に示される．次に仮定により $xa=ay=e$, $zb=bu=e$ なる $x,y,z,u\in S$ がある．

$$(zx)(ab)=z(xa)b=z(eb)=zb=e,$$
$$(ab)(uy)=a(bu)y=(ae)y=ay=e.$$

ゆえに G_e は e を単位元にもつ部分半群である．$a\in G_e$ と (4・4・2) の x,y について $(exe)a=a(eye)=e$．しかし

$$exe=exaye=eye$$

だから $b=exe$ とおくと，$a\in G_e$ に対し

(4・4・2′)　$ba=ab=e$ なる b がある．

また $be=eb=b$ であるから $b\in G_e$．したがって G_e が部分群であることが証明された．最大であることを示すために，e を含む任意の部分群を H とする．H のすべての元は (4・4・1), (4・4・2) を満足するから $H\subseteq G_e$．▮

S の各巾等元 e に対し G_e が対応する．G_e を S の**極大部分群**という．G_e は

eを含む部分群の中では最大である.

命題 4·4·4 e, fがSの異なる巾等元であれば, $G_e \cap G_f = \emptyset$.

証明 $G_e \cap G_f \neq \emptyset$ であれば$e=f$を証明する. $a \in G_e \cap G_f$ とする. e, fはG_e, G_fのそれぞれ単位元であるから, $ax=xa=e$, $ay=ya=f$ なる $x \in G_e$, $y \in G_f$がある. そして

$$e=ax=fax=fe=yae=ya=f.$$ ∎

命題 4·4·5 半群Sがいくつかの群の和集合であれば, Sは群の疎和である.

証明 $S=\bigcup_{\alpha \in \Gamma} G_\alpha$, G_αを群 (Γ は有限でも無限でもよい), G_αの単位元をe_αとする. 定理4·4·3によりe_αを含む極大部分群H_αがある. e_αを単位元にもつ群G_{α_λ}はすべてH_αに含まれるから$S \subseteq \bigcup H_\alpha$. また明らかに$\bigcup H_\alpha \subseteq S$だから$S=\bigcup H_\alpha$. 命題4·4·4により$H_\alpha \cap H_\beta = \emptyset$ $(\alpha \neq \beta)$. ∎

例 1 Sを有限巡回半群:

$$S=\{a, a^2, \cdots, a^{n_0}, a^{n_0+1}, \cdots, a^{n_0+r_0-1}\}, \quad a^{n_0+r_0}=a^{n_0}.$$

Sの群部分$G=\{a^{n_0}, \cdots, a^{n_0+r_0-1}\}$は$S$のただ一つの極大部分群, したがって$S$の最大部分群である. Gが群であることは§4·1ですでにのべた. HをSに含まれる群とする. Hの単位元をa^{i_0}とし, Hの任意の元をa^iとするとき, $a^i=a^{i+i_0}$だから$a^i \in G$, すなわち$H \subseteq G$.

例 2 次の乗積表で定義される半群S_1, S_2を考える.

	a	b	c	d	e	f	g	h
a	a	b	c	d	a	a	c	c
b	b	c	d	a	b	b	d	d
c	c	d	a	b	c	c	a	a
d	d	a	b	c	d	d	b	b
e	a	b	c	d	e	f	g	h
f	a	b	c	d	f	e	h	g
g	c	d	a	b	g	h	e	f
h	c	d	a	b	h	g	f	e

S_1

	a	b	c	d	e	f	g	h
a	a	b	c	d	e	f	g	h
b	b	a	d	c	f	e	h	g
c	c	d	a	b	g	h	e	f
d	d	c	b	a	h	g	f	e
e	a	b	c	d	e	f	g	h
f	b	a	d	c	f	e	h	g
g	c	d	a	b	g	h	e	f
h	d	c	b	a	h	g	f	e

S_2

S_1, S_2はいずれも二つの群の疎和である. $\{a, b, c, d\}$と$\{e, f, g, h\}$が極大部分群である. またS_1の部分半群$S_1'=\{a, b, c, d, e, f\}$は二つの群$\{a, b, c, d\}$と$\{e, f\}$の疎和である. S_2についても同じことがいえる.

問 1 半群 S の巾等元を e とする．e を含む S のすべての部分群の族 $\{H_\alpha:\ \alpha\in\Gamma\}$ の和集合で生成される部分半群 H は S の部分群であることを証明せよ．これは e を含む極大部分群の存在の別証明を与える．

問 2 半群 S の2つの部分群を G, H とする（巾等元 e を共有するとは仮定しない）．もし $G\cap H\neq\varnothing$ であれば，$G\cap H$ は部分群であることを証明せよ．

問 3 半群 S の部分群の列 $G_1, G_2, \cdots, G_k$ で $G_i\cap G_{i+1}\neq\varnothing\,(i=1, \cdots, k-1)$ とすれば，$G_i\cap G_j\neq\varnothing\,(i, j=1, \cdots, k)$ であって，すべての G_i は単位元を共有することを証明せよ．

問 4 半群 S のすべての元の指数が 1(§4·1 をみよ) であれば，S は互いに素な周期的な群の和集合である．

問 5 S を単位元1をもつ半群とする．$ab=1$ であるとき a を b の**左逆元**，b を a の**右逆元**，または b を**左単元**，a を**右単元**という．左（右）単元は左（右）逆元をもつ元である．$ab=ca=1$ なる b, c があるとき，a を**単元**という．

S のすべての右（左）単元の集合は1を含む右（左）消約的部分半群であり，S のすべての単元の集合は部分群をなすことを証明せよ．

4・5 直積と準同形写像

読者は群論で直積について学んだが，同じ概念は半群，亜群でも定義される．

$G_1, G_2, \cdots, G_n$ を n 個の亜群とする（同形なものがあってもよい）．これらに対し G を

$$G=\{(x_1, \cdots, x_n):\ x_i\in G_i\quad (i=1, \cdots, n)\}$$

で定義し，元の相等 $(x_1, \cdots, x_n)=(y_1, \cdots, y_n)$ を $x_i=y_i\ (i=1, \cdots, n)$ で定義する．x_i を元 $(x_1, \cdots, x_n)$ の ***i*-成分**とよぶ．G の演算を $(x_1, \cdots, x_n)(y_1, \cdots, y_n)=(x_1y_1, \cdots, x_ny_n)$ で定義する．x_iy_i は G_i における積である．こうして定義される亜群 G を $G_1, \cdots, G_n$ の**直積**といい，$G=G_1\times\cdots\times G_n$ と書く．$\{1, 2, \cdots, n\}$ の任意の置換 π に対し

$$G_1\times\cdots\times G_n\cong G_{\pi(1)}\times\cdots\times G_{\pi(n)}.$$

また $G_1\times\cdots\times G_n$ は $n=2$ の場合の直積をくり返すことによりえられる．

$$(G_1\times G_2)\times G_3\cong G_1\times(G_2\times G_3)\cong G_1\times G_2\times G_3.$$

一般に

$$(G_1\times\cdots\times G_{n-1})\times G_n\cong G_1\times\cdots\times G_n.$$

$p_i: G\to G_i$ を $x=(x_1, \cdots, x_n)\mapsto x_i$ で定義するとき，p_i を G の（***i*-**）**射影**という．A を G の部分集合とするとき，Ap_i を A の（***i*-**）**射影像**という．

(4·5·1) i-射影 p_i により，G は G_i の上に準同形である．

(4·5·2) $G_i\ (i=1, \cdots, n)$ が左(右)単位元をもつときそのときに限り，G は左（右）単位元をもつ．左(右)零，巾等元についても同じことがいわれる．

(4·5·3) $G_i\ (i=1, \cdots, n)$ が半群(群)であるときそのときに限り，G は半群(群)である．

(4·5·4) $G_i\ (i=1, \cdots, n)$ が恒等式 $f(x_1, \cdots, x_n)=g(x_1, \cdots, x_n)$ を満足するときそのときに限り，G は同じ恒等式を満足する．たとえば $G_i(i=1, \cdots, n)$ が可換（巾等）であるときそのときに限り，G は可換（巾等）である．

群の直積は包含的な拡大と考えられるが，亜群または半群の場合には，次にのべるように準同形像または合同関係の立場から組立てられる概念と見られる．

亜群の分解とは剰余類別，すなわち合同（または準同形）によって生ずる類別のことであった．

亜群 G に n 個の分解 $\varDelta_1, \cdots, \varDelta_n$：

$$\varDelta_1 : G=\bigcup_{\alpha\in\Gamma_1} G_{1\alpha}, \quad \cdots \quad , \quad \varDelta_n : \ G=\bigcup_{\alpha\in\Gamma_n} G_{n\alpha}$$

が与えられたとする．各 $\varDelta_i$ から1個ずつ任意にとった類

$$G_{1\alpha_1}, G_{2\alpha_2}, \cdots, G_{n\alpha_n}$$

がただ1個の元を共有する，すなわち

$$G_{1\alpha_1}\cap G_{2\alpha_2}\cap\cdots\cap G_{n\alpha_n}=\{x_{\alpha_1, \alpha_2, \cdots, \alpha_n}\}$$

であるとき，分解 $\varDelta_1, \varDelta_2, \cdots, \varDelta_n$ は**直交する**という．

n 個の全射準同形 $h_1 : G\rightarrow_{\mathrm{on}}G_1, \cdots, h_n : G\rightarrow_{\mathrm{on}}G_n$ によって生ずる分解が直交するとき，全射準同形写像 $h_1, \cdots, h_n$ が**直交する**という．

注意 全射準同形 $h_i(i=1, \cdots, n)$ が直交するという条件は，全射準同形 h_i が

$$xh_i=yh_i \quad (i=1, \cdots, n) \Rightarrow x=y$$

を満足するという条件より強い．

定理 4·5·5 亜群 G が亜群の直積 $G_1\times\cdots\times G_n$ に同形であるための必要十分条件は，G から G_i の上への準同形 $\varphi_i(i=1, \cdots, n)$ が存在して，$\varphi_1, \cdots, \varphi_n$ が直交することである．

証明 $f : G\rightarrow_{\mathrm{on}}G_1\times\cdots\times G_n$ を同形，$p_i : G_1\times\cdots\times G_n\rightarrow_{\mathrm{on}}G_i$ を i-射影とし，さらに $g_i=fp_i$ とおくと g_i は G から G_i の上への準同形である．これによって生ずる分解を

(4・5・6) $$\Delta_i : G = \bigcup_{a_i \in G_i} {}_iG_{a_i} \quad (i=1, \cdots, n)$$

とする．ここに ${}_iG_{a_i} = \{x \in G : xg_i = a_i\}$ である．

さて G の各分解 $\Delta_1, \cdots, \Delta_n$ より類を一つずつ任意にとる：

$$ {}_1G_{a_1}, \ {}_2G_{a_2}, \ \cdots, \ {}_nG_{a_n}. $$

たしかに

$$ (a_1, \cdots, a_n) f^{-1} \in {}_1G_{a_1} \cap {}_2G_{a_2} \cap \cdots \cap {}_nG_{a_n}. $$

この右辺の共通部分の任意の元を x とし，$x = (x_1, \cdots, x_n) f^{-1}$ とおくと ${}_iG_{a_i}$ の定義から直ちに $x_1 = a_1, \cdots, x_n = a_n$，したがって $(x_1, \cdots, x_n) = (a_1, \cdots, a_n)$ を得るから

$$ {}_1G_{a_1} \cap \cdots \cap {}_nG_{a_n} = \{(a_1, \cdots, a_n) f^{-1}\}. $$

逆の証明．$g_1 : G \to {}_{\text{on}}G_1, \cdots, g_n : G \to {}_{\text{on}}G_n$（による分解 $\Delta_1, \cdots, \Delta_n$）が直交すると仮定する．$ag_i = a_i (i=1, \cdots, n)$ とおき，$f : G \to {}_{\text{on}}G_1 \times \cdots \times G_n$ を次のように定義する：

$$ af = (ag_1, \ \cdots, ag_n). $$

まず f が1対1であることを証明しよう．$af = bf$ とする．$ag_i = bg_i (i=1, \cdots, n)$ は a, b がどの Δ_i についても同じ類に含まれることを意味する．$\Delta_1, \cdots, \Delta_n$ の直交性から $a = b$ を得る．次に

$$ \begin{aligned} (ab)f &= ((ab)g_1, \cdots, (ab)g_i, \cdots, (ab)g_n) \\ &= ((ag_1)(bg_1), \cdots, (ag_i)(bg_i), \cdots, (ag_n)(bg_n)) \\ &= (ag_1, \cdots, ag_i, \cdots, ag_n)(bg_1, \cdots, bg_i, \cdots, bg_n) = (af)(bf). \end{aligned} $$

g_i がいずれも全射であり直交することから f が全射であることがわかる．つまり $a_1, \cdots, a_n$ を任意にとっても $ag_i = a_i (i=1, \cdots, n)$ なる a が定まる ▌

定理4・5・5は亜群，半群の直積を証明するとき用いると比較的便利である．

4・6 右群，直角帯

群の公理は，(1) 結合法則，(2) 左単位元の存在，(3) 左逆元の存在，であった．ところが (1), (2) をそのままにして，(3) のかわりに (3′) 右逆元の存在を仮定するとどうなるであろうか．すなわち亜群 G が

（1） すべての $a, b, c \in G$ に対し $(ab)c = a(bc)$,

（2） すべての $a \in G$ に対し $ea=a$ なる，a に無関係なる e がある．

（3′） 任意の $a \in G$ に対し $ax=e$ なる $x \in G$ がある．

もちろん群は (1),(2),(3′) を満足する．しかしたとえば，位数が2より大なる右零半群は (1),(2),(3′) を満足するが，すべての元が巾等元だから群でない．公理 (1),(2),(3′) を満足する半群は群を一般化したものである．この節ではこのような半群の構造をしらべる．以下のべるように，右群の定義として (1),(2),(3′) の組合せを採用しないで別の地点から出発するが，結局は同じものになる．

定義 半群 S が次の条件を満足するとき，S を**右群** (right group)（**左群**, left group）という．

(4·6·1) 任意の $a, b \in S$ に対し，$ac=b$ $(ca=b)$ を満足する $c \in S$ がただ一つ存在する．

以下右群についてだけのべる．左群は右群と双対的であるから，おのずから類推されたい．

直ちにいえることは右群では左消約律が成立する：

$$ac=ad \Rightarrow c=d.$$

なぜなら $ac=ad=b$ とおくと条件 (4·6·1) により $c=d$ だからである．

定理 4·6·2 半群 S が右群であるための必要十分条件は，S が群と右零半群の直積に同形なることである．

証明 (4·6·1) により任意の $a \in S$ に対し $ae=a$ なる $e \in S$ がただ一つある．S の任意の元 x に対し $(ae)x=ax$ であるが，結合律により $a(ex)=ax$．左消約律にしたがって $ex=x$ がすべての $x \in S$ に対し成り立つから，e は S の左単位元である．この e について Se が S の部分半群をなすことは容易に示される：$(ae)(be)=(aeb)e$．次に $(ae)e=a(ee)=ae$．そして $e=ee \in Se$．だから e は Se の右単位元である．(4·6·1) によれば $ae \in Se$ に対し $(ae)c=e$ なる $c \in S$ があるから

$$(ae)(ce)=[(ae)c]e=ee=e.$$

ce は Se における ae の右逆元である．これで Se が S の部分群であることが証明された．

このようにして得られた元 e を一つ固定して e_0 と書き，$Se_0=G_0$ とおく．写

像 $\eta: S \to G_0$ を

$$x\eta = xe_0$$

と定義する．η が S から G_0 上への準同形写像であることを証明しよう．任意の $xe_0 \in Se_0$ に対し $x\eta = xe_0$ だから η は S から G_0 上への写像である．e_0 が左単位元であることに注意して

$$(xy)\eta = (xy)e_0 = x(e_0y)e_0 = (xe_0)(ye_0) = (x\eta)(y\eta).$$

ゆえに η は準同形である．η により生ずる S の分解を

(4・6・3) $$S = \bigcup_{p \in G_0} S_p,$$

ここに $S_p = \{x \in S:\ xe_0 = p\}$, $S_{p_1} \cap S_{p_2} = \varnothing$ $(p_1 \neq p_2)$.

もう一つの準同形写像を必要とする．上に e_0 を見つけたように任意の $x \in S$ に対し

$$xe_x = x$$

である左単位元 e_x がただ一つ定まる．S のすべての左単位元の集合を R とする．$e, f \in R$ のとき $ef = f$ だから，R は S の部分半群で右零半群である．写像 $\beta: S \to R$ を

$$x\beta = e_x$$

で定義すると，β が S から R 上への準同形であることを示そう．任意の $e \in R$ に対し $e\beta = e$, すなわち β は S から R 上への写像である．そして $x, y \in S$ につき

$$(xy)e_y = x(ye_y) = xy.$$

e_{xy} の唯一性により $e_{xy} = e_y$, すなわち $(xy)\beta = y\beta = (x\beta)(y\beta)$. ゆえに β は準同形写像である．β によって生ずる S の分解を

(4・6・4) $$S = \bigcup_{e \in R} T_e,$$

ただし $Te = \{x \in S:\ xe = x\}$. 次に二つの分解 (4・6・3), (4・6・4) が直交することを証明する．分解 (4・6・3) から類 S_p を，分解 (4・6・4) から類 T_e をそれぞれ任意にとる．このとき $p \in Se_0$ であることに注意して

$$(pe)e_0 = p(ee_0) = pe_0 = p, \quad (pe)e = p(ee) = pe.$$

ゆえに $pe \in S_p \cap T_e$. $S_p \cap T_e$ が pe 以外に元を含まないことを示すために，$y \in S_p \cap T_e$ とする．$ye_0 = p, ye = y$ だから

$$y=ye=y(e_0e)=(ye_0)e=pe.$$

これで (4·6·3) と (4·6·4) が直交する．定理 4·5·5 により

$$S\cong G_0\times R \quad (G_0 \text{ は群}, R \text{ は右零半群}).$$

逆を証明する．G' を群，R' を右零半群とする，$S\cong G'\times R'$ と仮定して S が (4·6·1) を満足する半群であることを証明するために，$G'\times R'$ がそうであることを証明すればよい．その性質は同形写像で保存されるからである．簡単のために $S=G'\times R'$ とする：$S=\{(x,y)\colon x\in G', y\in R'\}$．演算は $(x,y)(z,u)=(xz,yu)$．

まず半群の直積は半群である（(4·5·3) による）．(4·6·1) を験証するために $(a,b),(c,d)\in S$ を任意にとると

$$(a,b)(a^{-1}c,d)=(c,d) \quad (a^{-1} \text{ は } a \text{ の } G' \text{ における逆元}).$$

一方，$(a,b)(x,y)=(c,d)$ とすると $(ax,y)=(c,d)$ から $y=d, x=a^{-1}c$ を得るから (4·6·1) が証明された． ∎

問 右群 S において e が巾等元であるのは，e が S の左単位元であるときに限る．これは定理 4·6·2 の結果を用いなくても定理の証明の途中に自然に証明されている．

注意 定理 4·6·2 の証明中における $G_0=Se_0$ は e_0 に依存しているようにみえるが，すべての左単位元 $e,f\in R$ に対し $Se\cong Sf$ である．$\varphi: Se\to Sf$ を $(xe)\varphi=(xe)f$ で定義すると，φ が同形写像である．

右群の条件 (4·6·1) はいろいろにいいかえられる．いくつかの同等条件をあげる．下に出る「右単純」とは「任意の $a,b\in S$ に対し $ac=b$ なる $c\in S$ がある」ことであった．

定理 4·6·5 次の I～VIII はみな同等である．

I．S は半群で，任意の $a,b\in S$ に対し $ac=b$ なる $c\in S$ がただ一つある．

II．S は左消約的，右単純半群である．

III．S は右単純半群で巾等元を含む．

IV．S は右単純半群で左単位元を含む．

V．S は半群で左単位元を含み，任意の元 a と任意の左単位元 e に対し $ac=e$ なる c がある．

VI．S は半群で任意の元 a に対し $ac=e$ なる元 c と左単位元 e がある．

VII．S は半群で任意の元 a に対し $ca=e$ なる元 c と左単位元 e がある．

VIII. S は群と右零半群の直積に同形である．

証明 証明の順序は I ⇒ VIII ⇒ II ⇒ IV ⇒ V ⇒ VI ⇔ VII ⇒ I．
$$\text{IV} \Updownarrow \text{III}$$

I ⇒ VIII：定理 4·6·2 で証明ずみ．

VIII ⇒ II：読者の練習として残す．

II ⇒ IV：任意の $a\in S$ に対し，$ac=a$ なる $c\in S$ がある．$x\in S$ を任意にとり $(ac)x=ax$，$a(cx)=ax$，左消約律により $cx=x$．

IV ⇒ III：自明．

III ⇒ IV：S が右単純であるから任意の a, b に対し $ac=b$ なる c がある．e を巾等元とする．任意の $x\in S$ に対し $ey=x$ を満足する y がある．

$$ex=e(ey)=e^2y=ey=x,$$

e は左単位元である．

IV ⇒ V，V ⇒ VI：自明．

VI ⇒ VII：仮定により任意の $a\in S$ に対し $ac=e$ を満足する元 $c\in S$ と左単位元 e がある．このとき ca は巾等元である：$(ca)(ca)=c(ac)a=c(ea)=ca$．

簡単のために $ca=d$ とおく，$d^2=d$．再び仮定を用いて $dx=f$ を満足する $x\in S$ と左単位元 f がある．

$$df=d(dx)=d^2x=dx=f.$$

任意の $z\in S$ に対し $(df)z=fz$ より $d(fz)=fz$, $dz=z$ を得る．ゆえに $d=ca$ は左単位元である．

VII ⇒ VI：VI ⇒ VII の双対的な場合として得られる．

VII ⇒ I：VII ⇒ VI が得られるから VII ⇒ I を証明するために {VI, VII} ⇒ I を証明すればよい．VI により任意の $a\in S$ に対し，$ac=e$ なる $c\in S$ と左単位元 e がある．$x\in S$ を任意にとり，$a(cx)=(ac)x=ex=x$．これで左除可能性が証明された．その一意性をいうために $ac=b$, $ad=b$ とする．VII により $za=e$ なる $z\in S$ と左単位元 $e\in S$ がある．$z(ac)=z(ad)$ より $(za)c=(za)d$，したがって $ec=ed$, $c=d$ を得る． ▌

こうして右群 S は $G\times R$ (G は群，R は右零半群) に同形であって，任意の巾等元 $e\in R$ に対し $Se\cong G$ である．

Se は S の極大部分群である．なぜなら e を含む任意の部分群を H とすると

$$H=He\subseteq Se\cong G.$$

もし $|G|=1$ であれば S は右零半群，$|R|=1$ であれば S は群である．こうして右零半群および群はいずれも右群の特別な場合である．すでに前にものべたごとく，右零半群は非常に簡単な構造をもつ，すなわち等しい濃度をもつ右零半群は同形である．

例 1 零でない複素数のすべての集合を S とし演算 $\circ$ を次のように定義する．

$$a\circ b=|a|b,$$

($|a|$ は a の絶対値，$|a|b$ は普通の乗法である)．結合法則は容易に験証される．任意の a, b に対し $a\circ c=b$ を満足する c は $c=b/|a|$ のほかにない．ゆえに S は $\circ$ に関して右群をなす．$|a|=1$ であるときに限り a は巾等元である．S の極大部分群はすべての正実数からなる乗法群に同形である．

例 2 零でない実数のすべての集合を T とし，演算 $\circ$ を例1と同じように定義する．$T(\circ)$ は $S(\circ)$ の部分半群であるがやはり右群である．巾等元は 1, −1．極大部分群は正の実数全体と負の実数全体の二つだけである．

例 3 次の乗積表で定義される半群は右群である．

S	a	b	c	d
a	a	b	c	d
b	b	a	d	c
c	a	b	c	d
d	b	a	d	c

G：位数2の群

R：位数2の右零半群

§4·4 の極大部分群の例 2 の S_2 も右群である．

問 1 G_1, G_2 を群，R_1, R_2 を右零半群とする．$G_1\times R_1\cong G_2\times R_2$ であるための必要十分条件は $G_1\cong G_2$，$R_1\cong R_2$ である．

問 2 右群の準同形像は右群である．

問 3 右群の部分半群は必ずしも右群でない．反例をあげよ．

問 4 周期的な右群の部分半群は右群である．

問 5 例1の S は普通の乗法に関して群をなし，全正実数乗法群と全実数加法群の直積に同形である．例2の T も普通の乗法に関して群をなし全正実数乗法群と $\{1, -1\}$ からなる群の直積に同形である．例1，例2はこれら群の演算を用いて新しい演算 $\circ$ を定義した．これからヒントを得て次の問題を考えよ．

G は集合 S に定義された群で，G は群 H, K の直積であるとする．この群 G の演算

を用いて S に右群の演算を導入せよ．

問 6 有限個の右群 G の直積 $G_1\times\cdots\times G_n$ は右群である（「有限個」を取除いてもこの命題は真である）．

直 角 帯

直角帯の定義を与える前に帯 (band) に関する次の条件が同等であることを証明する．まず**帯**とはすべての元が巾等元である半群のことであった．

定理 4・6・6 次の 4 条件は同等である．

（1） S が帯であって，恒等式 $xyz=xz$ を満足する．

（2） S が半群であって，恒等式 $xyx=x$ を満足する．

（3） S は左零半群 L と右零半群 R の直積に同形である．

（4） S は半群で条件「$xy=yx$ ならば $x=y$」を満足する．

証明 証明の方針は （1）⇔（2）⇒（3）⇒（4）⇒（2）．

（1）⇒（2）:（1）における恒等式で $z=x$ とおくと $xyx=x^2=x$.

（2）⇒（1）:（2）の恒等式を用いて

$$x^2=x^2xx^2=x^5=xx^3x=x,$$

ゆえに S は帯である．さて

$$xyz=xy(zxz)=[x(yz)x]z=xz.$$

（2）⇒（3）: 半群 S が恒等式 $xyx=x$ を満足するものとする．$a\in S$ を固定した元とするとき，$x,y\in S$ に対し $(xa)(ya)=x(aya)=xa$ だから Sa は左零半群である．すでに (2) ⇒ (1) が証明されたから (1) により $(xy)a=xa$. S の変換 φ_a: $S\to Sa$ を $x\varphi_a=xa$ で定義すると $(xy)\varphi_a=(x\varphi_a)(y\varphi_a)$ だから φ_a は S から左零半群 Sa の上への準同形である．同じように ψ_a : $S\to aS$ を $x\psi_a=ax$ で定義すると ψ_a は S から右零半群 aS 上への準同形である．φ_a と ψ_a が直交することを示すために c,d を任意にとって $ca\in Sa$, $ad\in aS$,

$$(cad)\varphi_a=cada=ca,\quad (cad)\psi_a=acad=ad.$$

次に $z\varphi_a=ca$, $z\psi_a=ad$ と仮定する．$za=ca$, $az=ad$ だから $z=zaz=caz=cad$. φ_a と ψ_a が直交するから定理4・5・5により $S\cong Sa\times aS$, Sa は左零半群，aS は右零半群である．

（3）⇒（4）: $S=L\times R$, L は左零半群，R は右零半群と仮定する．

$$S=\{(a,b):\ a\in L, b\in R\},\quad (a,b)(c,d)=(a,d).$$

$xy=yx \Rightarrow x=y$ を証明するために

$$(a,b)(c,d)=(c,d)(a,b) \text{ とする.}$$

$(a,d)=(c,b)$ より $a=c, b=d$. したがって $(a,b)=(c,d)$ を得る.

(4)⇒(2): まず $x^2x=xx^2$ だから $x^2=x$. 次に $(xyx)x=xyx^2=xyx=x^2yx=x(xyx)$. だから仮定により $x=xyx$ を得る. ▮

定義 左零半群と右零半群の直積に同形な半群を**直角帯**(rectangular band)という.

定理4·6·6の(2)⇒(3)の証明で示したように, Sa が左零半群, aS が右零半群であったが, a の選び方に無関係である, すなわち

命題 4·6·7 S を直角帯とするとき, すべての $a,b\in S$ に対し

$$Sa\cong Sb, \quad aS\cong bS.$$

証明 定理4·6·6の(2)⇒(3)の証明に定義した φ_b $(x\varphi_b=xb)$ は S から Sb の上への準同形であったから, φ_b は Sa を Sb の中へ写す準同形である. しかし $xb\in Sb$ を任意にとると

$$(xba)\varphi_b=xbab=xb$$

だから φ_b は Sa を Sb の上へ写す. φ_b が1対1であることを示すために $(xa)\varphi_b=(ya)\varphi_b$ とすると $xab=yab$. したがって $xaba=yaba$. よって $xa=ya$. これで $Sa\cong Sb$. ▮

この結果を用いて次のことが直ちに証明される.

命題 4·6·8 L_1, L_2 を左零半群, R_1, R_2 を右零半群とする. $L_1\times R_1\cong L_2\times R_2$ であるための必要十分条件は $L_1\cong L_2, R_1\cong R_2$ である.

証明 $L_1\cong L_2$ だけを証明する. $S_1=L_1\times R_1$ とおく. $a\in R_1$ を固定すると $L_1\cong\{(x,a): x\in L_1\}$. また $b\in L_1$ を一つ固定すると

$$L_1\cong\{(x,a): x\in L_1\}=S_1\cdot(b,a).$$

同じように $c\in R_2, d\in L_2$ を固定して $S_2=L_2\times R_2$ とおくと, $L_2\cong\{((y,c)): y\in L_2\}=S_2\cdot((d,c))$. f: $S_1\to_{\mathrm{on}}S_2$ を同形写像とし, $(b,a)f=((b',a'))$ とする. そのとき命題4·6·7により

$$L_1\cong S_1\cdot(b,a)\cong S_2\cdot((b',a'))\cong L_2. \quad ▮$$

直角帯 S は $|L|, |R|$ を指定されれば決定される, というきわめて簡単な構造をもっている.

系 4・6・9　濃度の対 $(\mathfrak{m}, \mathfrak{n})$ に対し $|Sa|=\mathfrak{m}, |aS|=\mathfrak{n}$ となる直角帯 S が同形を無視すればただ一通りに定まる．

問 1　直角帯の準同形像，部分半群はいずれも直角帯である．また任意個数の直角帯の直積はまた直角帯である．

問 2　$|S|=p^{\alpha}q^{\beta}$ である直角帯の同形でないものの個数を求めよ．p, q は異なる素数である．

§4・5 の定理の応用として次の問題を考えよ．

問 3　半群 S が右イデアルの疎和であると仮定する．すなわち

$$S=\bigcup\{S_{\alpha} : \alpha\in\Omega\},\quad S_{\alpha}\cap S_{\beta}=\varnothing\,(\alpha\neq\beta),\quad S_{\alpha}S_{\beta}\subseteq S_{\alpha}.$$

さらに次の条件を仮定する．

（1）　すべての $\alpha\in\Omega$ に対し S_{α} は単位元 e_{α} をもち，

（2）　$e_{\alpha}e_{\beta}=e_{\alpha}\quad(\alpha, \beta\in\Omega)$．

そのときすべての S_{α} は同形で，S は一つの S_{α} と左零半群 Ω の直積に同形である（**ヒント**　準同形 $S\to S_{\alpha}$ を $x\mapsto e_{\alpha}x$ で定義せよ）．

§10・10 で S を $\{S_{\alpha} : \alpha\in\Omega\}$ の**左零合成**とよぶ．

問 4　問3においてすべての S_{α} が単位元 e_{α} をもち，e_{α} のほかに巾等元をもたなければ (2) を仮定しなくても S は S_{α} と Ω の直積である．

問 5　すべての S_{α} が群であれば，問 3 における S は右群である．

4・7　半　　　束

S を半順序集合すなわち，半順序 $\leqq$ が定義された集合とする．S の部分集合 $M(\neq\varnothing)$ のすべての元 x に対し，$x\leqq a\ (x\geqq a)$ なる元 $a\in S$ を M の**上界**（**下界**）といい，M は**上に**（**下に**）**有界**であるという．M の最小上界（最大下界）a_0 を M の**上限**（**下限**），または M は**上限**（**下限**）**をもつ**という．すなわち M の上限（下限）a_0 とは S の元 a_0 で次の条件を満足する：

すべての $x\in M$ に対し　$x\leqq a_0\ (a_0\leqq x)$，

もしすべての $x\in M$ に対し　$x\leqq b\ (b\leqq x)$ であれば　$a_0\leqq b\ (b\leqq a_0)$．

M の上限（下限）は M に属するとは限らない．$M=\{x, y\}$ の上限（下限）を 2 元 x, y の上限（下限）とよぶ（x, y は同じ元であってもよい）．1 元からなる部分集合 $\{x\}$ の上限（下限）は x 自身である．

さてこれから任意の 2 元が上限をもつ半順序集合を少し詳しくしらべてみる．以前に可換巾等半群を半束と定義した．実は半束と任意の 2 元が上限をもつ半順序集合の二つの概念は次の意味で同値である．

定理 4·7·1 任意の2元が上限をもつ半順序集合をSとする．a, bの上限を$a\cdot b$とすると，この演算に関してSは半束をなす．逆にSが半束であれば

(4·7·2) $\qquad ab=b$ であるとき $a\leqq b$

と定義するとき，Sは$\leqq$に関して任意の2元が上限をもつ半順序集合である．

証明 反射律により$\{a\}$の上限がaだからすべてのaに対し$a^2=a$．集合$\{a, b\}$の上限はa, bの順序に関係しないから$ab=ba$．結合律$(ab)c=a(bc)$を証明しよう．演算の定義により

$$a\leqq a(bc) \quad \text{かつ} \quad c, b\leqq bc\leqq a(bc)$$

だから$a(bc)$は$\{a, b, c\}$の上界である．abは$\{a, b\}$の上限だから$ab\leqq a(bc)$．また$a(bc)$は$\{ab, c\}$の上界で，$(ab)c$がその上限だから$(ab)c\leqq a(bc)$．同じような方法で$(ab)c\geqq a(bc)$が証明されるから反対称律により$(ab)c=a(bc)$を得る．

逆の証明．まず$a^2=a$だから$a\leqq a$．反対称律を証明するために$a\leqq b, b\leqq a$とする．Sが可換だから$a=ba=ab=b$．推移律を証明しよう．$a\leqq b, b\leqq c$とする．$ab=b, bc=c$だから結合律により$ac=a(bc)=(ab)c=bc=c$．ゆえに$a\leqq c$．最後にa, bの上限がabであることを証明する．$a(ab)=a^2b=ab$だから$a\leqq ab$．同じように$b\leqq ab$．次に$a\leqq c$, $b\leqq c$とする．$ac=bc=c$だから$(ab)c=(ab)c^2=(ac)(bc)=c^2=c$．ゆえに$ab\leqq c$． ∎

注意 条件(4·7·2) $ab=b$は次の条件と同値である．

(4·7·2′) $\qquad ax=b$ なる $x\in S$ がある．

定理4·7·1にのべた「任意の2元が上限をもつ」という条件は「任意の有限個の元が上限をもつ」という条件と同値である．

半束という術語は，半群としての半束という意味と半順序としての半束という意味にも用いられる．同値な概念であるが，使いわけを明らかにする必要があるときは「半群としての」とか「半順序としての」をつけ加える．また後者の場合，半順序の方向を示す必要があるときは「上」，「下」をつけ加える．すなわち，(4·7·2)で定義するときは上半束，(4·7·2)のかわりに

(4·7·3) $\qquad ab=b$ であるとき $b\leqq a$

と定義するとき**下半束**という．同一の半群としての半束に対し定義される上半束と下半束は半順序集合として互いに反同形である．

S が半群として半束であるとともに半順序として上半束（または下半束）であるとする．$\leqq$ は両立的半順序である：

$$a\leqq b \Rightarrow \text{すべての } c \text{ に対し } ac\leqq bc.$$

補題 4・7・4　S を半束，$a, b\in S$ とするとき，$Sa\cap Sb=Sab$.

証明　まず $ab\in Sa\cap Sb$ だから $Sa\cap Sb\neq\emptyset$．$c\in Sa\cap Sb$ を任意にとるとき，$c=xa=yb$ なる $x, y\in S$ がある．このとき $c=xa=xa^2=yab$ だから $Sa\cap Sb\subseteq Sab$．逆に $d\in Sab$ をとると $d=zab\in Sa\cap Sb$，ゆえに $Sab\subseteq Sa\cap Sb$．∎

補題 4・7・5　S が半束であれば，$Sa=Sb \Rightarrow a=b$.

証明　$Sa=Sb$ とする．$a=a^2\in Sa$ だから $a\in Sb, a=yb$ なる y がある．ゆえに上半束の意味で $b\leqq a$．同じように $b=xa$ なる x があるから $a\leqq b$，結局 $a=b$.∎

半群 S の任意の元 a に対し S の変換 $f_a: S\rightarrow_{\text{in}}S$ を $xf_a=xa$ で定義する．$a\mapsto f_a$ を S の右正則表現とよんだ．S が可換のときは右，左の区別がいらないから単に正則表現とよぼう．また $a\mapsto f_a$ が1対1であるとき正則表現は忠実であるとよんだ．

命題 4・7・6　半束の正則表現は忠実である．

証明　$f_a=f_b$ とする．$af_a=af_b$ だから $a=a^2=ab$，また $bf_a=bf_b$ より $b=ba$ ゆえに $a=b$.∎

命題 4・7・6 は補題 4・7・5 の応用としても直ちに得られる．$f_a=f_b$ とすると $Sf_a=Sf_b$ すなわち $Sa=Sb$，したがって $a=b$.

補題 4・7・4，4・7・5 により

定理 4・7・7　S を任意の半束とする．S はある集合の部分集合のなす族に積を共通集合で定義して得られる半束に同形である．

証明　$\mathfrak{F}=\{Sa:\ a\in S\}$ とすると補題 4・7・4，4・7・5 により $S\cong\mathfrak{F}$.∎

基本的な性質を二つ挙げる．証明は容易だから省略する．

命題 4・7・8　半束の準同形像は半束である．

命題 4・7・9　半束の部分半群は半束である．

問 1　S を下半束，$a\in S$ とする．$\{x : x\geqq a\}$ は S の部分半束をなす．自明でない半束は位数2の半束に準同形であることを証明せよ．

$J=\{x : x\geqq a\}$，$I=S\backslash J$ とするとき，分解

$$S=I\cup J$$

を S の a による切断，I を上片，J を下片という．

束 L は §1·2 にものべたように，二つの演算 $\vee, \wedge$ が定義されていて L は $\vee, \wedge$ のおのおのに関して半束をなし，かつ，すべての $a, b\in L$ について

(4·7·10) $(a\vee b)\wedge a=a$,　　(4·7·11) $(a\wedge b)\vee a=a$

を満足するものである．代数系としての束が与えられると (4·7·10), (4·7·11) により $a\vee b=b$ と $a\wedge b=a$ とは同値であるから $a\leqq b$ を $a\vee b=b$ で定義すれば，定理 4·7·1 により $\leqq$ に関して半順序集合であり，任意の 2 元が上限，下限をもつ，すなわち同一の半順序に関し上半束であり，下半束でもある．逆に一つの半順序に関して上半束で，かつ下半束であるとする．a, b の上限を $a\vee b$，下限を $a\wedge b$ と書くと，定理 4·7·1 によりこれらはいずれも半群としての半束である．(4·7·10) の証明： $(a\vee b)\wedge a\leqq a$ は明らかだが，一方 $a\vee b\geqq a$, $a\geqq a$ から $(a\vee b)\wedge a\geqq a$ を得る．(4·7·11) の証明も双対的に同じである．

特に有限束は簡単に有限半束から得られる．

半群 S に単位元 1 をつけ加えたものを S^1 と書くのであった．

定理 4·7·12 S を有限半束とする．S が単位元をもてば S は束である．S が単位元をもつと否にかかわらず，S^1 は束である．すべての有限束はこのようにして得られる．

証明 S は $ab=b$ で定義される $a\leqq b$ に関して上半束をなす．この半順序に関し任意の 2 元が下限をもつことを証明すればよい．$a, b\in S$ とする．$\{a, b\}$ の下界は存在する．少なくも単位元がそうである．$\{a, b\}$ のすべての下界を $c_1, \cdots, c_n$ とすると，$c_1c_2\cdots c_n$ が $\{a, b\}$ の最大下界である．ゆえに S は束である．逆に S が有限束であるとする．上半束としての半順序に関する最小元がある．それは S の単位元 1 である．$S'=S\setminus\{1\}$ とおく．$x, y\in S$, $xy=1 \Rightarrow x=1$, $y=1$ が証明されるから S' は上半束 S の部分半束である．∎

定理 4·7·12 は次の問題の直接の結果とみることもできる．

問 2 L を半順序集合で，次の条件を満足するものとする．

(4·7·12·1) L は最小元をもつ．

(4·7·12·2) L の任意の空でない部分集合は上限をもつ．

このとき L は束で

(4·7·12·3) 任意の空でない部分集合が下限をもつ．

(4·7·12·2) を満足する上半束を**完備上半束**，(4·7·12·2), (4·7·12·3) を満足する束を**完備束**という．したがって

最小元をもつ完備上半束は完備束である．

問 3 L を下半束とする．次の条件はすべて同値である．

(1) 任意の $b<c$ なる $b, c\in L$ に対し $\{x : b\leqq x\leqq c\}$ が鎖をなす．

(2) 任意の $c\in L$ に対し $\{x : x\leqq c\}$ が鎖をなす．

(3) 任意の $x, y, z\in L$ に対し $x\wedge y\geqq x\wedge z$, または $x\wedge y\leqq x\wedge z$.

(4) $x<z, y<z$ であれば $x\leqq y$ または $x\geqq y$.

(5) 任意の $x, y, z\in L$ に対し $x\wedge y$, $y\wedge z$, $z\wedge x$ のうち少なくも二つが等しい．

上述のいずれかを満足するとき，L を**樹** (tree) という．L が樹であって，かつ $b\leqq c$ であれば，$\{x : b\leqq x\leqq c\}$ が有限であるとき，L を**疎樹**という．

問 4 L を下半束とする．C が L の部分半束で次の条件を満足するとき，C を L の**共終部分半束**という．

任意の $x\in L$ に対し，$x\geqq a$ なる $a\in C$ がある．

L が可付番であれば L は共終部分半束 C でかつ鎖をなすものを含む．

問 5 §1·7, p. 24 で半群の移動を定義した．可換であるときは移動の左右の区別がない．

半束の移動のすべては変換の積に関して半束をなす．

4・8 逆半群，正則半群の基本性質

群の著しい特徴は逆元の存在である．しかし単位元の存在を初めから仮定しないで，逆元を一般化した概念を半群に導入する．群では $a^{-1}aa^{-1}=a^{-1}, aa^{-1}a=a$ であることにヒントを得て，半群における**逆元**を次のように定義する．

定義 S を半群とし，2元 a, b の間に

$$aba=a, \quad bab=b$$

なる関係があるとき，a は b の**逆元**，または b は a の逆元であるという．「逆元」という関係は対称的である．

S が群であれば，この逆元は群の従来の逆元と一致する．

命題 4·8·1 (Thierrin) 半群 S の元 a が逆元をもつための必要十分条件は，$axa=a$ を満足する元 x が少なくも一つ存在することである．このとき xax が a の逆元である．

証明 $axa=a$ を満足する元 $x\in S$ があると仮定する．$b=xax$ とおく．

$$aba=a(xax)a=(axa)xa=axa=a,$$

$$bab=(xax)a(xax)=x(axa)(xax)=xa(xax)=x(axa)x=xax=b.$$

ゆえに b は a の逆元である．逆は自明である． ▮

定義 半群 S の元を a とする．もし $axa=a$ を満足する S の元 x があるとき，a は**正則**であるという．もし S のすべての元が正則であるとき，S は**正則**であるという．

命題4·8·1で証明したように，a が逆元をもつということと a が正則であることとは同値である．

命題 4·8·2 半群 S が少なくも一つ正則元 a を含めば，S は巾等元を含む．$axa=a$ とするとき，ax, xa は巾等元である．

証明 $(ax)(ax)=(axa)x=ax$, $(xa)(xa)=x(axa)=xa$. ▮

群の一般化として正則な半群を考えることができるが，もう少し群に近づけるために逆元の唯一性を仮定する．

定義 半群 S の各元がただ一つの逆元をもつとき，S を**逆半群**という．

定理 4·8·3 (Liber) 半群 S が逆半群であるための必要十分条件は S が正則で，任意の二つの巾等元が交換可能であることである．

証明 S が逆半群であるとする．S が正則であることは明らかである．e, f を S の巾等元とする．ef のただ一つの逆元を a とする．$a(ef)a=a$, $(ef)a(ef)=ef$. このとき ae の逆元が ef であることが次のように示される：

$$(ae)(ef)(ae)=ae^2fae=(aefa)e=ae,$$

$$(ef)(ae)(ef)=(ef)ae^2f=efaef=ef.$$

逆元の唯一性により $ae=a$. 同じようにして $fa=a$ を証明することができる．そして

$$a^2=(ae)(fa)=a(ef)a=a.$$

a が巾等元だから a 自身が a の逆元である．ゆえに $a=ef$. これで ef が巾等であることが証明された．同じように fe も巾等元である．しかし ef, fe は互いに逆元である．

$$(ef)(fe)(ef)=ef^2e^2f=(ef)^2=ef.$$

同じように，$(fe)(ef)(fe)=fe$. 逆元の唯一性により $ef=fe$.

逆に S が正則半群で任意の二つの巾等元が可換であると仮定する．b, b' を a

の逆元であるとして $b=b'$ を証明しよう．

$$aba=a,\quad bab=b,\quad ab'a=a,\quad b'ab'=b'.$$

$ab, ab', ba, b'a$ はみな巾等元であるからどの二つも可換である．

$$abab'=ab'ab \quad \text{から} \quad ab'=ab,$$

$$bab'a=b'aba \quad \text{から} \quad ba=b'a$$

を得る．したがって $b=bab=bab'=b'ab'=b'$．ゆえに S は逆半群である． ▮

逆半群の例をあげる．

例 1 群は明らかに逆半群である．

例 2 半束，すなわち可換巾等半群．

例 3 次の乗積表で定義される半群 S

	e	a	b	f	c
e	e	a	b	e	e
a	a	b	e	a	a
b	b	e	a	b	b
f	e	a	b	f	c
c	e	a	b	c	f

S は二つの群 $H=\{e, a, b\}$ と $K=\{f, c\}$ の和集合である．e, f は交換可能．S が正則であることは明らか．

例 4

	0	a	b	c	d
0	0	0	0	0	0
a	0	a	b	0	0
b	0	0	0	a	b
c	0	c	d	0	0
d	0	0	0	c	d

$0, a, d$ が正則元であることは明らかである．また

$$b=bcb,\quad c=cbc.$$

明らかに巾等元 $0, a, d$ は互いに可換である．

例3,4の結合律は §1·7 にのべた方法で検定される．

例 5 正則であるが逆半群でない例：直角帯 $S, |S|>1$．すべての元 x, y が互いに逆元である．

例 6 正則でない半群の例：零半群．

問 1 半群 S で a が正則元であれば巾等元 e, f が存在して，$Sa=Se, aS=fS$ であることを証明せよ．逆は成立しない，すなわち $Sa=Se$ で e が巾等元であっても a は正則でない．例をあげよ．

問 2 次の3条件は同値である．

（1） 半群 S の元 a が正則である．

(2)　$S^1a=Se$ なる巾等元 e がある.

(3)　$aS^1=fS$ なる巾等元 f がある.

問2は次のようにいいかえられる. S の元 a が正則であるための必要十分条件は a で生成される主左(右)イデアルが巾等元で生成されることである. したがって半群 S が正則であるのは, すべての主左(右)イデアルが巾等元で生成されることである. さて逆半群のもう一つの条件, すなわち巾等元が可換であるという条件を主左(右)イデアルでのべることができるであろうか.

定理 4·8·4　半群 S が逆半群であるための必要十分条件は S が正則であって, e, f を S の巾等元とするとき

(4·8·4·1)　$$Se=Sf \Rightarrow e=f,$$

(4·8·4·2)　$$eS=fS \Rightarrow e=f$$

を満足することである.

証明　S が逆半群であるとする. $Se=Sf$ とすれば $e=xf,\ f=ye$ を満足する $x, y\in S$ があるから $e=ef,\ f=fe$. しかし定理 4·8·3 によれば $ef=fe$ だから $e=f$ を得る. (4·8·4·2) も同じように証明される. なお S が正則であることは逆半群の定義から明らかである.

逆に半群 S が正則でかつ上の2条件を満足すると仮定する. 逆元がただ一つであることだけを証明すればよい. $a\in S$ に対し

$$axa=a, \quad xax=x, \quad aya=a, \quad yay=y$$

とする.

$$Sxa\subseteq Sa\subseteq Sya, \text{ 同じように } \quad Sya\subseteq Sxa.$$

それで $Sxa=Sya$. しかし命題 4·8·2 により xa, ya は巾等元だから (4·8·4·1) により $xa=ya$. また $axS=ayS$ で ax, ay は巾等元だから (4·8·4·2) により $ax=ay$ を得る. さて

$$x=xax=yax=yay=y. \qquad \blacksquare$$

定理4·8·4と問2をあわせると, 次のようにいいかえられる.

定理 4·8·5　半群 S が逆半群であるための必要十分条件はすべての主左イデアル, 主右イデアルがただ一つの巾等元で生成されることである.

さて逆半群 S の元 a の逆元はただ一つであるから, それを a^{-1} で表わす. 群論におけると同じように

命題 4・8・6 $(a^{-1})^{-1}=a.$

逆元の定義と逆半群の定義から明らか．

命題 4・8・7 $(ab)^{-1}=b^{-1}a^{-1}.$

証明 $(ab)(b^{-1}a^{-1})(ab)=a(bb^{-1})(a^{-1}a)b$ （$a^{-1}a, bb^{-1}$ は巾等元で可換）

$=a(a^{-1}a)(bb^{-1})b=(aa^{-1}a)(bb^{-1}b)=ab.$

また $(b^{-1}a^{-1})(ab)(b^{-1}a^{-1})=b^{-1}(a^{-1}a)(bb^{-1})a^{-1}=b^{-1}(bb^{-1})(a^{-1}a)a^{-1}$

$=(b^{-1}bb^{-1})(a^{-1}aa^{-1})=b^{-1}a^{-1}.$

$b^{-1}a^{-1}$ は ab の逆元であるから逆元の唯一性により $(ab)^{-1}=b^{-1}a^{-1}$. ▌

問 3 逆半群 S の巾等元を e, f とするとき，

$$Se\cap Sf=Sef,\quad eS\cap fS=efS.$$

問 4 逆半群 S において，もし $aa^{-1}=a^{-1}a$ であれば，a, a^{-1} は S のある部分群 H に含まれ，それらは互いに，H において群の普通の意味の逆元になる．逆半群 S の元 a を含む部分群を H とするとき，H における群の意味の a の逆元は S における逆元である．

問 5 S を逆半群とする．T が S の部分集合で逆半群であるための必要十分条件は

$$a, b\in T\Rightarrow ab\in T,\qquad a\in T\Rightarrow a^{-1}\in T.$$

問 6 $S_1, \cdots, S_n$ が逆半群であれば，直積 $S_1\times\cdots\times S_n$ も逆半群である．

基本性質を列挙しよう．

命題 4・8・8 正則半群の準同形像は正則である．

証明 正則半群 S の準同形像を S' とし，その準同形写像を f, $a\in S$ に対し $a'=af$ と書く．任意に $a'\in S'$ をとると $af=a'$ なる $a\in S$ がある．S が正則だから

$$axa=a$$

なる $x\in S$ があるが，f によって $a'x'a'=a'$. ▌

命題 4・8・9 正則半群 S のイデアル I は正則である．

証明 $a\in I$ をとる．a は正則半群 S の元だから $axa=a$ を満足する $x\in S$ がある．命題 4・8・1 により xax が a の逆元である：$a=a(xax)a$, しかし $xax\in I$ である． ▌

命題 4・8・10 半群 S のイデアルを I, $Z=S/I$ とする．I, Z がいずれも正則半群であれば，S も正則半群である．すなわち正則半群の，0 をもつ正則半群によるイデアル拡大は正則半群である．

証明 $a\in S$ とする．もし $a\in I$ であれば仮定により a は I で正則元だから当然 S でも正則元である．$a\notin I$ とする．a に対応する Z の元を a'，すなわち $\varphi: S\to S/I$ により $a'=a\varphi$ とすれば Z が正則だから $a'x'a'=a'$ なる $x'\in Z$ がある．φ は I の外では1対1であるから $a\notin I, a'\neq 0'$，したがって $x'\neq 0'$．x' の φ による原像を x，$x\varphi=x'$ とすると $x\notin I$ である．

$$a'x'a'=a' \quad \text{から} \quad axa=a$$

を得る．ゆえに S のすべての元は正則である． ▌

命題 4·8·11 正則半群 $S_\alpha(\alpha\in\Lambda)$ の直積 $\prod_{\alpha\in\Lambda} S_\alpha$ は正則である．

証明は読者に任す．

注意 正則半群の部分半群は必ずしも正則でない．例4において $\{0, b\}$ は正則でない．

S を逆半群，S が S' の上に準同形であるとき，S' がまた逆半群であるかという問題を考える．S' が正則になることはすでにのべたから S' はたしかに巾等元をもつ．S' の巾等元の可換性だけを証明すればよい．S の巾等元は S' の巾等元に写されることは明らかであるが，S' のすべての巾等元が S の巾等元の像になっているかどうか．

命題 4·8·12 φ を逆半群 S から半群 S' 上への準同形とする．S' の巾等元の原像は S の部分逆半群である．

証明 e を S' の巾等元とする．e の原像を $T(\subseteq S)$ とすると，T は S の部分半群である．いま $a\in T$ すなわち $a\varphi=e$ とする．a の S における逆元を a^{-1} とし

$$a^{-1}\varphi=f, \quad (aa^{-1})\varphi=g, \quad (a^{-1}a)\varphi=h$$

とおく．$aa^{-1}a=a$，$a^{-1}aa^{-1}=a^{-1}$ より

$$eh=e, \quad ge=e, \quad hf=f, \quad g=ef, \quad h=fe.$$

$aa^{-1}, a^{-1}a$ は S における巾等元だから $(aa^{-1})(a^{-1}a)=(a^{-1}a)(aa^{-1})$．これから直ちに

$$gh=hg.$$

さて

$$\begin{aligned} e=e^2=ehge=eghe=e(ef)(fe)e=(ef)(fe)=gh=hg \\ =(fe)(ef)=(fe)f=hf=f. \end{aligned}$$

ゆえに $a\in T$ であれば，$a^{-1}\in T$ であることが証明された．問5により T は部

分逆半群である． ∎

命題 4・8・13 逆半群の準同形像は逆半群である．

証明 S の準同形像を S' とする．S' が正則であることは明らかだから S' の任意の二つの巾等元が交換可能であることを証明しよう．e, f を S' の巾等元とする．命題 4・8・12 により e の原像は部分逆半群だから巾等元を含む．それを x とする．同じように f の原像に含まれる巾等元を y とする．S が逆半群だから $xy=yx$．これらの準同形像として $ef=fe$ を得る． ∎

逆半群 S を逆半群 S' 上に写す準同形を φ とする．

命題 4・8・14 $$(a\varphi)^{-1}=(a^{-1})\varphi.$$

証明
$$(a\varphi)(a^{-1}\varphi)(a\varphi)=(aa^{-1}a)\varphi=a\varphi,$$
$$(a^{-1}\varphi)(a\varphi)(a^{-1}\varphi)=(a^{-1}aa^{-1})\varphi=a^{-1}\varphi.$$
逆元の唯一性により $a^{-1}\varphi=(a\varphi)^{-1}$． ∎

命題 4・8・15 逆半群のイデアルは部分逆半群である．

証明 逆半群 S のイデアルを I とする．命題 4・8・9 により I は正則であり巾等元を含む．任意の巾等元が交換可能なことは S が逆半群である事実により保証される． ∎

命題 4・8・16 半群 S のイデアル I が逆半群であり，S/I が逆半群であれば，S も逆半群である．すなわち逆半群の，0 をもつ逆半群によるイデアル拡大は逆半群である．

証明 S が正則であることは命題 4・8・10 で証明された．さて $a\in S$ の逆元を x とする．$axa=a, xax=x$ だから

$$a\in I \text{ であれば } x\in I, \quad a\notin I \text{ であれば } x\notin I.$$

$a\in I$ であるとき，ただ一つの逆元 x が I にあることは I が逆半群であることによる．$a\notin I$ であるとき命題 4・8・10 の証明と同じように $\varphi: S\to Z$ を考え，$a'=a\varphi\neq 0'$ だから $x'\neq 0'$，Z が逆半群だから a' の逆元 x' はただ一つ，したがって $x\neq 0$ はただ一つだけしかない． ∎

対称逆半群

集合 X の部分集合 Y から X の部分集合 Y' の上への 1 対 1 写像 $\alpha: Y\to_{\text{on}} Y'$ を X の**偏置換**（**1 対 1 偏変換**）という．このとき Y を α の**変域**，$Y'=Y\alpha$ を α の**値域**とよぶ．偏置換は変域 Y とそれからの写像で定まる．

X のすべての偏置換の集合に“空変換” $\boldsymbol{O}$ をつけ加えた集合を $\mathcal{I}_X$ と書く．$\alpha: Y\to_{\mathrm{on}}Y'$, $\beta: Z\to_{\mathrm{on}}Z'$ の相等は $Y=Z$ でかつすべての $x\in Y$ に対し $x\alpha=x\beta$ であるとき $\alpha=\beta$ と定義する．$\mathcal{I}_X$ の任意の元 $\alpha: Y\to_{\mathrm{on}}Y'$ に対し Y' を変域とし $(x\alpha)\alpha^{-1}=x$ で定義される α の逆写像 $\alpha^{-1}: Y'\to_{\mathrm{on}}Y$ はまた $\mathcal{I}_X$ の元である．$\mathcal{I}_X$ に演算を定義する．$\mathcal{I}_X$ の元 α,β の変域をそれぞれ A,B として $\gamma=\alpha\beta$ を次のように定義する．

（i）　もし $A\alpha\cap B\neq\emptyset$ であれば，γ は $C=(A\alpha\cap B)\alpha^{-1}$ を変域とし，写像は $x\in C$ に対し $x\gamma=x\alpha\beta$ とする．したがって γ の値域は $C'=(A\alpha\cap B)\beta$ である．

（ii）　もし $A\alpha\cap B=\emptyset$ であれば，$\alpha\beta=\boldsymbol{O}$ とする．

（iii）　またすべての $\alpha\in\mathcal{I}_X$ に対し $\alpha\boldsymbol{O}=\boldsymbol{O}\alpha=\boldsymbol{O}$ と定義する．

命題 4·8·17　$\mathcal{I}_X$ は逆半群をなす．

証明　まず $\mathcal{I}_X$ が半群であることを証明しよう．$\alpha: A\to A'$, $\beta: B\to B'$, $\gamma: C\to C'$ とする．

$$\alpha\beta: (A'\cap B)\alpha^{-1}\to(A'\cap B)\beta,\quad \beta\gamma: (B'\cap C)\beta^{-1}\to(B'\cap C)\gamma$$

であるから $(\alpha\beta)\gamma$ の変域 D_1, $\alpha(\beta\gamma)$ の変域 D_2 はそれぞれ $D_1=[(A'\cap B)\beta\cap C](\alpha\beta)^{-1}$, $D_2=[A'\cap(B'\cap C)\beta^{-1}]\alpha^{-1}$ である．$D_1\neq\emptyset$ として $x\in D_1$ をとると，定義により $x\alpha\beta\in(A'\cap B)\beta\cap C\subseteq(A'\cap B)\beta$．しかし β が1対1だから $x\alpha\in A'\cap B(\subseteq A')$．一方 $x\alpha\beta\in B\beta\cap C=B'\cap C$ から $x\alpha\in(B'\cap C)\beta^{-1}$．したがって $x\alpha\in A'\cap(B'\cap C)\beta^{-1}$．ゆえに $D_1\subseteq D_2$．$D_2\subseteq D_1$ も同じようにできる（読者に任す）．かくて $D_1=D_2$ が証明された．以上の証明はもし D_1, D_2 のうち一つが $\emptyset$（空集合）であれば他も $\emptyset$ であることも含まれている．さて $D=D_1=D_2$ とおく．$x\in D$ に対し $(x\alpha\beta)\gamma=(x\alpha)(\beta\gamma)$ であることは明らかだから $(\alpha\beta)\gamma=\alpha(\beta\gamma)$ を得る．次に α^{-1} の定義から $\alpha\alpha^{-1}\alpha=\alpha$．だから $\mathcal{I}_X$ は正則である．最後に $\mathcal{I}_X$ の巾等元が可換であることを証明すれば定理4·8·3により $\mathcal{I}_X$ が逆半群となり証明を完了する．$\alpha: A\to A'$ を $\mathcal{I}_X$ の $\boldsymbol{O}$ でない巾等元とする．$(A'\cap A)\alpha^{-1}=A$ から $A\alpha\subseteq A$ となり，α^2 の値域は $(A\alpha)\alpha$ である．仮定により $\alpha^2=\alpha$ から $(A\alpha)\alpha=A\alpha$．しかし α が1対1であることから $A\alpha=A$．かくて α は A の置換，これが巾等だから恒等置換に限る．A の恒等置換を ι_A と書くことにする．$\mathcal{I}_X$ の巾等元はこの形に限るから巾等元 α,β は $\alpha=$

ι_A, $\beta=\iota_B$. もし $A\cap B=\emptyset$ であれば $\iota_A\iota_B=\boldsymbol{O}=\iota_B\iota_A$; もし $C=A\cap B\neq\emptyset$ ならば $\iota_A\iota_B=\iota_C=\iota_B\iota_A$. ∎

問 7 $\alpha\in\mathcal{I}_X$ に対し $\alpha\beta\alpha=\alpha$, $\beta\alpha\beta=\beta$ を満足する $\beta\in\mathcal{I}_X$ は $\beta=\alpha^{-1}$ に限ることを命題 4·8·17 の結果を用いないで直接に証明せよ．

$\mathcal{I}_X$ を X 上の**対称逆半群**とよぶ．次の定理は抽象的な逆半群と対称逆半群との関係を示す．

定理 4·8·18 逆半群は対称逆半群の部分半群に同形である．

証明 S を逆半群とする．$a\in S$ に対し $xf_a=xa$ で定義される f_a の Sa^{-1} への制限 $f_a|Sa^{-1}$ を考える．簡単のためやはり f_a なる記号を用い $f_a: Sa^{-1}\to Sa^{-1}a=Sa$ ($aa^{-1}a=a$ から $Sa^{-1}a=Sa$ がいわれる)．$z,u\in Sa^{-1}$，すなわち $z=xa^{-1}$，$u=ya^{-1}$，$x,y\in S$ とし $zf_a=uf_a$ とすれば，$xa^{-1}a=ya^{-1}a$ に a^{-1} を掛けて $xa^{-1}=ya^{-1}$ をえるから f_a は1対1である．全射であることは明らかだから f_a は集合 S の偏置換である．$f_a\in\mathcal{I}_S$. $f_a: Sa^{-1}\to Sa$ と $f_{a^{-1}}: Sa\to Sa^{-1}$ は互いに逆写像であるから $f_{a^{-1}}=f_a^{-1}$ であり $\mathcal{I}_S$ における f_a の逆元である．$f_af_{a^{-1}}=\iota_{Sa^{-1}}$, $f_{a^{-1}}f_a=\iota_{Sa}$ (命題 4·8·17 の証明参照)．

さて $\varphi: S\to\mathcal{I}_S$ を $a\varphi=f_a$ で定義する．φ が S を $\mathcal{I}_S$ の中へ写す同形写像であることを証明するのが目的である．まず $f_af_b=f_{ab}$ を証明するためには両者の変域が等しいことを示せばよい．f_af_b の変域は $(Sa\cap Sb^{-1})f_a^{-1}$, f_{ab} の変域は $S(ab)^{-1}=Sab(ab)^{-1}$ である．

$$
\begin{aligned}
(Sa\cap Sb^{-1})f_a^{-1}&=(Sa^{-1}a\cap Sbb^{-1})a^{-1} && (\because\ a=aa^{-1}a,\ b^{-1}=b^{-1}bb^{-1},\ f_a^{-1}=f_{a^{-1}})\\
&=(Sa^{-1}abb^{-1})a^{-1} && (\text{問3による})\\
&=Sabb^{-1}a^{-1} && (\because\ a=aa^{-1}a)\\
&=Sab(ab)^{-1} && (\text{命題 4·8·7}).
\end{aligned}
$$

$a\mapsto f_a$ が1対1であることを示すため，$f_a=f_b$ とする．変域が等しいから $Sa^{-1}=Sb^{-1}$ あるいは $Saa^{-1}=Sbb^{-1}$. 定理 4·8·4 により $aa^{-1}=bb^{-1}$ を得る．また $aa^{-1}\in Sa^{-1}$ でかつ $f_a=f_b$ だから $(aa^{-1})f_a=(aa^{-1})f_b$. よって $a=aa^{-1}a=aa^{-1}b=bb^{-1}b=b$. これで証明をおえる． ∎

問 8 写像 $a\mapsto f_a$ によって S の元は $\mathcal{I}_S$ の $\boldsymbol{O}$ には写されない．

問 9 $\mathcal{I}_X$ のすべての巾等元のなす部分半束は，X のすべての部分集合からなり，共通集合を演算とする半束に同形である（実は Boole 代数である）．

問 10 正則で消約的半群は群である.

問 11 半群 S が群 G_α の疎和 $S=\bigcup_{\alpha\in\Gamma} G_\alpha$ で $G_\alpha G_\beta \subseteq G_{\alpha\beta}$, $G_\beta G_\alpha \subseteq G_{\alpha\beta}$ であれば S は逆半群である.

問 12 $|X|=2$ のとき $\mathcal{I}_X$ の構造をしらべよ. 偏置換の定義から「1対1」を除いて偏変換を定義する. $|X|=2$ のときすべての偏変換のなす半群についてしらべよ.

4・9 自由半群

X を文字の集合, $X=\{x_\alpha : \alpha\in\Lambda\}$ とし, X の元からなる**語**（X の元の有限列）のすべての集合を F とする. F の元 W は

$$W=x_1\cdots x_m, \quad x_i\in X\ (i=1,\cdots,m)$$

なる形で表わされる. F の元の相等は

$$(4\cdot 9\cdot 1) \qquad W=x_1\cdots x_m, \quad V=y_1\cdots y_n$$

に対し $W=V$ を, $m=n$ で $x_i=y_i\,(i=1,\cdots,m)$ であるときに限ると定義する. F に演算を次のように定義する. W, V が (4・9・1) の形をもつとき

$$WV=x_1\cdots x_m y_1\cdots y_n. \quad (\text{もし } \underbrace{x\cdots x}_{k} \text{ があれば } x^k \text{ と書いてよい})$$

F はこの演算に関して明らかに半群をなす. F を X で生成される**自由半群**といい, X を明記する必要あるときは $F(X)$ と書く. F は巾等元をもたず消約的である. 相等の定義により (4・9・1) の表示はただ一つである. $|X|=1$ のとき $F(X)$ は無限巡回半群である.

補題 4・9・2 φ が $F(X)$ の自己準同形であって, $\varphi|X$ が X を X の上へ写す全単射であるとすれば, φ は $F(X)$ の自己同形である.

証明 W, V が (4・9・1) の形をもつから $W\varphi=(x_1\cdots x_m)\varphi=(x_1\varphi)\cdots(x_m\varphi)$, $V\varphi=(y_1\cdots y_n)\varphi=(y_1\varphi)\cdots(y_n\varphi)$. $W\varphi=V\varphi$ とすると相等の定義により $m=n$ で $x_i\varphi=y_i\varphi$ $(i=1,\cdots,m)$. φ が X で1対1だから $x_i=y_i\,(i=1,\cdots,m)$. ゆえに $W=V$. φ が $F(X)$ で1対1であることが証明された. $F(X)$ が X で生成され $X\varphi=X$ だから $(F(X))\varphi=F(X)$, φ は全射である. ∎

集合 X を固定する. X と同じ濃度をもつ集合 X_ξ で生成される半群を $S(X_\xi)$ または S_ξ と書く. S_ξ のすべての集合を $\boldsymbol{C}_0(X)$ とする. 自由半群 $F(X)$ は $\boldsymbol{C}_0(X)$ の元である.

$$\iota : X \to_{\mathrm{in}} F(X), \quad \iota_\xi : X_\xi \to_{\mathrm{in}} S(X_\xi)$$

をいずれも包含単射とする.

次の定理は自由半群を圏論 (Category 論) 的に特徴づける.

定理 4・9・3　$F(X)$ は次の条件を満足する.

(4・9・4)　すべての $S_\xi\in \boldsymbol{C}_0(X)$ に対し全単射 $g_\xi: X\to_{\mathrm{on}}X_\xi$ を任意に与えるとき,　$\iota\cdot f_\xi=g_\xi\cdot\iota_\xi$ を満足する準同形 $f_\xi: F(X)\to_{\mathrm{on}}S(X_\xi)$ がただ一通りに定まる.

この (4・9・4) を満足する $\boldsymbol{C}_0(X)$ の元は同形を無視すればただ一つである. すなわち $S_0=S(X_0)$ が (4・9・4) を満足するとすれば全単射 $g_0: X\to X_0$ に対し $\iota\cdot f_0=g_0\cdot\iota_0$ を満足する同形 $f_0: F(X)\to S(X_0)$ が存在する.

$$\begin{array}{ccc} F(X) & \xrightarrow{f_\xi} & S(X_\xi) \\ \iota\uparrow & & \uparrow\iota_\xi \\ X & \xrightarrow[g_\xi]{} & X_\xi \end{array}$$

証明　$f_\xi: F\to S_\xi$ を次のように定義する. $W=x_1\cdots x_m$, $x_i\in X\ (i=1,\cdots,m)$ とし

$$Wf_\xi=(x_1g_\xi)\cdots(x_mg_\xi).$$

任意の $x\in X$ に対し $x\iota\cdot f_\xi=xg_\xi\cdot\iota_\xi$ が成立することは容易にわかる. 準同形$f'_\xi: F\to_{\mathrm{on}}S_\xi$ が $\iota\cdot f'_\xi=g_\xi\cdot\iota_\xi$ を満足すれば $x\in X$ に対し $xf'_\xi=xg_\xi\cdot\iota_\xi=xf_\xi$. f'_ξ とf_ξ は X で一致するから F でも一致する. (4・9・4) を満足する $\boldsymbol{C}_0(X)$ の元が $F(X)$ のほかに $S(X_0)$ があるとする. 定理の前半により全単射 $g_0: X\to_{\mathrm{on}}X_0$ に対し準同形 $f_0: F(X)\to_{\mathrm{on}}S(X_0)$ が定まるし, $g_0^{-1}: X_0\to X$ に対し準同形$h_0: S(X_0)\to F(X)$ が定まり, それぞれ定理の前半にいう図式が可換である. さて $f_0\cdot h_0$ は $F(X)$ の自己準同形であるが X の各元を動かさないから, 補題 4・9・2により $F(X)$ の自己同形のみならず恒等写像である. $f_0\cdot h_0=\iota_F$, これより f_0 が単射であることが結論され, $F(X)\cong S(X_0)$. ∎

系 4・9・4′　半群 S が部分集合 X で生成され, S のすべての元が X の元の積としてただ一通りに表わされるならば, $S\cong F(X)$.

半群 S がある自由半群に同形であるとき S は**自由**であるという.

既約生成系は §1・4 で定義された.

(4·9·5)　X は $F(X)$ の既約生成系である．

もう一つの特徴づけとして

定理 4·9·6　半群 S が自由半群の上に同形であるための必要十分条件は，S が次の条件を満足することである．

(4·9·7)　S は既約生成系をもつ．

(4·9·8)　$x, y, z, u \in S$ で $xy=zu$ であれば，次の三つのいずれか一つだけが成立する：

（1）　$x=z,\ y=u.$

（2）　$x=zv,\ u=vy$ なる $v \in S$ がある．

（3）　$z=xw,\ y=wu$ なる $w \in S$ がある．

証明　X を S の既約生成系とし，S が (4·9·7), (4·9·8) を満足すると仮定する．S の任意の元 a は

(4·9·9)　$$a=a_1\cdots a_n,\ a_i \in X\ (i=1, \cdots, n)$$

として表わされる．n を元 a の**長さ**とよぶ．n に関する帰納法により a の分解 (4·9·9) が一意的であることを証明しよう．まず $n=1$ の場合，$a \in X$ であって，(4·9·7) により a は一意的分解をもつ．長さが n より小なるとき成立すると仮定する．

$$a_1a_2\cdots a_n=b_1b_2\cdots b_m \quad (a_i, b_j \in X)$$

とする．$a_1(a_2\cdots a_n)=b_1(b_2\cdots b_m)$ に (4·9·8) を適用する．$a_1, b_1 \in X$ だから $a_1=b_1v$ も $b_1=a_1w$ も成立しないから (1) が成立する．$a_1=b_1, a_2\cdots a_n=b_2\cdots b_m$. さて $d=a_2\cdots a_n$ とおくと d は長さ $n-1$ であるから帰納法の仮定により $n=m$, $a_2=b_2, \cdots, a_n=b_n$. $a_1=b_1$ とあわせて分解の唯一性が示された．ゆえに S は $F(X)$ に同形である．逆は明らかである．▌

(4·9·10)　$F(X)$ が $F(X')$ の上に同形であるのは $|X|=|X'|$ のときに限る．

証明　$F(X) \cong F(X')$ と仮定する．既約生成系は同形によって保たれるから X は X' の上に写される．ゆえに $|X|=|X'|$. 逆の証明は容易である．▌

(4·9·11)　$|X_2|<|X_1|$ とするとき，$F(X_2)$ は $F(X_1)$ の中に同形であり，$F(X_1)$ は $(F(X_2))^1$ の上に準同形である．($F(X_2)$ に空なる語をつけ加える)

(4·9·12)　$F(X)$ で定義される次の関係 ξ_r, ξ_l, ξ はいずれも半順序である．

$$a\xi_r b \Leftrightarrow a=bc \text{ なる } c \in (F(X))^1 \text{ がある．}$$

$$a\xi_l b \Leftrightarrow a=db \text{ なる } d\in(F(X))^1 \text{ がある.}$$

$$a\xi b \Leftrightarrow a=dbc \text{ なる } c,d\in(F(X))^1 \text{ がある.}$$

(4・9・13) 集合 X の元を x_i, y_j, z_k などで表わす．ρ を X の等値関係とし，$F(X)$ の関係 $\bar{\rho}$ を次のように定義する．

$W=x_1\cdots x_m$, $V=y_1\cdots y_n$ とするとき

$$W\bar{\rho}V \Leftrightarrow m=n,\ x_i\rho y_i \quad (i=1,\cdots,m).$$

このとき $\bar{\rho}$ は ρ で生成される $F(X)$ の合同である．

自由 $\boldsymbol{C}$-半群

定理 4・9・3 では $\boldsymbol{C}_0(X)$ は X と濃度が同じ集合で生成される「すべての半群」の集合であった．これを「一つのクラス $\boldsymbol{C}(X)$ における自由半群」なる概念に拡張する．$|X|=|X_\xi|$ なる集合 X_ξ で生成されるある半群の集合を $\boldsymbol{C}(X)$ とする．(4・9・4) を満足する半群 S_0 がもし $\boldsymbol{C}(X)$ に属すれば，同形を度外視してただ一つである．このとき S_0 を**自由 $\boldsymbol{C}$-半群**とよぶ．たとえば X で生成される

自由群，自由アーベル群（群論の書物をみよ），
自由可換半群，自由帯（自由巾等半群）など．

問 1 $F(X_1)$ が $(F(X_2))^1$ の上に準同形であるのは $|X_1|\geqq|X_2|$ であるときに限る．

問 2 $|X_1|>1$ とする．$F(X_1)$ が $F(X_2)$ の中に同形であるのは $|X_2|>1$ のときに限る．

4・10 単巾可逆半群

巾等元をただ一つ含む半群を**単巾半群**という．したがって極大部分群はただ一つである．紙面の都合で詳しい証明は読者に任せる．

補題 4・10・1 S を単巾半群，その巾等元を e とする．次の条件は同値である．

(1) 任意の $a\in S$ に対し $ab=e$ なる $b\in S$ がある．

(2) 任意の $a\in S$ に対し $ca=e$ なる $c\in S$ がある．

(3) Se は S の部分群である．

(4) eS は S の部分群である．

証明 (1)⇒(3)：Se に右単位元，右逆元が存在することをいう．(3)⇒(1) は容易．(2)⇒(4), (4)⇒(2) は上の双対的．(3)⇒(4)：eS が左単位元，右逆元をもつから右群であることをいう．(4)⇒(3) はそれと双対的． ▌

補題 4・10・1 の条件 (1), (2), (3), (4) のうちの一つを満足するとき，S は可逆である

という.

$G=Se$ とおく.

(4·10·2) G は S の最大部分群であり，最小イデアルである．そして $G=Se=eS$.

証明 最初の陳述を証明するのは容易である．G が最小イデアルであることをいうために I を S のイデアルとする．$a\in I$ に対し $ax=e$ なる $x\in S$ があるから $e\in I$, ゆえに $G\subseteq I$. ∎

(4·10·3) $xe=ex$ がすべての $x\in S$ に対し成り立つ.

(4·10·4) $x\varphi=xe=ex$ で定義される φ は S から G の上への準同形である.

(4·10·5) $x\in S, a\in G$ に対し $ax=a(x\varphi), xa=(x\varphi)a$.

命題 4·10·6 半群 S が単巾可逆であるためには，S が群 G の，0をもつ単巾半群 Z によるイデアル拡大であることが必要十分である.

例 1 指数 $r(>1)$, 周期 $p(>1)$ なる巡回半群は単巾可逆である.

一般に膨脹なる概念を定義する．$A(\cdot)$ を半群，B を任意の集合，$S=A\cup B$ (和集合) とする．写像 $\varphi: S\rightarrow_{\text{on}}A$ が

$$a\in A \Rightarrow a\varphi=a$$

を満足するように与えられたとき，S に演算 $(\circ)$ を次のように定義する：

$$x\circ y=(x\varphi)\cdot(y\varphi).$$

S が半群であることは容易に証明される．$S(\circ)$ を A の (B,φ に関する) **膨脹**とよぶ．膨脹は A の零半群によるイデアル拡大の特別な場合である.

例 2 群の膨脹は単巾可逆である.

G, G' を偏亜群，f を G から G' の中への写像とする．xy が G で定義されておれば，$(xf)(yf)$ が G' で定義されていて

$$(xy)f=(xf)(yf)$$

を満足するとき，f を G から G' の中への**偏準同形**という．特に f が1対1であるとき，**偏同形**という.

S は単巾可逆半群，G をその最大部分群 (すなわち最小イデアル)，$\varphi: S\rightarrow_{\text{on}}G$ を $x\varphi=xe$ で定義される準同形とする.

φ に対し $\bar{\varphi}: Z\backslash\{0\}\rightarrow_{\text{in}}G$ が次のように導かれる.

$$\bar{x}\bar{\varphi}=x\varphi.$$

次のことが容易に知られる.

(4·10·7) $0\neq\bar{x}\in Z,\ 0\neq\bar{y}\in Z,\ \bar{x}\bar{y}\neq 0 \Rightarrow (\bar{x}\bar{y})\bar{\varphi}=(\bar{x}\bar{\varphi})(\bar{y}\bar{\varphi}).$

$\bar{\varphi}: Z\backslash\{0\}\rightarrow_{\text{in}}G$ は偏準同形である．かくて単巾可逆半群 S が与えられるとき，$G, Z, \bar{\varphi}$ がただ一通りに定まる．逆に群 G, 0をもつ単巾半群 Z, 偏準同形 $\psi: Z\backslash\{0\}\rightarrow_{\text{in}}G$ が与

えられるとき，S が構成されることを示す．

定理 4・10・8　G, Z, ψ が与えられたとする．$S=G\cup(Z\setminus\{0\})$ とおき，S に演算 $\circ$ を次のように定義する．

$$x\circ y=\begin{cases} xy & x, y\in G \text{ なるとき （} xy \text{ は } G \text{ における積）} \\ x(y\psi) & x\in G, y\in Z\setminus\{0\} \text{ なるとき} \\ (x\psi)y & x\in Z\setminus\{0\}, y\in G \text{ なるとき} \\ (x\psi)(y\psi) & x, y\in Z\setminus\{0\}, x\times y=0 \text{ なるとき （}\times\text{ は } Z \text{ における積）} \\ x\times y & x, y\in Z\setminus\{0\}, x\times y\neq 0 \text{ なるとき．} \end{cases}$$

そのとき S は単巾可逆半群で $S/G\cong Z$．すべての S はこのようにして求められる．

かくて S は G, Z, ψ で定まるから $S=(G, Z, \psi)$ として表わす．

定理 4・10・9　$S_1=(G_1, Z_1, \psi_1)$ が $S_2=(G_2, Z_2, \psi_2)$ の上に同形であるための必要十分条件は

（1）　同形 $\pi: G_1\to_{\mathrm{on}}G_2$　　（2）　同形 $\sigma: Z_1\to_{\mathrm{on}}Z_2$

が存在して，（3）$\psi_1=\sigma\psi_2\pi^{-1}$ を満足することである．

系 4・10・10　周期的な単巾半群は可逆である．したがって有限単巾半群は可逆である．

注意　単巾性を仮定しなくても「可逆」という概念を定義することができる．ここで「可逆元」についてまとめておく．S を巾等元をもつ半群，a を S の元とする．a に対し巾等元 e と元 b が存在して $ba=e$ $(ab=e)$ であるとき，a を e に対する左（右）**可逆元**といい，a が左可逆元でかつ右可逆元であるとき，e に対する**可逆元**という．S のすべての元が（左，右）可逆であるとき，S は**（左，右）可逆**であるという．特に e が単位元であれば（左，右）可逆元を**（左，右）単元**とよんだ（p. 75, 問 5）．各巾等元に対する可逆元の集合が極大部分群であり（§ 4・4），単巾可逆半群をはじめ逆半群，左群，右群，部分群の和集合である半群などいずれも可逆半群の例である．

第5章　完全(0-)単純半群

完全 (0-) 単純半群を正規行列で表現する理論は D. Rees によって得られた結果であるが，今日でも基本的に重要な定理の一つである．Suschkewitsch の有限の場合にならって 0-極小左，右イデアルの存在を基点として整頓したのが本章である．(0-) 単純半群，(0-) 極小イデアルについての予備事項を必要とする．Rees の定理は有限次線形代数における第2 Wedderburn の定理に匹敵する．Rees に従って，原始的巾等元の存在から出発する方法については Clifford, Preston の書物を参照されたい．

5·1　(0-) 単純半群の基本性質

半群 S ($|S|>1$ とする) が S 以外に右 (左) イデアルをもたないとき，S は**右 (左) 単純**であるといい，S 以外にイデアルをもたないとき，S は**単純**であるという．右 (左) 単純であれば単純である．群，右群，左群，直角帯はいずれも単純半群の例である．

1.　群：　逆元の存在から左単純，右単純であることが示される．

2.　右群：右群が右単純であることは次のようにして示される．$S=G\times R$, G を群，R を右零半群とする．S の任意の右イデアルを I とし，$(a_0, \alpha_0)\in I$, $a_0\in G, \alpha_0\in R$ とする．任意に $(x, \alpha)\in S$ をとると，$(x, \alpha)=(a_0, \alpha_0)(a_0^{-1}x, \alpha)\in I$. ゆえに $S=I$.

3.　直角帯：　S を直角帯とする．恒等式 $xyx=x$ を満足するから，任意のイデアル $I, a\in I, x\in S$ に対し $x=xax\in I$, ゆえに $S=I$.

単純半群の定義をもう一度ふりかえってみる．「S 以外にイデアルを含まない」，いいかえると，もし I が S のイデアルであれば $S=I$ という意味である．一般に半群 S が零 0 をもつならば $\{0\}$ (0 だけからなる集合) も S のイデアルである．したがって S が単純半群であれば S は 0 をもたない．半群が 0 をもつときはもはや単純ではないが，その代りに「0-単純」なる概念を定義する：

0 をもつ半群 S が (i) 位数 1 または位数 2 の零半群でなく，(ii) $\{0\}\subset I\subset S$ なるイデアル I をもたないとき，S は **0-単純**であるという．

注意 「⊂」は「⊆ で ≠」を意味する．位数2の零半群は (ii) を満足するにもかかわらず，なぜこれを除外しているか，後に理解されるであろう．

たとえば，群 G に 0 を添加して得られる半群 G^0 は 0-単純である．一般に

(5·1·1) S が単純半群であれば，S^0 は 0-単純である．

証明 S^0 のイデアルを I とする．$a\in I$ に対し $0=a0\in I$. $I'=I\cap S\neq\varnothing$ とする．$b\in I', x\in S$ をとると $bx\in I\cap S=I'$. 同じように $b\in I', y\in S$ から $yb\in I'$. ゆえに I' は S のイデアルである．S は単純だから $I'=S$，したがって $I=S^0$. ▌

0-単純半群は単純半群に 0 を添加したものだけではない．たとえば次の例を見る．

S	0	a	b	c	d
0	0	0	0	0	0
a	0	a	b	0	0
b	0	0	0	a	b
c	0	c	d	0	0
d	0	0	0	c	d

(結合法則の験証は読者の演習に任す.)

表から直ちにわかることは $x\neq 0$ ならば $x\in Sx, x\in xS$ である．よって Sx も xS も SxS に含まれるから，$0\neq x$ を含む最小のイデアルは SxS である．実際 $Sa=Sc=\{0, a, c\}, Sb=Sd=\{0, b, d\}$.

$aS=bS=\{0, a, b\}, cS=dS=\{0, c, d\}$ だから

$$SaS=ScS=aS\cup cS=S, \quad SbS=SdS=bS\cup dS=S.$$

S の任意の 0 でないイデアルを I とする．$0\neq z\in I$ に対し $SzS\subseteq I$. しかし $SzS=S$ だから $I=S$. ゆえに S は 0-単純である．明らかに $S\setminus\{0\}$ は部分半群でない．

命題 5·1·2 半群 S が単純半群に 0 を添加したものであるための必要十分条件は，S が 0-単純半群であって，かつ次の条件を満足することである：

(5·1·3) $ab=0$ であれば $a=0$ かまたは $b=0$.

証明 S が 0-単純半群でこの条件 (5·1·3) を満足すると仮定する．$x\neq 0$, $y\neq 0\Rightarrow xy\neq 0$ だから $T=S\setminus\{0\}$ は部分半群である．もし T がイデアル $I(\neq T)$ を含むならば

$$(I\cup\{0\})S=(I\cup\{0\})(T\cup\{0\})=IT\cup\{0\}\subseteq I\cup\{0\}.$$

同じようにして $S(I\cup\{0\})\subseteq I\cup\{0\}$，だから $I^0=I\cup\{0\}$ は S のイデアルで I^0

$\neq S, I^0 \neq \{0\}$．これは S が 0-単純であることに矛盾する．ゆえに T は単純であって $S=T^0$．逆に $S=T^0$ で T が単純であれば S が 0-単純になることはすでに (5·1·1) で証明された．T が部分半群だから (5·1·3) は明らかである．▮

0をもたない位数2の半群はすべて単純であり，位数2の半束は 0-単純である．

命題 5·1·4 S が単純半群または 0-単純半群であれば $S^2=S$ である．

注意 位数2の零半群は $S^2 \neq S$ である．位数2の零半群が 0-単純半群から除かれているわけがここにもある．

証明 S^2 は S のイデアルであるから，$S^2=\{0\}$ または S である．$S^2 \neq \{0\}$ を証明するために，もし $S^2=\{0\}$ とする．S は零半群であるが仮定により $|S|>2$ であるから，$\{0\} \subset I \subset S$ なる S の真イデアルを含む．したがって $S^2 \neq \{0\}$．▮

単純半群に0を添加すると 0-単純になるから，ある議論では単純半群を 0-単純半群のクラスに含ませ，統一的に論ぜられることが多い．またある場合には零因子をもつ 0-単純半群と，零因子をもたない 0-単純半群とをきびしく区別して取扱う必要がある．

次の定理は単純である場合と 0-単純である場合とを同時に叙述する．証明は 0-単純としてのべる．

定理 5·1·5 $|S|>1$ とする．S が (0-) 単純半群であるための必要十分条件は ($a \neq 0$ なる) すべての a に対し

$$SaS=S$$

なることである．

証明 $a \neq 0$．SaS はたしかに S のイデアルであるから $SaS=\{0\}$ かまたは S である．$SaS \neq \{0\}$ を証明すればよい．$SaS=\{0\}$ なる $a \neq 0$ があると仮定する．$A=\{x \in S: SxS=\{0\}\}$ とおくと $b \in A, z \in S$ に対し $S(bz)S \subseteq SbS=\{0\}$ だから $S(bz)S=\{0\}$．同じようにして $S(zb)S=\{0\}$ がいえるから A は S のイデアルである．しかし $a \in A$ だから $\{0\} \subset A$，したがって $S=A$．そのとき $S^3=\{0\}$ であるが，命題 5·1·4 により $S=S^2=S^3=\{0\}$ となり仮定に矛盾する．ゆえに $SaS=\{0\}$ なる $a \neq 0$ はない．したがって $a \neq 0$ であれば $SaS=S$．逆に $a \neq 0$ なるすべての a について $SaS=S$ と仮定する．I を 0 でないイデアルとするとき，$0 \neq b \in I$ に対して $S=SbS \subseteq I$，ゆえに $S=I$．S は 0-単純である．▮

問 1 定理 5·1·5 の条件 $SaS=S$ は $S^1aS^1=S$ でおき換えられる.

問 2 可換単純半群は可換群に限る. また可換 0-単純半群は可換群に 0 をつけ加えたものに限ることを証明せよ.

5・2 (0-) 極小イデアル

半群が 0-極小イデアルを含むならば, 0-極小イデアルは 0-単純半群かまたは零半群であることを説明する.

極小イデアル 半群 S のイデアルを I とする. I に含まれる S のイデアルが I 以外にないとき, I を S の**極小イデアル**という. すなわち $J\subseteq I$, $JS\subseteq J$, $SJ\subseteq J \Rightarrow J=I$.

極小と最小とは一般に異なる概念である. 最小は極小であるが, 逆は必ずしも成立しない. しかし, 極小イデアルは最小イデアルである. すなわち I が極小イデアルであれば, すべてのイデアル J は I を含む. いいかえると I はすべてのイデアルの共通集合である:

$$IJ\subseteq I\cap J \quad \text{だから} \quad I\cap J\neq\emptyset.$$

いま $K=I\cap J$ とおくと K も S のイデアルで $K\subseteq I$. しかし I が極小だから $K=I$ すなわち $I=I\cap J$, ゆえに $I\subseteq J$.

かくして極小イデアルがもし存在すればただ一つである.「極小イデアル」と「最小イデアル」を同意語として用いる. また極小イデアルを**核**とよぶことがある.

0-極小イデアル 零 0 をもつ半群を S, S の 0 でないイデアルを I とする. $0\in I$ であることは明らか. I に含まれる S のイデアルが $\{0\}$ と I 以外にないとき I を **0-極小イデアル**という. 極小イデアルとちがって 0-極小イデアルは一般に 1 個以上ある. I が 0-極小イデアルであるときには $I\neq\{0\}$ である.

補題 5·2·1 I, J を S の異なる 0-極小イデアルとすると

$$I\cap J=IJ=JI=\{0\}.$$

証明 $I\cap J$ は S のイデアルで $I\cap J\subseteq I$. いま $I\cap J\neq\{0\}$ と仮定すると, $I\cap J=I$ だから $I\subseteq J$. J の 0-極小性と $I\neq\{0\}$ であることから $I=J$. これは仮定に矛盾する. ゆえに $I\cap J=\{0\}$. 一方容易に $IJ, JI\subseteq I\cap J$ から $IJ=JI=\{0\}$ を得る. ▮

補題 5・2・2 M が半群 S の極小イデアルであれば $M^2=M$, M が 0 をもつ半群 S の 0-極小イデアルであれば $M^2=\{0\}$ かまたは $M^2=M$ である.

証明 M が S の極小イデアルとする. $SM^2\subseteq M^2$, $M^2S\subseteq M^2$ だから M^2 は S のイデアルで M に含まれる. M が極小だから $M^2=M$. 次に M が S の 0-極小イデアルとする. M^2 は M に含まれる S のイデアルだから $M^2=\{0\}$ かまたは $M^2=M$. ▮

ここで極小イデアル, 0-極小イデアルと単純, 0-単純半群とを関連づける特質を説明する. 次の定理では半群が (0-) 極小イデアルをもつと仮定する.

定理 5・2・3 (5・2・3・1) 半群の極小イデアルは単純半群である.

(5・2・3・2) 0 をもつ半群の 0-極小イデアルは零半群かまたは 0-単純半群である.

証明 (5・2・3・1): 半群 S の極小イデアルを M とする. $a\in M$ をとると

$$(MaM)S\subseteq MaM, \quad S(MaM)\subseteq MaM$$

だから MaM は M に含まれる S のイデアルである. M が極小だから $MaM=M$. 定理 5・1・5 により M は単純である.

(5・2・3・2): 次に M が S の 0-極小イデアルで, M が零半群でないと仮定する. 補題 5・2・2 により $M^2=M$ である. さて $0\neq x\in M$ のとき MxM は M に含まれる S のイデアルだから $MxM=\{0\}$ か M である. すべての $x\neq 0, x\in M$ に対し $MxM=M$ を証明するために, かりに $MaM=\{0\}$ なる $a\in M, a\neq 0$ があると仮定する.

$$N=\{a\in M: \quad MaM=\{0\}\}$$

とおく. 任意の $a\in N, z\in S$ に対し $M(az)M\subseteq MaM=\{0\}, M(za)M\subseteq MaM=\{0\}$. したがって $MazM=MzaM=\{0\}$ だから N は M に含まれる S のイデアルであるが, 少なくも $a\neq 0$ を含むから $N\neq\{0\}$. M の極小性により $N=M$. これは $M^3=\{0\}$ を意味し $M=M^2=M^3=\{0\}$ となる. 0-極小イデアルの定義にのべたとおり $M\neq\{0\}$ であるから矛盾に達した. 結局, すべての $0\neq x\in M$ に対し $MxM=M$. 定理 5・1・5 により M は 0-単純である. ▮

イデアルの極小性, 0-極小性, (0-) 単純性を定義したから, ここで左 (右) 0-単純性, 左(右)イデアルの極小性, 0-極小性について考えておく. 左単純, 右単純はすでに前に定義した. 左単純でかつ右単純であれば群であった. 群でない単純半群を対象にするには左(右)イデアルをもつ半群を考慮に入れなければならない．このまえに(0-)極小な左(右)イデアルを考える．

左(右)単純はすでに定義されたが，便宜のため一応くりかえす．Sを半群とする．

左単純： Sの左イデアルがS以外にない．

右単純： Sの右イデアルがS以外にない．

$|S|>1$とするときSが左(右)単純であれば，両側0をもたないだけでなく右(左)零をもたない．Sは両側0をもつ半群とし$|S|>1$とする．

$S^2 \neq \{0\}$でSの左(右)イデアルがSと$\{0\}$以外にないときSを**左(右) 0-単純**であるという．明らかに左(右)単純半群は単純であり，左(右) 0-単純半群は 0-単純である．

Sが左単純であるための必要十分条件は，すべての$a \in S$に対し$Sa=S$であること．

Sが左 0-単純であるための必要十分条件は，すべての$a \neq 0, a \in S$に対し$Sa=S$であること．

極小左(右)イデアル，0-極小左(右)イデアルを定義する．

Sを0をもたない半群とし，IをSの左(右)イデアルとする．Iに含まれるSの左(右)イデアルがI以外にないときIをSの**極小左(右)イデアル**という．

Sは0をもつ半群とし$|S|>1$とする．IをSの$\{0\}$でない左(右)イデアルとする．Iに含まれるSの左(右)イデアルがIと$\{0\}$以外にないとき，Iを**0-極小左(右)イデアル**という．

極小左(右)イデアルは一般に一つ以上ある．I, JをSの相異なる極小左(右)イデアルとするとき$I \cap J = \emptyset$である．すなわちI, Jは互いに素である．たとえば右零半群では元1個からなる部分集合はみな極小左イデアルである．

S自身が(0-)極小左イデアルであるときに限り，Sは左(0-)単純である．

0-極小左(右)イデアルも一般に一つ以上ある．I, Jを異なるSの0-極小左(右)イデアルとすると，$I \cap J = \{0\}$.

(0-)極小左(右)イデアルの基本的性質をあげる．「左」についてだけのべる．「右」についても容易に類推できる．

補題 5・2・4 (5・2・4・1) 0をもたない半群Sの極小左イデアルをLとし，

L の任意の元を a とすれば

$$Sa=L=L^2=La.$$

(5·2·4·2)　0 をもつ半群 S の 0-極小左イデアルを L とし，L の 0 でない任意の元 a に対し

$$Sa=\{0\} \quad \text{または} \quad Sa=L$$

が成立する．$Sa=\{0\}$ であれば，L は位数 2 の零半群である．L が零半群でなければ，$Sa=L=L^2$.

証明　(5·2·4·1) の証明は容易である：Sa, La, L^2 はいずれも S の左イデアルで L に含まれる．L は極小だから $Sa=L=L^2=La$.

(5·2·4·2)：Sa は L に含まれる S の左イデアルである．L が 0-極小だから $Sa=\{0\}$ または L. $Sa=\{0\}$ と仮定する．$I=\{0,a\}$ とおくとき I は S の左イデアルで L に含まれる．$a\neq 0$ だから $I\neq\{0\}$，したがって $I=L$. $a^2=0$ だから L は位数 2 の零半群である．L が零半群でないとする．L^2 は S の左イデアルで $L^2\subseteq L$ だから $L^2=\{0\}$ か L であるが，仮定により $L^2\neq\{0\}$ だから $L^2=L$. 最後に $a\neq 0$ なる $a\in L$ に対し $Sa=L$ を証明する．$Sa=\{0\}$ と仮定する．零半群 $I=\{0,a\}$ は L に含まれる S の左イデアルで $\{0\}$ でないから $I=L$，L は零半群となり矛盾する．ゆえに $Sa=L$. ▮

注意　L が零半群であれば，$0\neq a\in L$ のとき $Sa=\{0\}$ かまたは $Sa=L$ である．

例 1

S	0	a	b	c
0	0	0	0	0
a	0	0	0	b
b	0	0	0	0
c	0	0	0	0

$L=\{0,a\}$ は 0-極小左イデアルであって $Sa=\{0\}$.

例 2

S	0	a	b	c
0	0	0	0	0
a	0	0	0	0
b	0	a	b	0
c	0	0	0	0

$L=\{0,a\}$ は 0-極小左イデアルで $Sa=L$.

例 3

S	0	a	b	c	d	e	f
0	0	0	0	0	0	0	0
a	0	0	0	0	0	b	a
b	0	0	0	b	a	0	0
c	0	0	0	c	d	0	0
d	0	0	0	0	0	c	d
e	0	0	0	e	f	0	0
f	0	0	0	0	0	e	f

$L=\{0, a\}$ は 0-極小左イデアルで $Sa=\{0\}$.
$R=\{0, a, b\}$ は 0-極小右イデアルで $aS=R$.

注意 補題5·2·4から次のことがいえる：

0をもたない半群 S の極小左(右)イデアル L は左(右)単純である．しかし0をもつ半群 S の 0-極小左イデアル L については L が零半群でない場合でも $0 \neq a \in L$ に対して $La=L$ は必ずしも成立しない．

例 4

S	0	a	b	c	d
0	0	0	0	0	0
a	0	a	b	0	0
b	0	0	0	a	b
c	0	c	d	0	0
d	0	0	0	c	d

この半群は次のようにして定義されるものと同形である．

$S=\{0, (11), (12), (21), (22)\}$, 0は零.

$$(i, j)(k, l)=\begin{cases} (i, l) & (j=k \text{ なるとき}) \\ 0 & (j \neq k \text{ なるとき}) \end{cases}$$

$(11)=a$, $(12)=b$, $(21)=c$, $(22)=d$ とおけばこの乗積表を得る（詳しいことは後に譲る）.

さて $L=\{0, a, c\}$ とおくと L は 0-極小左イデアルであるが，$Lc \neq L$.

次の定理は 0-極小左イデアルに関する定理であるが，0に関することを除けば極小左イデアルに関する定理となる．

定理 5·2·5 半群 S が 0-極小左イデアル L をもつとする．a を0でない S の元とするとき，La は $\{0\}$ かまたは S の 0-極小左イデアルである．

証明 La はたしかに S の左イデアルである．$La \neq \{0\}$ とする．La に含まれる，$\{0\}$ でない，S の左イデアルを A とする．いま B を

$$B=\{x \in L: \quad xa \in A\}$$

と定義すると $A \subseteq Ba$, $\emptyset \neq B \subseteq L$. $x \in B$, $z \in S$ に対し $(zx)a=z(xa) \in A$ だから B は L に含まれる S の左イデアルであるが，L が 0-極小だから $B=\{0\}$ か $B=L$. もし $B=\{0\}$ であれば $A=\{0\}$ となり仮定 $A \neq \{0\}$ に矛盾するから，$B=L$ である．それゆえ $La \subseteq A$. 一方 $A \subseteq La$ だから $La=A$. ゆえに $La \neq$

$\{0\}$ であれば La は S の 0-極小左イデアルであることが証明された． ∎

補題 5·2·6 S を (0-) 単純半群，L を S の左イデアル，R を S の右イデアルとすれば，($LR=\{0\}$ または) $LR=S$.

証明 $LRS\subseteq LR$, $SLR\subseteq LR$ だから LR は S のイデアルである．S が (0-) 単純だから直ちに結論を得る． ∎

補題 5·2·7 S を 0 をもたない半群とし，L を S の極小左イデアル，R を極小右イデアルとすれば，RL は群である．

証明 まず RL は S の部分半群である：事実 L が左イデアル，R が右イデアルだから $RLRL=(RLR)L\subseteq RL$. $a\in RL$ を任意にとる．$RL\subseteq L\cap R$ だから補題 5·2·4 により $L=La$, $R=aR$. したがって $RL=RLa=aRL$. これは RL が群であることを示す． ∎

5·3 完全 (0-) 単純半群の構造

(0-) 単純半群の議論にかえる．(0-) 単純半群を特殊化するために，次のような条件をつけ加える．

単純半群に対しては

極小左イデアル，極小右イデアル　を含む．

0-単純半群に対しては

0-極小左イデアル，0-極小右イデアル　を含む．

定義 S を半群とし $|S|>1$ とする．半群 S が単純であって極小左イデアル，極小右イデアルをもつとき，S を**完全単純半群**という．半群 S が 0-単純半群で，0-極小左イデアル，0-極小右イデアルを含むとき，S を**完全 0-単純半群**という．

たとえば，群 G では G 自身がただ一つの左，右イデアルである．

右群 $S=G\times R$ (G：群，R：右零半群) は，右単純だから S 自身極小右イデアルであり，各 e に対し $G\times\{e\}\cong G$ が極小左イデアルである．

直角帯 $S=L\times R$ (L：左零半群，R：右零半群) では，各 $r\in R$ に対し $L\times\{r\}$ が極小左イデアル，各 $l\in L$ に対し $\{l\}\times R$ が極小右イデアルである．

したがって群，右(左)群，直角帯はいずれも完全単純半群の例である．また有限(0-)単純半群は(0-)極小左，右イデアルをもつから完全(0-)単純である．

まず補題 5·2·6, 5·2·7 を一括して

定理 5·3·1 S を完全単純半群，L を S の極小左イデアル，R を S の極小右イデアルとすれば，すべての $a\in L$ に対し $L=La, LR=S$ で，かつ RL は群である．

補題 5·3·2 S を 0-単純半群，$|S|>1$ とし，L を S の 0-極小左イデアルとする．L の 0 でない任意の元 a に対し，$L=Sa$.

証明 補題 5·2·4·2 により $Sa=\{0\}$ か L である．もし $Sa=\{0\}$ とすれば S が 0-単純だから $S=SaS=\{0\}$ となり，最初の仮定 $|S|>1$ に矛盾する．ゆえに $L=Sa$. ∎

定理 5·3·3 完全 0-単純半群 S の 0-極小左イデアルを L, 0-極小右イデアルを R とする．もし $LR\neq\{0\}$ であれば $RL\neq\{0\}$ で

(5·3·3·1) $L\cap R$ の 0 でないすべての元 a に対し $L=La$, $R=aR$.

(5·3·3·2) RL は群に 0 をつけ加えた半群で，$RL=L\cap R$.

証明 $LR\neq\{0\}$ と補題 5·2·6 により $LR=S$. S が 0-単純だから命題 5·1·4 により $S=S^2=LRLR$. 定義のときに注意したように $|S|>1$ だから $RL\neq\{0\}$. RL が部分半群であることは $RLRL\subseteq RL$. $0\neq a\in RL\subseteq L\cap R$ なるすべての a に対し補題 5·3·2 により $R=aS$. したがって $S=LR=LaS$. $S\neq\{0\}$ だから $La\neq\{0\}$. La は L に含まれる S の左イデアルだから L の 0-極小性により $La=L$. 同じようにして $aR=R$ を得る．したがって $0\neq b\in RL$ なるすべての b に対し $RL=RLb=bRL$. ゆえに RL は群 G に 0 をつけ加えた半群である．$RL=G\cup\{0\}$. さて $R\cap L\subseteq RL$ を証明することが残っている．群 G の単位元を e とすると $e\in RL$. $e\neq 0$ だから上述により $L=Le$. いま $a\in L\cap R$ を任意にとると $a=xe$ なる $x\in L$ がある．したがって $a=ae\in RL$, これで $L\cap R\subseteq RL$. 一方 $RL\subseteq L\cap R$ は明らかだから $RL=L\cap R$ が証明された． ∎

定理 5·3·4 S を完全 (0-) 単純半群とすれば（0でない）すべての $a\in S$ に対し，Sa は (0-) 極小左イデアル，aS は (0-) 極小右イデアルである．

証明 「0-単純」の場合について証明するが，「0」を除けば「単純」の場合の証明になる．また「左」の場合についてだけ証明する．

完全 0-単純半群 S の 0-極小左イデアルを L とし，$0\neq c\in L$ をとる．S が 0-単純であることから定理 5·1·5 により $a\neq 0$ なる任意の $a\in S$ に対し $a=xcy$

なる $x, y\in S$ がある．$c\in L$ だから $Sa=Sxcy\subseteq Ly$．一方 $S=SaS$ で $S\neq\{0\}$ だから $Sa\neq\{0\}$，ゆえに $y\neq 0$．そして $a=xcy\in Ly$ だから $Ly\neq\{0\}$，定理 5·2·5 により Ly は S の 0-極小左イデアルである．Sa は $\{0\}$ でない左イデアルだから $Sa=Ly$．すなわち Sa は 0-極小左イデアルである．▌

補題 5·3·5　S を完全 (0-) 単純半群，a を S の元とすると

$$Sa=S^1a, \quad aS=aS^1.$$

証明　$S^2=S$ だから $a=xb$ なる $x, b\in S$ がある．まず $a\neq 0$ とするとき $b\neq 0$ で $Sa\subseteq Sb$．定理 5·3·4 により Sa, Sb はともに 0-極小左イデアルである (Sa, Sb ともに $\{0\}$ でないことを当然意味する) から $Sa=Sb$．しかし $a\in Sb$ だから $a\in Sa$．$a=0$ のときは $0=x0\in S0$．だからこのときも $S0=S^10$ が成立する．▌

問　S を完全 0-単純半群とする．$Sa=\{0\}$ であるのは $a=0$ のときに限る．

S を完全 (0-) 単純半群とし，S のすべての (0-) 極小左イデアルの集合を $\mathcal{L}_{\mathcal{S}}$，すべての (0-) 極小右イデアルの集合を $\mathcal{R}_{\mathcal{S}}$ とする．補題 5·3·2，定理 5·3·4 により $\mathcal{L}_{\mathcal{S}}$ のすべての元は Sz なる形をもち，S の 0 でないすべての元 z に対し Sz は $\mathcal{L}_{\mathcal{S}}$ の元である．$\mathcal{R}_{\mathcal{S}}$ についても同じようなことがいわれる．詳しくいえば，いま写像 $\Phi: S\backslash\{0\}\to\mathcal{L}_{\mathcal{S}}$ を $\Phi(a)=Sa$ で定義すると補題 5·3·2 により，Φ は $S\backslash\{0\}$ から $\mathcal{L}_{\mathcal{S}}$ の上への写像で，$L\in\mathcal{L}_{\mathcal{S}}$ に対し

(5·3·6)　$$0\neq a\in L \Rightarrow \Phi(a)=L.$$

また $\Psi: S\backslash\{0\}\to\mathcal{R}_{\mathcal{S}}$ を $\Psi(a)=aS$ で定義すると

(5·3·6′)　$$0\neq a\in R \Rightarrow \Psi(a)=R.$$

さらに補題 5·3·5 により，次が成立する．

(5·3·7)　$$\Phi(a)=L \Rightarrow a\in L,$$

(5·3·7′)　$$\Psi(a)=R \Rightarrow a\in R.$$

§2·9 で定義された等値関係 $\mathcal{L}, \mathcal{R}$ は完全 (0-) 単純半群 S においては補題 5·3·5 により次のようにいえる．

(5·3·8)　$$a\mathcal{L}b \Leftrightarrow Sa=Sb.$$

(5·3·8′)　$$a\mathcal{R}b \Leftrightarrow aS=bS.$$

補題 5·2·4，定理 5·3·4 により，S が完全単純半群であれば

(5·3·9)　$a\mathcal{L}b \Leftrightarrow a, b$ が同じ極小左イデアルに含まれる．

(5・3・9′) $a\mathcal{R}b \Leftrightarrow a, b$ が同じ極小右イデアルに含まれる．

したがって

(5・3・10) 完全単純半群は互いに素な極小左(右)イデアルの和集合である．

S が完全 0-単純半群であれば

(5・3・11) $a\mathcal{L}b \Leftrightarrow a=b=0$ かまたは $a\neq 0, b\neq 0$ で a, b が同じ 0-極小左イデアルに含まれる．

(5・3・11′) $a\mathcal{R}b \Leftrightarrow a=b=0$ かまたは $a\neq 0, b\neq 0$ で a, b が同じ 0-極小右イデアルに含まれる．

(5・3・12) 完全 0-単純半群は 0-極小左(右)イデアルの和集合である．

完全 0-単純のときは「互いに素な和集合」にはならない．L_1, L_2 を異なる 0-極小左イデアルとすれば，$L_1\cap L_2=\{0\}$ である．

定義 完全 (0-) 単純半群 S の $\{0\}$ でないすべての (0-) 極小左イデアルの集合を S の (0-) **極小左イデアルの完全系**，または簡単のために**左完全系**とよぶ．厳密にいえば $S\setminus\{0\}$ の部分集合 T があって $\{Sz\colon z\in T\}$ が次の条件を満足する：

(i) $z_1\neq z_2, z_1, z_2\in T \Rightarrow Sz_1\neq Sz_2$,

(ii) 任意の $z\in S\setminus\{0\}$ に対し $Sz=Sz_1$ なる $z_1\in T$ がある．

このとき $\{Sz\colon z\in T\}$ を S の**左完全系**，T を S の**左完全底**という．同じように S の右完全系 $\{zS\colon z\in U\}$，S の右完全底 U を定義することができる．

S が完全単純であれば左(右)完全底は $\mathcal{L}$-($\mathcal{R}$-) 類の代表系（すべての $\mathcal{L}$-類から 1 個ずつ元をとり出してできる集合）である．しかし S が完全 0-単純であれば，左(右)完全底は $\{0\}$ を除く $\mathcal{L}$-($\mathcal{R}$-) 類の代表系である．同じ左(右)完全系に対して左(右)完全底をいろいろとることができる．すなわち T_1, T_2 が異なる左完全底であっても $\{Sz\colon z\in T_1\}=\{Su\colon u\in T_2\}$．

補題 5・3・13 完全 0-単純半群 S の 0-極小右イデアルを R とする．S の 0 でない任意の元 $x\neq 0$ に対し $cx\neq 0$ なる R の元 c がある．

証明 これが成立しないと仮定する．すなわち $Rx=\{0\}$ なる $x\neq 0, x\in S$ があるとする．$I=\{x\in S\colon Rx=\{0\}\}$ とおく．I は S のイデアルである： $RSx\subseteq Rx=\{0\}$ かつ $RxS=\{0\}$．S が 0-単純で $I\neq\{0\}$ だから $I=S$．よって $RS=\{0\}$．一方 R は 0-極小右イデアルだから $|R|>1$．0 でない R の元 a に対し，

補題 5·3·2 により $R=aS$. しかし $R=aS\subseteq RS=\{0\}$. したがって $R=\{0\}$ となり矛盾する. ▮

以下の議論は完全 0-単純半群についてなされるが, 0 に関することを除けばそのまま完全単純半群に当てはまる.

補題 5·3·14 S を完全 0-単純半群, R を 0-極小右イデアルとする. S の任意の元 $x\neq 0$ に対し R の元 $d\neq 0$ があって, $Sx=Sd$.

証明 補題 5·3·13 により $0\neq c\in R$ があって $cx\neq 0, cx\in R$. いま $d=cx$ とおくと $Sd=Scx\subseteq Sx$. ところが補題 5·3·5 により $d\in Sd$, そして Sx が 0-極小左イデアルだから $Sd=Sx$ を得る. ▮

補題 5·3·A 任意の 0-極小左イデアル L に対し 0-極小右イデアル R を $LR\neq\{0\}$ なるように選ぶことができる.

証明 $0\neq a\in L$ とする. 定理 5·3·4 により $aS\neq\{0\}$, したがって $LS\neq\{0\}$. これと (5·3·12) からこの補題が証明される. ▮

また補題 5·3·14 の結果, R の適当な部分集合を, 左完全底としてとることができる. $\mathscr{H}=\mathscr{L}\cap\mathscr{R}$ とおけば, すべての (0-) 極小左(右)イデアルは S の $\mathscr{H}$-類のいくつかの和集合である.

完全 0-単純半群 S の 0-極小左イデアルの一つ L_0 と, 0-極小右イデアルの一つ R_0 を, $L_0R_0\neq\{0\}$ を満足するように選んで固定する. $\mathscr{H}|R_0$ は $\mathscr{H}$ の R_0 への制限, $\mathscr{H}|L_0$ は $\mathscr{H}$ の L_0 への制限を表わす. R_0 の $\mathscr{H}|R_0$-類代表系 T を左完全底, L_0 の $\mathscr{H}|L_0$-類代表系 U を右完全底にとる. $T\subset R_0, U\subset L_0$ で

$$\{Sb:\ b\in T\}\ \text{が左完全系},\ \{aS:\ a\in U\}\ \text{が右完全系}$$

である. $L_0R_0\neq\{0\}$ だから, 定理 5·3·3 により $\{0\}\neq R_0L_0=L_0\cap R_0$ (群に 0 をつけ加えた半群). $L_0\cap R_0$ の元 $a_0\neq 0$ を一つ固定する.

任意の $a\in U$ に対し, $a, a_0\in L_0$ で $a, a_0\neq 0$ だから補題 5·3·2, 定理 5·3·3 により $L_0=L_0a_0=Sa$. ゆえに

$$a=pa_0,\ \ a_0=p'a \quad \text{なる} \quad p\in L_0, p'\in S,\ \ p, p'\neq 0$$

がある. 同じようにして $b, a_0\in R_0$ に対し

$$b=a_0q,\ \ a_0=bq' \quad \text{なる} \quad q\in R_0, q'\in S,\ \ q, q'\neq 0$$

がある.

写像 ρ, ξ を次のとおりに定義する:

$$\rho : aS \to a_0S, \ (ax)\rho = p'ax = a_0x.$$

$$\xi : Sb \to Sa_0, \ (xb)\xi = xbq' = xa_0.$$

$a_0x = a_0y$ より $pa_0x = pa_0y$, $ax = ay$ を得る．ρ, ξ は全単射である．$L = Sb$, $R = aS$ とおく．$S^2 = S$ だから

$$R_0L_0 = a_0SSa_0 = a_0Sa_0 (= R_0 \cap L_0 = a_0S \cap Sa_0),$$

$$RL = aSSb = aSb.$$

η を次のように定義する：

$$\eta : aSb \to a_0Sa_0, \quad (axb)\eta = p'axbq' = a_0xa_0.$$

このとき $\eta = \rho \cdot \xi = \xi \cdot \rho$ で，η は RL から R_0L_0 上への全単射である．$\rho \cdot \xi$, $\xi \cdot \rho$ は ρ, ξ の制限の積の意味である．次の補題で詳しくしらべよう．

補題 5・3・15　S を完全 0-単純半群，L を S の 0-極小左イデアル，R を S の 0-極小右イデアルとすれば，$RL = L \cap R$.

証明　すでにのべたように $L_0R_0 \neq \{0\}$ なる L_0, R_0 をとる．定理 5・3・3 により $R_0L_0 = L_0 \cap R_0$. $\eta : RL \to R_0L_0$ は ρ, ξ の制限の積として考えることができる：ρ により $RL = aSb$ は a_0Sb に，ξ により a_0Sb は $a_0Sa_0 = R_0L_0$ に写される．一方 ρ により $aS \cap Sb$ は $a_0S \cap Sb$ に，ξ により $a_0S \cap Sb$ は $a_0S \cap Sa_0$ に写される．しかし $a_0S \cap Sa_0 = R_0L_0$ で ρ, ξ は 1 対 1 だから $RL = aSb = aS \cap Sb$ を得る．∎

さて前にのべた完全 0-単純半群 S の左完全系 $\{Sb : b \in T\}$, 右完全系 $\{aS : a \in U\}$ に再びかえる．左完全底 T, 右完全底 U の各元に添数をつけることにする：$T = \{b_\mu : \mu \in M\}$, $U = \{a_\lambda : \lambda \in \Lambda\}$. 各 a_λ, b_μ に対し $a_\lambda, a_0 \in L_0$, $b_\mu, a_0 \in R_0$ だから

$$\begin{cases} a_\lambda = p_\lambda a_0 \\ a_0 = p'_\lambda a_\lambda, \end{cases} \qquad \begin{cases} b_\mu = a_0 q_\mu \\ a_0 = b_\mu q'_\mu \end{cases}$$

なる $p_\lambda \in L_0$, $p'_\lambda \in S$, $q_\mu \in R_0$, $q'_\mu \in S$ をとることができる．$p_\lambda, p'_\lambda, q_\mu, q'_\mu$ はいずれも 0 でない．そして

$$a_\lambda S = p_\lambda S, \ \lambda \in \Lambda; \quad Sb_\mu = Sq_\mu, \ \mu \in M$$

だから，左完全底として $T_0 = \{q_\mu : \mu \in M\}$, 右完全底として $U_0 = \{p_\lambda : \lambda \in \Lambda\}$ をとることができる．

$G = (R_0L_0) \setminus \{0\}$ とおく．G は群である．$G^0 = G \cup \{0\} = R_0L_0$ とおく．完全 0-

単純半群 S の左完全底として T, T_0; 右完全底として U, U_0 をとったことと補題 5·3·15 により，S の 0 でない任意の元 x に対し，$x \in a_\lambda S \cap Sb_\mu = a_\lambda Sb_\mu$ なる $a_\lambda \in U, b_\mu \in T$ がただ一通りに定まり，

$$x = a_\lambda z b_\mu = p_\lambda a_0 z a_0 q_\mu = p_\lambda g q_\mu, \quad \text{ただし } g = a_0 z a_0.$$

$x \neq 0$ だから $g \neq 0$, $g = a_0 z a_0 \in G$, $0 \neq p_\lambda \in U_0$, $0 \neq q_\mu \in T_0$.

p_λ, q_μ が x によりただ一通りに定まることは明らかであるが，g の唯一性は次のように証明される：

$$x = p_\lambda a_0 z a_0 q_\mu = p_\lambda a_0 z' a_0 q_\mu$$

とおく．$x \neq 0$ だから $p_\lambda a_0 \neq 0$, $p_\lambda a_0 \in L_0$ で $L_0 p_\lambda a_0 = L_0$ により

$$a_0 = r_\lambda p_\lambda a_0 \text{ なる } r_\lambda \in L_0 \text{ が存在する．}$$

同じようにして $a_0 = a_0 q_\mu s_\mu$ なる $s_\mu \in R_0$ がある．上の x の表示から

$$r_\lambda p_\lambda a_0 z a_0 q_\mu s_\mu = r_\lambda p_\lambda a_0 z' a_0 q_\mu s_\mu. \quad \text{したがって} \quad a_0 z a_0 = a_0 z' a_0.$$

これで $g = a_0 z a_0$ も x によってただ一通りに定まることが証明された． ▮

要約すると

補題 5·3·16 完全 0-単純半群 S の左完全底を $T_0 = \{q_\mu : \mu \in M\}$, 右完全底を $U_0 = \{p_\lambda : \lambda \in \Lambda\}$ とし，$G = (R_0 L_0) \setminus \{0\}$ とする．$0 \neq x \in S$ に対し

$$x = p_\lambda g q_\mu \text{ なる } p_\lambda \in U_0 \subset L_0, \ q_\mu \in T_0 \subset R_0, \ g \in G$$

がいずれもただ一通りに定まる．

さてすべての $\lambda \in \Lambda, \mu \in M$ に対し $p_\lambda S = R_\lambda, Sq_\mu = L_\mu$ とおく．さらに補題 5·3·15 の結果として

$$G^0_{\lambda\mu} = p_\lambda S q_\mu (= R_\lambda L_\mu = R_\lambda \cap L_\mu)$$

とおく．$L_\mu R_\xi = Sq_\mu p_\xi S$ で，かつ補題 5·3·5 により $q_\mu \in L_\mu, p_\xi \in R_\xi$ だから次の補題を得る．

補題 5·3·17 $L_\mu R_\xi \neq \{0\}$ であるのは $q_\mu p_\xi \neq 0$ であるときそのときに限る．また $q_\mu \in R_0, p_\xi \in L_0$ だから $q_\mu p_\xi \in G^0$, 特に $q_\mu p_\xi \neq 0$ であれば $q_\mu p_\xi \in G$.

S の元 $x \neq 0, y \neq 0$ がそれぞれ

$$x = p_\lambda g q_\mu, \quad y = p_\xi h q_\eta$$

で表わされるとする．$g, h \in G$ である．

もし $q_\mu p_\xi = 0$ であれば $xy = 0$. $q_\mu p_\xi \neq 0$ であれば $xy = p_\lambda (g q_\mu p_\xi h) q_\eta$ であって，補題 5·3·17 により $q_\mu p_\xi \in G$ だから $g q_\mu p_\xi h \in G$. そして $xy \in G^0_{\lambda\eta}$ であ

る．

$T_0=\{q_\mu: \mu\in M\}$，$U_0=\{p_\lambda: \lambda\in \Lambda\}$ に対し，$f_{\mu\lambda}=q_\mu p_\lambda$ とおくと，$f_{\mu\lambda}\in G^0$．補題 5・3・A と補題 5・3・17 により

(5・3・18)　任意の $\mu\in M$ に対し，$q_\mu p_\lambda \neq 0$ なる λ がある．

(5・3・19)　任意の $\lambda\in\Lambda$ に対し，$q_\mu p_\lambda\neq 0$ なる μ がある．

すなわち $(\mu,\xi)\mapsto f_{\mu\xi}$ は集合 $M\times\Lambda$ から G^0 の中への写像で，(5・3・18)，(5・3・19) を満足する．この写像は G^0 上の $M\times\Lambda$-行列を構成する．

$$\boldsymbol{F}=(f_{\mu\lambda})_{\mu\in M,\,\lambda\in\Lambda}.$$

$\boldsymbol{F}$ を完全 0-単純半群 S の**定義行列**または**サンドイッチ行列**とよぶ．サンドイッチ行列とよぶわけは S の演算を表わすとき，$f_{\mu\lambda}$ が両者の間にはさまれる役をするからである．

S の 0 でない元 x に対し，$x=p_\lambda g q_\mu$ なる p_λ, g, q_μ が一意的に定められるから $0\neq x\in S$ に対し，(p_λ, g, q_μ) なる組を対応させる．

$$x=p_\lambda g q_\mu\mapsto(p_\lambda, g, q_\mu),$$

$$y=p_\xi h q_\eta\mapsto(p_\xi, h, q_\eta).$$

$f_{\mu\xi}=q_\mu p_\xi\neq 0$ であれば

$$xy=p_\lambda g q_\mu p_\xi h q_\eta\mapsto(p_\lambda, g f_{\mu\xi} h, q_\eta).$$

以上完全 0-単純半群についてのべたが，0 に関することを除けばそのまま完全単純半群についても成立する．この点に注意しながら，もう一度繰返して読み直していただきたい．

5・4 正規行列半群

M, Λ を集合，G を群とする．$\boldsymbol{F}=(f_{\mu\lambda})$ は G^0 上の $M\times\Lambda$-行列で，次の条件を満足するものとする．

(5・4・1・1)　任意の $\mu\in M$ に対し $f_{\mu\lambda}\neq 0$ なる $\lambda\in\Lambda$ がある，

(5・4・1・2)　任意の $\lambda\in\Lambda$ に対し $f_{\mu\lambda}\neq 0$ なる $\mu\in M$ がある．

直積集合 $\Lambda\times G\times M$ に一つの記号 0 をつけ加えて

$$\mathcal{S}=(\Lambda\times G\times M)\cup\{0\}=\{(\lambda, g, \mu): \lambda\in\Lambda, g\in G, \mu\in M\}\cup\{0\}$$

とおき，$\mathcal{S}$ に演算を定義する： すなわち

(5・4・2・1)　$0\cdot(\lambda, g, \mu)=(\lambda, g, \mu)\cdot 0=0\cdot 0=0,$

(5·4·2·2) $(\lambda, g, \mu)\cdot(\xi, h, \eta)=\begin{cases}(\lambda, gf_{\mu\xi}h, \eta), & f_{\mu\xi}\neq 0 \text{ なるとき}, \\ 0, & f_{\mu\xi}=0 \text{ なるとき}.\end{cases}$

定理 5·4·3 $\mathcal{S}$ は完全 0-単純半群である．

証明 **(1) $\mathcal{S}$ は半群である．**

すべての $X, Y, Z\in\mathcal{S}$ に対し $(X\cdot Y)\cdot Z=X\cdot(Y\cdot Z)$ を証明する．X, Y, Z のうち少なくも一つが 0 であるときは明らかであるから，$X=(\lambda, g, \mu)$, $Y=(\xi, h, \eta)$, $Z=(\zeta, k, \sigma)$ とする．

$f_{\mu\xi}=0$ であれば $(X\cdot Y)\cdot Z=0$, $X\cdot(Y\cdot Z)=(\lambda, g, \mu)\cdot(\xi, hf_{\eta\zeta}k, \sigma)=0$.

$f_{\eta\zeta}=0$ であれば $X\cdot(Y\cdot Z)=0$, $(X\cdot Y)\cdot Z=(\lambda, gf_{\mu\xi}h, \eta)\cdot(\zeta, k, \sigma)=0$.

$f_{\mu\xi}\neq 0$ でかつ $f_{\eta\zeta}\neq 0$ であるとき

$$(X\cdot Y)\cdot Z=(\lambda, gf_{\mu\xi}h, \eta)\cdot(\zeta, k, \sigma)=(\lambda, (gf_{\mu\xi}h)f_{\eta\zeta}k, \sigma),$$
$$X\cdot(Y\cdot Z)=(\lambda, g, \mu)\cdot(\xi, hf_{\eta\zeta}k, \sigma)=(\lambda, gf_{\mu\xi}(hf_{\eta\zeta}k), \sigma).$$

G で結合法則が成立するから $(gf_{\mu\xi}h)f_{\eta\zeta}k=gf_{\mu\xi}(hf_{\eta\zeta}k)$ である．ゆえに

$$(X\cdot Y)\cdot Z=X\cdot(Y\cdot Z).$$

(2) $\mathcal{S}$ は 0-単純である．

(λ, g, μ) と (ξ, h, η) が与えられたとする．(5·4·1·1), (5·4·1·2) により $f_{\beta\xi}\neq 0$, $f_{\eta\gamma}\neq 0$ なる $\beta\in M, \gamma\in\Lambda$ がある．またこの β, γ に対し

$$kf_{\beta\xi}hf_{\eta\gamma}l=g \quad \text{なる} \quad k, l\in G \quad \text{がある．}$$

このとき $(\lambda, k, \beta)\cdot(\xi, h, \eta)\cdot(\gamma, l, \mu)=(\lambda, kf_{\beta\xi}hf_{\eta\gamma}l, \mu)=(\lambda, g, \mu)$.

定理 5·1·5 により $\mathcal{S}$ は 0-単純である．

(3) $(\lambda, g, \mu)\cdot\mathcal{S}$ が 0-極小右イデアル，$\mathcal{S}\cdot(\lambda, g, \mu)$ が 0-極小左イデアルである．

$(\lambda, g, \mu)\cdot\mathcal{S}$ についてだけ証明する．まずこれが右イデアルであることは明らかである．0-極小であることを証明するために，$\mathcal{I}$ を $\mathcal{S}$ の右イデアルで，$\{0\}\neq\mathcal{I}\subseteq(\lambda, g, \mu)\cdot\mathcal{S}$ とする．

$(\lambda, g, \mu)\cdot\mathcal{S}$ の任意の元は (λ, h, μ') の形をもつから，$(\lambda, h, \mu')\in\mathcal{I}$ とする．$f_{\mu'\xi}\neq 0$ なる ξ があるから

$$(\lambda, h, \mu')\cdot(\xi, f_{\mu'\xi}^{-1}h^{-1}g, \mu)=(\lambda, g, \mu).$$

ゆえに $(\lambda, g, \mu)\in\mathcal{I}$. したがって $(\lambda, g, \mu)\cdot\mathcal{S}=\mathcal{I}$. これで $(\lambda, g, \mu)\cdot\mathcal{S}$ が $\mathcal{S}$ の 0-極小右イデアルであることが証明された． ∎

$\mathcal{S}$ の定義をふりかえると次の二つの場合がある．

1. 行列 $\boldsymbol{F}$ が 0 を元として含む．

2. 行列 $\boldsymbol{F}$ が 0 を含まない．

1. の場合は上にのべたことで十分つくしている．すなわち $\mathcal{S}=(\Lambda\times G\times M)\cup\{0\}$ で，演算は (5・4・2・1) と (5・4・2・2) で定義される．$\mathcal{S}$ は零因子を必ず含む: $X\neq 0$, $Y\neq 0$ で $X\cdot Y=0$.

2. の場合も原則的には上でのべたことに含まれているが，もう少し検討してみよう．

まず $\mathcal{S}_1=(\Lambda\times G\times M)\cup\{0\}$ とし，演算の定義 (5・4・2・1) はそのままでよいが，(5・4・2・2) のうち 0 に関する記述を除く．すなわち

(5・4・2・2′) $$(\lambda, g, \mu)\cdot(\xi, h, \eta)=(\lambda, gf_{\mu\xi}h, \eta)$$

だけでよい．このとき $\mathcal{S}_1$ はやはり完全 0-単純半群である．しかし $\mathcal{S}_2=\Lambda\times G\times M$ とし，演算を (5・4・2・2′) だけにすると，$\mathcal{S}_2$ は 0 を含まないから

定理 5・4・3′ $\mathcal{S}_2$ は完全単純半群である．

証明は定理 5・4・3 の証明の中から 0 に関することだけを除けばよい．

$\boldsymbol{F}$ が 0 を含めば $\mathcal{S}$ は必ず 0 を含むが，$\boldsymbol{F}$ が 0 を含まないときは二つの場合 $\mathcal{S}_1$ と $\mathcal{S}_2$ が考えられる．$\mathcal{S}_1$ は $\mathcal{S}_2$ に 0 をつけ加えたもの，$\mathcal{S}_1=\mathcal{S}_2^0$ である．これら三つの場合を，必要があれば，区別する記号を考える．

定義 $\mathcal{S}, \mathcal{S}_1, \mathcal{S}_2$ をいずれも（G^0 上の $\boldsymbol{F}$ を定義行列にもつ）**正規行列半群**または **Rees の行列半群**といい，G をその**構造群**とよぶ．定義行列を一つの文字で表わすときは

$$\mathcal{S}=\mathcal{S}(G;\Lambda, M;\boldsymbol{F}^0),$$
$$\mathcal{S}_1=\mathcal{S}^0(G;\Lambda, M;\boldsymbol{F}),$$
$$\mathcal{S}_2=\mathcal{S}(G;\Lambda, M;\boldsymbol{F})$$

と書く．「$\boldsymbol{F}^0$」は行列 $\boldsymbol{F}$ が 0 を要素として含むことを表わす．「$\boldsymbol{F}$」は 0 を要素に含まないものと解する．しかし $\boldsymbol{F}$ の各要素が具体的に与えられるときは，（i）$\mathcal{S}$ であるか，または （ii）$\mathcal{S}_1, \mathcal{S}_2$ のいずれかであるか，は自然に定まる．なお $\mathcal{S}, \mathcal{S}_1, \mathcal{S}_2$ のいずれの場合にも $\mathcal{S}$ で表わすこともある．

定理 5・4・4 任意の完全 (0-) 単純半群は，ある正規行列半群に同形である．

証明 この証明は定理 5・4・3, 5・4・3′ で与えられているが，ここに要約する．

完全単純半群に対する証明としては0に関することを除けばよいから，Sを完全0-単純半群とし，L_0を0-極小左イデアル，R_0を0-極小右イデアルで$L_0R_0 \neq \{0\}$を満足するものとする．$G=(R_0L_0)\setminus\{0\}$，$R_0L_0=G^0$とする．Gは群である． 左完全底を$T_0=\{q_\mu : \mu\in M\}$，右完全底を$U_0=\{p_\lambda : \lambda\in \Lambda\}$とし，$\boldsymbol{F}=(f_{\mu\lambda})$を$f_{\mu\lambda}=q_\mu p_\lambda$で定義する．さて正規行列半群$\mathcal{S}$を

$$\boldsymbol{F}\text{ が 0 を含めば}\qquad \mathcal{S}=\mathcal{S}(G;\Lambda,M;\boldsymbol{F}^0),$$
$$\boldsymbol{F}\text{ が 0 を含まなければ}\quad \mathcal{S}=\mathcal{S}^0(G;\Lambda,M;\boldsymbol{F})$$

と定義する．写像$\Phi : S\to\mathcal{S}$を次のように定義する：

$0\Phi=0$; $0\neq x=p_\lambda g q_\mu$, $p_\lambda\in U_0$, $g\in G$, $q_\mu\in T_0$に対して$x\Phi=(\lambda, g, \mu)$を対応させる．このときΦによって$S\cong\mathcal{S}$である． ▮

次の中には完全0-単純半群についてすでにのべたことも含まれるが，正規行列半群の性質として改めて列挙する．

L_μ, R_λはすでに定義された通りであるが，$H_{\lambda\mu}$を$H_{\lambda\mu}=R_\lambda L_\mu$で定義する．以下の証明は練習問題として試みられたい．以下$\mathcal{S}$は$\mathcal{S}(G;\Lambda,M;\boldsymbol{F}^0)$あるいは$\mathcal{S}^0(G;\Lambda,M;\boldsymbol{F})$を意味するが，0のことを除けば$\mathcal{S}(G;\Lambda,M;\boldsymbol{F})$に対しても成り立つ．

(5・4・5) $L_\mu=\{(\lambda,x,\mu) : \lambda\in\Lambda, x\in G\}\cup\{0\}=\mathcal{S}^1\cdot(\lambda_1,x_1,\mu)=\mathcal{S}\cdot(\lambda_1,x_1,\mu)$,

$$R_\lambda=\{(\lambda,x,\mu) : \mu\in M, x\in G\}\cup\{0\}=(\lambda,x_2,\mu_2)\cdot\mathcal{S}^1=(\lambda,x_2,\mu_2)\cdot\mathcal{S},$$
$$H_{\lambda\mu}=R_\lambda\cdot L_\mu=R_\lambda\cap L_\mu=(\lambda,x_2,\mu_2)\cdot\mathcal{S}^1\cdot(\lambda_1,x_1,\mu)=(\lambda,x_2,\mu_2)\cdot\mathcal{S}\cdot(\lambda_1,x_1,\mu).$$

(5・4・6) $f_{\mu\lambda}=0$ならば$H_{\lambda\mu}$は零半群，$f_{\mu\lambda}\neq 0$ならば$H_{\lambda\mu}$は群に0を添加したものである．

(5・4・7) $R_\lambda^*=R_\lambda\setminus\{0\}$，$L_\mu^*=L_\mu\setminus\{0\}$，ただし$\mathcal{S}(G;\Lambda,M;\boldsymbol{F})$のときは$R_\lambda^*=R_\lambda$, $L_\mu^*=L_\mu$とする．$f_{\mu\lambda}\neq 0$のとき$H_{\lambda\mu}^*=R_\lambda^*\cdot L_\mu^*=\{(\lambda,x,\mu) : x\in G\}$は群であって$G$に同形である．同形対応は

$$(\lambda,x,\mu)\mapsto f_{\mu\lambda}x \quad\text{または}\quad (\lambda,x,\mu)\mapsto xf_{\mu\lambda}.$$

(5・4・8) $H_{\lambda\mu}^*$の単位元は$(\lambda, f_{\mu\lambda}^{-1}, \mu)$であるが，$\mathcal{S}$の0でない元$(\lambda,x,\mu)$が巾等元であるための必要十分条件は，$f_{\mu\lambda}\neq 0$で$x=f_{\mu\lambda}^{-1}$である．

定義 完全(0-)単純半群Sの$H_{\lambda\mu}^*$に同形な群（ただし$f_{\mu\lambda}\neq 0$），あるいは正規行列半群におけるGをSの**構造群**という．

正規行列半群の二，三の例をあげる．

例 1　Gを単位群：$G=\{e\}$とする．$\mathcal{S}=\mathcal{S}(G;\Lambda,M;\boldsymbol{F})$ の元は一般に (λ,x,μ) と表わされるが，いまの場合 $x=e$ だから 0 以外の元を (λ,μ) とだけ書くことにする．$\boldsymbol{F}$ が 0 を要素に含み，$|\Lambda|=|M|=2$ のとき

$$\mathcal{S}=\{0,(1,1),(1,2),(2,1),(2,2)\}.$$

（1）　$\boldsymbol{F}=\begin{pmatrix} e & 0 \\ 0 & e \end{pmatrix}$ に対応するもの；　（2）　$\boldsymbol{F}=\begin{pmatrix} e & e \\ e & 0 \end{pmatrix}$ に対応するもの．

(1) は p. 111 の例に同形である．零因子をもつ 0-単純半群で位数最小なものが (1), (2) である．読者は (1), (2) の乗積表を書いてみるとよい．

例 2　$G=\{e,a\}$：位数 2 の群，$a^2=e$；$\boldsymbol{F}=\begin{pmatrix} e & e \\ e & a \end{pmatrix}$ とする．

$$\mathcal{S}=\{(1,e,1),(1,e,2),(2,e,1),(2,e,2),(1,a,1),(1,a,2),(2,a,1),(2,a,2)\}$$

$\mathcal{S}$ は位数 8 の完全単純半群であるが，$\mathcal{S}^0$ は $\mathcal{S}$ に 0 をつけ加えた位数 9 の完全 0-単純半群である．

問 1　$\boldsymbol{F}=(f_{\mu\xi})_{\mu\in M,\xi\in\Lambda}$ の要素がすべての μ,ξ に対し $f_{\mu\xi}=a\in G$ であれば，$\mathcal{S}=\mathcal{S}(G;\Lambda,M;\boldsymbol{F})$ は群と直角帯の直積に同形である．

問 2　群，右群，左群，直角帯，右零半群，左零半群とそれぞれ同形な正規行列半群を求めよ．

5・5　完全 (0-) 単純半群提要

S を任意の半群，そのすべての巾等元の集合を E とする．$e,f\in E$ が $ef=fe=e$ であるとき $e\leqq f$ と定義する．反射律，反対称律は直ちに証明される．推移律を示そう．$e\leqq f$, $f\leqq g$ すなわち $ef=fe=e$, $fg=gf=f$ であるとき，$eg=efg=ef=e$, $ge=gfe=fe=e$. ゆえに $e\leqq g$ が証明された．したがって E は $\leqq$ に関して半順序集合である．もし S が零 0 をもつときすべての $e\in E$ に対し $0\leqq e$ であり，もし S が単位元 1 をもつときはすべての $e\in E$ に対し $e\leqq 1$ である．

定義　S の巾等元 f が 0 でなくて，$e\leqq f$ であれば $e=0$ かまたは $e=f$ であるという条件を満足するとき，f は**原始的**であるという．

f が原始的であるとは，f が 0 でなく，$\leqq$ に関して E の 0-極小元であること，すなわち $0<e<f$ なる $e\in E$ がないことである．S が 0 を含まないときは，f が原始的であるとは f が E の $\leqq$ に関する極小元であることを意味する．

定理 5・5・1　S は単純半群または 0-単純半群で，原始的巾等元を含むものとする．e が S の原始的巾等元であれば，Se (eS) は 0-極小左イデアル（0-極

小右イデアル) である.

証明 Se が左イデアルであることは明らかである. I を Se に含まれる S の左イデアルとし, $0 \neq a \in I$ とする. $a=ue$ なる $u \in S$ があるから $ae=a$. S が単純または0-単純であるから $e=x'ay'$ なる $x', y' \in S$ がある. いま $x=ex'$, $y=ey'e$ とおくと, $e=eee=ex'ay'e=ex'aey'e=xay$.

つぎに $f=yxa$ とおくと, $e=e^2=xayxay=xafy$. $e \neq 0$ だから $f \neq 0$ である. $ex=x$ であることから $f^2=yxayxa=yexa=yxa=f$. また $ey=y$ だから $ef=eyxa=yxa=f$, $fe=yxae=yxa=f$. これで $0 \neq f \leqq e$ であることが証明された. しかし e が原始的巾等元であるから $e=f$ を得る. ゆえに $e=yxa$. さて $a \in I \subseteq Se$ から $Sa \subseteq I \subseteq Se=Syxa \subseteq Sa$ により $I=Sa=Se$. したがって Se は0-極小左イデアルである. ∎

完全 (0-) 単純半群と同等になる条件を数個並べておく.

定理 5·5·2 次の条件は同等である.

(1) S は (0-) 単純半群であって少なくも一つの原始的巾等元を含む.

(2) S は (0-) 単純半群であって (0でない) すべての巾等元は原始的である.

(3) S は (0-) 単純半群であって (0-) 極小左イデアル, (0-) 極小右イデアルを含む.

(4) S は (0-) 単純半群であって, すべての $a(\neq 0)$ に対し Sa は (0-) 極小左イデアル, aS は (0-) 極小右イデアルである.

(5) S は正規行列半群に同形である.

(6) S は (0-) 単純半群であって, 任意の元 a に対し a^2 が S の部分群に含まれる.

(7) S は (0-) 単純半群であって, 任意の元 a のある巾が S の部分群に含まれる.

(8) S は (0-) 単純半群であって, (0でない) 任意の元 a に対し, 巾等元 e があって $ax=e=ya$ なる $x, y \in S$ がある.

証明 定理 5·5·1 により (1) ⇒ (3) が証明された.

(3) ⇒ (4): 定義により S は完全 (0-) 単純半群である. 定理 5·3·4 により (4) を得る.

(4) ⇒ (5): S は完全 (0-) 単純となるから定理 5·4·4 で証明ずみ.

(5) ⇒ (2): $S=\mathcal{S}(G;\Lambda,M;\boldsymbol{F}^0)$ の 0 でない巾等元は $(\lambda, f_{\mu\lambda}^{-1}, \mu)$ なる形で表わされる ((5·4·8) から). これが原始的であることを証明するために

$$(\xi, f_{\eta\xi}^{-1}, \eta)\cdot(\lambda, f_{\mu\lambda}^{-1}, \mu)=(\lambda, f_{\mu\lambda}^{-1}, \mu)\cdot(\xi, f_{\eta\xi}^{-1}, \eta)=(\xi, f_{\eta\xi}^{-1}, \eta)$$

と仮定する. $(\xi, f_{\eta\xi}^{-1}f_{\eta\lambda}f_{\mu\lambda}^{-1}, \mu)=(\lambda, f_{\mu\lambda}^{-1}f_{\mu\xi}f_{\eta\xi}^{-1}, \eta)=(\xi, f_{\eta\xi}^{-1}, \eta)$ より

$$\xi=\lambda,\ \eta=\mu,\ f_{\eta\xi}=f_{\mu\lambda}.\ \text{したがって}\ (\lambda, f_{\mu\lambda}^{-1}, \mu)=(\xi, f_{\eta\xi}^{-1}, \eta).$$

(2) ⇒ (1): 自明.

(5) ⇒ (6): $S=\mathcal{S}(G;\Lambda,M;\boldsymbol{F}^0)$ とし, $H_{\lambda\mu}=\{(\lambda, g, \mu) : g\in G\}$ とすると

$$S=\bigcup_{\lambda,\mu}H_{\lambda\mu}\cup\{0\}=\bigcup_{\lambda,\mu}H_{\lambda\mu}^0.$$

もし $f_{\mu\lambda}=0$ であれば $H_{\lambda\mu}^0$ は零半群で, $(\lambda, g, \mu)^2=0$, $\{0\}$ は一元からなる部分群と考えられる. $f_{\mu\lambda}\neq 0$ であれば $H_{\lambda\mu}$ は部分群で, $(\lambda, g, \mu)\in H_{\lambda\mu}$ だから $(\lambda, g, \mu)^2\in H_{\lambda\mu}$.

(6) ⇒ (7): 明らかであり, また (7) ⇒ (8) はきわめて容易である.

(8) ⇒ (3): Se の $\{0\}$ でない左イデアルを I とし, $0\neq a\in I$ をとる. $e=ya$ なる $y\in S$ があるから, $Sa\subseteq I\subseteq Se=Sya\subseteq Sa$ により $I=Se$, Se は S の 0-極小左イデアルである. 同じようにして eS が 0-極小右イデアルであることが示される.

これで (1) から (8) まですべて同等であることが証明された. ∎

系 5·5·3 周期的 (0-) 単純半群 (有限 (0-) 単純半群) は, 完全 (0-) 単純である.

証明 定理 5·5·2 (7) による. ∎

正規行列半群の意味

$\mathcal{S}=\mathcal{S}(G;\Lambda,M;\boldsymbol{F}^0)$ の 0 でない元を (λ, g, μ), $g\in G$ で表わしたが, これに特殊な行列を対応させる.

Λ-M 型の行列で, (λ, μ)-要素だけが G の元であるが, 他の要素はすべて 0 である行列 A を考える:

$$A=(a_{ij})_{i\in\Lambda, j\in M},\quad a_{ij}=\begin{cases} g & (i=\lambda, j=\mu\ \text{なるとき}) \\ 0 & ((i,j)\neq(\lambda,\mu)\ \text{なるとき}). \end{cases}$$

このような形の行列を **Rees-行列**とよぶ.

別に G^0 の元を要素とする M-N 型の行列を X とする．$X=(x_{jk})_{j\in M, k\in N}$ とし，Λ-M 型の A と M-N 型の X の積 $A\cdot X=(z_{ik})_{i\in\Lambda, k\in N}$ を次のように定義する．A が Rees-行列だから，集合

$$C=\{a_{ij}x_{jk}:\ j\in M\}$$

は零でない元を高高一つ含む．もし C が 0 だけからなるときは，$z_{ik}=0$. C が 0 でない元をただ一つを含めばその元をもって z_{ik} と定義する．A は (λ,μ)-要素だけが 0 でないから $A\cdot X$ を具体的にいえば，

$$z_{ik}=\begin{cases} a_{\lambda\mu}x_{\mu k} & (i=\lambda \text{ なるとき}),\\ 0 & (i\neq\lambda \text{ なるとき}).\end{cases}$$

$A\cdot X$ は λ-行以外はすべて 0 であるが，一般に Rees-行列でない．

Y を L-Λ 型行列で要素は G^0 の元とする．$Y\cdot A$ を上と同じ方法で定義する．

$Y=(y_{li})_{l\in L, i\in\Lambda}$，$A=(a_{ij})_{i\in\Lambda, j\in M}$ は前と同じ．

$Y\cdot A=(u_{lj})_{l\in L, j\in M}$,

ただし
$$u_{lj}=\begin{cases} y_{l\lambda}a_{\lambda\mu} & (j=\mu \text{ なるとき}),\\ 0 & (j\neq\mu \text{ なるとき}).\end{cases}$$

$Y\cdot A$ は μ-列以外はすべて 0 であるが，一般に Rees-行列でない．

A を Λ-M 型，X を M-N 型，B を N-Δ 型行列とするとき

$$(A\cdot X)\cdot B=A\cdot(X\cdot B)$$

であることが容易に証明される．

さて (λ,μ)-要素が $g\in G$ である Λ-M 型 Rees-行列 A を

$$A=(\lambda, g, \mu)$$

で表わす．これらのすべての集合を $\mathcal{S}$

$$\mathcal{S}=\{(\lambda, g, \mu):\ \lambda\in\Lambda, g\in G, \mu\in M\}.$$

そして $\mathcal{S}^0=\mathcal{S}\cup\{\boldsymbol{O}\}$, $\boldsymbol{O}$ は零行列（要素がすべて 0 である行列）．$\mathcal{S}$ または $\mathcal{S}^0$ に演算を定義するために G^0 の元を要素とし，次の条件を満足する M-Λ 型の行列 $\boldsymbol{F}$ を一つ固定する．

$\boldsymbol{F}$ の各行，各列は 0 でない要素を含む．

$\boldsymbol{F}$ がもし 0 を含めば $\mathcal{S}^0$ をとるが，$\boldsymbol{F}$ が 0 を含まなければ $\mathcal{S}, \mathcal{S}^0$ のどちらをとってもよい．

$\mathcal{S}$ または $\mathcal{S}^0$ の演算 $\odot$ を次のように定義する：

$$A \odot B = A \cdot F \cdot B \quad (A, B \in \mathcal{S}).$$

零行列 $\boldsymbol{O}$ に対しては

$$\boldsymbol{O} \odot A = A \odot \boldsymbol{O} = \boldsymbol{O}.$$

上の $A \odot B$ は $A=(\lambda, g, \mu), B=(\xi, h, \eta), \boldsymbol{F}=(f_{\eta\lambda})_{\eta\in M, \lambda\in\Lambda}$ とおくと

$$A \odot B = A \cdot F \cdot B = \begin{cases} (\lambda, gf_{\mu\xi}h, \eta) & (f_{\mu\xi} \neq 0 \text{ なるとき}) \\ \boldsymbol{O} & (f_{\mu\xi} = 0 \text{ なるとき}) \end{cases}$$

を意味する．

問 $\bar{S}=\{(\lambda, x, \mu) : \lambda\in\Lambda, x\in G^0, \mu\in M\}$ とし，$\boldsymbol{F}$ は M-Λ 型行列で各行，各列は 0 でない要素を含むものとする．$\bar{S}$ の演算を

$$(\lambda, x, \mu)(\xi, y, \eta) = (\lambda, xf_{\mu\xi}y, \eta)$$

で定義する．また $\mathcal{I}=\{(\lambda, 0, \mu) : \lambda\in\Lambda, \mu\in M\}$ とおくと $\mathcal{I}$ は $\bar{S}$ のイデアルで Rees-剰余半群 $\bar{S}/\mathcal{I}$ が $\mathcal{S}(G;\Lambda, M;\boldsymbol{F}^0)$ に同形である．

5・6 正規行列半群の同形

$S=\mathcal{S}(G;\Lambda, M;\boldsymbol{F}^0)$, $S'=\mathcal{S}(G';\Lambda', M';\boldsymbol{F}'^0)$ はいかなる条件の下で同形になるかという問題を考える．

S から S' 上への同形写像を Φ とする．S の零 0 は S' の零 $0'$ に写されるから，0 でない S の元は $0'$ でない S' の元に写される：

(5・6・1)　$(\lambda, x, \mu)\Phi = (\lambda', x', \mu')$ とする．

補題 5・6・2　(5・6・1) により $\lambda \mapsto \lambda'$ で全単射 $\varphi_\Lambda : \Lambda \to \Lambda'$ を，$\mu \mapsto \mu'$ で全単射 $\varphi_M : M \to M'$ を定義することができる．したがって $|\Lambda|=|\Lambda'|, |M|=|M'|$.

証明　φ_Λ についてだけ証明する．φ_Λ が定義可能であることを示すために，

$$(\lambda, x_1, \mu_1)\Phi = (\lambda', x_1', \mu_1'),$$
$$(\lambda, x_2, \mu_2)\Phi = (\lambda'', x_2', \mu_2')$$

とおくとき $\lambda'=\lambda''$ となることを証明すればよい．

$$(\lambda, x_1, \mu_1) = (\lambda, x_2, \mu_2)\cdot(\lambda_1, y, \mu_1)$$

なる $\lambda_1\in\Lambda, y\in G$ がある．両辺の Φ による像をとると

$$(\lambda', x_1', \mu_1') = (\lambda'', x_2', \mu_2')\cdot((\lambda_1, y, \mu_1)\Phi).$$

両辺は $0'$ でないから右辺は (λ'', z, μ) なる形をもつ．ゆえに

$$\lambda' = \lambda''$$

を得る．φ_Λ が全射であることは $\boldsymbol{\Phi}$ が全射であることからわかる．$\boldsymbol{\Phi}^{-1}$ について上述のことを適用すれば φ_Λ が単射であることが証明される． ▮

$H_{\lambda\mu}=(\lambda, x_1, \mu_1)\cdot S\cdot(\lambda_2, x_2, \mu)$, $H'_{\lambda'\mu'}=(\lambda', x_1', \mu_1')\cdot S'\cdot(\lambda_2', x_2', \mu')$ とおく．ただし $\lambda'=\lambda\varphi_\Lambda$, $\mu'=\mu\varphi_M$.

補題 5·6·3　$f_{\mu\lambda}\neq 0$ であれば $f'_{\mu'\lambda'}\neq 0$ で $H_{\lambda\mu}\cong H'_{\lambda'\mu'}$. したがって $G\cong G'$.

証明　$(\lambda, x_1, \mu_1)\boldsymbol{\Phi}=(\lambda', x_1', \mu_1')$, $(\lambda_2, x_2, \mu)\boldsymbol{\Phi}=(\lambda_2', x_2', \mu')$ とすると

$$H_{\lambda\mu}=(\lambda, x_1, \mu_1)\cdot S\cdot(\lambda_2, x_2, \mu)\cong(\lambda', x_1', \mu_1')\cdot S'\cdot(\lambda_2', x_2', \mu')=H'_{\lambda'\mu'}.$$

そこで

$$H^*_{\lambda\mu}=H_{\lambda\mu}\setminus\{0\},\quad H^{*\prime}_{\lambda'\mu'}=H'_{\lambda'\mu'}\setminus\{0'\}$$

とおくと

$$G\cong H^*_{\lambda\mu}\cong H^{*\prime}_{\lambda'\mu'}\cong G'.$$ ▮

かくて S, S' の同形問題は $\boldsymbol{F}^0$ と $\boldsymbol{F}'^0$ との関係に帰着される．G とG', Λ と Λ', M と M' をそれぞれ同一視してさしつかえない．

定理 5·6·4　正規行列半群 $S=\mathcal{S}(G;\Lambda, M;\boldsymbol{F}^0)$, $S'=\mathcal{S}(G;\Lambda, M;\boldsymbol{H}^0)$ が同形であるための必要十分条件は，$\boldsymbol{F}^0=(f_{\mu\lambda})$, $\boldsymbol{H}^0=(h_{\mu'\lambda'})_{\mu,\mu'\in M,\lambda,\lambda'\in\Lambda}$ とするとき，適当な Λ の置換 φ_Λ ($\lambda\varphi_\Lambda=\lambda'$ と書く)，M の置換 φ_M ($\mu\varphi_M=\mu'$ と書く)，G の自己同形写像 φ, M を G の中へうつす写像 u, Λ を G の中へうつす写像 v が存在して，すべての μ, λ について

$$h_{\mu'\lambda'}=u(\mu)(f_{\mu\lambda}\varphi)v(\lambda) \tag{5·6·5}$$

が成立することである．

証明　$S\cong S'$ であると仮定しその同形 $S\to S'$ を $\boldsymbol{\Phi}$ とする．$f_{\mu_0\lambda_0}\neq 0$ なる $\mu_0\in M, \lambda_0\in\Lambda$ をとって固定する．補題 5·6·2 により $\boldsymbol{\Phi}$ は Λ の置換φ_Λ : $\lambda\mapsto\lambda'$, M の置換 φ_M : $\mu\mapsto\mu'$ を引き起こし補題 5·6·3 を使い $\boldsymbol{\Phi}$ の$H_{\lambda_0\mu_0}$ への制限により $H^*_{\lambda_0\mu_0}\cong H^{*\prime}_{\lambda_0'\mu_0'}$ であるが，$(\lambda_0, g, \mu_0)\boldsymbol{\Phi}=(\lambda_0', g', \mu_0')$ とおく．

$$gf_{\mu_0\lambda_0}\mapsto(\lambda_0, g, \mu_0)\mapsto(\lambda_0', g', \mu_0')\mapsto g'h_{\mu_0'\lambda_0'}$$

で定義される写像の積 $G\to H^*_{\lambda_0\mu_0}\to H^{*\prime}_{\lambda_0'\mu_0'}\to G$ を φ とする：すなわち

$$(gf_{\mu_0\lambda_0})\varphi=g'h_{\mu_0'\lambda_0'}, \tag{5·6·6}$$

φ は G の自己同形写像である．さて $f_{\mu\lambda}\neq 0$, e を G の単位元とするとき

$$(\lambda_0, e, \mu)\cdot(\lambda, f_{\mu\lambda}^{-1}, \mu)\cdot(\lambda, f_{\mu_0\lambda_0}^{-1}, \mu_0)=(\lambda_0, f_{\mu\lambda}f_{\mu_0\lambda_0}^{-1}, \mu_0)$$

であるが，$\boldsymbol{\Phi}$ による像を

$$(\lambda_0, e, \mu)\Phi = (\lambda'_0, x, \mu'),$$
$$(\lambda, f^{-1}_{\mu\lambda}, \mu)\Phi = (\lambda', h^{-1}_{\mu'\lambda'}, \mu') \quad \text{(巾等元であることに注意)},$$
$$(\lambda, f^{-1}_{\mu_0\lambda_0}, \mu_0)\Phi = (\lambda', z, \mu'_0)$$

とおく．そして

$$(\lambda'_0, x, \mu')\cdot(\lambda', h^{-1}_{\mu'\lambda'}, \mu')\cdot(\lambda', z, \mu'_0) = (\lambda'_0, xh_{\mu'\lambda'}z, \mu'_0)$$

だから (5・6・6) により

$$xh_{\mu'\lambda'}zh_{\mu'_0\lambda'_0} = (f_{\mu\lambda}f^{-1}_{\mu_0\lambda_0}f_{\mu_0\lambda_0})\varphi,$$
$$h_{\mu'\lambda'} = x^{-1}(f_{\mu\lambda}\varphi)(h^{-1}_{\mu'_0\lambda'_0}z^{-1})$$

ここに x^{-1} は μ にのみ従属し，$h^{-1}_{\mu'_0\lambda'_0}z^{-1}$ は λ にのみ従属する．$x^{-1}=u(\mu)$, $h^{-1}_{\mu'_0\lambda'_0}z^{-1}=v(\lambda)$ とおけば (5・6・5) を得る．

逆に (5・6・5) を満足する $\lambda\mapsto\lambda'$, $\mu\mapsto\mu'$, φ, u, v が存在すると仮定する．$x\in G$, $x\varphi=x'$, $u(\mu)=u_\mu$, $v(\lambda)=v_\lambda$ と書く．$\Phi: S\to S'$ を次のように定義する：

$$(\lambda, x, \mu)\Phi = (\lambda', v_\lambda^{-1}x'u_\mu^{-1}, \mu'),$$
$$0\Phi = 0'.$$

Φ が全単射であることは容易にわかる．同形を証明するには 0 でない 2 元の積についてだけ験証すれば十分である．$f_{\mu\lambda}\neq 0 \Leftrightarrow h_{\mu'\lambda'}\neq 0$ であるからこのとき

$$[(\lambda, x, \mu)\Phi][(\xi, y, \eta)\Phi] = (\lambda', v_\lambda^{-1}x'u_\mu^{-1}, \mu')\cdot(\xi', v_\xi^{-1}y'u_\eta^{-1}, \eta')$$
$$= (\lambda', v_\lambda^{-1}x'u_\mu^{-1}h_{\mu'\xi'}v_\xi^{-1}y'u_\eta^{-1}, \eta') = (\lambda', v_\lambda^{-1}x'f'_{\mu\xi}y'u_\eta^{-1}, \eta')$$
$$= (\lambda, xf_{\mu\xi}y, \eta)\Phi = [(\lambda, x, \mu)\cdot(\xi, y, \eta)]\Phi.$$

$f_{\mu\xi}=0 \Leftrightarrow h_{\mu'\xi'}=0$ だからこのときは $[(\lambda, x, \mu)\Phi]\cdot[(\xi, y, \eta)\Phi]=0'=[(\lambda, x, \mu)\cdot(\xi, y, \eta)]\Phi$ となる．定理の証明を完了する． ▮

行列の積としての定理 5・6・4 の意味

以下にのべる行列の要素はすべて G^0 (群 G または 0) の元とする．X を M-Λ 型行列とし，A を M-M 型対角線行列，B を Λ-Λ 型対角線行列：

$$A=(a_{ij})_{i,j\in M}, \quad a_{ij}\begin{cases}\in G & (i=j \text{ なるとき})\\ =0 & (i\neq j \text{ なるとき}),\end{cases}$$
$$B=(b_{ij})_{i,j\in \Lambda}, \quad b_{ij}\begin{cases}\in G & (i=j \text{ なるとき})\\ =0 & (i\neq j \text{ なるとき}).\end{cases}$$

p. 126 と同じ方法で $A\cdot X$, $X\cdot B$ を定義する．

$A\cdot X$ は X の各 i 行のすべての元に a_{ii} を左から掛けて得られ，

$X\cdot B$ は X の各 i 列のすべての元に b_{ii} を右から掛けて得られる．各行，各列とも 0 でない元をただ一つ含み，それがすべて G の単位元であるような平方行列を**置換行列**とよぶ．

P を M-M 型の置換行列，Q を Λ-Λ 型の置換行列とする．すなわち π を集合 M の置換，σ を集合 Λ の置換とするとき

$$P=(p_{ij}),\quad p_{ij}=\begin{cases} e & (j=\pi(i)\ \text{なるとき}) \\ 0 & (j\neq\pi(i)\ \text{なるとき}); \end{cases}$$

$$Q=(q_{ij}),\quad q_{ij}=\begin{cases} e & (j=\sigma(i)\ \text{なるとき}) \\ 0 & (j\neq\sigma(i)\ \text{なるとき}). \end{cases}$$

やはり $P\cdot X, X\cdot Q$ が定義されて

$P\cdot X$ は X の第 $\pi(\mu)$ 行を第 μ 行に移し，$X\cdot Q$ は X の第 λ 列を第 $\sigma(\lambda)$ 列に移すことを意味する．また AP を X の左から掛けることは，まず X に左から P を作用し，つづけてその左から A を作用することを意味する．PA を X の左から掛けること，QB, BQ を X の右から掛けることも同じように理解される．AP, QB のように各行各列が 0 でない元をただ一つ含む行列を**単項行列**とよぶ．

G^0 の自己同形写像を φ，$X=(x_{\mu\lambda})$ とするとき，$X\varphi$ を

$$X\varphi=(x_{\mu\lambda}\varphi)$$

で定義する．定理 5·6·4 を次のようにのべかえることができる．

定理 5·6·7 $S=\mathcal{S}(G;\Lambda,M;\boldsymbol{F}^0)$ と $S'=\mathcal{S}(G;\Lambda,M;\boldsymbol{H}^0)$ が同形であるための必要十分条件は

$$\boldsymbol{H}^0=U(\boldsymbol{F}^0\varphi)V$$

を満足する G^0 の自己同形写像 φ，M-M 型単項行列 U, Λ-Λ 型単項行列 V が存在することである．

問 1 $\mathcal{S}(G;\Lambda,M;\boldsymbol{F}^0)$ が与えられるとき，ある一つの行，ある一つの列のすべての元が 1（G の単位元）または 0 である $\boldsymbol{H}^0$ が存在して $\mathcal{S}(G;\Lambda,M;\boldsymbol{F}^0)\cong\mathcal{S}(G;\Lambda,M;\boldsymbol{H}^0)$ である．このような $\boldsymbol{H}^0$ を**標準形**という．

問 2 完全単純半群 S のすべての巾等元が部分半群をなすのは，S が G と直角帯 $\Lambda\times M$ の直積に同形であるときに限る．完全 0-単純半群に対してはどうか．

問 3 $\mathcal{S}(G;\Lambda,M;\boldsymbol{F}^0)$ が逆半群になるための必要十分条件を求めよ．

第6章　与えられた型への分解

§2·6 で作用素 Q, N について簡単に結論を与えたが，読者は質問をもつだろう．その理論の基台，背景は何であるか．本章では根本的に掘下げて関係の作用素一般論を展開し，作用素の効果ならびに作用素間の関係を明らかにする．これは広く代数系を初め数学的対象に適用されることを期待するからである．特に与えられた型，たとえば恒等式系，連坐式系型への準同形を構成することが重要な応用の一つである．

6·1　作用素の一般論

集合 E のすべての関係のなす集合を $\mathscr{B}$ とし，$\mathscr{B}$ におけるすべての作用素のなす集合を $\mathfrak{P}$ とする．$\mathfrak{P}$ の元の間に順序，演算を次のように定義する．

(6·1·1)　すべての $\rho\in\mathscr{B}$ に対し $\rho P_1\subseteq\rho P_2$ であるとき $P_1\leqq P_2$ とする．

(6·1·2)　$\{P_\lambda : \lambda\in\Lambda\}\subseteq\mathfrak{P}$ に対し，結び $\bigcup_\lambda P_\lambda$，交わり $\bigcap_\lambda P_\lambda$ を

$$\rho(\bigcup_\lambda P_\lambda)=\bigcup_\lambda \rho P_\lambda,\quad \rho(\bigcap_\lambda P_\lambda)=\bigcap_\lambda \rho P_\lambda \quad \text{で定義する．}$$

(6·1·3)　$\rho(P_1P_2)=(\rho P_1)P_2$　(これはすでに定義された)．

(6·1·1) で定義される $\leqq$ は半順序である．作用素の拡大性，単調性により

(6·1·4)　$P_1\leqq P_1P_2$，$P_2\leqq P_1P_2$.

(6·1·5)　$P_1\leqq P_2$ であれば　$P_1P\leqq P_2P$，$PP_1\leqq PP_2$.

したがって $P_1\leqq P_2$，$P_3\leqq P_4$ であれば，$P_1P_3\leqq P_2P_4$.

注意
$$P\cdot\bigcup_\lambda P_\lambda=\bigcup_\lambda P\cdot P_\lambda.$$

これは $\bigcup$ の定義から直ちに得られる．しかし $(\bigcup_\lambda P_\lambda)\cdot P=\bigcup_\lambda (P_\lambda P)$ は一般に成立しない．

(6·1·6)　$\mathfrak{P}$ は (6·1·1) で定義される $\leqq$ と (6·1·3) で定義される演算に関し半順序半群をなす．

また (6·1·2) で定義された $\bigcup_{\lambda\in\Lambda} P_\lambda$，$\bigcap_{\lambda\in\Lambda} P_\lambda$ が $\mathfrak{P}$ に含まれ $\mathfrak{P}$ が完備束をなすことも容易にわかる．$\{P_\lambda : \lambda\in\Lambda\}\subseteq\mathfrak{P}$，$\mathscr{B}$ は空関係を含むものとする．

(6·1·7)　すべての $\lambda\in\Lambda$ に対し $\rho P_\lambda=\rho$ であることと $\rho(\bigcup_\lambda P_\lambda)=\rho$ とは同等

である．($\rho P=\rho$ であるとき ρ は $\boldsymbol{P}$-**関係**であるという．ρ が各 λ につき P_λ-関係であることと ρ が $(\bigcup_\lambda P_\lambda)$-関係であることとは同じである)．

証明は容易である．

(6·1·8) $P, U\in\mathfrak{P}$, $PU=P$ であれば $P\geqq U$. また P が閉作用素で $P\geqq U$ であれば $PU=P$.

証明 初めの部分は (6·1·4) による．第2の部分は $P=P^2\geqq PU\geqq P$ から得られる． ∎

$\{P_\lambda : \lambda\in\Lambda\}$ が与えられるとき，任意の $\rho\in\mathscr{B}$ に対し $\bar{\rho}$ を次のように定義する．

(6·1·9) $\bar{\rho}=\bigcap\{\xi\in\mathscr{B} : \rho\subseteq\xi$, すべての $\lambda\in\Lambda$ に対し $\xi P_\lambda=\xi\}$.

次のように書いても同じである．

(6·1·9′) $\bar{\rho}=\bigcap\{\xi\in\mathscr{B}$: すべての $\lambda\in\Lambda$ に対し $\rho P_\lambda\subseteq\xi$, $\xi P_\lambda=\xi\}$.

(6·1·9), (6·1·9′) の右辺にあらわれた集合は同じである．これを $\mathscr{B}_\rho$ と書く．

$\{P_\lambda : \lambda\in\Lambda\}$ に対し H を

$$\rho H=\bar{\rho}$$

で定義する．

補題 6·1·10 次の三定義は同等である．すなわち

(6·1·10·1) $\rho H=\bar{\rho}$,

(6·1·10·2) $H_1=\bigcap\{X\in\mathfrak{P}$: すべての $\lambda\in\Lambda$ に対し $XP_\lambda=X\}$,

(6·1·10·3) $H_2=\bigcap\{X\in\mathfrak{P} : X^2=X$, すべての $\lambda\in\Lambda$ に対し $X\geqq P_\lambda\}$

とおくとき

$$H=H_1=H_2.$$

証明 $\rho\subseteq\sigma$ とすれば $\mathscr{B}_\sigma\subseteq\mathscr{B}_\rho$. したがって $\rho H\subseteq\sigma H$. H の拡大性は明らかであるから $H\in\mathfrak{P}$. 定義 (6·1·9) から $\rho HP_\lambda=\rho H$, よって $HP_\lambda=H$ を得る．$XP_\lambda=X$ がすべての $\lambda\in\Lambda$ について成り立つとすれば $\rho X\in\mathscr{B}_\rho$ だから $\rho H\subseteq\rho X$, よって $H\leqq X$. これで H の最小性が証明された．最小性の一意性により $H=H_1$.

次に $X^2=X$, $X\geqq P_\lambda$ とすれば (6·1·8) により $XP_\lambda=X$ である．(6·1·10·3) の右辺の集合は (6·1·10·2) の右辺の集合に含まれるから $H=H_1\leqq H_2$. (6·1·9′) によればすべての $\lambda\in\Lambda$ について $\rho P_\lambda\subseteq\rho H$ だから $P_\lambda\leqq H$. さて $HP_\lambda=H$

から $\rho H\in\mathcal{B}_{\rho H}$ なるゆえ $(\rho H)H\subseteq\rho H$, $H^2\leqq H$ ゆえに $H^2=H$. かくて H は (6・1・10・3) の右辺の集合の元であるから $H_2\leqq H$. 前に得た不等式とあわせて $H=H_1=H_2$ が証明された. ∎

$\{P_\lambda : \lambda\in\Lambda\}$ に対して定義される H を $H=\{P_\lambda : \lambda\in\Lambda\}^\#$ と表わす. H は $\{P_\lambda : \lambda\in\Lambda\}$ で生成される閉作用素, すなわち $\{P_\lambda : \lambda\in\Lambda\}$ を含む最小の閉作用素である. H を $\{P_\lambda : \lambda\in\Lambda\}$ の**閉被**という. $\mathfrak{P}$ の任意の元を P とする. P の閉被 $P^\#$ は $P^\#$ を含む最小の閉作用素だから

$$(P^\#)^\#=P^\#.$$

命題 6・1・11 $H=\{P_\lambda : \lambda\in\Lambda\}^\#=(\bigcup_\lambda P_\lambda)^\#=(\bigcup_\lambda P_\lambda^\#)^\#.$

証明 第2の等式は(6・1・7)と補題6・1・10から得られる. 第3の等式は読者の演習に任す. ∎

$P\in\mathfrak{P}$ のとき $\rho P^\#$ は ρ で生成される P-関係, すなわち ρ を含み $\xi P=\xi$ を満足する最小の ξ である. 明らかに

$$\mathcal{B}P^\#=\{\xi\in\mathcal{B} : \xi P=\xi\}=\{\xi\in\mathcal{B} : \xi P^\#=\xi\}.$$

$\mathcal{B}$ における作用素を考えたと同じように $\mathfrak{P}$ における作用素を考えることができる. P を固定して

$$X\mapsto XP \quad (X\in\mathfrak{P})$$

は $\mathfrak{P}$ の作用素である. $X\mapsto X^\#$ はまた $\mathfrak{P}$ の閉作用素である. 拡大性は明らか. $X\leqq Y\Rightarrow X^\#\leqq Y^\#$ も容易に示される. $(X^\#)^\#=X^\#$ はすでに注意した通りである.

6・2 加法的作用素

$\{P_\lambda : \lambda\in\Lambda\}^\#$ を積と和集合の形に表わすために $\mathfrak{P}$ に少し強い条件を与える. まずそのまえに有向部分集合について説明する. $\mathcal{A}$ を関係の集合 (つまり $\mathcal{B}$ の部分集合) とする. $\mathcal{A}$ が**有向**であるというのは, 任意の $\rho,\sigma\in\mathcal{A}$ に対し $\rho\cup\sigma\subseteq\tau$ なる τ が $\mathcal{A}$ に含まれることである.

$P\in\mathfrak{P}$ が次の条件を満足するとき P は**加法的**であるという. 任意の有向部分集合 $\{\rho_\alpha : \alpha\in\Gamma\}\subseteq\mathcal{B}$ に対し

$$(\bigcup_\alpha\rho_\alpha)P=\bigcup_\alpha(\rho_\alpha P).$$

加法性の定義は $(\bigcup_\alpha\rho_\alpha)P\subseteq\bigcup_\alpha(\rho_\alpha P)$ と同等である. $\supseteq$ は P の単調性から明

らかである．

補題 6·2·1　P_λ $(\lambda\in\Lambda)$ がすべて加法的作用素であれば，$\bigcup_{\lambda\in\Lambda}P_\lambda$ も加法的である．

証明　$\{\rho_\alpha:\alpha\in\Gamma\}$ を有向部分集合とする．

$$(\bigcup_{\alpha\in\Gamma}\rho_\alpha)(\bigcup_{\lambda\in\Lambda}P_\lambda)=\bigcup_{\lambda\in\Lambda}((\bigcup_{\alpha\in\Gamma}\rho_\alpha)P_\lambda)=\bigcup_{\lambda\in\Lambda}(\bigcup_{\alpha\in\Gamma}(\rho_\alpha P_\lambda))=\bigcup_{\alpha,\lambda}(\rho_\alpha P_\lambda)$$
$$=\bigcup_{\alpha\in\Gamma}\bigcup_{\lambda\in\Lambda}(\rho_\alpha P_\lambda)=\bigcup_{\alpha\in\Gamma}(\rho_\alpha\cdot\bigcup_{\lambda\in\Lambda}P_\lambda).$$

(二重添数をもつ集合 $\tau_{\alpha,\lambda}$ $(\alpha\in\Gamma,\ \lambda\in\Lambda)$ の和集合は $\bigcup_{\alpha,\lambda}\tau_{\alpha,\lambda}=\bigcup_{\lambda}\bigcup_{\alpha}\tau_{\alpha,\lambda}=\bigcup_{\alpha}\bigcup_{\lambda}\tau_{\alpha,\lambda}$ である)．　∎

(6·2·2)　$\{\rho_\alpha:\alpha\in\Gamma\}$ が有向部分集合であれば，任意の作用素 P に対し $\{\rho_\alpha P:\alpha\in\Gamma\}$ も有向部分集合である．

証明　$\rho_\alpha P, \rho_\beta P$ をとる．$\{\rho_\alpha:\alpha\in\Gamma\}$ が有向であるから $\rho_\alpha\cup\rho_\beta\subseteq\rho_\gamma$ なる ρ_γ がある．P の単調性により $\rho_\alpha P\subseteq(\rho_\alpha\cup\rho_\beta)P\subseteq\rho_\gamma P$. 同じように $\rho_\beta P\subseteq\rho_\gamma P$, ゆえに $\rho_\alpha P\cup\rho_\beta P\subseteq\rho_\gamma P$.　∎

補題 6·2·3　P, U が加法的作用素であれば，PU も加法的作用素である．

証明　加法性だけを証明すればよい．$\{\rho_\alpha:\alpha\in\Gamma\}$ を有向部分集合とする．(6·2·2) を用いて

$$(\bigcup_{\alpha\in\Gamma}\rho_\alpha)PU=\{(\bigcup_{\alpha\in\Gamma}\rho_\alpha)P\}U=\{\bigcup_{\alpha\in\Gamma}(\rho_\alpha P)\}U=\bigcup_{\alpha\in\Gamma}(\rho_\alpha P)U=\bigcup_{\alpha\in\Gamma}\rho_\alpha(PU).$$ ∎

すべての加法的作用素のなす集合は積 $X\cdot Y$ に関して $\mathfrak{P}$ の部分半群をなし，和集合 $\bigcup$ に関して部分半束をなす．

作用素の有向集合を $\{X_\mu:\mu\in M\}$ とする (順序は (6·1·1) で定義された$\leqq$)．$\rho\in\mathscr{B}$ を一つ固定すると，$\{\rho X_\mu:\mu\in M\}$ は有向部分集合をなす．したがって

(6·2·4)　$\{X_\mu:\mu\in M\}$ を作用素の有向集合，P を加法的作用素とすれば

$$(\bigcup_{\mu\in M}X_\mu)P=\bigcup_{\mu\in M}(X_\mu P).$$

たとえば，作用素の集合 $\{P_\lambda:\lambda\in\Lambda\}$ で生成される自由半群は $\leqq$ に関して有向集合をなす．

定理 6·2·5　$\{P_\lambda:\lambda\in\Lambda\}$ を加法的作用素の任意の集合とする．そのとき

(6·2·6)
$$\{P_\lambda:\lambda\in\Lambda\}^{\#}=\bigcup_{\substack{(\lambda_1,\cdots,\lambda_k)\\(m_1,\cdots,m_k)}}P_{\lambda_1}^{m_1}\cdots P_{\lambda_k}^{m_k}.$$

ただし $\bigcup$ はすべての正整数 $k, m_1, \cdots, m_k$; Λ のすべての有限部分集合 $\{\lambda_1, \cdots, \lambda_k\}$ にわたる．$\lambda_1, \cdots, \lambda_k$ は異なることを要求しない，すなわち $\{P_\lambda : \lambda \in \Lambda\}$ で生成される自由半群のすべての元の結びである．

証明 (6・2・6) の右辺を P とおく．P_λ がすべて加法的作用素であるから，任意の $\lambda \in \Lambda$ に対し

$$P \leqq PP_\lambda = [\bigcup_{\substack{(\lambda_1,\cdots,\lambda_k)\\(m_1,\cdots,m_k)}} P_{\lambda_1}^{m_1}\cdots P_{\lambda_k}^{m_k}]P_\lambda = \bigcup_{\substack{(\lambda_1,\cdots,\lambda_k)\\(m_1,\cdots,m_k)}} (P_{\lambda_1}^{m_1}\cdots P_{\lambda_k}^{m_k}P_\lambda)$$
$$\leqq \bigcup_{\substack{(\lambda_1,\cdots,\lambda_k)\\(m_1,\cdots,m_k)}} P_{\lambda_1}^{m_1}\cdots P_{\lambda_k}^{m_k} = P.$$

ゆえに $PP_\lambda = P$ がすべての $\lambda \in \Lambda$ に対して成り立つ．次に P が最小であることを示す．すべての $\lambda \in \Lambda$ に対して $P'P_\lambda = P'$ が成り立つ作用素 P' をとる．$P'P_{\lambda_1} = P'$ を有限回繰返すことにより

$$P_{\lambda_1}^{m_1}\cdots P_{\lambda_k}^{m_k} \leqq P'P_{\lambda_1}^{m_1}\cdots P_{\lambda_k}^{m_k} = P'.$$

左辺は任意の項であるからすべての和集合をとって $P \leqq P'$ を得る．補題 6・1・10 により

$$P = \{P_\lambda : \lambda \in \Lambda\}^{\#}. \qquad \blacksquare$$

Λ が有限のときは (6・2・6) の表示は簡単になる．

系 6・2・7 $P_1, \cdots, P_n$ を加法的作用素とする．$(1, 2, \cdots, n)$ の任意の順列 $(i_1, \cdots, i_n)$ に対し

$$\{P_1, \cdots, P_n\}^{\#} = \bigcup_{m=1}^{\infty} (P_{i_1}\cdots P_{i_n})^m.$$

証明 定理 6・2・5 を適用する．P_{λ_j} は $P_1, \cdots, P_n$ のいずれかを表わすものとする．

$$P_{\lambda_1}^{m_1}\cdots P_{\lambda_k}^{m_k} \leqq (P_{i_1}\cdots P_{i_n})^{m_1}\cdots(P_{i_1}\cdots P_{i_n})^{m_k} = (P_{i_1}\cdots P_{i_n})^{m_1+\cdots+m_k}.$$

(6・2・6) の右辺の各項を $(P_{i_1}\cdots P_{i_n})^m$ の形でおきかえると，

$$\{P_1, \cdots, P_n\}^{\#} \leqq \bigcup_{m=1}^{\infty} (P_{i_1}\cdots P_{i_n})^m \leqq \{P_1, \cdots, P_n\}^{\#}.$$

ゆえに

$$\{P_1, \cdots, P_n\}^{\#} = \bigcup_{m=1}^{\infty} (P_{i_1}\cdots P_{i_n})^m. \qquad \blacksquare$$

命題 6·2·8 $P_\lambda\,(\lambda\in\Lambda)$ がすべて加法的作用素であれば $\{P_\lambda : \lambda\in\Lambda\}^\#$ は加法的作用素である．特に $|\Lambda|=1$ の場合として P_1 が加法的であれば $P_1{}^\#$ も加法的である．

証明 (6·2·6) の右辺を P とおく．補題 6·2·1 と補題 6·2·3 により P は加法的作用素である．ところが定理 6·2·5 によって $P=\{P_\lambda : \lambda\in\Lambda\}^\#$ が証明されたから，$\{P_\lambda : \lambda\in\Lambda\}^\#$ は加法的作用素である． ▮

もう少し強い条件を与えると閉被の表示は一層簡素化される．次は問題として読者の練習に任せる．

問 1 A を作用素，B を閉作用素とする．

(1) $AB=ABA$ であれば $BA\leqq AB$.

(2) $BA\leqq AB$ であるための必要十分条件は $AB=BAB$.

問 2 A, B をともに閉作用素とする．$BA\leqq AB$ と

$$AB=ABA=BAB$$

とは同等である．したがって $BA\leqq AB$ であれば，$(AB)^2=AB$.

問 3 A, B を作用素とする．$AB=ABA$ かつ $BA=BAB$ であれば

$$AB=BA.$$

(**ヒント** 閉作用素を仮定しないから問2の応用ではない.)

系 6·2·9 $P_1, \cdots, P_n$ をいずれも加法的閉作用素とする．$P_iP_j=P_iP_jP_i$ がすべての相異なる i, j について成立すれば，

$$\{P_1, \cdots, P_n\}^\#=P_1\cdots P_n=P_{i_1}\cdots P_{i_n}, \tag{6·2·10}$$

$(i_1, \cdots, i_n)$ は $(1, \cdots, n)$ の任意の順列である．

証明 系 6·2·7 により

$$\{P_1, \cdots, P_n\}^\#=\bigcup_{m=1}^{\infty}(P_{i_1}\cdots P_{i_n})^m.$$

問3によりすべての $i\neq j$ に対し $P_iP_j=P_jP_i$. 仮定によりすべての i について $P_i^2=P_i$. だから

$$(P_{i_1}\cdots P_{i_n})^m=P_{i_1}^m\cdots P_{i_n}^m=P_{i_1}\cdots P_{i_n}.$$

これから容易に (6·2·10) を得る． ▮

6·3 作用素による合同閉被

次にのべる作用素は一部すでに以前に与えられた．

反射作用素 R： $\rho R=\rho\cup\iota,\ \ \iota=\{(x,x):x\in E\}$.

対称作用素 S： $\rho S=\rho\cup\rho(-\mathbb{1}),\ \ \rho(-\mathbb{1})=\{(y,x):(x,y)\in\rho\}$.

R,S は加法的閉作用素である．

$(-\mathbb{1})$ なる操作は拡大的でないが単調的で加法的である．「加法性」は作用素（拡大，単調的操作）にだけ定義されたが一般の操作にも定義される．こういう意味で $-\mathbb{1}$ は加法的であるといった．

$$(\bigcup_{\alpha}\rho_\alpha)(-\mathbb{1})=\bigcup_{\alpha}\rho_\alpha(-\mathbb{1}).$$

次に T_2 を $\rho T_2=\rho\cup\rho^2$ で定義すると T_2 が作用素であることは容易にわかるが，T_2 が加法的であることを示そう．$\{\rho_\alpha:\alpha\in\Gamma\}$ を有向部分集合とする．

$$(\bigcup_{\alpha\in\Gamma}\rho_\alpha)T_2=\bigcup_{\alpha\in\Gamma}\rho_\alpha\cup(\bigcup_{\alpha\in\Gamma}\rho_\alpha)^2=\bigcup_{\alpha\in\Gamma}\rho_\alpha\cup\bigcup_{\alpha\in\Gamma}\rho_\alpha^2\cup\bigcup_{\alpha\neq\beta}\rho_\alpha\cdot\rho_\beta$$

（$\rho_\alpha\cup\rho_\beta\subseteq\rho_\gamma$ なる ρ_γ があるから，$\rho_\alpha\cdot\rho_\beta\subseteq\rho_\gamma^2$）

$$=\bigcup_{\alpha\in\Gamma}\rho_\alpha\cup\bigcup_{\alpha\in\Gamma}\rho_\alpha^2=\bigcup_{\alpha\in\Gamma}(\rho_\alpha\cup\rho_\alpha^2)=\bigcup_{\alpha\in\Gamma}(\rho_\alpha T_2).$$

系 6・2・7 に従って $T_2^\#$ を求める．帰納法により

$$\rho T_2^n=\bigcup_{i=1}^{2^n}\rho^i$$

が示されるから

$$\rho T_2^\#=\rho\bigcup_{n=1}^{\infty}T_2^n=\bigcup_{n=1}^{\infty}\rho T_2^n=\bigcup_{n=1}^{\infty}\bigcup_{i=1}^{2^n}\rho^i=\bigcup_{i=1}^{\infty}\rho^i.$$

$T=T_2^\#$ とおけば，§2・6 で定義した T と同じで加法的閉作用素である．
T を推移的作用素と呼ぶ．

(6・3・1) $$TS\leqq ST.$$

証明 $\rho TS=\left(\bigcup_{i=1}^{\infty}\rho^i\right)\cup\left(\bigcup_{i=1}^{\infty}\rho^i\right)(-\mathbb{1})\subseteq\bigcup_{i=1}^{\infty}\rho^i\cup\bigcup_{i=1}^{\infty}\rho^i(-\mathbb{1})$

$$=\bigcup_{i=1}^{\infty}\rho^i\cup\bigcup_{i=1}^{\infty}(\rho(-\mathbb{1}))^i=\bigcup_{i=1}^{\infty}(\rho^i\cup(\rho(-\mathbb{1}))^i)\subseteq\bigcup_{i=1}^{\infty}(\rho\cup\rho(-\mathbb{1}))^i$$

$=\rho ST.$

証明の途中で $(\rho\cdot\sigma)(-\mathbb{1})=\sigma(-\mathbb{1})\cdot\rho(-\mathbb{1})$ なる性質を用いた． ∎

問 $TS\leqq ST$ の証明を別の方法でのべよ．すなわち $(a,b)\in\rho TS$ から $(a,b)\in\rho ST$ を導け．

§6・2 の問 2 により

$$STS=TST=ST$$

を得る．また明らかに

$$RS=SR, \quad RT=TR.$$

(6·3·2) $Q=\{R, S, T\}^{\#}$ とおくとき，$Q=RST$.

証明 ここでは系 6·2·7 をつかって証明する．上述の R, S, T の間の関係と R, S, T が閉作用素であることから

$$(RST)^2=RSTRST=R^2(STS)T=RST^2=RST.$$

したがってすべての i に対し $(RST)^i=RST$. ゆえに

$$Q=\bigcup_{i=1}^{\infty}(RST)^i=RST. \qquad \blacksquare$$

問 1 $R^2=R$, $S^2=S$, $T^2=T$, $RS=SR$, $RT=TR$, $STS=TST=ST$ なる関係の下に R, S, T で生成される半群は高々 9 個の元をもつ．この半群は半順序半群で RST がその最大元である．

以上の結果は作用素 R, S, T を合成して適用する場合に順序を変えると，どのような影響を受けるかという質問に対する一般的な解答を与える．たとえば R はいつ適用してもよいが，S と T の順序は重大である．一度 S に先んじて T を作用するとき，T の後に S を作用しても，もう一度 T を作用させなければならない．$Q=RST=RTST$. 事実 $RST=SRT=STR$ は Q の最短の表示である．なお Q が加法的閉作用素であることは明らかである．

以下 E を亜群とする．作用素 C_r, C_l は §2·6 で半群に対して定義されたが，広い応用を期待するため亜群に対して考える．

$$\rho C_r=\rho\cup\{(ax, bx) : x\in E, (a, b)\in\rho\}=\rho\cup(\rho\otimes\iota),$$

$$\rho C_l=\rho\cup\{(xa, xb) : x\in E, (a, b)\in\rho\}=\rho\cup(\iota\otimes\rho).$$

$\otimes$ なる記号については §2·2 をみよ．$\otimes$ に関する基本的性質として

(i) $\iota\otimes(\bigcup_{\alpha}\rho_{\alpha})=\bigcup_{\alpha}(\iota\otimes\rho_{\alpha})$.

(ii) $(\bigcup_{\alpha}\rho_{\alpha})\otimes\iota=\bigcup_{\alpha}(\rho_{\alpha}\otimes\iota)$.

(iii) $(\rho\otimes\iota)(-\mathbb{1})=\rho(-\mathbb{1})\otimes\iota$, $(\iota\otimes\rho)(-\mathbb{1})=\iota\otimes\rho(-\mathbb{1})$.

(iv) E が半群であれば

$$(\iota\otimes\rho)\otimes\iota=\iota\otimes(\rho\otimes\iota),$$

$$(\rho\otimes\iota)\otimes\iota\subseteq\rho\otimes\iota, \quad \iota\otimes(\iota\otimes\rho)\subseteq\iota\otimes\rho.$$

問 2 C_r, C_l は加法的作用素である．$C=\{C_l, C_r\}^{\#}$ とおく．C を**両立作用素**という．

$$C=\bigcup_{i=1}^{\infty}(C_lC_r)^i=\bigcup_{i=1}^{\infty}(C_rC_l)^i=\bigcup_{i=1}^{\infty}(C_l^{\#}C_r^{\#})^i=\bigcup_{i=1}^{\infty}(C_r^{\#}C_l^{\#})^i.$$

C は加法的閉作用素である．

問 3 $RC_l=C_lR,\ RC_r=C_rR,\ RC=CR,\ SC_l=C_lS,\ SC_r=C_rS,\ SC=CS.$

問 4 $TC_r\leqq C_rT$, したがって $C_rTC_r=TC_rT=C_rT.$

$TC_l\leqq C_lT$, したがって $C_lTC_l=TC_lT=C_lT.$

問 5 $TC_r^{\#}\leqq C_r^{\#}T,\ C_r^{\#}TC_r^{\#}=TC_r^{\#}T=C_r^{\#}T.\ TC_l^{\#}\leqq C_l^{\#}T,\ C_l^{\#}TC_l^{\#}=TC_l^{\#}T=C_l^{\#}T.$

$TC_r\leqq C_rT$ から $TC_r^i\leqq C_r^iT$ がすべての i について成立する．T が加法的であることに注意して

$$TC_r^{\#}=T\bigcup_{i=1}^{\infty}C_r^i=\bigcup_{i=1}^{\infty}(TC_r^i)\leqq\bigcup_{i=1}^{\infty}(C_r^iT)=(\bigcup_{i=1}^{\infty}C_r^i)T=C_r^{\#}T.$$

同じような方法で

問 6 $TC\leqq CT$, したがって $CTC=TCT=CT$ を証明せよ．

（**ヒント** $C=\bigcup_{i=1}^{\infty}(C_l^{\#}C_r^{\#})^i$ として前問の証明にならえ．）

さて $N=\{R, S, C, T\}^{\#}$ とおく．N は前に半群のとき定義したように，**合同作用素**とよぶ．明らかに加法的閉作用素である．

(6・3・3) $$N=RSCT.$$

証明 上に得た R, S, C, T の間の関係から $(RSCT)^2=RSCT$, したがって $(RSCT)^i=RSCT$. これから系 6・2・7 により結論を得る． ∎

問 7 E が半群であれば，$C_r^2=C_r,\ C_l^2=C_l,\ C=C_lC_r=C_rC_l.$

問 8 R, S, C, T で生成される半群は有限である．

（**問 1, 8 のヒント**） R, S, T で生成される自由半群において，問 1 で与えられた関係で生成される合同を ρ とし，$S_0=F/\rho$ とするとき $|S_0|=9$, そのうち S, T で生成される元が 4 個ある．所要の半群は S_0 の準同形像である．問 8 に対する S_0 は 25 個の元をもつ．そのうち 12 個が S, C, T で生成される．

定理 6・3・4 E を亜群，P を任意の加法的作用素とする．関係 ρ によって生成される P-合同関係 σ, すなわち ρ を含み，$\sigma P=\sigma$ を満足する最小の合同関係 σ は，ρ に加法的閉作用素

$$W=\bigcup_{i=1}^{\infty}(PN)^i,\quad N=RSCT$$

を作用させることによって得られる．E の最小 P-合同関係は ιW である．

6·4 与えられた型の最大分解

A. 連坐式系，基本型

任意の恒等式系を考える．たとえば（i）巾等 $\{x^2=x\}$，（ii）可換 $\{xy=yx\}$，（iii）半束 $\{(xy)z=x(yz),\ xy=yx, x^2=x\}$，（iv）結合律 $\{(xy)z=x(yz)\}$．

$\mathcal{T}$を任意の恒等式系，すなわち恒等式の集合

$$\mathcal{T}=\{f_i(x_1,\cdots,x_n)=g_i(x_1,\cdots,x_n) : i\in\Xi\}\quad (\Xi \text{ は有限とは限らない}),$$

f_i, g_i は一般に括弧をふくむ語（有限個の変元の列）である．半群の上では $x_{i_1}^{m_1}\cdots x_{i_k}^{m_k}$ なる形をしている．

Sを任意の亜群とし，φをSからS'の上への準同形で，$S'=\varphi(S)$が$\mathcal{T}$を満足するとき，φをSの **$\mathcal{T}$-準同形**または **$\mathcal{T}$-準同形写像**，S'をSの **$\mathcal{T}$-準同形像**という．$\varphi : S\to_{\text{on}}S'$で引き起こされる$S$の合同(関係)(つまり$S/\rho\cong S'$)を$S$の **$\mathcal{T}$-合同関係**という．たとえば巾等合同，可換合同，半束合同などである．S/ρが$\mathcal{T}$を満足することを，ρが$\mathcal{T}$を**満足する**という．いいかえると

$$(6\cdot4\cdot1)\qquad f_i(x_1,\cdots,x_n)\rho g_i(x_1,\cdots,x_n),\quad i\in\Xi$$

がすべての $x_1,\cdots,x_n\in S$, すべての i について成立することである（簡単のために (6·4·1) を $f_i\rho g_i$ と書くことがある）．

(6·4·2) $\{\rho_\alpha : \alpha\in\Lambda\}$ を S の $\mathcal{T}$-合同の集合とするとき

$$\bigcap_\alpha \rho_\alpha \neq \emptyset \quad \text{でかつそれは}\quad \mathcal{T}\text{-合同である．}$$

証明 $\iota=\{(x,x)\}\subseteq\rho_\alpha$ だから $\bigcap_\alpha\rho_\alpha\neq\emptyset$. $f_i(x_1,\cdots,x_n)\rho_\alpha g_i(x_1,\cdots,x_n)$ がすべての $\alpha\in\Lambda$, すべての元 $x_1,\cdots,x_n\in S$ に対して成り立つから

$$f_i(x_1,\cdots,x_n)\cap\rho_\alpha\, g_i(x_1,\cdots,x_n).\qquad \blacksquare$$

特にSのすべての$\mathcal{T}$-合同の集合を考え，そのすべての元の共通関係をρ_0とすると，$\rho_0\neq\emptyset$ で，ρ_0 はSのいかなる$\mathcal{T}$-合同にも含まれる．ρ_0をSの**最小 $\mathcal{T}$ 合同**という．

$\mathcal{T}$が与えられたとき，いかなる亜群Sにも最小$\mathcal{T}$-合同が存在する．ただし自明な亜群（一元からなる亜群）はいかなる$\mathcal{T}$をも満足すると解する．Sがすでに$\mathcal{T}$を満足すれば$\rho_0=\iota$である．以上は恒等式系について考えたが，$\mathcal{T}$を連坐式系としても同じことがいえる．$\mathcal{T}$を連坐式系

$$\left.\begin{array}{l} f_{i1}(x_1,\cdots,x_n)=g_{i1}(x_1,\cdots,x_n) \\ \cdots\cdots\cdots\cdots\cdots\cdots\cdots\cdots \\ f_{ij}(x_1,\cdots,x_n)=g_{ij}(x_1,\cdots,x_n) \\ \cdots\cdots\cdots\cdots\cdots\cdots\cdots\cdots \end{array}\right\}\Rightarrow h_i(x_1,\cdots,x_n)=k_i(x_1,\cdots,x_n), \quad i\in\Xi.$$

たとえば，消約律 $\{xy=xz \Rightarrow y=z;\ yx=zx \Rightarrow y=z\}$ は簡単な連坐式系の例である．$f_{ij}=g_{ij}$ の個数および Ξ は無限であってもよいわけである．

恒等式系は連坐式系の特別な場合とみられる．恒等式

$$f(x_1,\cdots,x_n)=g(x_1,\cdots,x_n)$$

は $\{x_1=x_1, x_2=x_2,\cdots,x_n=x_n\}\Rightarrow f(x_1,\cdots,x_n)=g(x_1,\cdots,x_n)$ とみなされるからである．

$\mathcal{T}$-合同(関係)，$\mathcal{T}$-準同形写像などの術語は，恒等式系に対してなされたと同じように定義される．ρ が S の $\mathcal{T}$-合同であるとは，すべての $x_1,\cdots,x_n$ に対し

$$\left.\begin{array}{c} f_{i1}\rho g_{i1} \\ \vdots \\ f_{ij}\rho g_{ij} \\ \vdots \end{array}\right\}\Rightarrow h_i\rho k_i\ (i\in\Xi)$$

を満足することである．
（$(x_1,\cdots,x_n)$ と書くのを省略する）

(6·4·3) $\{\rho_\alpha : \alpha\in\Lambda\}$ を S の $\mathcal{T}$-合同の集合とする．$\bigcap_\alpha \rho_\alpha \neq \emptyset$ であって $\bigcap\rho_\alpha$ は S の $\mathcal{T}$-合同である．

証明 空でないことは容易にわかる．

$$\left.\begin{array}{c} f_{i1}(\bigcap\rho_\alpha)g_{i1} \\ \vdots \\ f_{ij}(\bigcap\rho_\alpha)g_{ij} \\ \vdots \end{array}\right\}$$

とすれば $f_{i1}\rho_\alpha g_{i1},\cdots,f_{ij}\rho_\alpha g_{ij}\cdots$．仮定により $h_i\rho_\alpha k_i$ がすべての α に対し成立するから $h_i\cap\rho_\alpha k_i$. ∎

定理 6·4·4 $\mathcal{T}$ を任意の連坐式系とする．いかなる亜群 S にも最小 $\mathcal{T}$-合同が存在する．

もちろん，自明な亜群はいかなる $\mathcal{T}$ をも満足するものとする．定理 6·4·4 の連坐式系なる概念はさらに次のように拡張される．S を固定する．$\mathcal{T}$ は S の合同関係の空でない集合(合同の類とよぶ)で次の条件を満足するものとする．

（i） $\mathcal{T}$ の任意の部分集合 $\mathcal{T}_1 \neq \varnothing$ に対し $\bigcap_{\rho \in \mathcal{T}_1} \rho$ が $\mathcal{T}$ に含まれる．

（ii） $\omega (=\{(x, y) : x, y \in S\})$ は $\mathcal{T}$ に含まれる．

当然 $\bigcap_{\rho \in \mathcal{T}} \rho$ が S の最小 $\mathcal{T}$-合同である．（i）（ii）を満足する $\mathcal{T}$ を合同関係の**基本型**という．しかしこれは S に従属した概念であるが，「連坐式系」は S に関係なく定義される点に注意すべきである．

基本型でない合同の類の例は「群合同」がそれである．亜群 S の合同 ρ が群合同であるとは S/ρ が群であることである．しかし最小群合同は一般に存在しない．たとえば $S=\{1, 2, 3, \cdots\}$ を正整数加法半群とするとき，S のすべての群合同は $n=1, 2, 3, \cdots$ に対し次のように与えられる．

$$a\rho_n b \quad \text{は} \quad a \equiv b \pmod{n} \quad \text{で定義される．}$$

したがって S の最小群合同は存在しない．ゆえに「群」なる条件は一般に基本型でない．もちろん連坐式系では表わされない．しかし S が有限半群であれば「群」は連坐式系 $xy=xz \Rightarrow y=z$, $yx=zx \Rightarrow y=z$ で与えられる．

§1·6 で定義したように，定元を含む等式を**一般化恒等式**とよぶ．同じように**一般化連坐式**が定義される．$\mathcal{T}$ を一般化連坐式系，S を亜群（半群）とすれば，S は最小 $\mathcal{T}$-合同をもつ．なぜなら $\bar{\mathcal{T}}$ を S の $\mathcal{T}$-合同全体とすると，$\bar{\mathcal{T}}$ は S に従属するが基本型であるからある．たとえば $\mathcal{T}$ を $ax=x$（x は変元，a は S の定元）とする．ρ が $\mathcal{T}$-合同であるということは，S/ρ が「a の像 $a\rho$（a を含む ρ-クラス）を左単位元にもつ」ことを意味する．しかし a を指定しないで単に「S/ρ が左単位元をもつ」という条件の下では，合同 ρ のなす類は一般に基本型でない．先にのべた最小群合同をもたない例が，これの反例を与える．

$\mathcal{T}$ を基本型とする．ρ が亜群 S の $\mathcal{T}$-合同であるとき，ρ によって引き起こされる分割 $S=\bigcup_{\alpha \in \Gamma} S_\alpha$ を S の **$\mathcal{T}$-分解**という．$\Gamma \cong S/\rho$ である．ρ_0 を最小 $\mathcal{T}$-合同とするとき，これに対応する S の分解を S の**最大 $\mathcal{T}$-分解**という．

最大 $\mathcal{T}$-分解，最小 $\mathcal{T}$-合同を最大準同形写像の言葉でいいかえると次のようになる．

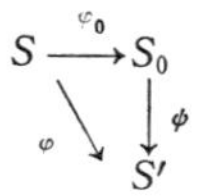

$\mathcal{T}$ を基本型とする．任意の亜群 S に対し次の条件を満足する $\mathcal{T}$-準同形 $\varphi_0 : S \to_{\text{on}} S_0$ が存在する．

（i） $\varphi : S \to_{\text{on}} S'$ が $\mathcal{T}$-準同形であれば，$\varphi_0 \psi = \varphi$ を満足する準同形 $\psi : S_0 \to_{\text{on}} S'$ がただ一通りに存在する．すなわち右に示す図式が可換

である．

図式の可換性が重要である．可換性 $\varphi_0\psi=\varphi$ を取除いた場合の $\varphi_0 : S\to S_0$ を**弱い意味の最大 $\mathfrak{T}$-準同形**という．弱い意味の最大 $\mathfrak{T}$-準同形像であるが上の意味の（可換性を満足する）最大 $\mathfrak{T}$-準同形写像でない例が存在する．ここでは詳しいことを省略する．

すべての連坐式系のなす集合を $\mathfrak{X}$ とする．これと別に類を定義する．$\mathfrak{G}$ をある種の亜群からなる集合で自明な亜群（一元からなる亜群）を含むとき，$\mathfrak{G}$ を**類**とよぶ．たとえばすべての亜群からなる類 $\mathfrak{G}_0$; すべての半群からなる類 $\mathfrak{G}_1$; すべての可換半群からなる類 $\mathfrak{G}_2$; すべての群からなる類 $\mathfrak{G}_3$; 連坐式系 $\mathfrak{T}$ を満足する類など．$\mathfrak{X}$ に $\mathfrak{G}$ を付属させて $\mathfrak{X}$ に二通りの順序を導入する．

$\mathfrak{T}_1\rho\mathfrak{T}_2 \Leftrightarrow \mathfrak{T}_2$ に含まれる連坐式はすべて $\mathfrak{T}_1$ に含まれる．

$\mathfrak{T}_1\sigma_{\mathfrak{G}}\mathfrak{T}_2 \Leftrightarrow$ 亜群 $G\in\mathfrak{G}$ が $\mathfrak{T}_1$ を満足すれば G は $\mathfrak{T}_2$ を満足する

（$\mathfrak{G}$ で $\mathfrak{T}_1$ から $\mathfrak{T}_2$ が導かれるという）．

ρ は $\mathfrak{G}$ に関係なく定義される．明らかに ρ は半順序，$\sigma_{\mathfrak{G}}$ は擬順序であって $\rho\subseteq\sigma_{\mathfrak{G}}$ がいかなる $\mathfrak{G}$ に対しても成立する．

$\mathfrak{T}_1\sigma_{\mathfrak{G}}\mathfrak{T}_2$ でかつ $\mathfrak{T}_2\sigma_{\mathfrak{G}}\mathfrak{T}_1$ であるとき，$\mathfrak{T}_1$ と $\mathfrak{T}_2$ は $\mathfrak{G}$ で**同値**であるといい，$\mathfrak{T}_1\hat{\sigma}_{\mathfrak{G}}\mathfrak{T}_2$ と書く．$\mathfrak{G}$ を $\mathfrak{T}_1$ を満足する類とし，亜群 G の最小 $\mathfrak{T}_i$-合同を $\rho_{\mathfrak{T}_i}$ と書けば

$$\mathfrak{T}_1\sigma_{\mathfrak{G}}\mathfrak{T}_2 \quad \text{であれば} \quad \rho_{\mathfrak{T}_2}\subseteq\rho_{\mathfrak{T}_1}. \qquad \mathfrak{T}_1\hat{\sigma}_{\mathfrak{G}}\mathfrak{T}_2 \quad \text{であれば} \quad \rho_{\mathfrak{T}_1}=\rho_{\mathfrak{T}_2}.$$

$\mathfrak{X}$ は特別な元 $\mathfrak{T}_\omega, \mathfrak{T}_\iota$ を含む　$\mathfrak{T}_\omega$ はただ一つの恒等式 $x=y$ からなり，$\mathfrak{T}_\iota$ はただ一つの恒等式 $x=x$ からなる．自明な亜群はいかなる連坐式系をも満足すると考えられるから，すべての $\mathfrak{T}\in\mathfrak{X}$ に対し $\mathfrak{T}_\omega\sigma_{\mathfrak{G}}\mathfrak{T}$．また便宜上いずれの $\mathfrak{T}$ も $\mathfrak{T}_\iota$ を含むものと規約する（$\mathfrak{T}$ を表示するとき $x=x$ を書かないけれど）．したがって　$\mathfrak{T}\sigma_{\mathfrak{G}}\mathfrak{T}_\iota$.

$\mathfrak{T}\hat{\sigma}_{\mathfrak{G}}\mathfrak{T}_\omega$ であるとき $\mathfrak{T}$ を $\mathfrak{G}$ における**自明な系**といい，$\mathfrak{T}\hat{\sigma}_{\mathfrak{G}}\mathfrak{T}_\iota$ のとき $\mathfrak{T}$ を $\mathfrak{G}$ における**恒等系**という．たとえば

$$\{xy=y;\ xy=x\}, \quad \{(xy)z=x(yz);\ x^2=x;\ xy=xz \Rightarrow y=z\}$$

はそれぞれ $\mathfrak{G}_0$, $\mathfrak{G}_2$ で自明な系である．$\mathfrak{T}$ が自明でないということは $\mathfrak{T}$ を満足する自明でない $G\in\mathfrak{G}$ が存在することである．

たとえば $\{xy=yx\}$ は $\mathfrak{G}_2$ で恒等系であるが，$\mathfrak{G}_0, \mathfrak{G}_1$ では恒等系でない．

$\{xy=y\ ;\ xy=yx\}$ は $\mathfrak{G}_0$ で自明；$\{x^2=x\ ;\ yx=zx \Rightarrow y=z\ ;\ xy=xz \Rightarrow y=z\}$ は $\mathfrak{G}_1$ で自明であるが $\mathfrak{G}_0$ では自明でない．

$\{xyx=x\}$, $\{x^2=x;\ xy=yx \Rightarrow x=y\}$, $\{x^2=x;\ xyz=xz\}$ は $\mathfrak{G}_1$ で同値であり，$\mathfrak{G}_3$ では $\{x^2=x^3\}$ から $\{xy=yx\}$ が導かれる．

B．連坐式系型合同の構成

$\mathcal{T}$ を連坐式系とする．半群 S の関係 ρ で生成される $\mathcal{T}$-合同を構成するために作用素を適用する．$\mathcal{T}$ を

$$f_{ij}=g_{ij},\ j\in\Delta \Rightarrow h_i=k_i, \quad \iota\in\Xi$$

とする．簡単のために初めは $|\Xi|=1$ として扱う．$\mathcal{T}$ を改めて

$$\mathcal{T}:f_j=g_j(j\in\Delta) \Rightarrow h=k$$

とする．S のすべての関係の集合を $\mathcal{B}$ とし，$\rho\in\mathcal{B}$ に対し P を次のように定義する：

$$\rho P=\rho\cup\{(h(x_1,\cdots,x_n),k(x_1,\cdots,x_n)):\ x_1,\cdots,x_n\in S,\ f_j\rho g_j,\ j\in\Delta\}.$$

上記の集合 $\{\ \ \}$ は $f_j(x_1,\cdots,x_n)\rho g_j(x_1,\cdots,x_n), j\in\Delta$ を満足する $x_1,\cdots,x_n\in S$ があれば，そのすべての $x_1,\cdots,x_n$ に対し (h,k) の集合をとる意味である．簡単のために上記の集合を T_ρ とする．P の拡大性は明らか．$\rho\subseteq\sigma$ とすれば $T_\rho\subseteq T_\sigma$ がいえるから P は作用素である．P の加法性を示そう．$T_{\cup\rho_\alpha}\subseteq\bigcup_\alpha T_{\rho_\alpha}$ だから

$$(\bigcup_\alpha\rho_\alpha)P=\bigcup_\alpha\rho_\alpha\cup T_{\underset{\alpha}{\cup}\rho_\alpha}\subseteq\bigcup_\alpha\rho_\alpha\cup\bigcup_\alpha T_{\rho_\alpha}=\bigcup_\alpha(\rho_\alpha\cup T_{\rho_\alpha})=\bigcup_\alpha\rho_\alpha P.$$

逆の方向の包含は明らかだから P は加法的である．P を $\mathcal{T}$ から**誘導される作用素**という．定理 6·3·4 により

$$W=\{P,N\}^\#=\bigcup_{i=1}^{\infty}(PN)^i, \quad N=RSCT.$$

ρ で生成される $\mathcal{T}$-合同は ρW である．連坐式が二つ以上あるときはおのおのに対し作用素 $P_i(i\in\Xi)$ を定め，$\bigcup_{i\in\Xi}P_i=P$ とおけば $W=\bigcup_{i=1}^{\infty}(PN)^i$．特に $|\Xi|$ が有限のときは $W=\{P_1,\cdots,P_m,N\}^\#=\bigcup_{i=1}^{\infty}(P_1\cdots P_mN)^i$ と表わすこともできる．W を **$\mathcal{T}$-閉作用素**という．

$\mathcal{T}$ が恒等式系 $\{f_i=g_i:i\in\Xi\}$ の場合には W の表示はきわめて簡単になる．初めに $|\Xi|=1$ のとき

$$\mathcal{T}=\{f=g\}$$

とする．$\rho\in\mathcal{B}$ に対し P を定義する：

$$\rho P=\rho\cup\{(f(x_1,\cdots,x_n),g(x_1,\cdots,x_n)):x_1,\cdots,x_n\in S\}.$$

集合 $\{(f,g)\}$ が ρ に無関係であるから $\rho P^2=\rho P\cup\{(f,g)\}\subseteq\rho P$. ゆえに $P^2=P$. かくて P が加法的閉作用素であることが容易にわかる．さらに $\rho PNP\subseteq\rho PN$ から

$$PNP=PN$$

が示されるので $(PN)^i=PN$. したがって $W=PN$ を得る．恒等式が 2 個以上あるときは $P=\bigcup_{i\in\Xi}P_i$ として $W=PN$ である．次は定理 6・3・4 を直接適用したものである．

定理 6・4・5　連坐式系 $\mathcal{T}$ から誘導される作用素を P とする．関係 ρ で生成される $\mathcal{T}$-合同は $\rho\bigcup_{i=1}^{\infty}(PN)^i$ で定められる．$\mathcal{T}$ が特に恒等式系であるときは $\rho(PN)$ で与えられる．

$\mathcal{T}=\{\mathcal{T}_1,\cdots,\mathcal{T}_m\}$ を連坐式系とし $\mathcal{T}_i$ から誘導される作用素を $P_i\,(i=1,\cdots,m)$ とし，$W_i=P_iN\,(i=1,\cdots,m)$ とおく．$W=\{P_1,\cdots,P_m,N\}^\#$ は W_i の積を用いて表わされる．

命題 6・4・6　$(1,\cdots,m)$ の任意の順列 $(i_1,\cdots,i_m)$ に対し

$$W=\bigcup_{i=1}^{\infty}(W_{i_1}\cdots W_{i_m})^i.$$

証明　系 6・2・7 により

$$W=\{P_1,\cdots,P_m,N\}^\#=\{P_{i_1},\cdots,P_{i_m},\overbrace{N,\cdots,N}^{m}\}^\#$$
$$=\bigcup_{i=1}^{\infty}(P_{i_1}N\cdots P_{i_m}N)^i=\bigcup_{i=1}^{\infty}(W_{i_1}\cdots W_{i_m})^i.$$ ∎

定理 6・4・7　特に $\mathcal{T}$ が恒等式系の場合 $(1,\cdots,m)$ の任意の順列 $(i_1,\cdots,i_m)$ に対し

$$W=W_{i_1}\cdots W_{i_m}.$$

証明　P_i の定義と $\rho P_i\subseteq\rho P_iNP_jN$ (定理 6・4・5 の前の注意) により直ちに $i\neq j$ なるとき

$$\rho(P_iNP_jN)P_i\subseteq\rho P_iNP_jN\cup\rho P_i\subseteq\rho P_iNP_jN$$

だから

$$(6\cdot4\cdot8)\qquad P_iNP_jNP_i = P_iNP_jN.$$

これの両辺に N を作用させて $W_iW_jW_i = W_iW_j$. これがすべての $i \neq j$ について成立し，かつ W_i はいずれも加法的閉作用素であるから，§6·2 の問3により $W_iW_j = W_jW_i$. したがって系 6·2·9 により

$$W = W_{i_1}W_{i_2}\cdots W_{i_m}. \qquad \blacksquare$$

注意　(6·4·8) は次のようにしても得られる.

$S_i = S/\rho P_iN$ は S の (最大) $\mathcal{T}_i$-準同形像，$S_{ij} = S/\rho(P_iNP_jN)$ は S_i の $\mathcal{T}_j$-準同形像である. しかるに恒等式 $\mathcal{T}_i$ は準同形によって保たれるから S_{ij} も $\mathcal{T}_i$ を満足する. ゆえに (6·4·8) を得る.

定理 6·4·7 の結果，たとえば $\mathcal{T}_1 = \{x = x^2\}$: 巾等，$\mathcal{T}_2 = \{xy = yx\}$: 可換，$\mathcal{T} = \{\mathcal{T}_1, \mathcal{T}_2\}$: 半束とする. 任意の半群 S の最大巾等準同形像 S_1 の最大可換準同形像が S の最大半束準同形像 L である. これはまた S の最大可換準同形像 S_2 の最大巾等準同形像に一致する.

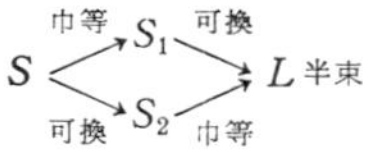

有限個の恒等式 $\mathcal{T} = \{\mathcal{T}_1, \cdots, \mathcal{T}_m\}$ に対しては S の最大 $\mathcal{T}$-準同形像を求めるのに，$\mathcal{T}_{i_1}, \cdots, \mathcal{T}_{i_m}$ の最大準同形像をどのような順序に作用させてもよい. このような性質を，考えている **類 $\mathfrak{S}$ の上で $\mathcal{T}_1, \cdots, \mathcal{T}_m$ が可換である**という.

$\mathcal{T} = \{\mathcal{T}_1, \mathcal{T}_2\}$ のうち少なくも一つが固有の連坐式である場合（恒等式でない連坐式を**固有の連坐式**とよぶ)，$\mathcal{T}_1, \mathcal{T}_2$ の可換性は一般に成立しない.

$\mathcal{T}_1$ を恒等式，$\mathcal{T}_2$ を固有の連坐式とする. このとき，$\mathcal{T}_i$-閉作用素を W_i $(i = 1, 2)$，$\mathcal{T}$-閉作用素を W とすれば

命題 6·4·9　　$W = W_1W_2 = W_2W_1W_2.$

証明　$\mathcal{T}_1$ が準同形で保たれるから，定理 6·4·7 の証明のときと同じ方法で $W_1W_2W_1 = W_1W_2$ が得られる. これにより $(W_1W_2)^2 = W_1W_2$，$(W_1W_2)^i = W_1W_2 (i = 2, 3, \cdots)$. 一方 $(W_2W_1)^2 = W_2W_1W_2W_1 = W_2W_1W_2$. i に関する帰納法により，$(W_2W_1)^i = (W_2W_1)^{i-2}W_2W_1W_2 = (W_2W_1W_2)(W_2W_1W_2) = W_2W_1W_2W_1W_2 = W_2W_1W_2$. したがって $W = \bigcup_{i=1}^{\infty}(W_1W_2)^i = W_1W_2$. 別の表わし方で $W = \bigcup_{i=1}^{\infty}(W_2W_1)^i = W_2W_1W_2$. $\blacksquare$

$W_2W_1 < W_1W_2$，すなわち W_1, W_2 が可換でない例をあげる.

例 0　$\mathcal{T}_1 : x^2 = y^2x^2, \mathcal{T}_2 : xy = xz \Rightarrow y = z$，左消約律. $\mathcal{T} = \{\mathcal{T}_1, \mathcal{T}_2\}$，$A$ を零

半群：$\xi\eta=0$, $B=\{1,2,3,\cdots\}$ を全正整数加法半群, $S=A\times B=\{(\xi,x):\xi\in A, x\in B\}$ をそれらの直積とする．S の最小 $\mathcal{T}_i$-合同 $\rho_i\ (i=1,2)$ は次のように与えられる．

$$(\xi,x)\rho_1(\eta,y)\iff\begin{cases}\xi=\eta\neq 0 \text{ かつ } x=y,\\ \xi=\eta=0 \text{ かつ } x\equiv y\ (\mathrm{mod.}\,2),\ x,y\geqq 2\\ \qquad\qquad\text{または } x=y=1\ ;\end{cases}$$

$$(\xi,x)\rho_2(\eta,y)\iff x=y.$$

$S_1=S/\rho_1$ は $|S_1|>2$ で位数2の群の膨脹であり，S_1 の最大 $\mathcal{T}_2$-準同形像は位数2の群である．しかし $S_2=S/\rho_2\cong B$ であり，S_2 の最大 $\mathcal{T}_1$-準同形像は指数2，周期2の（したがって位数3の）巡回半群である（補遺5を見よ）．

復習であるが $N=RSCT$ であって，連坐式系に対しては $W=\bigcup_{i=1}^{\infty}(PN)^i$，特に恒等式系では $W=PN$ であった．この W に対し $W=\bigcup_{i=1}^{\infty}(MT)^i$ を満足する作用素 M を W の**主要部**，ρM を ρW の**主要部**という．特に恒等式系に対しては $W=MT$ とすれば ρM が ρW の主要部である．しかし主要部の表わし方は一通りでない．$\iota PRSC$ は ιW の主要部の表わし方の一例である．

例 1　半群 S の最小可換合同，$\iota P_1=\iota\cup\{(xy,yx):x,y\in S\}$．$\iota W_1=\iota P_1N$ の主要部を σ_1', σ_1 として二通りにのべる．

$a\sigma_1'b\iff a=uxyv,\ \ b=uyxv$ なる $x,y\in S,\ u,v\in S^1$ があるか，または $a=b$．

$a\sigma_1b\iff a=a_1\cdots a_k,\ \ b=a_{i_1}\cdots a_{i_k}$ なる $a_1,\cdots,a_k\in S$ と $1,\cdots,k$ の順列 $i_1,\cdots,i_k$ がある．

例 2　S の最小巾等合同．$\iota P_2=\iota\cup\{(x,x^2):x\in S\}$．$\iota W_2(=\iota P_2N)$ の主要部は

$a\sigma_2'b\iff a=uxv, b=ux^2v$ または $a=ux^2v, b=uxv$ なる $x\in S, u,v\in S^1$ がある．

$a\sigma_2b\iff a=a_1^{m_1}\cdots a_k^{m_k}, b=a_1^{n_1}\cdots a_k^{n_k}$ なる $a_1,\cdots,a_k\in S$ と $m_1,\cdots,m_k,n_1,\cdots,n_k$ がある．

例 3　S の最小半束合同．$\iota P_3=\iota P_1\cup\iota P_2$．$\iota W_3(=\iota P_3N=\iota W_1W_2=\iota W_2W_1)$ の主要部分は

$a\sigma_3'b\iff a\sigma_1'b$ または $a\sigma_2'b$.

$a\sigma_3b\iff a=a_1^{m_1}\cdots a_k^{m_k},\ b=a_{i_1}^{n_1}\cdots a_{i_k}^{n_k}$ なる $a_1,\cdots,a_k\in S,\ m_1,\cdots,m_k,n_1,\cdots,n_k$ および $1,\cdots,k$ の順列 $i_1,\cdots,i_k$ がある．

$\sigma_i'\subseteq\sigma_i$ は明らかであるが $\sigma_i\subseteq\sigma_i'T$ が容易に示されるから $\sigma_iT=\sigma_i'T\ (i=1,2,3)$

で，それぞれの最小合同である．一方 $\sigma_i T$ が最小合同であることは単独に直接にも証明することができる（読者の練習）．

例 4 半群 S の最小左消約的合同．

$$\rho_0=\iota,\ \rho_i P=\rho_i \cup \{(x, y) : \text{ある } a\in S \text{ に対し } ax\rho_i ay\},$$

$\rho_{i+1}=\rho_i PN\ (i=0,1,2,\cdots)$ とおく．このとき $\bigcup_{i=0}^{\infty}\rho_i$ が最小左消約的合同である．

例 5 自由 $\mathscr{T}$-半群．$\mathscr{T}$ を連坐式系とする．X を集合とし，X で生成される自由半群を $F(X)$ とする．$F(X)$ の最大 $\mathscr{T}$-準同形像を，X で生成される**自由 $\mathscr{T}$-半群**といい $F_{\mathscr{T}}(X)$ と書く．たとえば，自由巾等半群（自由帯），自由可換半群，自由半束などがそうである．X で生成され $\mathscr{T}$ を満足する半群 S は $F_{\mathscr{T}}(X)$ の準同形像である．厳密にいえば，

X を S の部分集合，$f : X\to_{\text{in}}S$, $g : X\to_{\text{in}}F_{\mathscr{T}}(X)$ を集合としてのはめこみ（1対1写像）とする．S が X で生成され $\mathscr{T}$ を満足すれば，次の条件を満足する準同形 $\varphi : F_{\mathscr{T}}(X)\to_{\text{on}}S$ がただ一通りに存在する：

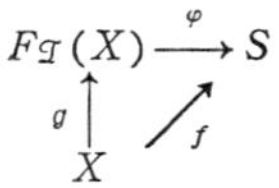

$$f=g\cdot\varphi.$$

証明は読者に任す．

例4において S が可換であるときは，非常に簡単になる．

(6·4·10) 可換半群 S の最小消約的合同 ρ_0 は次のように与えられる．

$$x\rho_0 y \iff zx=zy \text{ なる } z\in S^1 \text{ がある．}$$

証明 ρ_0 が合同であることは容易に証明される．ρ_0 が消約的であること，すなわち $zx\rho_0 zy \Rightarrow x\rho_0 y$ を示す．$zx\rho_0 zy$ と仮定する．定義により $uzx=uzy$ なる $u\in S^1$ があるから，再び定義により $x\rho_0 y$．最小であることを見るために，ρ を任意の消約的合同とする．$\rho_0\subseteq\rho$ を示すために，$x\rho_0 y$ とすれば，$zx=zy$ なる $z\in S^1$ がある．$\iota\subseteq\rho$ だから $zx\rho zy$．ρ が消約的だから $x\rho y$．以上は直接的な証明である． ∎

(6·4·10) と一般論との関連を見る．例4における ιP がすでに S の合同となるから $\rho_1=\iota PN=\iota P$．また P の定義から $\iota P^2=\iota P$ が示される．よって $\rho_2=\rho_1 PN=\iota PNPN=\iota P^2N=\iota PN=\rho_1$，したがって $\rho_i=\rho_1$ を仮定するとき $\rho_{i+1}=\rho_i PN=\rho_1$ が導かれる．

ゆえに $\bigcup_{i=0}^{\infty}\rho_i=\rho_1$ である．

問 1 例0であげた例 $S=A\times B$ において，A を位数2の零半群 $0^2=1^2=1\cdot 0=0\cdot 1=0$

とする．$\mathcal{T}_2$ を左消約律，$\mathcal{T}_1$ を $(0,2)\cdot x=(0,2)$，すなわち $(0,2)$ の像が左零になるという一般化恒等式とする．$\mathcal{T}_1$ と $\mathcal{T}_2$ は可換でないことを示せ．

問 2　$\mathcal{T}$ は m 個の恒等式，1個の固有連坐式からなるとする．命題 6・4・9 に相当する結果を導け．

問題　(1)　ある類の上で二つの固有の連坐式が可換でない例を作れ．

　　(2)　$\{xy=yx\}$ と $\{xy=xz \Rightarrow y=z\}$ が可換でない類の例があるか．

6・5　最大分解の重要な例

この節では巾等半群，可換半群，中可換半群の最大半束分解を一般理論の例として扱うほかに，個々の特殊性にもとづき直接的な方法によっても導く．本節ではむしろ後者に興味を感ずるであろう．さらに合同類が特殊の性質をもつことに注目すべきである．

A.　巾等半群の最大半束分解

巾等半群とはすべての元が巾等，すなわち $x^2=x$ である半群のことである．また帯ともいう．どんな帯も直角帯の半束和になるという McLean の定理を証明しよう．

定義　半群 D の元を x, y とする．

(6・5・1)　$y=x$ または $y=xu$ なる $u\in D$ があるとき，x を y の**左約元**，

(6・5・2)　$y=x$ または $y=vx$ なる $v\in D$ があるとき，x を y の**右約元**，

(6・5・3)　$y=x$ または $y=vxu$ なる $u, v\in D$ があるとき，x を y の**中約元**

といい，(6・5・1), (6・5・2), (6・5・3) のいずれかを満足するとき，x は y の**約元**という．これら三つをまとめていえば，x が y の約元とは，$y=vxu$ なる $u, v\in D^1$ があることである．

以下 S は帯である．

補題 6・5・4　$a, b\in S$ とする．$a=a_1a_2\cdots a_m$ で a_i がいずれも b の約元であれば

$$bab=b.$$

証明　m に関する帰納法による．$m=1$ のとき，すなわち a 自身 b の約元である場合，a が b の左約元，a が b の右約元，a が b の中約元のいずれの場合にも $b=cad$, $c, d\in S^1$, とおいてよい．さて

$b=cad$ とおいて

$$bab=cadacad=cadacadad=(cada)(cada)d=cadad=cad=b.$$

$m-1$ 以下の場合に結論が正しいと仮定する．$a=a_1d$, $d=a_2\cdots a_m$ とし $b=b_1a_1b_2$（ただし $b_1, b_2\in S^1$）として表わすと，$b=b_1a_1b_2=b_1a_1b_2a_1b_2=ba_1b_2$. さて d は ba_1 の $m-1$ 個の約元の積であるから帰納法の仮定により $ba_1dba_1=ba_1$ を得る．よって　$bab=ba_1dba_1b_2=ba_1b_2=b.$ ▮

S に関係 ρ_0 を次のように定義する．$a, b\in S$ に対し $aba=a$ かつ $bab=b$ であるとき $a\rho_0b$ とする．

命題 6·5·5　ρ_0 は S の最小半束合同である．

直接の証明

（i）　ρ_0 は反射的である：　S が巾等だから $a^3=a$, $a\rho_0a$.

（ii）　ρ_0 は対称的である：　定義から明らかである．

（iii）　ρ_0 は推移的である：　$aba=a$, $bab=b$, $bcb=b$, $cbc=c$ から $aca=a$, $cac=c$ を証明する．c が b の約元，b が a の約元だから c は a の約元である．補題 6·5·4 により $aca=a$. また a が c の約元であるから $cac=c$ を得る．

（iv）　$a\rho_0b \Rightarrow ac\rho_0bc$, $ca\rho_0cb$：　b は a の約元だから cac の約元でもある．補題 6·5·4 により $cacbcac=cac$. したがって

$$acbcac=acacbcac=a(cacbcac)=acac=ac.$$

この議論は a と b を入れかえても成り立つ：　$bcacbc=bc$. 同じようにして $cacbca=ca$, $cbcacb=cb$ を得る．

（v）　S/ρ_0 が半束である：S がすでに巾等だから $a^2\rho_0a$. $ab\rho_0ba$ の証明は $(ab)(ba)(ab)=abab=ab$, $(ba)(ab)(ba)=ba$.

（vi）　ρ_0 が最小の半束合同である：ρ' を S の半束合同とするとき $\rho_0\subseteq\rho'$ を証明しよう．$a\rho_0b$ とする．

$$a=aba\rho'aab=ab\rho'ba\rho'bba\rho'bab=b$$ ▮

一般論による証明：　巾等半群 S の最小半束合同を ρ_1 する．ρ_1 は S の最小可換合同でもある．§6·4 の例 3 あるいは例 1 により $\rho_1=\sigma_3T$ で

$a\sigma_3b \Leftrightarrow a=a_1a_2\cdots a_k$, $b=a_{i_1}\cdots a_{i_k}$ なる元 $a_1, \cdots, a_k\in S$ と順列 $i_1, \cdots, i_k$ がある．

補題6・5・4により $a\sigma_3 b$ であれば $aba=a$ かつ $bab=b$ だから $\sigma_3\subseteq\rho_0$. 上の(iii)により $\rho_1\subseteq\rho_0$. 一方 $a=abba\ \sigma_3\ baab=b$ により $\rho_0\subseteq\sigma_3\subseteq\rho_1$. ゆえに $\rho_1=\rho_0$.

S の ρ_0 による合同類は，すべての a,b に対し $aba=a$ を満足するから直角帯である．

定理 6・5・6 (McLean) 巾等半群 S の最大半束分解において S は直角帯の半束和である（もちろんこの分解はただ一通りである）. 逆に S が直角帯の半束和であれば，その分解は S の最大半束分解である．

証明 最初の部分はすでに証明された．最大分解だから一意的であるのは当然である．S が直角帯 S_α $(\alpha\in\Gamma)$ の半束和であるとし，この分解による半束合同を ρ, S の最小半束合同を ρ_0 とする．$a\rho b$ であれば a,b が同じ S_α に含まれるが，S_α が直角帯だから $aba=a, bab=b$. ゆえに $\rho\subseteq\rho_0$. ρ_0 の最小性により $\rho=\rho_0$. ∎

系 6・5・7 帯 S が半束分解不可能であるのは S が直角帯であるときに限る．

S が半束分解不可能であるとは $\rho_0=\omega$ $(\omega=S\times S)$ のことである．すべての $a,b\in S$ に対し $aba=a$. すなわち S は直角帯である．

問 0 集合 X で生成される自由帯の最大可換分解を求めよ.

B. 可換半群の最大半束分解

次に可換半群の最大半束分解を考える．可換半群が可換アルキメデス的半群の半束和になることを証明する．

S を可換半群とし，関係 ρ_0 を次のように定義する．$a,b\in S$ とし

$a^m=bc$, $b^n=ad$ を満足する正整数 m,n,

S の元 c,d が存在するとき $a\rho_0 b$ とする．

命題 6・5・8 ρ_0 は S の最小半束合同である．

直接の証明

(i) 反射的，対称的であることは容易に示される．

(ii) 推移的である： $a^m=bx$, $b^n=ay$, $b^k=cz$, $c^l=bu$ と仮定する． $a^{mk}=b^kx^k=czx^k$, $c^{ln}=b^nu^n=ayu^n$.

(iii) $a\rho_0 b\Rightarrow ca\rho_0 cb$： $a^m=bx$ から $(ca)^m=c^ma^m=c^mbx=cbc^{m-1}x$ ($m=1$ のときは c^{m-1} はないものと考える)．また $b^n=ay$ から $(cb)^n=(ca)c^{n-1}y$. ゆ

えに ρ_0 は合同である．

（iv）　ρ_0 が半束合同である：　$a^2\rho_0 a$, $ab\rho_0 ba$ は容易に証明される：　$a^2=a\cdot a$, $a^3=a^2\cdot a$, $(ab)^2=(ba)(ab)=(ba)^2$.

（v）　ρ_0 が最小である：　ρ' を任意の半束合同とする．$\rho_0\subseteq\rho'$ を証明するために，$a\rho_0 b$ とする．$a^m=bx$, $b^n=ay$ だから(6·5·9)と同じようにして $a\rho' b$ を得る．　▮

一般論による証明　S の最小半束合同を ρ_1 とする．ρ_1 は最小巾等合同でもある．§6·4 の例3あるいは例2により $\rho_1=\sigma_3 T$ で

$$a\sigma_3 b \Leftrightarrow a=a_1^{m_1}a_2^{m_2}\cdots a_k^{m_k},\ b=a_1^{n_1}\cdots a_k^{n_k} \text{ なる } a_1,\cdots,a_k\in S \text{ と}$$
$$\text{正整数 } m_1,\cdots,m_k,\ n_1,\cdots,n_k \text{ がある．}$$

$m_0=\max(m_1,\cdots,m_k,n_1,\cdots,n_k)$ とおき，$m_0<m$ なる m をとると

$$a^m=bc,\quad c=a_1^{l_1}\cdots a_k^{l_k}$$

なる正整数 $l_1,\cdots,l_k$ がある．同じようにして $b^n=ad$ なる $d\in S$, 正整数 n がある．したがって $\sigma_3\subseteq\rho_0$, 上の（ii）により $\rho_1\subseteq\rho_0$. 次に $\rho_0\subseteq\rho_1$ を示すために $a\rho_0 b$ とする．ρ_1 が半束合同であることに注意して $a^m=bc$, $b^n=ad$ から

$$(6\cdot5\cdot9)\qquad \begin{cases} a\rho_1 a^m\rho_1 bc\rho_1 b^{n+1}c\rho_1 bcb^n\rho_1 bcad, \\ b\rho_1 b^n\rho_1 ad\rho_1 a^{m+1}d\rho_1 ada^m\rho_1 adbc. \end{cases}$$

$bcad\rho_1 adbc$ だから $a\rho_1 b$. ゆえに $\rho_0=\rho_1$.

定義　可換半群 D が次の条件を満足するとき，D は**アルキメデス的**であるという．すべての $a,b\in D$ に対し

$$a^m=bc$$

なる正整数 m, D の元 c がある．

注意　すべての $a,b\in D$ に対し $a^m=bc$, $b^n=ad$ なる正整数 m,n と $c,d\in D$ があることに注意．また「可換アルキメデス的」の「可換」を略することがある．

命題 6·5·10　ρ_0 による可換半群 S の合同類はアルキメデス的半群である．

証明　S_α を任意の合同類とする．$a,b\in S_\alpha$ とする．ρ_0 の定義から $a^m=bx$, $b^n=ay$ なる $x,y\in S$, 正整数 m,n がある．このとき

$$a^{m+1}=b(ax),\quad b^{n+1}=a(by).$$

これから $ax\rho_0 a$, $by\rho_0 b$ が直ちに証明される．ax, by が S_α の元である．　▮

定理 6·5·11（木村，田村）　可換半群 S の最大半束分解において，S はアル

キメデス的半群の半束和である．逆に S が可換アルキメデス的半群の半束和であれば，その分解は S の最大半束分解である．

系 6・5・12 可換半群が半束分解不可能であるための必要十分条件は，アルキメデス的であることである．

可換アルキメデス的半群の簡単な基本的性質として

命題 6・5・13 可換アルキメデス的半群は高高一つの巾等元をもつ．

証明 S を可換アルキメデス的半群，e, f をその巾等元とする．$e=fx$, $f=ey$ なる $x, y\in S$ があるから

$$e=fx=f(fx)=fe=ef=e(ey)=ey=f, \quad \text{ゆえに } e=f. \qquad \blacksquare$$

次はいずれも可換アルキメデス的である．

(1) 可換群 (2) 巡回半群 (3) 任意の正整数加法半群 (4) すべての正実数からなる加法半群．

問 次の半群の最大半束分解を求めよ．

1. 負でない実数のすべてからなる加法半群．
2. $\{(x, y) : x, y$ は負でない実数$\}$，演算は
$$(x, y)+(z, u)=(x+z, y+u).$$
3. すべての正整数からなる乗法半群．

C. 中可換半群の最大半束分解

半群 S が恒等式 $xyzu=xzyu$ を満足するとき S は**中可換**であるという．可換半群は中可換である．直角帯は中可換であるが可換でない．直ちに得られることはすべての $x, y\in S$, すべての正整数 n に対し

$$(xy)^n=x^ny^n$$

が成り立つ．中可換半群 S のすべての元 $a, b\in S$ に対し

$$a^m=xby$$

なる正整数 m と元 $x, y\in S$ があるとき，S は**中可換アルキメデス的**であるという．S がもし可換であれば中可換アルキメデス的と可換アルキメデス的とは一致する．

S を中可換半群とし，ρ_0 を次のように定義する．

$$a\rho_0 b \Leftrightarrow a^m=xby,\ b^n=zau \text{ なる元 } x, y, z, u\in S \text{ と正整数 } m, n \text{ がある．}$$

問 4 次の定理を，一般論からと，直接的な両方法で証明せよ．

定理 6·5·14 (Chrislock)　ρ_0 は中可換半群 S の最小半束合同である．その分解により S は中可換アルキメデス的半群の半束和となる (p. 307 の補遺 11 をみよ)．

D．可換半群の最大巾約的分解

半群が次の条件を満足するとき，**巾約的**(power-cancellative)であるという(「巾約的」という代りに「巾約」であるといってもよい)．

(6·5·15)　$$x^m=y^m \Rightarrow x=y \quad (m=1,2,3,\cdots)$$

たとえば，実数からなる加法半群，ねじれのないアーベル群は巾約である．巾約なる条件 (6·5·15) は固有の連坐式系であるから任意の半群 S (可換でなくてもよい) は最小巾約合同 β_0，すなわち最大巾約準同形像 S/β_0 をもつ．しかしここでは S を可換な場合に限る．

(6·5·16)　S を可換半群とする．S に関係 β_0 を次のように定義する．

$$x\beta_0 y \Leftrightarrow x^m=y^m \text{ なる正整数 } m \text{ がある．}$$

β_0 は S の最小巾約合同である．

証明　β_0 が反射的，対称的であることは容易に示される．推移律は $x^m=y^m$，$y^n=z^n$ から $x^{mn}=z^{mn}$．両立性は $x^m=y^m$ から $z^mx^m=z^my^m$，$(zx)^m=(zy)^m$．ゆえに β_0 は合同である．$x^m\beta_0y^m$ と仮定する．β_0 の定義により $x^{mn}=y^{mn}$ なる n があるから $x\beta_0y$．β_0 は巾約合同である．任意の巾約合同を β とし，$x\beta_0y$ と仮定する．$x^m=y^m$ なる m があり，$x^m\beta y^m$ である．しかし β は巾約合同だから $x\beta y$．よって $\beta_0\subseteq\beta$ が証明された．　∎

E．可換半群の最大分離的分解

可換半群 S が次の条件を満足するとき，S は**分離的**であるという．

$$x^2=xy=y^2 \quad\Rightarrow\quad x=y.$$

分離的なる条件は固有の連坐式であるから，任意の可換半群は最小分離的合同をもつ．いろいろな方向からみるために7種の関係を導入する．以下(6·5·19)を除いて S は任意の可換半群である．

(6·5·17)　S の最小半束合同を ρ_0 とする．

(6·5·18)　ρ_1 を「$x\rho_1y \Leftrightarrow cx=cy$ なる $c\in S$ がある」で定義すると，ρ_1 は S の最小消約的合同である ((6·4·10) をみよ)．

(6・5・19) S を可換アルキメデス的半群とし，$a_0\in S$ を固定する．ρ_2 を

$$x\rho_2 y \Leftrightarrow a_0^n x = a_0^n y \text{ なる正整数 } n \text{ がある}$$

と定義するとき，ρ_2 は S の最小消約的合同である．

証明 ρ_2 が合同であることをみるのは容易である．ρ_2 が消約的であることをいうために $zx\rho_2 zy$ とする．定義により $a_0^n zx = a_0^n zy$ なる n がある．S がアルキメデス的だから $a_0^m = zu$ なる $m>0$ と $u\in S$ がある．$a_0^n zx = a_0^n zy$ から $a_0^n zux = a_0^n zuy$, $a_0^{n+m}x = a_0^{n+m}y$, よって $x\rho_2 y$. ゆえに ρ_2 は消約的合同である．S に (6・5・18) の ρ_1 を考えれば明らかに $\rho_2\subseteq\rho_1$. しかし ρ_1 は最小消約的合同であるから $\rho_1=\rho_2$ を得る．ρ_2 は a_0 の選び方に無関係であることに注意されたい．▮

(6・5・20) $x\rho_3 y$ を「$x\rho_0 y$, かつ $ax=ay$, $a\rho_0 x$ なる $a\in S$ がある」で定義する．そのとき ρ_3 は S の合同である．

証明 反射律，対称律は明らかである．推移律： $ax=ay$, $a\rho_0 x\rho_0 y$, $by=bz$, $b\rho_0 y\rho_0 z$ とする．そのとき $abx=abz$ で $ab\rho_0 y\rho_0 x\rho_0 z$. 両立性：$ax=ay$, $a\rho_0 x\rho_0 y$ とすれば $cacx=cacy$, $ca\rho_0 cx\rho_0 cy$. ▮

(6・5・21) $S=\bigcup_{\alpha\in\Gamma} S_\alpha$ を S の最大半束分解，すなわち ρ_0 によって引き起こされる分解とする．$\rho_3|S_\alpha=\rho_{3,\alpha}$ とおくと $\rho_3=\bigcup_{\alpha\in\Gamma}\rho_{3,\alpha}$. $\rho_{3,\alpha}$ は S_α の最小消約的合同である．逆に $\rho_{3,\alpha}$ が S_α の最小消約的合同であれば $\bigcup_{\alpha\in\Gamma}\rho_{3,\alpha}$ は $S=\bigcup_{\alpha\in\Gamma}S_\alpha$ の合同である．

(6・5・22) $x\rho_4 y \Leftrightarrow xy^m=y^{m+1}$ かつ $yx^n=x^{n+1}$ なる m,n がある

$\Leftrightarrow xy^m=y^{m+1}$ かつ $yx^m=x^{m+1}$ なる m がある．

そのとき $\rho_4\subseteq\rho_0$.

証明 2つの定義が同値であることは容易に示される．次に $x\rho_4 y$ とすれば，$x\rho_0 x^{m+1}\rho_0 yx^m\rho_0 yx\rho_0 xy\rho_0 xy^m\rho_0 y^{m+1}\rho_0 y$. ゆえに $\rho_4\subseteq\rho_0$. ▮

(6・5・23) 各正整数 m に対し

$$x\sigma_m y \Leftrightarrow 0\leqq i\leqq m,\ 0\leqq j\leqq m \text{ なるすべての } i,j \text{ に対し } x^{m-i}y^i = x^{m-j}y^j.$$

そのとき $m\leqq n$ であれば $\sigma_m\subseteq\sigma_n$ である．そして

$$\rho_5=\bigcup_{m=2}^{\infty}\sigma_m=\bigcup_{m=1}^{\infty}\sigma_{2^m}$$

と定義する．

(6・5・24) S の最小分離的合同を ρ_6 とする．

命題 6·5·25　　$\rho_3=\rho_4=\rho_5=\rho_6$.

証明　$\rho_3\subseteq\rho_4$ の証．　$x\rho_3 y$ とする．$x\rho_0 y$ でかつ $ax=ay$, $a\rho_0 x$ なる $a\in S$ がある．x を含む ρ_0-類の上では ρ_3は最小消約的合同だから ρ_2 に等しい．ゆえに $x\rho_2 y$ を得る．(6·5·19) において ρ_2 は a_0 に無関係だから a_0 にいかなる元をとってもよい．特に a_0 に x, y 自身をとる： $x^n x=x^n y, y^m y=y^m x$. ゆえに $\rho_3\subseteq\rho_4$.

$\rho_4\subseteq\rho_5$ の証．　$x^{m+1}=x^m y$, $xy^m=y^{m+1}$ から簡単な計算によって

$$x^{2m}=x^{2m-1}y=x^{2m-2}y^2=\cdots=x^m y^m=x^{m-1}y^{m+1}=\cdots=xy^{2m-1}=y^{2m}.$$

ゆえに $x\sigma_{2m}y$. したがって $x\rho_5 y$.

$\rho_5\subseteq\rho_6$ の証．　m に関する帰納法で $\sigma_{2^m}\subseteq\rho_6$ を証明しよう．$x\sigma_2 y$ とすれば $x^2=xy=y^2$. したがって $x^2\rho_6 xy\rho_6 y^2$. これから $x\rho_6 y$. m より小さい j に対しては $\sigma_{2^j}\subseteq\rho_6$ が成立すると仮定して $\sigma_{2^m}\subseteq\rho_6$ を証明しよう．$x\sigma_{2^m}y$ とする．簡単な計算によって

(6·5·26)　　$$x\sigma_{2^m}y \iff x^2\sigma_{2^{m-1}}xy\sigma_{2^{m-1}}y^2$$

を証明することができる．帰納法の仮定により $x^2\rho_6 xy\rho_6 y^2$. したがって $x\rho_6 y$ が導かれる．

$\rho_6\subseteq\rho_3$ の証．　ρ_3 が分離的合同であることを証明すればよい．(6·5·20) により ρ_3 は合同である．$x^2\rho_3 xy\rho_3 y^2$ とする．ρ_3 の定義により

$$ax^2=axy=ay^2,\ a\rho_0 x^2\rho_0 xy\rho_0 y^2 \text{ なる } a\in S \text{ がある．}$$

$ax^2=axy$ から $(ax)x=(ax)y$. そして $a\rho_0 x\rho_0 x^2\rho_0 xy\rho_0 y^2\rho_0 y$. したがって，$ax\rho_0 x\rho_0 y$. 結局 $x\rho_3 y$ が結論される．ゆえに ρ_3 は分離的合同である．

$\rho_3\subseteq\rho_4\subseteq\rho_5\subseteq\rho_6\subseteq\rho_3$ により命題の証明を完了する．　▮

一般論にもとづく $\rho_5=\rho_6$ の別証明

$\tau_1=\{(x, y) : x^2=xy=y^2\}$ とし，τ_1 で生成される合同を $\bar{\tau}_1$,

$\tau_2=\{(x, y) : x^2\bar{\tau}_1 xy\bar{\tau}_1 y^2\}$, τ_2 で生成される合同を $\bar{\tau}_2$,

……………………

$\tau_i=\{(x, y) : x^2\bar{\tau}_{i-1}xy\bar{\tau}_{i-1}y^2\}$,

帰納法により $\bar{\tau}_1\subseteq\sigma_2$, $\bar{\tau}_i\subseteq\sigma_{2^i}$ (σ_i は (6·5·23) で定義された). (6·5·26) により

$$\rho_6=\bigcup_{i=1}^{\infty}\bar{\tau}_i\subseteq\bigcup_{i=1}^{\infty}\sigma_{2^i}=\rho_5.$$

$\rho_5\subseteq\rho_6$ は前述のように証明する．ゆえに $\rho_6=\rho_5$ を得る．　▮

命題 6·5·25 から得られる重要な結果を定理として記述する．

定理 6·5·27

（1） 可換半群の最小分離的合同 ρ_6 は次のように与えられる．

$x\rho_6 y \Leftrightarrow xy^m=y^{m+1}$ かつ $yx^m=x^{m+1}$ なる正整数 m がある．

（2） 可換半群 S が分離的であるための必要十分条件は，S のすべてのアルキメデス的成分が消約的であること．

F. 最大左簡約分解

D を半群とする．「すべての $a\in D$ に対し $ax=ay$ であれば $x=y$」なる条件を満足するとき，D は左簡約であるという．右簡約も同じように定義される．一方，半群 D が次の条件を満足するとき，弱簡約であるという：

すべての $a\in D$ に対し $ax=ay$ かつ $xa=ya$ であれば $x=y$.

さて $D=\{a_\xi : \xi\in\Xi\}$ とする．左簡約という条件は

$$a_\xi x=a_\xi y\ (\xi\in\Xi) \Rightarrow x=y$$

で表わされる．a_ξ は定元，x, y は変元と考えられるから，一般化連坐式である．弱簡約もやはり一般化連坐式である．S を半群とし，P を

$$\rho P=\{(x,y) : \text{すべての } a\in S^1 \text{ に対し } ax\rho ay\}$$

で定義し，$\rho_1=\iota P$, $\rho_2=\rho_1 P, \cdots, \rho_{i+1}=\rho_i P$ とおくとき $\rho_1\subseteq\rho_2\subseteq\cdots\subseteq\rho_i\subseteq\rho_{i+1}\subseteq\cdots$ である．定理 6·4·5 により $\rho=\bigcup_{i=1}^{\infty}\rho_i$ が S の最小左簡約合同である．したがって $x\rho y$ とは「ある正整数 n が存在して，すべての元 $a\in S^n$ に対し $ax=ay$ が成り立つことである」．最小弱簡約合同についても類似のことがいえる．

（p. 306 の補遺 10 をみよ．）

第7章　最大半束分解

最も重要な分解は最大半束分解である．いかなる半群も半束分解不能な部分半群の半束和として分解される．これを証明するに二つの方法を紹介する．一つの方法は包容なる概念にもとづく．これは半束合同をつくる過程から自然に着想される概念である．他の方法は S のイデアルの半束分解が S の半束分解に拡大されるという事実にもとづく．歴史的には後者が先んじている．

7·1　包　容

半群の最大半束分解に関連して，包容なる概念を導入する．半群 S の有限個の元 $a_1, \cdots, a_n$ を固定する．S の元 a が $a_1, \cdots, a_n$ の積で表わされる．すなわち

(7·1·1)
$$a = a_{i_1} \cdots a_{i_k}$$

で，$a_{i_1}, \cdots, a_{i_k}$ はいずれも $a_1, \cdots, a_n$ のうちの一つを表わし，かつ $a_1, \cdots, a_n$ のすべてが少なくも一回，a の表示 (7·1·1) に a_{i_j} として現われるものとする．このとき a は $a_1, \cdots, a_n$ で**全成される**という．たとえば $a = a_1 a_2 a_3 a_2^2 a_1 a_3^1$ は a_1, a_2, a_3 で全成される．$a_1, \cdots, a_n$ で全成される S のすべての元 a の集合を C とすれば，$x, y \in C$ のとき $xy \in C$ であるから，C は S の部分半群である．C を $a_1, \cdots, a_n$ の **S の包容**という．$a_1, \cdots, a_n$ のおのおのを C の**全成元**，集合 $\{a_1, \cdots, a_n\}$ を C の**全成基**という．全成基を明示する必要があれば，C を $C_S[a_1, \cdots, a_n]$ または $C[a_1, \cdots, a_n]$ と書き，混同のおそれがないときは C_S と書くこともある．全成元 $a_1, \cdots, a_n$ は相異なることを要しない．ただし $C_S[a]$ と $C_S[a, a]$ は一般に等しくない：

$$C_S[a] = \{a^i : i \geqq 1\} \text{ であるが，} C_S[a, a] = \{a^i : i \geqq 2\} \text{ である．}$$

$a_1, \cdots, a_n$ を $C_S[a_1, \cdots, a_n]$ の全成元とよんだが，それらは $C_S[a_1, \cdots, a_n]$ に属するとは限らない．しかし $C_S[a]$ は a を含む．「$a_1, \cdots, a_n$ で全成される」ということは「$a_1, \cdots, a_n$ で生成される」ということと異なることに注意されたい．集合 $\{a_1, \cdots, a_n\}$ で生成される S の部分半群を $G_S(a_1, \cdots, a_n)$ または $G(a_1, \cdots$.

a_n) で表わす．$C_S[a_1, \cdots, a_n]$ は $G_S(a_1, \cdots, a_n)$ のイデアルである．

特別な場合として，S が自由半群であるとき自由包容を定義する．$a_1, \cdots, a_n$ を n 個の異なる文字とし，$a_1, \cdots, a_n$ で生成される自由半群を $F=F(a_1, \cdots, a_n)$ とする．$a_1, \cdots, a_n$ は F の生成元，$\{a_1, \cdots, a_n\}$ は F の（生成）基である.

$a_1, \cdots, a_n$ の F における包容を**自由包容**といい，$\mathscr{F}[a_1, \cdots, a_n]$ で表わす．すなわち

$$\mathscr{F}[a_1, \cdots, a_n]=C_F[a_1, \cdots, a_n].$$

$\mathscr{F}[a_1, \cdots, a_n]$ とは異なる文字 $a_1, \cdots, a_n$ のすべての文字を含むすべての語からなる F の部分半群である．

注意 記号について注意しておく．$C_S[a_1, \cdots, a_n]$ の $a_1, \cdots, a_n$ は重複を考慮に入れるが，$G_S(a_1, \cdots, a_n)$ では重複があっても無視し，集合 $\{a_1, \cdots, a_n\}$ として考えるから，$G_S(a_1, \cdots, a_n)$ を単一に使うときは $a_1, \cdots, a_n$ はすべて異なると仮定してよい.

たとえば $a, b, c\in S$ のとき

$$C_S[a, b, a, c]\subseteq G_S(a, b, a, c)=G_S(a, b, c),$$
$$C_S[a, b, c]\subseteq G_S(a, b, c)$$

$F=F(a_1, \cdots, a_n)$，$X_1, \cdots, X_m\in F$ とする．$C_F[X_1, \cdots, X_m]$ では X_i の中に同じものがあってもよいが，前に定義したように $a_1, \cdots, a_n$ で全成される $\mathscr{F}[a_1, \cdots, a_n]$ では $a_1, \cdots, a_n$ はすべて異なるとするのが自然である．しかし C_S の全成元と同じ文字を $\mathscr{F}$ に用いるときには注意を要する.

$C_S[a_1, \cdots, a_n]$ と $\mathscr{F}[a_1, \cdots, a_n]$ を同時に考えるとき，$a_1, \cdots, a_n$ は C_S では等しい元を表わすこともあり得るが，$\mathscr{F}$ ではすべて異なる文字とみなす.

さて，半群 D の半束合同 ρ とは，次の条件を満足する D の合同のことであった．

(7・1・2) すべての $x, y\in D$ に対し，$xy\rho yx$，$x^2\rho x$.

包容と半束合同について直ちにいえることは

補題 7・1・3 T を半群 S の部分半群とし，$C_S[a_1, \cdots, a_n]\subseteq G_S(a_1, \cdots, a_n)\subseteq T$ とする．ρ を T の半束合同とすれば，C_S は T の一つの ρ–合同類に含まれる．すなわち ρ の C_S への制限が $\rho|C_S=C_S\times C_S$.

証明 仮定により C_S の全成元つまり G_S の生成元 $a_1, \cdots, a_n$ は T の元である．C_S の任意の元 $w=a_{i_1}\cdots a_{i_m}$ に対して，(7・1・2) により $w\rho a_1a_2\cdots a_n$ が容易にわかるから任意の $v, w\in C_S$ につき $v\rho w$. ▮

$\mathscr{F}[a_1, \cdots, a_n]$ における n を**自由包容** $\mathscr{F}[a_1, \cdots, a_n]$ の**階数**という．

$\mathcal{A}=\mathcal{F}[a_1,\cdots,a_n]$ と $\mathcal{B}=\mathcal{F}[b_1,\cdots,b_n]$ を考えよう．$\mathcal{A}$ の元すなわち語 $W(a_1,\cdots,a_n)$ において文字 a_i を $b_i\ (i=1,\cdots,n)$ でおきかえて得られる語 $W'(b_1,\cdots,b_n)$ は $\mathcal{B}$ の元である．

$$W(a_1,\cdots,a_n)\mapsto W'(b_1,\cdots,b_n)$$

は明らかに $\mathcal{A}$ と $\mathcal{B}$ の同形写像を与える．ゆえに $\mathcal{F}[a_1,\cdots,a_n]$ の構造は階数 n だけで定まる．同じような意味で自由半群 $F(a_1,\cdots,a_n)$ の階数 n が定義される．階数 n の自由半群を F_n，階数 n の自由包容を $\mathcal{F}_n$ で表わす．F_n は 2^n-1 個の自由包容の半束和であり，$\mathcal{F}_n$ は F_n のイデアルである．

$F_n=F(a_1,\cdots,a_n)$，Ξ を $\{a_1,\cdots,a_n\}$ の空でないすべての部分集合の集合とする．$\xi\in\Xi$，$\xi=\{a_{i_1},\cdots,a_{i_m}\}$，$\mathcal{F}_{(\xi)}=\mathcal{F}_m[a_{i_1},\cdots,a_{i_m}]$ とすれば

命題 7·1·4 $F_n=\bigcup_{\xi\in\Xi}\mathcal{F}_{(\xi)}$ は F_n の最大半束分解である．

証明 自由半群 F_n の元は $a_1,\cdots,a_n$ によってただ一通りに表示されるから，$\xi\neq\eta$ であれば $\mathcal{F}_{(\xi)}\cap\mathcal{F}_{(\eta)}=\emptyset$ であり，かつすべての ξ,η に対し $\mathcal{F}_{(\xi)}\cdot\mathcal{F}_{(\eta)}\subseteq\mathcal{F}_{(\xi\cup\eta)}$ であるから，$\mathcal{F}_{(\xi)}$ の元を ξ に写す写像により F_n は和集合を演算とする半束 Ξ の上に準同形である．ゆえに与えられた分解は F_n の半束分解である．この分解によって定義される合同を ρ_0 とする．ρ を F_n の任意の半束合同とすれば，補題 7·1·3 により各 $\mathcal{F}_{(\xi)}$ は F_n の ρ-合同類に含まれるから $\rho_0\subseteq\rho$．ゆえに ρ_0 は F_n の最小半束合同である． ∎

7·2 包容と最小半束合同

包容を用いて半群の最小半束合同を叙述することができる．半群 S の元 a,b に対し

(7·2·1) $\quad a\in C_1,\quad C_{i-1}\cap C_i\neq\emptyset\ (i=2,\cdots,n-1),\quad b\in C_n$

なる条件を満足する包容の列 $C_1,\cdots,C_n$ があるとき，$\{C_i\}$ を，a と b を **S の中で結ぶ S の包容の鎖**という．U が S の部分半群で $C_i\subseteq U\ (i=1,\cdots,n)$ のとき，**a と b を U の中で結ぶ S の包容の鎖**という．a と b を S の中で結ぶ S の包容の鎖があるとき，$a\rho_1 b$ と定義する．

上に定義された ρ_1 は p. 147，例 3 の $\sigma_3 T$ をのべかえたものであるが，§6·4 の結果を考慮しないで直接に命題 7·2·2 を証明する．

命題 7·2·2 ρ_1 は S の最小半束合同である．

証明 すべての元 $a\in S$ に対し $a\in C[a]$ だから $a\rho_1 a$. 対称性，推移性は ρ_1 の定義から明らかである．ρ_1 の両立性を証明する．$a\rho_1 b$ とし，a, b を結ぶ包容の鎖を

(7·2·3) $C_i=C[x_{i1},\cdots,x_{ik_i}]\quad(i=1,\cdots,n)$,

$$a=a_0\in C_1,\ a_i\in C_i\cap C_{i+1}\,(i=1,\cdots,n-1),\ b=a_n\in C_n$$

とする．さて $c\in S$ とし，C_i に対し新しい包容 $\bar{C}_i$ を

$$\bar{C}_i=C[c,x_{i1},\cdots,x_{ik_i}]\quad(i=1,\cdots,n)$$

で定義する．このとき

$$ac\in\bar{C}_1,\ a_ic\in\bar{C}_i\cap\bar{C}_{i+1}\,(i=1,\cdots,n-1),\ bc\in\bar{C}_n$$

が容易に示される．ゆえに $ac\rho_1 bc$. 同じようにして $ca\rho_1 cb$. 次に $a, a^2\in C[a]$ だからすべての $a\in S$ に対し $a\rho_1 a^2$. また $ab, ba\in C[a,b]$ だから $ab\rho_1 ba$. ゆえに ρ_1 は半束合同関係である．最後に ρ_1 の最小性を示すために，ρ を任意の半束合同とし $\rho_1\subseteq\rho$ を証明する．$a\rho_1 b$ から再び (7·2·3) を仮定する．命題 7·1·3 により各 C_i はそれぞれ一つの ρ-合同類に含まれる．よって $a_{i-1}\rho a_i\,(i=1,\cdots,n)$. ρ の推移性により $a\rho b$ を得る． ∎

上で与えた ρ_1 の定義は以下にのべる (7·2·4), (7·2·5) に同等である．

(7·2·4) ρ_1 の定義に対する包容 (7·2·3) において，すべての i につき $C_i=C[x_{i1},\cdots,x_{ik_i}]$ の k_i を $k_i\leqq 4$ と制限して定義される関係を ρ_2 と書く．

(7·2·5) 元の列 $a=a_0, a_1,\cdots,a_{n-1}, a_n=b$ があって，各 i につき，a_{i-1} と a_i が次の四つの場合のうちどれかただ一つを満足するとして定義される関係を ρ_3 と書く：

$$a_{i-1}=a_i,$$

$$\begin{cases}a_{i-1}=zxyu\\ \quad a_i=zyxu\end{cases}\quad\text{なる } x,y\in S,\ z,u\in S^1 \text{ がある},$$

$$\begin{cases}a_{i-1}=zx^2u\\ \quad a_i=zxu\end{cases}\quad\text{なる } x\in S,\ z,u\in S^1 \text{ がある},$$

$$\begin{cases}a_{i-1}=zxu\\ \quad a_i=zx^2u\end{cases}\quad\text{なる } x\in S,\ z,u\in S^1 \text{ がある}.$$

(7·2·6) S の最小半束合同を ρ_0 と書く．このとき

$$\rho_0=\rho_1=\rho_2=\rho_3.$$

最小半束合同 ρ_0 が存在することは既知の事実である．

$$\alpha=\{(xy, yx):x, y\in S\}\cup\{(x^2, x):x\in S\}$$

とおくと，ρ_0 は α によって生成される合同，すなわち α に作用素 $RSCT$ を施すことにより求められる（§6·4 参照）：$\rho_0=\alpha RSCT$．これを具体的にのべたのが (7·2·5) である（p. 147 の例3をみよ）．$\rho_0=\rho_3\subseteq\rho_2\subseteq\rho_1$ は明らかであるが，$\rho_1=\rho_0$ が命題 7·2·2 である．

問 $\rho_3\subseteq\rho_2$ を証明せよ．

系 7·2·7 半群 S が半束分解不能であるための必要十分条件は，S の任意の2元を S の中で結ぶ S の包容の鎖があることである．

7·3 自由包容

自由包容にかえり包容との基本的関連に言及する．S を半群，$a_1, \cdots, a_n$ を S の元とする．

命題 7·3·1 $\mathscr{F}_n=\mathscr{F}[a_1, \cdots, a_n]$ は $C_S[a_1, \cdots, a_n]$ の上に準同形である．

証明 $\mathscr{F}_n$ の元 $W=a_{i_1}\cdots a_{i_m}$ において $a_{i_1}, \cdots, a_{i_m}$ を S の元と考えると，$a_{i_1}\cdots a_{i_m}$ は S のある元 w を表わす．$W\mapsto w$ が $\mathscr{F}_n$ から C_S の上への準同形写像であることは容易に示される． ▮

半群 S の生成系を $\mathscr{A}$ とするとき，S は $\mathscr{A}$ で生成される自由半群 $F(\mathscr{A})$ の準同形像である，$h:F(\mathscr{A})\to S$．$\mathscr{A}$ の有限部分集合 $\{a_1, \cdots, a_n\}$ をとると，自由半群 $F(a_1, \cdots, a_n)$ が $F(\mathscr{A})$ の部分半群として，また $C_S[a_1, \cdots, a_n]$，$G_S(a_1, \cdots, a_n)$ が S の部分半群として定まり，h に対し以下の図式が可換であるような準同形写像 g：$F(a_1, \cdots, a_n)\to_{\mathrm{on}} G_S(a_1, \cdots, a_n)$，$f$：$\mathscr{F}[a_1, \cdots, a_n]\to_{\mathrm{on}} C_S[a_1, \cdots, a_n]$ が自然に定まる．命題 7·3·1 にいう準同形は g との関連において求められる f にほかならない．図式の中に示す inj は「の中への同形写像」を意味する．

$$\begin{array}{ccccc}
\mathscr{F}[a_1, \cdots, a_n] & \xrightarrow{\mathrm{inj}_1} & F(a_1, \cdots, a_n) & \xrightarrow{\mathrm{inj}_2} & F(\mathscr{A}) \\
f\downarrow & & g\downarrow & & h\downarrow \\
C_S[a_1, \cdots, a_n] & \xrightarrow{\mathrm{inj}_1'} & G_S(a_1, \cdots, a_n) & \xrightarrow{\mathrm{inj}_2'} & S
\end{array}$$

命題 7·3·2 $m>n$ とするとき $\mathscr{F}_m$ は $\mathscr{F}_n$ の上に準同形である．

証明 $\mathscr{F}_m=\mathscr{F}[a_1, \cdots, a_n, a_{n+1}, \cdots, a_m]$，$\mathscr{F}_n=\mathscr{F}[a_1, \cdots, a_n]$ とする．$\mathscr{F}_m$ の元 $W(a_1, \cdots, a_n, a_{n+1}, \cdots, a_m)$ から文字 $a_{n+1}, \cdots, a_m$ を消し去り，その他の文字

をそのままの順序に保って得られる語 $W'(a_1, \cdots, a_n)$ は $\mathcal{F}_n$ の元である（たとえば $W(a_1, a_2, a_3, a_4)=a_2a_4a_2^2a_1a_3$ のとき，$W'(a_1, a_2)=a_2^3a_1$ である）．$W \mapsto W'$ が $\mathcal{F}_m$ を $\mathcal{F}_n$ の上に写す準同形写像であることは直ちに証明される．∎

命題 7·3·2 の結果，$m \geqq n$ なるすべての m に対し $\mathcal{F}_m$ は $C_S[a_1, \cdots, a_n]$ の上に準同形である．$C_S[a_1, \cdots, a_n]$ が与えられたとき $\mathcal{F}_m$ が $C_S[a_1, \cdots, a_n]$ の上に準同形になるような m の最小数を $m_0=\mathrm{Rank}\, C_S$ と定義する．自由包容に対しては前に定義した階数と一致する，$\mathrm{Rank}\, \mathcal{F}_m=m$ であることが知られている．一般に $\mathrm{Rank}\, C_S[a_1, \cdots, a_n] \leqq n$ であるが n と Rank の関係，Rank と C_S の構造の関係についてはまだ知られていない．

7·4　包容と半束分解不能性

いかなる包容も半束分解不能になるという基本的な性質を示そう．

S を半群，$G=G_S(a_1, \cdots, a_n)$ を $a_1, \cdots, a_n \in S$ で生成される S の部分半群，$C=C_S[a_1, \cdots, a_n]$ を $a_1, \cdots, a_n$ で全成される包容とする．C は G のイデアルであるから，C の元 A と G の元 X, Y との積が自然に定義されていて

$$A(XY)=(AX)Y, \qquad (XY)A=X(YA), \qquad (XA)Y=X(AY).$$

C の任意の半束合同を ρ とする．

定理 7·4·1　すべての包容は半束分解不能である．

証明　$C=C_S[a_1, \cdots, a_n]$ の任意の半束合同を ρ とする．任意の元 $A, B \in C$ に対し，$A \rho B$ となることを証明する．$a_1, \cdots, a_n$ のうちの一つを固定し a と書く．

$$A=XaY, \qquad X, Y \in G^1$$

と表わされることに留意して

$$\begin{aligned}
&A\,\rho\, A^5\,\rho\, AA^3A\,\rho\, A(XaY)^3A\,\rho\, A(XaYX)(aYXaY)A\\
&\rho\, A(aYXaY)(XaYX)A\,\rho\, A(aYX)^3A\,\rho\, A(aYX)A\\
&\rho\,(Aa)(YXA)\,\rho\,(Aa)^2(YXA)\,\rho\,(Aa)(AaYXA)\,\rho\, AaA\\
&\qquad\qquad\qquad (\because \text{ すでに証明された } A\,\rho\, AaYXA \text{ を用いる})\\
&\rho\, A^2a\,\rho\,(A^2a)^2\,\rho\, A^2(aA^2a)\,\rho\, A(aA^2a)\,\rho\,(Aa)(A^2a)\\
&\rho\,(A^2a)(Aa)\,\rho\, A^2(aAa)\,\rho\, A(aAa)\,\rho\,(Aa)^2\,\rho\, Aa.
\end{aligned}$$

結局 $A\rho Aa$ が証明された．これを有限回くり返し（帰納法により）

$$A\,\rho\,Ax_1\,\rho\,Ax_1x_2\,\rho\cdots\rho\,Ax_1x_2\cdots x_m=AB.$$

同じようにして $B\rho BA$, したがって $AB\rho BA$ から $A\rho B$ を得る. ▮

命題 7·1·4 と定理 7·4·1 を総合すると，自由半群 F_n の最大半束分解においては，合同類は半束分解不能であることが結論される．本節ではこれを任意の半群に拡張する．次の補題は系 7·2·7 を拡張したものである．

補題 7·4·2 半群 S の部分半群 T が半束分解不能であるための必要十分条件は，T の任意の 2 元 a,b を T の中で結ぶ S の包容の鎖が存在することである．すなわち次の条件を満足する包容の列 $C_i=C_S[x_{i1},\cdots,x_{in_i}]\ (i=1,\cdots,n)$ が存在する．

$$(7·4·3)\quad \begin{cases} a=a_0\in C_1,\ \ C_i\cap C_{i+1}\neq\emptyset\ (i=1,\cdots,n-1),\ \ a_n=b\in C_n, \\ C_i\subseteq T\ (i=1,\cdots,n). \end{cases}$$

証明 T の 2 元 a,b を T の中で結ぶ S の包容の鎖 (7·4·3) があると仮定し，$a_i\in C_i\cap C_{i+1}\ (i=1,\cdots,n-1)$ とする．ρ を T の半束合同とするとき $a\rho b$ を証明すればよい．$C_i\subset T$ で，定理 7·4·1 により C_i は半束分解不能だから $\rho|C_i=C_i\times C_i$, したがって $a_{i-1}\rho a_i\ (i=1,\cdots,n)$. 推移律により $a\rho b$. これで十分であることが証明された．必要性の証明には，T に系 7·2·7 を適用すればよい．▮

次の補題は補題 7·1·3 の拡張である．

補題 7·4·4 半群 S の半束合同関係を ρ とする．半束分解不能な部分半群 T は一つの ρ-合同類に含まれる．

証明 S_{α_0} を S の ρ-合同類とし，$T\cap S_{\alpha_0}\neq\emptyset$ であるとき，$T\subseteq S_{\alpha_0}$ を証明すればよい．ρ によって引き起こされる S の半束分解を

$$S=\bigcup_{\alpha\in\Gamma}S_\alpha$$

とする．ρ の T への制限 $\rho|T$ によって

$$(7·4·5)\qquad T=\bigcup_{\alpha\in\Gamma'}T_\alpha,\quad T_\alpha=S_\alpha\cap T$$

とする．ただし $\Gamma'=\{\alpha\in\Gamma:T_\alpha\neq\emptyset\}$. 仮定により $\alpha_0\in\Gamma'$. $\Gamma'\subseteq\Gamma$ だから (7·4·5) は T の半束分解であるが，T が分解不能だから $|\Gamma'|=1$. したがって $T\subseteq S_{\alpha_0}$. ▮

定理 7·4·6 半群 S の最大半束分解 $S=\bigcup_{\alpha\in\Gamma}S_\alpha$ においてすべての合同類 S_α は半束分解不能な半群である．

証明　ρ_0 を S の最小半束合同，すなわち ρ_0 が分解 $S=\bigcup_{\alpha\in\Gamma}S_\alpha$ を引起こすものとする．S_α の任意の半束合同を ρ とする．任意の $a,b\in S_\alpha$ に対し $a\rho b$ を証明しよう．$a,b\in S_\alpha$ だから $a\rho_0 b$. ゆえに a,b を S の中で結ぶ S の包容の列 $\{C_i\}$：

$$a=a_0\in C_1,\ \ a_i\in C_i\cap C_{i+1}\,(i=1,\cdots,n-1),\ \ b=a_n\in C_n$$

がある．定理 7・4・1 により C_1 は半束分解不能でかつ $S_\alpha\cap C_1\neq\varnothing$ だから補題 7・4・4 により $C_1\subseteq S_\alpha$，したがって $a_1\in S_\alpha\cap C_2$, $S_\alpha\cap C_2\neq\varnothing$ から $C_2\subseteq S_\alpha$. 有限回くり返して $C_i\subseteq S_\alpha\,(i=1,\cdots,n)$, $b=a_n\in C_n$. かくして $\{C_i\}$ は a,b を S_α の中で結ぶ包容の鎖である．補題 7・4・2 により S_α は半束分解不能である．∎

問 1　次の命題を証明せよ．

命題 7・4・7　$S=\bigcup_{\alpha\in\Gamma}S_\alpha$ を半群 S の半束分解とする．もしすべての S_α が半束分解不能であれば，S のこの分解は最大である．

この結果

半群 S の半束分解 $S=\bigcup_{\alpha\in\Gamma}S_\alpha$ が最大であるための必要十分条件は，各 S_α が半束分解不能であることである．

問 2　命題 7・4・7 における各 S_α は極大な半束分解不能な部分半群である．

問 3　帯におけるすべての包容は直角帯である．

問 4　S を帯とする．a,b がともに同一の包容に含まれるとき，$a\eta b$ と定義する．η は S の最小半束合同である．

問 5　S を自由可換半群とする．S の包容についてのべよ．

7・5　最大半束分解と素イデアル

S を任意の半群とする．

定義　S のイデアル I が次の条件を満足するとき，I を S の**素イデアル**という．

(7・5・1)　$$I\neq S,$$

(7・5・2)　$a,b\in S$, $ab\in I$ であれば a,b のうち少なくとも一つは I に含まれる．すなわち $S\backslash I$ は S の真部分半群である（$S\backslash I$ を S の**フィルター**という）．

I,J がともに S の素イデアルで，$I\cup J\neq S$ であれば和集合 $I\cup J$ は S の素イデアルである．I を S の素イデアルとする．次のように I によって一つの半束分解が与えられる．

a,b がともに I に属するか，またはいずれも I に属さないとき，$a\rho b$ とする.

明らかに ρ は S の半束合同である. ρ を素イデアル I に属する S の半束合同, その半束分解を I に属する S の**半束分解**とよぶ. S/ρ は位数 2 なる半束だから, ρ は ω を除いて S の極大な半束合同である. すなわち ρ を含む半束合同は $\omega=S\times S$ 以外にない. ρ を ω-極大半束合同とよぶことにする.

逆に S/ρ が位数 2 の半束であれば, S/ρ の零の逆像が S の素イデアルである. かくて素イデアル I と I に属する ρ とが 1 対 1 に対応する. なお, S の ω-極大半束合同は素イデアルに属する半束合同に限る.

§4·7 問 1 においてのべたように自明でない半束は, 位数 2 の半束の上に準同形である. したがって

(7·5·3) 次の 3 条件は同値である:

(i) 半群 S が自明でない半束準同形像をもつ.

(ii) S が位数 2 の半束に準同形である.

(iii) S は素イデアルを含む.

命題 7·5·4 半群 S が半束分解不能なるための必要十分条件は, S が素イデアルを含まないことである.

L を自明でない半束とする. $a,b\in L$ を異なる元とすれば, a,b を異なる像に写す L の準同形 $f: L\to L/\rho$ が存在する. このとき f (または ρ) は a,b を**分離する**という. このような f の存在は明らかである. a,b いずれか一つを含んで他を含まない L の素イデアルがあるからである.

命題 7·5·5 S を半群. $\{\rho_\alpha : \alpha\in\Lambda\}$ を S のすべての ω-極大半束合同とする. そのとき $\bigcap_{\alpha\in\Lambda}\rho_\alpha$ が S の最小半束合同である.

証明 S の最小半束合同を ρ_0 とする. すべての $\alpha\in\Lambda$ に対し $\rho_0\subseteq\rho_\alpha$ だから $\rho_0\subseteq\bigcap_\alpha\rho_\alpha$. $\rho_0\subseteq\xi$ なる S の合同 ξ と S/ρ_0 の合同 ξ/ρ_0 は包含関係を保ちつつ 1 対 1 である ((2·4·6)). しかるに上にのべたごとく, 半束 S/ρ_0 は S/ρ_0 の任意の異なる 2 元を分離する合同 ρ_α/ρ_0 が存在するゆえ

$$\bigcap_\alpha \rho_\alpha/\rho_0=\iota_{S/\rho_0}.$$

(2·4·7) により左辺は $(\bigcap_\alpha\rho_\alpha)/\rho_0$ に等しいから $\bigcap_\alpha\rho_\alpha=\rho_0$ を得る. ∎

7・6 素単純半群の基本性質

半束分解不能な半群は素イデアルを含まないから，**素単純半群** ($\wp$-simple) ともよばれる．任意の半群は素単純半群の半束和である．

命題 7・6・1 素単純半群の準同形像は素単純である．

証明 Sを素単純，$\varphi : S \to_{\mathrm{on}} S'$ を準同形とする．かりにS'が半束$L(|L|>1)$の上に準同形であるとすれば，$\psi : S' \to_{\mathrm{on}} L$ とおくと $\varphi\psi : S \to_{\mathrm{on}} L$ は準同形であり，Sの素単純性に矛盾する． ▮

命題 7・6・2 素単純半群のイデアルは素単純である．

証明 Sを素単純半群，IをSのイデアルとする．a, bをIの異なる2元とすると，Sが素単純だから，系7・2・7により

$$a = a_0, a_1, \cdots, a_{n-1}, a_n = b,$$
$$a_{i-1},\ a_i \in C[x_{i1}, \cdots, x_{ik_i}] = C_i \quad (i = 1, \cdots, n)$$

なるa, bをSの中で結ぶSの包容の鎖がある．各$C_i \subseteq S$であるが，全成元と包容を少し修正してIの中で結ぶ鎖にすることができる：

$$(7\cdot6\cdot3)\quad \begin{cases} a,\ a^2 = aa_0,\ aa_1, \cdots, aa_{n-1},\ aa_n = ab = a_0b,\ a_1b, \cdots, a_{n-1}b,\ b^2,\ b; \\ a,\ a^2 \in C[a], \\ aa_{i-1},\ aa_i \in C[a, x_{i1}, \cdots, x_{ik_i}] \quad (i = 1, \cdots, n), \\ a_{i-1}b,\ a_ib \in C[b, x_{i1}, \cdots, x_{ik_i}] \quad (i = 1, \cdots, n), \\ b^2,\ b \in C[b]. \end{cases}$$

$a, b \in I$だから$a, x_{i1}, \cdots, x_{ik_i}$で全成される元，$b, x_{i1}, \cdots, x_{ik_i}$で全成される元はすべて$I$に含まれる．ゆえに$C[a, x_{i1}, \cdots, x_{ik_i}]$, $C[b, x_{i1}, \cdots, x_{ik_i}] \subseteq I$, かくて系7・2・7により$I$が素単純であることが証明された． ▮

命題 7・6・4 素単純半群の有限個の直積は素単純である．

証明 二つの素単純半群A, Bの直積$A \times B$が素単純であることを証明すれば十分である．A (B) に単位元1をつけ加えて得られる半群をA^1 (B^1) と書く (Aがすでに単位元をもっていたとしてもA^1を考える．1はA^1の単位元となる)．新しい半群$A^1 \times B^1$の分解

$$(7\cdot6\cdot5)\qquad A^1 \times B^1 = A \times B \cup A \times \{1\} \cup \{1\} \times B \cup \{(1, 1)\}$$

を考える．これは確かに$A^1 \times B^1$の半束分解である．この分解が最大であることを証明すれば，定理7・4・6により$A \times B$は素単純であることが結論される．

(7·6·5) によって定まる合同を ρ_0, $A^1\times B^1$ の任意の半束合同を ρ とするとき, $\rho_0\subseteq\rho$ を証明しよう.

$A\times\{1\}\cong A$ で A は素単純であるから, 任意の 2 元 $(a,1),(c,1)$ に対し $(a,1)\rho(c,1)$. 同じようにして $\{1\}\times B$ の任意の 2 元$(1,b),(1,d)$に対し $(1,b)$ $\rho(1,d)$. また $A\times B$の任意の 2 元 $(a,b),(c,d)$ に対しては, ρ が $A^1\times B^1$ の合同であることから

$$(a,b)=(a,1)(1,b)\,\rho\,(c,1)(1,d)=(c,d).$$

ゆえに $\rho_0\subseteq\rho$ が証明された. ▌

命題 7·6·6 A を素単純半群, 0をもつ素単純半群を B とする. A の B によるイデアル拡大は素単純である.

証明 A の B によるイデアル拡大を S, S の任意の半束合同を ρ とする. ρ の A への制限すなわち $\rho|A=\{(x,y):x,y\in A,(x,y)\in\rho\}$ は A の半束合同であるが, A が素単純であるから $\rho|A=\omega_A=A\times A$. ω_A で生成される S の合同は, $S\to S/A$ で引き起こされる S の Rees-合同 σ にほかならない, よって

$$\sigma\subseteq\rho.$$

さて S/ρ は S/σ の半束準同形像だから ρ/σ は S/σ の半束合同である. しかし $B\cong S/\sigma$ は素単純だから $\rho/\sigma=\omega_{S/\sigma}$. したがって $\rho=\omega_S$ を得る. ゆえに S は素単純である. ▌

素単純半群と (0-)単純半群との関係についてのべる.

命題 7·6·7 (i) 単純半群は素単純である.

(ii) 0-単純半群が素単純であるための必要十分条件は, 零因子を含むことである.

($x\neq 0$ が**零因子**であるとは $xy=0$ なる $y\neq 0$ がある x をいう.)

証明 単純半群 S は $I\neq S$ なるイデアル I を含まないから素イデアルを含まない. 0-単純半群 S が素イデアル I を含むならば $I=\{0\}$ であり, そのとき $S\setminus\{0\}$ は部分半群をなし, S は零因子をもたない. ゆえに S が零因子をもてば素単純であることが証明された. 逆は明らかである. ▌

注意 素単純半群の部分半群は必ずしも素単純でない. Aを全正整数加法半群とする. $A\times A$ の部分半群 B を$B=\{(x,y):x\geqq y;\ x,y\in A\}$ で定義すれば B はアルキメデス的でない. B は A と A の**部分直積**である (§9·5). 一般に素単純は部分直積に保存され

ない．また素単純半群の無限個の直積も必ずしも素単純でない（問1をみよ）．

問 1 $A_n=\{1,2,\cdots,n-1,0\}$ とし，演算を

$$x\cdot y=\begin{cases}x+y & (x+y<n \text{ なるとき})\\ 0 & (x+y\geqq n \text{ なるとき})\end{cases}$$

で定義する．このとき直積 $\prod_{n=2}^{\infty}A_n$ はアルキメデス的でない．

問 2 A_α は零 0_α をもつ半群，$A_\alpha\cap A_\beta=\varnothing\,(\alpha\neq\beta)$ とする．$\{A_\alpha:\alpha\in\Lambda\}$ をその族とする．$A_\alpha^*=A_\alpha\setminus\{0_\alpha\}$ とし，$S=(\bigcup_{\alpha\in\Lambda}A_\alpha^*)\cup\{0\}$ とする．S の演算を $x_\alpha\in A_\alpha$，$y_\beta\in A_\beta$ に対し

$$x_\alpha\cdot y_\beta=\begin{cases}x_\alpha y_\alpha & (\alpha=\beta \text{ なるとき})\\ 0 & (\alpha\neq\beta \text{ なるとき})\end{cases}$$

と定義すれば，S は半群である．S を $\{A_\alpha:\alpha\in\Lambda\}$ の **0-直和**という．S_α が零をもつ素単純半群であれば，それらの 0-直和は素単純である．

7・7 半束準同形による定理の別証明

本節では包容を用いないで，半束への準同形を直接作り出すことによって定理 7・4・6 の別証明を与える．

予備事項として半束の移動に関する性質を再記しておく．

（i） 半束の移動のなす半群は変換の積に関して半束をなす（§4・7 の問 5）．

（ii） 半束の右(左)正則表現は忠実である（§4・7 をみよ）．

さらに一般的な立場から補題を用意する．「つながる」の定義は §1・7 の p.24 にある．

補題 7・7・1 半群 S が半束 $L\,(|L|>1)$ の上に準同形で $f:S\to_{\mathrm{on}}L$ をその写像とする．φ を S の右移動で，これとつながる S の左移動があると仮定する．$x,y\in S$ に対し $xf=yf$ であれば

$$(x\varphi)f=(y\varphi)f.$$

証明 φ とつながる左移動を ψ とする．f が半束 L 上への準同形写像であることに注意して

$$\begin{aligned}(x\varphi)f&=(x\varphi)f\cdot(x\varphi)f=((x\varphi)(x\varphi))f=(x\cdot(x\varphi)\psi)f\\&=(xf)((x\varphi)\psi)f.\end{aligned}$$

一方，$(y\varphi)f\cdot(x\varphi)f=((y\varphi)(x\varphi))f=(y\cdot(x\varphi)\psi)f=(yf)((x\varphi)\psi)f$．仮定によ

り $xf=yf$ であるから $(x\varphi)f=(y\varphi)f\cdot(x\varphi)f$. x と y をいれかえて同じ議論をすれば，$(y\varphi)f=(x\varphi)f\cdot(y\varphi)f$. したがって $(x\varphi)f=(y\varphi)f$ を得る．▮

命題 7·7·2　半群 S のイデアルを I, L を半束とし，$f: I\rightarrow_{\mathrm{on}}L$ を準同形とする．このとき L を含む半束 K が存在して，f を準同形 $g: S\rightarrow_{\mathrm{on}}K$ に拡大することができる．すなわち次の図式が可換になるようにすることができる．

$$\begin{array}{ccc} I & \xrightarrow{f} & L \\ {\scriptstyle i}\downarrow & & \downarrow{\scriptstyle h} \\ S & \xrightarrow[g]{} & K \end{array}$$

i は包含単射だから1対1
h も1対1

証明　各 $a\in S$ に対し I の変換 φ_a を $x\varphi_a=xa\ (x\in I)$ と定義する．φ_a は I の右移動である．$x\psi_a=ax$ とおくと ψ_a は I の左移動である．明らかに φ_a と ψ_a はつながる．φ_a に対し半束 L の変換 $\bar{\varphi}_a$ を次のように定義する．

$$(xf)\bar{\varphi}_a=(x\varphi_a)f.$$

補題 7·7·1 により $\bar{\varphi}_a$ は定義可能である．$\bar{\varphi}_a$ が L の移動になることが次のように証明される：

$$\begin{aligned}((xf)(yf))\bar{\varphi}_a&=((xy)f)\bar{\varphi}_a=((xy)\varphi_a)f=(x(y\varphi_a))f=(xf)(y\varphi_a)f\\&=(xf)(yf)\bar{\varphi}_a.\end{aligned}$$

次に，$\varphi_a\varphi_b=\varphi_{ab}$ だから，$(xf)\bar{\varphi}_a\bar{\varphi}_b=((x\varphi_a)f)\bar{\varphi}_b=(x\varphi_a\varphi_b)f=(x\varphi_{ab})f=(xf)\bar{\varphi}_{ab}$，よって $\bar{\varphi}_a\bar{\varphi}_b=\bar{\varphi}_{ab}$. いま $K=\{\bar{\varphi}_a : a\in S\}$ とおけば（i）により K は半束である．$g: S\rightarrow_{\mathrm{on}}K$ を $ag=\bar{\varphi}_a$ と定義すると g は S を K の上に写す準同形である．もし a を I に制限すれば，f は準同形写像だから

$$(xf)\bar{\varphi}_a=(x\varphi_a)f=(xa)f=(xf)(af).$$

af によって引き起こされる L の内部移動を λ_{af} で表わす．$a\in I$ のとき $\bar{\varphi}_a=\lambda_{af}$. そして（ii）の結果，写像 $\alpha\mapsto\lambda_\alpha$ により $L\cong\{\lambda_\alpha : \alpha\in L\}$. $\alpha h=\lambda_\alpha$ で h を定義すると $ig=fh$ である．ただし i は包含単射 $I\rightarrow S$ である．▮

$g: S\rightarrow_{\mathrm{on}}K$ を $f: I\rightarrow_{\mathrm{on}}L$ の S への**拡大**，f は S に拡大される，I の半束分解は S に拡大されるという（I が部分半群である場合にも g を f の S への拡大という）．

命題 7·7·2 の結果として，素単純半群のイデアルが素単純であるという命題 7·6·2 が直ちに得られる．

S を半群，S の一つの半束分解を

(7·7·3) $$S=\bigcup_{\xi\in\Gamma}S_\xi$$

とする．

命題 7·7·4　$f: S_\alpha\to_{\mathrm{on}}L$ を S_α $(\alpha\in\Gamma)$ から半束 $L(|L|>1)$ の上への準同形とする．そのとき半束 $K^0(=K\cup\{0\})$，準同形写像 $g: S\to_{\mathrm{on}}K^0$，同形 $h: L\to_{\mathrm{in}}K^0$ が存在して，下の図式が可換になる．

$$\begin{array}{ccc} S_\alpha & \xrightarrow{f} & L \\ {\scriptstyle i}\downarrow & & \downarrow{\scriptstyle h} \\ S & \xrightarrow[g]{} & K^0 \end{array} \qquad i \text{ は包含}$$

証明　α が Γ の最小元（Γ を下半束として）であれば，S_α が S のイデアルだからこのときの証明は命題 7·7·2 でおわっている．α が最小でないとき Γ の α による切断をつくり，上片を $\Gamma_1=\{\xi\in\Gamma: \xi\geqq\alpha\}$，下片を Γ_0 とする：$\Gamma=\Gamma_0\cup\Gamma_1$．これに対応して

$$T_1=\bigcup\{S_\xi: \xi\in\Gamma_1\},\quad T_0=\bigcup\{S_\xi: \xi\in\Gamma_0\}$$

とおけば $S=T_0\cup T_1$，ここに T_0 は S の素イデアル，T_1 は S のフィルターである．S_α は T_1 のイデアルであるから命題7·7·2により $f: S_\alpha\to_{\mathrm{on}}L$ は $f_1: T_1\to_{\mathrm{on}}K$ に拡大される．同形 $L\to_{\mathrm{in}}K$ と包含単射 $K\to_{\mathrm{in}}K^0$ の合成を h とすれば，$x\in S_\alpha$ に対し $xf_1=xfh$ である．最後に $g: S\to K^0$ を次のように定義する：

$$xg=\begin{cases} xf_1 & (x\in T_1 \text{ なるとき}) \\ 0 & (x\in T_0 \text{ なるとき}). \end{cases}$$

K^0 は半束であり，g は f の S への拡大である．図式の可換性を見るのは容易である．∎

さて g によって S の半束分解

(7·7·5) $$S=\bigcup_{\eta\in K^0}S'_\eta,\quad \text{ただし } S'_0=T_0$$

を得る．二つの半束分解 (7·7·3), (7·7·5) を比べると，(7·7·5) では S_α が真に分解されているので，分解 (7·7·3) は分解 (7·7·5) より大でない（すなわち (7·7·3) による合同は (7·7·5) による合同より小でない）．したがってもし (7·7·3) が最大半束分解であれば，各 S_α は半束分解不能でなければならない．ゆえに定理 7·4·6 が証明された．

7·8　半束，巾等分解の種々の性質

半群の半束または巾等分解に関するいろいろの性質を列記する．半束像 Γ は下半束とする．

S が正則であるとは任意の $a\in S$ に対し $axa=a$ なる $x\in S$ があることである．$S=\bigcup_{\alpha\in\Gamma}S_\alpha$ を S の**半束分解**（必ずしも最大でない），S_α を**半束分解成分**という．

命題 7·8·1　S が正則であるためには，S の半束分解の各成分が正則であることが必要十分である．

証明　S が正則であるとする．$a\in S_\alpha$ に対し $axa=a$ なる $x\in S$ がある．$a=(axa)xa=a(xax)a$．Γ を下半束とするとき x は $\alpha\leqq\beta$ なる S_β に含まれるから $b=xax\in S_\alpha$ で $a=aba$ である．逆は明らかである．∎

命題 7·8·2　S が逆半群であるためには，各成分 S_α が逆半群であることが必要十分である．

証明　正則性は命題 7·8·1 による．$a\in S_\alpha$ とする．正則半群 S における a の逆元は S_α に含まれるから，逆元の唯一性が S, S_α に保たれる．∎

任意の $a\in S$ に対し $xa^2y=a$ なる $x, y\in S$ があるとき S は**内正則**であるという．

命題 7·8·3　S が内正則であるためには，各 S_α が内正則であることが必要十分である．

証明　S が内正則であるとする．$a\in S_\alpha$ に対し $a=xa^2y$ なる $x, y\in S$ がある．

$$a=xa^2y=x(xa^2y)^2y=x(xa^2y)(xa^2y)y=x^2a^2yx(xa^2y)(xa^2y)y^2$$
$$=(x^2a^2yx^2)a^2(yxa^2y^3).$$

命題 7·8·1 の証明と同じようにして $x^2a^2yx^2$, $yxa^2y^3\in S_\alpha$ であることが示される．逆は明らかである．∎

問 1　半群 S が単純半群の和集合であれば，S は内正則である．

最大半束分解を考えれば，正則半群は素単純正則半群の半束和，逆半群は素単純逆半群の半束和，内正則半群は素単純内正則半群の半束和である．

S^1aS^1 は a で生成される S の主イデアルである．これを $P(a)$ で表わす．

補題 7·8·4　S が内正則であれば $P(ab)=P(a)\cap P(b)$．したがって $a\mapsto P(a)$ により S は共通集合を演算とする半束 $\{P(a) : a\in S\}$ の上に準同形である．

証明　$a=xa^2y$ から $P(a)\subseteq P(a^2)\subseteq P(a)$ が示されるから $P(a)=P(a^2)$ がすべての $a\in S$ について成立する．次に

$$P(ab)=S^1(ab)S^1=S^1(ab)^2S^1=S^1a(ba)bS^1\subseteq S^1(ba)S^1=P(ba).$$

同じようにして $P(ba)\subseteq P(ab)$，ゆえに $P(ab)=P(ba)$．さて $P(ab)\subseteq P(a)\cap P(b)$ の証明は容易である．逆向きの不等式を証明するために $x\in P(a)\cap P(b)$ をとると $x=yaz=ubv$ なる $y,z,u,v\in S^1$ がある．S が内正則だから，$t,s\in S$ があって $x=tx^2s=t(ubv)(yaz)s\in P(bvya)=P(yabv)\subseteq P(ab)$．これで $P(a)\cap P(b)=P(ab)$ が証明された． ▮

命題 7·8·5　S が素単純で内正則であるためには，S が単純半群であることが必要十分である．

証明　S が素単純内正則であると仮定する．補題 7·8·4 により $a\mapsto P(a)$ が準同形であるが，S が素単純だからすべての $a,b\in S$ につき $P(a)=P(b)$ である．そのとき $P(a)=S$ でなければならないことが容易に示されるから S は単純である．逆は明らかである． ▮

定理 7·8·6　次は同値である．S は半群とする．

（1）　S は内正則である．

（2）　S は単純半群の半束和である．

（3）　S は単純半群の和集合である．

証明　(1)⇒(2)：　命題 7·8·5 と命題 7·8·3 による．(2)⇒(3)：　自明．(3)⇒(1)：　前にあった問 1 による． ▮

問 2　S が内正則であれば，S のすべてのイデアルは $a^2\in I, a\in S\Rightarrow a\in I$ を満足する．逆もまた成り立つ．

定理 7·8·6 の特別な場合として S_α が完全単純になるための条件を求める．

定理 7·8·7 (Clifford)　S を半群とする．次は同値である．

（1）　S は群の和集合である．

（2）　S は完全単純半群の半束和である．

（3）　S は完全単純半群の和集合である．

証明　(1)⇒(2)：　$S=\bigcup G_\alpha$ を群 G_α の和集合，$S=\bigcup_{\gamma\in\Gamma} S_\gamma$ を S の最大半束分解とする．各 G_α は素単純であるから 2 個以上の S_γ に交わらない．ゆえに S_γ は群の和集合である．S は内正則（問 1）だから命題 7·8·3 により S_γ は内正則，命題 7·8·5 により S_γ は単純半群である．しかるに S_γ が完全単純であることは §5·5 の定理 5·5·2 に証明されている．(2)⇒(3)：　自明，(3)⇒(1)：

完全単純半群は群の和集合であるから (1) は明らか. ∎

問 3 半群 S は巾等元を含んで次の条件を満足する：任意の $x \in S$ に対し巾等元 e が定まり，$xx^*=x^*x=e$, $xe=ex=x$ を満足する $x^* \in S$ がある．この条件は定理 7·8·7 の各条件と同値である．

群の和集合である半群を S, その巾等元のすべてのなす部分集合を E とする．E は必ずしも部分半群をなさない．完全単純半群でその反例を与えることができる．

付　　録

半群の最大半束分解において，合同類は半束分解不能という特殊な型の半群になることを知った．このようなことは半束分解でなくても他の型の最大分解でも可能でないであろうかという疑問をもつ．たとえば最大巾等分解ではどうか．問題を一般にして恒等式系の到達可能性を定義する．$\mathcal{T}$ を恒等式系，半群のなす集合を $\boldsymbol{C}$ とする．すべての $S \in \boldsymbol{C}$ に対し S の最大 $\mathcal{T}$-分解において部分半群である合同類があれば，その類が $\mathcal{T}$-分解不能である．このとき $\mathcal{T}$ は $\boldsymbol{C}$ において**到達可能**であるという．$\{x=x\}$, $\{x=y\}$ はいずれも自明な到達可能な恒等式系である．以下に出る $\mathfrak{G}_1$, $\mathfrak{G}_3$ は p. 143 で定義された.

$\mathfrak{G}_1$ において自明でない到達可能な恒等式系は $\{x^2=x,\ xy=yx\}$ に同値であることが知られている．ここでは証明の順序だけ概略をのべる．$f(x_1, \cdots, x_n) = g(x_1, \cdots, x_n)$ を恒等式とする．すべての i に対し，f にあらわれる x_i の個数と g にあらわれる x_i の個数が等しいとき，$f=g$ は**等指**であるという（たとえば $x_1^2x_2^3x_1=x_2x_1^3x_2^2$)．$\mathfrak{G}_1$ で到達可能な恒等式系を $\mathcal{T}$ とする，もし $\mathcal{T}$ のすべての恒等式が等指であれば，$\mathcal{T}$ は $\mathfrak{G}_3$ で到達可能でない．$\mathcal{T}$ が等指でない恒等式を含むならば，$\{x^2=x\}$ を含む $\mathcal{T}'$ に $\mathfrak{G}_1$ で同値であることが証明されるから，はじめから $\mathcal{T}$ は $\{x^2=x\}$ を含むと考えられ，巾等半群の類での問題に帰着される．その結果として $\mathcal{T}$ は (i) $\{x^2=x,\ xy=yx\}$ に $\mathfrak{G}_1$ で同値であるか，(ii) $\{x=y\}$ に $\mathfrak{G}_1$ で同値であるか，(iii) $\{xy=y\}\sigma_{\mathfrak{G}_1}\mathcal{T}$ または $\{xy=x\}\sigma_{\mathfrak{G}_1}\mathcal{T}$ である（$\sigma_{\mathfrak{G}_1}$ は p. 143 で定義された)．しかし (iii) の場合には到達可能でないことが証明される.

$\{x^2=x,\ xy=yx\}$ の到達可能性は半束分解の重要性を示す．念のため $\{x^2=$

$x\}$，$\{xy=yx\}$ がいずれも到達可能でない例をあげる．

例 1　2つの半群 $S, T=\{a,b,c,d\}$ の演算を次の乗積表で定義する．

S	a	b	c	d
a	a	b	c	a
b	a	b	c	a
c	a	b	c	b
d	a	b	c	a

T	a	b	c	d
a	a	b	a	a
b	a	b	a	a
c	a	b	a	c
d	a	b	a	d

S の最大巾等分解は $S=S_1\cup S_2$，$S_1=\{a,b,d\}$，$S_2=\{c\}$．しかし S_1 は巾等分解できる： $S_1=\{a,d\}\cup\{b\}$．

T の最大可換分解は $T=T_1\cup T_2$，$T_1=\{a,b,c\}$，$T_2=\{d\}$．しかし $T_1=\{a,b\}\cup\{c\}$ なる可換分解がある．

到達可能な恒等式系として「半束」のほかに次の例をあげる．

すべての巾等半群のなす類を $\mathfrak{G}_4$ とする．$\mathfrak{G}_4$ で到達可能な恒等式系は $\{x=x\}$，$\{x=y\}$ のほかに $\{xy=y\}$，$\{xy=x\}$ だけである．

（一般化）連坐式系の到達可能性も定義されるが，まだほとんどわかっていないが，次の問 1，問 2 は容易に理解される．

問 1　左（右）簡約性および弱簡約性は $\mathfrak{G}_1$ で到達可能である．

問 2　分離性（$x^2=xy=y^2 \Rightarrow x=y$）は可換半群の類 $\mathfrak{G}_2$ で到達可能である．

ヒント　問 1 に対しては，p. 157 により S の最小左簡約合同 ρ が「すべての $a\in S^n$ に対し，$ax=ay$ なる正整数 n があるとき $x\rho y$」で与えられる．S_α を S の ρ-合同類で部分半群とするとき S_α に対し ρ を考えよ．弱簡約性についても同じである．次に可換半群 S の最小分離的合同が p. 155 の ρ_4 で与えられることから問 2 が証明される．

なお半束の到達可能性の証明については補遺 12 をみよ．

第8章　半群から群への準同形

準同形の立場から半群を群に関連させる．半群の群の**中**への準同形と，特に**上**への準同形，前者はいわゆる K-群とむすびつく．後者については半群の群合同が単位的共終部分半群によって決定される事実が重要である．これは群の不変部分群に相当する．**中**への準同形が普遍写像性をもつのに対し**上**への準同形は一般にそれをもたない．特に可換半群について詳しく論ずる．

8·1　*K*-群 の 存 在

次の定義では S に可換性を仮定しない．

定義　半群 S に対し次の条件を満足する可換群 G を S の ***K*-群**または **Grothendieck 群**という．

$\varphi : S \to_{\mathrm{in}} G$ は S から G の中への準同形であって，$g : S \to_{\mathrm{in}} H$ を任意の可換群 H の中への準同形とするとき，$h : G \to_{\mathrm{in}} H$ なる準同形がただ一つ存在して，次の図式が可換となる．

$$\begin{array}{ccc} S & \xrightarrow{\varphi} & G \\ & \searrow^{g} & \downarrow{h} \\ & & H \end{array} \qquad x\varphi h = xg,\ x \in S$$

φ 自身または対 (φ, G) を S の ***K*-準同形**（**写像**）という．

命題 8·1·1　S に対し (φ, G) がもし存在すれば，次の意味で一意的である．$(\varphi, G), (\varphi', G')$ がともに K-準同形とすれば G から G' の上への同形 h が存在して，$\varphi' = \varphi h$ である．

証明　K-準同形の定義により $\varphi' = \varphi h$, $\varphi = \varphi' h'$ なる準同形 $h : G \to_{\mathrm{in}} G'$, $h' : G' \to_{\mathrm{in}} G$ があり $\varphi = \varphi h h'$ を得る．しかし (φ, G) と (φ, G) に対し，ε_G を G の恒等置換とするとき，$\varphi = \varphi \varepsilon_G$ であるから G と G の間の準同形の一意性により，$hh' = \varepsilon_G$ でなければならない．同じようにして，$\varphi' = \varphi' h' h$ から $h'h = \varepsilon_{G'}$ を得る．結局 h が全単射であることが結論される．　∎

圏 (Category) の言葉でいえば，半群 S に対し (S を固定して) 可換群 H と

半群準同形 $\gamma: S\to H$ の組 (γ,H) を対象とする圏において，射 $(\gamma,H)\to(\gamma',H')$ を可換群の準同形 $j: H\to H'$ で $\gamma j=\gamma'$ を満足する j であると定義すれば，この圏における初対象が，K-群の定義における (φ,G) である．

K-群の存在は後に証明されるが，任意の半群 S に対し，同形を無視して一意的に定まる．K-群を $K(S)$ と書くことにする．

半群 S_1,S_2 のそれぞれの K-群 $K(S_1),K(S_2)$ が同形であるとする．同形像を同一視して $K(S_1)=K(S_2)=G$ としてよい．それぞれの K-準同形を (φ_1,G), (φ_2,G) とする．

もし S_1 を S_2 の中へ写す準同形 f があって，次の図式が可換，すなわち $\varphi_1=f\varphi_2$ であるとき，$K(S_1)$ と $K(S_2)$ は**準同形的に等しい**といい，$K(S_1)\underset{\text{hom}}{=}K(S_2)$ と書く．

$$\begin{array}{ccc} S_1 & \xrightarrow{f} & S_2 \\ & \searrow^{\varphi_1} & \downarrow{\scriptstyle\varphi_2} \\ & & G \end{array}$$

特に f が全射であるとき，$K(S_1)$ と $K(S_2)$ は**全射的に等しい**といい，f が単射であるとき，$K(S_1)$ と $K(S_2)$ は**単射的に等しい**という．前者を $K(S_1)\underset{\text{sur}}{=}K(S_2)$, 後者を $K(S_1)\underset{\text{inj}}{=}K(S_2)$ と書く．

$K(S_1)\underset{\text{hom}}{=}K(S_2)$ の説明を補足する．$(\varphi_1',K(S_1))$ を S_1 の K-準同形とする．$K(S_1)\underset{\text{hom}}{=}K(S_2)$ とは下の図式が可換であるような，$K(S_1)$ を $K(S_2)$ の上へ写す同形 f' が存在することである．前述の φ_1 は $\varphi_1=\varphi_1'f'$ とみてよい．

$$\begin{array}{ccc} S_1 & \xrightarrow{f} & S_2 \\ {\scriptstyle\varphi_1'}\downarrow & & \downarrow{\scriptstyle\varphi_2} \\ K(S_1) & \xrightarrow[f']{} & K(S_2) \end{array}$$

K-群の存在の証明は，よく知られている可換半群の場合から始める．

S を可換半群とし，直積 $S\times S$ に関係 ρ を次のように定義する：$(x,y),(z,u)\in S\times S$ に対し

$(x,y)(a,a)=(z,u)(b,b)$ なる $a,b\in S$ があるとき，$(x,y)\rho(z,u)$.

命題 8・1・2　S が可換半群であれば $G=\dfrac{S\times S}{\rho}$ が S の K 群で，そのとき K-準同形 $\varphi: S\to G$ は $x\mapsto\overline{(xa,a)}$ で与えられる．

ここに $\overline{(x,y)}$ は $S\times S$ の元 (x,y) を含む ρ-類を表わす．

証明 ρ が合同関係であることは容易に証明されるので読者の練習に任す．すべての $(x, y), (a, a), (b, b)$ に対し

$$(x, y)\rho(x, y)(a, a), \quad (x, y)(y, x)\rho(a, a).$$

また $(a, a)\rho(b, b)$ が証明されるから $\dfrac{S\times S}{\rho}$ が群である．$\varphi: S\to_{\text{in}}G=\dfrac{S\times S}{\rho}$ が $x\mapsto(\overline{xa, a})$ で定義される可能性は $(\overline{xa, a})=(\overline{xb, b})$ によって示される．

$$(x\varphi)(y\varphi)=(\overline{xa, a})(\overline{ya, a})=(\overline{xya^2, a^2})=(xy)\varphi.$$

だから φ は準同形である．いま任意の準同形 $g: S\to_{\text{in}}H$ が与えられるとき，$h: G\to_{\text{in}}H$ を

$$(\overline{x, y})h=(xg)(yg)^{-1}$$

と定義する．定義の可能性を見るために $(\overline{x, y})=(\overline{z, u})$ とする．定義により $xa=zb$, $ya=ub$ なる $a, b\in S$ があるから直ちに $(xg)(yg)^{-1}=(zg)(ug)^{-1}$ を得る．S の可換性により

$$[(\overline{x, y})(\overline{z, u})]h=(\overline{xz, yu})h=(xz)g[(yu)g]^{-1}=(xg)(yg)^{-1}(zg)(ug)^{-1}$$
$$=(\overline{x, y})h(\overline{z, u})h.$$

$x\in S$ に対し $x\varphi h=(\overline{xa, a})h=(xa)g(ag)^{-1}=xg$，これで $\varphi h=g$ が証明された．このような h がただ一つしかないことは容易に確かめられる． ▌

系 8·1·3 特に S が可換，消約的であれば，$G=\dfrac{S\times S}{\rho}$ は S の商群であり，φ ははめこみの単射である．

証明 §4·3 で商群を論じたとき，定義した $S\times S$ の関係を再びとりあげる．記号は前と同じでない．

$$(x, y)\sigma(z, u) \quad \text{を} \quad xu=yz$$

で定義すると $\dfrac{S\times S}{\sigma}$ が S の商群であった．$\rho=\sigma$ を証明しよう．$(x, y)\rho(z, u)$ とすれば，ρ の定義により $xa=zb$, $ya=ub$ なる a, b があり，$xuab=yzab$ から消約律により $xu=yz$ を得るから $\rho\subseteq\sigma$. 逆に $(x, y)\sigma(z, u)$ とする．$xu=yz$ であるから

$$x(yz)=z(xy), \quad y(xu)=u(xy)$$

で $(x, y)(yz, xu)=(z, u)(xy, xy)$. だから $\sigma\subseteq\rho$ を得る．ゆえに $\rho=\sigma$. §4·3 で定義した**はめこみ**の単射はここの φ と同一である． ▌

注意 命題 8·1·2 の ρ は $S\times S$ の対角部分半群 $A=\{(a, a): a\in S\}$ で決定される．

A を S の対角線という．$S \times S$ の元を X, Y で表わし，A の元を α, β で表わす．ρ は次のように定義される： $X\alpha = Y\beta$ なる $\alpha, \beta \in A$ があるとき，$X\rho Y$.

命題 8・1・2 の別証明 S で生成される自由可換群を $F(S)$ とする．S の各元 x は $F(S)$ の生成元となるので改めて $[x]$ と書く．$f_1 : S \rightarrow_{\text{in}} F(S)$ を $xf_1 = [x]$ と定義する．$F(S)$ の中で $[xy][x]^{-1}[y]^{-1}$ なる形のすべての元で生成される部分群を B とし，$G = F(S)/B$ とおく．また $f_2 : F(S) \rightarrow_{\text{on}} G$ は自然な準同形とする．$f = f_1 f_2$, $f : x \mapsto [x]B$ が準同形であることは容易に示される．いま g : $S \rightarrow_{\text{in}} G'$ を S から可換群 G' の中への準同形とするとき，$h : G \rightarrow_{\text{in}} G'$ を次のように定義する： $a \in F(S)$ を $a = [x_1]^{\varepsilon_1} \cdots [x_m]^{\varepsilon_m}$ (ε_i は 1 または -1 を表わす）で表わすとき

$$([x_1]^{\varepsilon_1} \cdots [x_m]^{\varepsilon_m} B)h = (x_1 g)^{\varepsilon_1} \cdots (x_m g)^{\varepsilon_m}.$$

そのとき $fh = g$ を満足する． ▮

S を可換半群とし，S の最大なる消約的準同形像を C とする．(6・4・10) で示したように，次のように最小消約的合同関係を与えることができる：

$$ax = bx \text{ なる } x \in S \text{ があるとき，} a\tau b.$$

自然な準同形 $S \rightarrow_{\text{on}} C = S/\tau$ を γ, C から C の商群 G の中へのはめこみを δ とするとき

命題 8・1・4 S の K-準同形は $(\gamma\delta, G)$ で与えられる．

証明

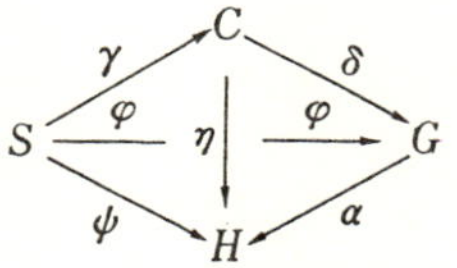

$\varphi = \gamma\delta$

明らかに $\gamma\delta$ は準同形 $S \rightarrow_{\text{in}} G$ である．H を可換群とし，$\psi : S \rightarrow_{\text{in}} H$ を任意の準同形とする．$S\psi$ は可換消約的であるから $\psi = \gamma\eta$ なる $\eta : C \rightarrow_{\text{in}} H$ がただ一つ存在する．また G が C の商群で (δ, G) が C の K-準同形だから $\eta = \delta\alpha$ なる $\alpha : G \rightarrow_{\text{in}} H$ がただ一つ定まる．したがって $\psi = \gamma\delta\alpha$ であり，α の唯一性は上述の η, α の唯一性から直ちに得られる．ゆえに $(\gamma\delta, G)$ は S の K-準同形である． ▮

p. 177 の定義によれば $K(S) \underset{\text{sur}}{=} K(C)$ である．

命題 8・1・4 の $\varphi=\gamma\delta$ において γ が全射, δ が単射だから, 容易に次の系 8・1・5 を得る.

系 8・1・5 S を可換半群とするとき

(8・1・5・1) φ が単射であるための必要十分条件は, S が消約的であること.

(8・1・5・2) φ が全射であるための必要十分条件は, S の最大消約的準同形像が群であることである.

必ずしも可換でない半群に対する K-群の存在.

S を半群, S の最大可換準同形像を T, その準同形を $\gamma_1: S \to_{\text{on}} T$ とする. さらに T の K-準同形を (δ_1, G) とする.

命題 8・1・6 G は S の K-群であって, S の K-準同形 (φ, G) の φ は $\varphi=\gamma_1\delta_1$ で与えられる.

証明 命題 8・1・4 と同じようにして得られる.

$$\begin{array}{c} & T & \\ \gamma_1 \nearrow & & \searrow \delta_1 \\ S \xrightarrow{\varphi} & \eta_1 \downarrow \xrightarrow{\varphi} & G \\ \psi_1 \searrow & & \nearrow \alpha_1 \\ & H & \end{array}$$

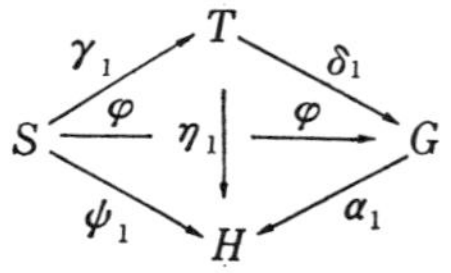

すなわち命題 8・1・4 の証明において, 最大消約的準同形像 C を最大可換準同形像 T でおきかえればよい. p.177 の記号によると $K(S) = K(T)$.
$\underset{\text{sur}}{=}$

8・2 K-群の基本性質

半群 S の K-群を $K(S)$ と書く.

命題 8・2・1 半群 S_1 が半群 S_2 の中へ準同形であれば, $K(S_1)$ は $K(S_2)$ の中へ準同形である.

証明 準同形 $f: S_1 \to S_2$ と $\varphi_2: S_2 \to K(S_2)$ の合成 $f\varphi_2$ は $S_1 \to K(S_2)$ なる準同形である. $K(S_1)$ が S_1 の K-群であるから, $K(S_1)$ は $K(S_2)$ の中へ準同形である. すなわち次の可換図式を得る. このような準同形 $f': K(S_1) \to K(S_2)$ はただ一つ定まる.

$$\begin{array}{ccc} S_1 & \xrightarrow{f} & S_2 \\ \varphi_1 \downarrow & & \downarrow \varphi_2 \\ K(S_1) & \xrightarrow{f'} & K(S_2) \end{array}$$

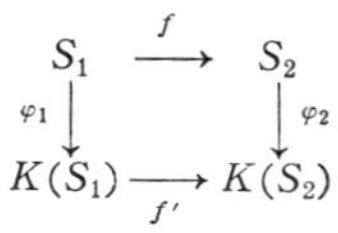

注意 f' を $K(f)$ と書くことがある．圏の言葉でいえば，K は半群の圏から可換群の圏への共変関手である．

特に S_1, S_2 が可換であれば，命題 8・1・2 に現われた ρ をそれぞれ ρ_1, ρ_2 とする．

$$K(S_1)=\frac{S_1\times S_1}{\rho_1},\quad K(S_2)=\frac{S_2\times S_2}{\rho_2}.$$

(8・2・2)　このとき $K(f)$ は $f':\overline{(x,y)}\mapsto\overline{(xf,yf)}$ で与えられる．

証明 $\overline{(x,y)}=\overline{(z,u)}$ のとき $\overline{(xf,yf)}=\overline{(zf,uf)}$ が証明されるから f' は定義可能である．$(\overline{(x,y)}\,\overline{(v,w)})f'=\overline{(x,y)}f'\,\overline{(v,w)}f'$ であり，$\varphi_1: S_1\to K(S_1)$ は $x\mapsto\overline{(xa,a)}$ だから $x\varphi_1 f'=xf\varphi_2$ である．詳しい証明は読者に任す． ∎

命題 8・2・1 の図式をさらに細かくすれば，命題 8・1・4, 8・1・6 により次の可換図式を得る．

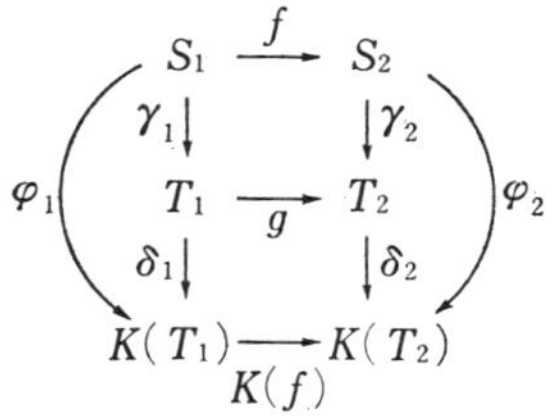

S_1 f S_2
γ_1 γ_2
φ_1 T_1 g T_2 φ_2
δ_1 δ_2
$K(T_1)$ $K(T_2)$
$K(f)$

T_i は S_i の最大可換準同形像 $(i=1,2)$

$\gamma_i: S_i\to T_i$ は全射である $(i=1,2)$

$K(S_i)\underset{\text{sur}}{=}K(T_i)\quad(i=1,2)$

$K(g)=K(f)$

次の命題では S の可換性を仮定しない．

命題 8・2・3 命題 8・2・1 において，f が全射であれば $K(f)$ も全射である．

証明 上の図式から $\gamma_1 g=f\gamma_2$ でかつ γ_1,γ_2,f がすべて全射であるから g も全射である．$K(g)$ の定義 $\overline{(x,y)}\mapsto\overline{(xg,yg)}$ から $K(g)$ が全射であることが知られる． ∎

以下半群は可換であると仮定する．

命題 8・2・4 命題 8・2・1 において $S_i\ (i=1,2)$ は可換であり，$K(S_i)=\dfrac{S_i\times S_i}{\rho_i}$ $(i=1,2)$, $S_1\subseteq S_2$, f は恒等写像とする．そのとき $\rho_1=\rho_2|(S_1\times S_1)$ (ρ_1 が ρ_2 の $S_1\times S_1$ への制限）であれば，$K(f)$ は単射である．さらに $S_2\times S_2$ のすべての ρ_2-類が $S_1\times S_1$ と交われば $K(S_1)\underset{\text{inj}}{=}K(S_2)$.

証明 $K(f)$ として，$S_1\times S_1$ の ρ_1-類 X に対し，$Y\cap(S_1\times S_1)=X$ なる $S_2\times S_2$ の ρ_2-類 Y を対応させる．$K(f)$ が単射であることは明らかである．最後の条件により $K(f)$ が全射となるから $K(S_1)\cong K(S_2)$. ∎

命題8·2·4をいいかえると

命題 8·2·4′ $S_1 \subseteq S_2$ であるとき，次の(i),(ii)を満足すれば，$K(S_1) \underset{\text{inj}}{=} K(S_2)$ である．

(i) $(a,b),(c,d) \in S_1 \times S_1$, $(a,b)\rho_2(c,d)$ であれば $(a,b)\rho_1(c,d)$,

(ii) 任意の $(x,y) \in S_2 \times S_2$ に対し $(x,y)\rho_2(a,b)$ なる $(a,b) \in S_1 \times S_1$ がある．

上の(i),(ii)は可換半群 S_1, S_2 $(S_1 \subseteq S_2)$ に対し，$K(S_1) \underset{\text{inj}}{=} K(S_2)$ であるための十分条件である．

定義 可換半群 S_2 の部分半群を S_1 とする．(i),(ii)を満足する ρ_1 が $S_1 \times S_1$ に，ρ_2 が $S_2 \times S_2$ に存在するとき，$K(S_1)$ と $K(S_2)$ は**構成的に等しい**といい，$K(S_1) \underset{\text{const}}{=} K(S_2)$ と書く（$S_1 \subseteq S_2$ が明示されておれば $K(S_2) = K(S_1)$ と書いてもよい）．

たとえばすべての正偶数からなる半群を S_1, すべての正整数からなる半群を S_2 とする．$K(S_1) \underset{\text{inj}}{=} K(S_2)$ であるが，$K(S_1) \underset{\text{const}}{=} K(S_2)$ でない．$(1,2) \in S_2 \times S_2$ であるが，$(1,2)\rho_2(a,b)$ なる $(a,b) \in S_1 \times S_1$ が存在しない．

命題 8·2·5 可換半群 S のイデアルを I とすれば，$K(I) \underset{\text{const}}{=} K(S)$, したがって $K(I) \underset{\text{inj}}{=} K(S)$.

証明 $K(S) = (S \times S)/\rho_S$, $K(I) = (I \times I)/\rho_I$ とする．命題8·2·4′の(i),(ii)を証明すればよい．$(a,b)\rho_S(c,d)$, すなわち $(a,b)(x,x) = (c,d)(y,y)$ なる $x, y \in S$ があると仮定する．$s \in I$ を任意にとり (s,s) を両辺に掛けると，$(a,b)(xs,xs) = (c,d)(ys,ys)$； I はイデアルゆえ $xs, ys \in I$. これで $(a,b)\rho_I(c,d)$ が証明された．次に $(x,y) \in S \times S$ とする．$a \in I$ に対し $(xa,ya) \in I \times I$ で $(x,y)(a^2,a^2) = (xa,ya)(a,a)$ だから $(x,y)\rho_S(xa,ya)$. ∎

系 8·2·6 $S^1 = S \cup \{1\}$（S に単位元をつけ加えたもの）とする．S が可換であれば $K(S) \underset{\text{const}}{=} K(S^1)$.

上の例が示すように可換半群 S のすべての部分半群 V に対して $K(V) \underset{\text{const}}{=} K(S)$ とは限らない．命題8·2·5の証明を見れば「イデアル」という条件をゆるめることができる．

定義 可換半群 S の部分半群を F とする．S の任意の元 x, y に対し xa, ya がともに F に属するような S の元 a があるとき，F を S の **2-重共終部分半群**

という．

命題 8・2・7 可換半群 S の部分半群 F が S の 2-重共終部分半群であれば，$K(F) \underset{\text{const}}{=} K(S)$.

証明は命題 8・2・5 と全く同じようにすればよい．

イデアルは 2-重共終部分半群であるから，命題 8・2・5 は命題 8・2・7 に含まれる．もちろんイデアルでない 2-重共終部分半群が存在する．たとえば $S=\{1,2,3,\cdots\}$ 加法半群に対し $F=\{3,5,6,8,9,10,\cdots\}$ はイデアルでないが，2-重共終である．

次は直積の K-群に関する命題である．

命題 8・2・8 S, T を可換半群とすれば，$K(S\times T)\cong K(S)\times K(T)$. φ_S, φ_T をそれぞれ S, T の K-準同形とすれば，$S\times T$ の K-準同形は $(x,y)\mapsto((x\varphi_S, y\varphi_T))$ で与えられる．

証明 $K(S\times T)=\dfrac{(S\times T)\times(S\times T)}{\rho_{S\times T}}$，$K(S)=\dfrac{S\times S}{\rho_S}$，$K(T)=\dfrac{T\times T}{\rho_T}$ とおく．x, y, z, x', y', z' は S の元；a, b, c, a', b', c' は T の元；(x,a) などは $S\times T$ の元である．$(S\times T)\times(S\times T)$ において

$$((x,a),(y,b))\rho_{S\times T}((x',a'),(y',b'))$$

とすれば，定義により

$$((x,a),(y,b))((z,c),(z,c))=((x',a'),(y',b'))((z',c'),(z',c'))$$

なる $(z,c), (z',c')\in S\times T$ がある．

$(S\times T)\times(S\times T)$ の元として

$$((xz, ac),(yz, bc))=((x'z', a'c'),(y'z', b'c')) \tag{8・2・8}$$

が成立する．$(S\times T)\times(S\times T)$ は $(S\times S)\times(T\times T)$ の上に $((x,a),(y,b))\mapsto(((x,y),(a,b)))$ なる対応で同形である．(8・2・8) に対応して，$(S\times S)\times(T\times T)$ における等式

$$(((xz, yz),(ac, bc)))=(((x'z', y'z'),(a'c', b'c')))$$

を得る．これから二組の等式 $(xz, yz)=(x'z', y'z')$，$(ac, bc)=(a'c', b'c')$，すなわち $(x,y)\rho_S(x',y')$，$(a,b)\rho_T(a',b')$. ゆえに下に記すように $\rho_{S\times T}$-類に対して ρ_S-類と ρ_T-類の対が対応する．

$$\overline{((x,a),(y,b))}_{S\times T}\mapsto((\overline{(x,y)}_S, \overline{(a,b)}_T)).$$

1 対 1 であることは上の順程を逆にたどれば証明される．次の証明も定義に従

って形式的になされる.

$$\overline{((x,a),(y,b))}_{S\times T}\overline{((x',a'),(y',b'))}_{S\times T}$$
$$\to ((\overline{(x,y)}_S,\overline{(a,b)}_T))((\overline{(x',y')}_S,\overline{(a',b')}_T)). \qquad \blacksquare$$

問 $I(+)$ を全正整数加法半群, $V(\cdot)$ を有限可換群とする. 和集合 $S=I\cup V$ に演算 $(*)$ を次のように定義する:

$$x*y=\begin{cases} x+y & (x,y\in I \text{ なるとき}) \\ y & (x\in V, y\in I \text{ なるとき}) \\ x & (x\in I, y\in V \text{ なるとき}) \\ x\cdot y & (x,y\in V \text{ なるとき}). \end{cases}$$

このとき $K(S)\underset{\text{hom}}{=}K(V)$ でない.

次の問題はまだ解決されていない.

1. S が可換でないとき, そのイデアル I に対し $K(S)\underset{\text{inj}}{=}K(I)$ が成立するか.
2. S が可換でないとき, その部分半群 V に対し $K(S)\underset{\text{inj}}{=}K(V)$ が成立するための十分条件を求めよ.
3. $K(S\times T)\cong K(S)\times K(T)$ は可換性を仮定しなくても成立するか.
4. S_2 が可換で, $S_1\subseteq S_2$ のとき, $K(S_1)\underset{\text{const}}{=}K(S_2)$ であるための必要十分条件は何か.

8・3 *K*-群に関する補足

半群の可換群の中への最大な準同形写像が K-準同形であった. K-準同形, K-群に類似して, 最大群準同形なる概念を考える.

定義 半群 S に対し次の条件を満足する群 G を, S の**最大群準同形像**といい, 準同形 ψ または組 (ψ, G) を S の**最大群準同形**という.

$\psi: S\to_{\text{on}}G$ は S から群 G の上への準同形である. $g: S\to_{\text{on}}H$ を S から群 H の上への準同形とするとき, 次の図式が可換, すなわち $\psi h=g$ を満足する準同形 $h: G\to_{\text{on}}H$ がただ一つ存在する.

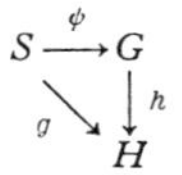

もし最大群準同形像が存在すれば同形を無視してただ一つである.

圏の言葉でいえば, S を固定して群 H と, S から H の上への準同形の組を対象とする圏における初対象が (ψ, G) である.

合同関係でいえば, 準同形 $S\to_{\text{on}}H$ によって定まる合同関係 ρ を S の群合同, 最大群準同形 $S\to_{\text{on}}G$ によって定まる合同関係 ρ_0 を S の**最小群合同**という. ρ_0 は S のすべての群合同 ρ に含まれる.

分割でいえば, ρ によって引き起こされる S の分割を S の**群分解**, ρ_0 によって引き起こされる S の分割を S の**最大群分解**とよぶ.

上の定義では H, G を可換に制限しなかったが, 像を可換群とすることにより (最大) 可換群準同形像, (最小) 可換群合同などを同じように定義する. そうすれば K-群との関連が一層近くなる．K-群の定義のうち，「の中へ」を「の上へ」でおきかえると，最大可換群準同形像の定義を得る．しかし任意の半群は K-群をもつが，最大可換群準同形をもつとは限らない．たとえば，全正整数加法半群は最大群準同形像をもたない．

零 0 をもつ（可換）半群は最大群準同形像をもつ．自明な群がそれである．

K-準同形写像が全射であれば，K-群が最大可換群準同形像である（この節末の問 1）．実は可換半群に対しては逆が成り立つ．本書では詳論を省くが，これに関して，半群のすべての群合同をいかにして決定するかという基本重要問題をとりあげるのが至当であろう（§8·4）．つぎに可換半群 S の K-群 $K(S)$ の構成をふりかえってみる．すでにのべたごとく $K(S)$ は $S\times S$ の部分半群 $A=\{(a,a):a\in S\}$ で決定された．

当然考えられることは，このような A のほかに $K(S)$ を構成する $S\times S$ の部分半群があるかどうか．また $S\times S$ のかわりに $S\times S\times S, S\times\cdots\times S$ から $K(S)$ が構成されないかという問題が考えられる（下の問題をみよ）．

またある種の半群 S では $\varphi: S\to K(S)$ の性質によって S の構造が特徴づけられる．

問 1 半群 S の可換性を仮定しない．K-準同形 $\varphi: S\to K(S)$ が全射であれば，φ は S の最大可換群準同形である．

問 2 S を可換半群，$B=\{(a^2,a):a\in S\}$ とし，$S\times S$ の合同 ρ_B を $(x,y)\alpha=(z,u)\beta$ なる $\alpha,\beta\in B$ があることと定義すれば $(S\times S)/\rho_B$ は S の K-群である．

ヒント $(S\times S)/\rho_B$ が群であることを証明するのは容易である．$\varphi: S\to_{\mathrm{in}}(S\times S)/\rho_B$ を $x\mapsto\overline{(xa^2,a)}$ で定義する．$g: S\to_{\mathrm{in}}H$ が与えられるとき，$h:(S\times S)/\rho_B\to_{\mathrm{in}}H$ を $\overline{(x,y)}h=(xg)(yg)^{-2}$ で定義すれば，図式の可換性，h の唯一性が証明される．

問題 S を可換半群，$S^{(n)}=\underbrace{S\times\cdots\times S}_{n}$ を直積，任意の正整数 $m_1,\cdots,m_n$ に対して $S\times\cdots\times S$ の部分半群

$$\varDelta_{m_1,\cdots,m_n}(S)=\{(a^{m_1},\cdots,a^{m_n}):a\in S\}$$

を定義する．$m_1,\cdots,m_n$ の最大公約数と，どれか一つ m_i を除いた残りの $n-1$ 個の数の最大公約数が等しいとき，$S\times\cdots\times S$ の合同 $\rho_{m_1,\cdots,m_n}$ を次のように定義する：

$(x_1,\cdots,x_n)\alpha=(y_1,\cdots,y_n)\beta$ なる $\varDelta_{m_1,\cdots,m_n}(S)$ の元 α,β があるとき

$$(x_1,\cdots,x_n)\rho_{m_1,\cdots,m_n}(y_1,\cdots,y_n).$$

このとき

$$K_{m_1,\cdots,m_n}(S)=\frac{S\times\cdots\times S}{\rho_{m_1,\cdots,m_n}}$$ を S の K-群とすることができるか．

8・4 可換半群の群合同

本節では可換半群の群合同を扱う．S の K-群が S の対角線によって決定されることからヒントを得て，まず次のような合同を考える．

S を可換半群，A を S の部分半群とする．ρ_A を

$$x\rho_A y \Leftrightarrow ax=by \text{ なる } a, b\in A \text{ がある}$$

で定義すると，ρ_A は S の合同で，すべての $x\in S$ と $a\in A$ に対し $ax\rho_A x$ を満足する．すなわち $a\in A$ を含む ρ_A-類が S/ρ_A の単位元である．さらに ρ_A を群合同ならしめるには S/ρ_A の各元が逆元をもつように配慮しなければならない．

定義 A を可換半群 S の部分半群とする．S の任意の元 x に対し $xy\in A$ なる S の元 y が存在するとき，A を S の**共終部分半群**，A は S で**共終**であるという．

ρ が S の群合同であるとき自然な写像 $\varphi: S\to_{\text{on}} S/\rho$ において S/ρ の単位元に写される S のすべての元の集合は，S の部分半群である．これを φ の**自然核**または**核**，ρ の核ともいい，$\text{Ker}\,\varphi$，または $\text{Ker}\,\rho$ と書く．

問 1 $S\to S/\rho$ の核は S の共終部分半群である．

§8·2 で定義された 2-重共終部分半群は共終である．また任意のイデアル，アルキメデス的半群の部分半群はいずれも共終である

命題 8·4·1 S の共終部分半群を A とすれば，ρ_A は S の群合同である．また $A\subseteq B \Rightarrow \rho_A\subseteq\rho_B$.

証明は容易であるから読者に任す．

問 2 B は共終であるとは仮定しない．ρ_B は次に定義される関係 σ_B で生成される合同である．

$$y=ax \text{ なる } a\in B \text{ があるとき } x\sigma_B y.$$

問 3 B を S の部分半群とする．ρ_B が群合同であるための必要十分条件は，B が S で共終であることである．

定理 8·4·2 A を可換半群 S の共終部分半群とする．

(i) 準同形 $S\to S/\rho_A$ の核を U とすれば，$\rho_A=\rho_U$.

(ii) S の任意の群合同を σ とし，$S\to S/\sigma$ の核を V とすれば，$\sigma=\rho_V$.

証明 (i): $A\subseteq U$ であるから ρ_A の定義により $\rho_A\subseteq\rho_U$ である．$\rho_U\subseteq\rho_A$ を証明すればよい．$x\rho_U y$ とする．定義により $ux=vy$ なる $u, v\in U$ がある．自然な写像 $S\to S'=S/\rho_A$ による $x\in S$ の像を x' と書くと $u'x'=v'y'$．しかし U の定義により u', v' は S' の単位元だから $x'=y'$，ゆえに $x\rho_A y$.

(ii): まず $\rho_V\subseteq\sigma$ を証明する．$x\rho_V y$ とすれば $ux=vy$ なる $u, v\in V$ がある．$\varphi: S\to S/\sigma$ による x の像を x' と書けば (i) の証明と同じように $x'=y'$，すなわち $x\sigma y$ を得る．さて自然な写像 $\psi: S\to S/\rho_V$ を考えれば $\rho_V\subseteq\sigma$ だから $\varphi=$

$\psi \cdot f$ なる f，すなわち群から群の上への準同形写像 $f: S/\rho_V \to S/\sigma$ を引き起こし $\mathrm{Ker}\,\psi \subseteq \mathrm{Ker}\,\varphi$．一方，$\rho_V$ の定義から $V \subseteq \mathrm{Ker}\,\psi$，また仮定により $\mathrm{Ker}\,\varphi = V$．これらを総合すれば $\mathrm{Ker}\,\psi = V$ を得る．したがって群の意味の f の核：$\mathrm{Ker}\,f = \{e'\}$ は自明だから $\rho_V = \sigma$ が証明された． ∎

上の定理の結果により，S のすべての群合同は ρ_A の形で求められる．しかし注意すべきことは $S \to S/\rho_A$ の核 U に対して $A \subseteq U$ であって必ずしも $A = U$ でない．たとえば全正整数加法半群 $S = \{1, 2, 3, \cdots\}$ の部分半群 $A = \{4, 6, 8, 10, \cdots\}$ は S で共終で，S/ρ_A は位数 2 の群であるが，$S \to S/\rho_A$ の核は $\{2, 4, 6, \cdots\}$ で A に等しくない．

定義 可換半群 S の部分半群を A とする．$x \in S$, $a \in A$ かつ $ax \in A$ であれば $x \in A$ である，という条件を満足するとき，A を S の**単位的部分半群**という．

定理 8・4・3 可換半群 S の共終部分半群を A とする．$\varphi: S \to S/\rho_A$ の核 U が A に等しいための必要十分条件は A が単位的なることである．

証明 まず $U = A$ と仮定する．$a \in A, x \in S, ax \in A$ から $x \in A$ を証明する．ρ_A の定義から直ちに $x \rho_A ax$．$b = ax$ とおけば $b \in A = U$，$x \rho_A b$ から $x \in U$，したがって $x \in A$．

逆に A が単位的であるとする．$\varphi: S \to S/\rho_A$ の核 U の任意の元 x をとる．x は φ により S/ρ_A の単位元に写されるから，任意の $a \in A$ に対し $ax \rho_A a$．ρ_A の定義により $bax = ca$ なる $b, c \in A$ がある．A は部分半群だから $ba, ca \in A$．さて A が単位的だから $x \in A$ が導かれる．かくて $U \subseteq A$，したがって $U = A$． ∎

以上二定理を総合すれば

定理 8・4・4 S を可換半群とする．S の単位的共終部分半群 U と S の群合同 σ が

$$U \mapsto \rho_U \quad \text{すなわち} \quad \mathrm{Ker}\,\rho_U = U,$$

$$\mathrm{Ker}\,\sigma \leftarrow \sigma \quad \text{すなわち} \quad \rho_{\mathrm{Ker}\,\sigma} = \sigma$$

の意味で 1 対 1 に対応する．

関連したいろいろの結果を以下に列挙する（証明を略する）．

1. 可換半群 S の共終部分半群 A に対し，単位的共終部分半群 $\bar{A}$ を $\bar{A} = \mathrm{Ker}\,\rho_A$ で定義すると，$A \mapsto \bar{A}$ は閉作用素である：

（i） $A \subseteq \bar{A}$ （ii） $\bar{\bar{A}} = \bar{A}$ （iii） $A \subseteq B \Rightarrow \bar{A} \subseteq \bar{B}$.

2. $\bar{A}$ は A を含む最小の単位的共終部分半群である.

3. $\bar{A}$ は $\rho_X=\rho_A$ なるすべての共終部分半群 X の集合の最大元である.

4. $ax=b$ なる A の元 a, b が存在するような S の元 x のすべての集合を B とすると, $B=\bar{A}$.

5. 可換半群 S の群合同 ρ を含む合同 σ は, また S の群合同である. S のすべての群合同のなす集合 $\mathfrak{M}$ は, ρ_1 と ρ_2 で生成される合同 $\rho_1 \vee \rho_2$ を結び (join) として半束をなす.

6. S の共終部分半群の族 $\{A_\alpha : \alpha \in \Lambda\}$ で生成される部分半群は S で共終である. A_α が単位的部分半群で $\bigcap_\alpha A_\alpha \neq \emptyset$ であれば, $\bigcap_\alpha A_\alpha$ は単位的である.

7. S のすべての共終部分半群のなす集合を $\mathfrak{L}$, すべての単位的共終部分半群のなす集合を $\mathfrak{U}$ とする. $\mathfrak{L}, \mathfrak{U}$ はいずれも半束である(結びは何か). 半束 $\mathfrak{U}$ は半束 $\mathfrak{L}$ の部分集合であるが, 部分半束であるとは限らない. $\mathfrak{L}$ は $\mathfrak{M}$ の上に半束として準同形, $\mathfrak{U}$ は $\mathfrak{M}$ の上に半束として同形である.

8·5 共終部分半群および群合同の例

可換半群 S の部分半群を A とする. A が S で共終であることの定義は, 任意の $x \in S$ に対し $xy \in A$ なる $y \in S$ があることであった.

(8·5·0) A が S で共終であるための必要十分条件は, 任意の $x \in S$ に対し $a^m = axy$ を満足する正整数 m と, $a \in A, y \in S$ があること.

(8·5·1) S において $x^n = yz$ なる正整数 n と $z \in S$ があるとき, $x \preceq y$ と定義する. $\preceq$ は両立する擬順序である. A が S で共終であるための必要十分条件は, 任意の $x \in S$ に対し $a \preceq ax$ なる $a \in A$ があること.

(8·5·2) $S = \bigcup_{\alpha \in \Gamma} S_\alpha$ を S の最大半束分解とする. S_α はアルキメデス的半群である. Γ は下半束, すなわち $\alpha\beta = \alpha$ のとき $\alpha \leqq \beta$ とする.

A が S で共終であるための必要十分条件は, 任意の $\xi \in \Gamma$ に対し $\xi \geqq \alpha$ でかつ $S_\alpha \cap A \neq \emptyset$ なる $\alpha \in \Gamma$ があることである.

群合同の例

(8·5·3) S を可換アルキメデス的半群とする. 任意の元 a で生成される S の部分半群 A は S で共終である. ρ_A をしばしば ρ_a と書くことがある. $x \rho_a y$ は $a^m x = a^n y$ なる m, n があることである. 特に S が消約的で巾等元を含ま

なければ A は単位的である．また S が巾等元 e をもつならば，$\{e\}$ は共終であるが必ずしも単位的でない．重要なことは S の任意の群合同 σ に対し $a \in \mathrm{Ker}\,\sigma$ をとれば $\rho_a \subseteq \sigma$.

(8・5・4) S を可換半群，$S=\bigcup_{\lambda\in\Gamma} S_\lambda$ を S の最大半束分解（Γ は下半束），Δ を Γ の共終部分半束とする．各 S_{ξ_i} から 1 個ずつ元 a_{ξ_i} をとり

$$A=\{a_{\xi_i} : \xi_i \in \Delta\}$$

とし，A で生成される S の部分半群を $\bar{A}$ とするとき，$\bar{A}$ は S で共終である．

証明 $x\in S$ を任意にとり，$x\in S_\lambda$ $(\lambda\in\Gamma)$ とする．Δ が共終だから $\lambda \geqq \xi_n$ なる ξ_n がある，すなわち $xy\in S_{\xi_n}$ なる $y\in S$ がある．ところが S_{ξ_n} がアルキメデス的であることから $a_{\xi_n}^m=(xy)z$ なる $z\in S_{\xi_n}$ と正整数 m がある．これで $\bar{A}$ が共終であることが証明された． ∎

(8・5・4) で定義された A をやはり S の**共終半束**という．共終部分半群 $\bar{A}$ に対して $\rho_{\bar{A}}$ と書くべきところを単に ρ_A と書くことにする．$\rho_A=\rho_{\bar{A}}$ の意味である．特に Δ が鎖であるとき，Δ を Γ の**共終鎖**，A を S の**共終鎖**という．

問 1 $f: S\to_{\mathrm{on}} S'$ を半群 S から半群 S' の上への準同形とする．A が S の（単位的）共終部分半群であれば，Af は S' の（単位的）共終部分半群である．

(8・5・5) S の任意の群合同 σ に対し $\rho_A\subseteq\sigma$ なる S の共終半束 A が存在する．

証明 $S=\bigcup_{\lambda\in\Gamma} S_\lambda$ を S の最大半束分解とし，$U=\mathrm{Ker}\,\sigma$ とおく．U は S の共終部分半群である．$\Gamma'=\{\lambda\in\Gamma : S_\lambda\cap U\neq\varnothing\}$ とおけば Γ' は U の Γ の中への準同形像だから，Γ' は Γ の共終部分半束である．Γ' の各元 ξ に対し $a_\xi\in U\cap S_\xi$ をとれば，$A=\{a_\xi : \xi\in\Gamma'\}$ が求める S の共終半束である． ∎

特に可換消約的半群では，共終鎖 A による S の群合同 ρ_A と，アルキメデス的成分の群合同との関係が簡単に叙述される．

(8・5・6) Γ が共終鎖 Δ をもつと仮定する．可換消約的半群 $S=\bigcup_{\lambda\in\Gamma} S_\lambda$ の共終鎖を A，$A=\{a_\alpha : \alpha\in\Delta\}$ とする．各 $\alpha\in\Delta$ に対し，$\rho_A|S_\alpha$ が S_α の合同 ρ_B に一致するような S_α の部分半群 B が存在する（Γ は下半束とする）．

証明 $\xi\geqq\alpha$ なるすべての $\xi\in\Delta$ に対し S_α の元 c_ξ を

$$c_\xi=\begin{cases} a_\xi a_\alpha & (\xi>\alpha \text{ なるとき}) \\ a_\alpha & (\xi=\alpha \text{ なるとき}) \end{cases}$$

で定義し，すべての c_ξ で生成される S_α の部分半群を B とする．$x, y\in S_\alpha$ でかつ $x\rho_A y$ とする．ρ_A の定義により

$$(1) \qquad a_{\beta_1}^{m_1'}a_{\beta_2}^{m_2'}\cdots a_{\beta_k}^{m_k'}x=a_{\gamma_1}^{n_1'}a_{\gamma_2}^{n_2'}\cdots a_{\gamma_l}^{n_l'}y$$

なる $a_{\beta_1},\cdots,a_{\beta_k},a_{\gamma_1},\cdots,a_{\gamma_l}\in A$ と正整数 $m_1',\cdots,m_k',n_1',\cdots,n_l'$ が存在する．(1) の両辺から同じ元を消約したり，掛けることにより（添数の記号を改めて）

$$(2) \qquad a_1^{m_1}\cdots a_\alpha^{m_\alpha}x=a_1^{n_1}\cdots a_\alpha^{n_\alpha}y, \quad 1>\cdots>\alpha$$

の形に帰着される．この理由を詳しく説明しよう．$\beta_1,\cdots,\beta_k,\gamma_1,\cdots,\gamma_l$ の最小元を δ とすれば，$\delta\geqq\alpha$ として一般性を失わない．なぜなら $\alpha>\delta$ とし，(1) の左辺における a_δ の指数を m_δ'，右辺における a_δ の指数を n_δ' とする．もし $m_\delta'\neq n_\delta'$ とすれば，消約されて一方にだけ a_δ が残り，他の辺には残らないから，(1) の等式の一方は S_δ の元であるが，他の辺は S_δ の元でない．ゆえに $m_\delta'=n_\delta'$. しかし両辺から a_δ は消約される．ゆえに β_i,γ_j はすべて $\geqq\alpha$ としてよい．

さて (2) の両辺に a_α の適当な巾，すなわち a_α^r, $r\geqq\max\{m_1+\cdots+m_{\alpha-1}, n_1+\cdots+n_{\alpha-1}\}$ を掛けて

$$c_1^{s_1}\cdots c_\alpha^{s_\alpha}x=c_1^{t_1}\cdots c_\alpha^{t_\alpha}y$$

とすることができる．これで $\rho_A|S_\alpha\subseteq\rho_B$ が証明された．包含の逆方向は明らかである． ∎

8·6 半群の群合同

この節では可換を仮定しない半群の群合同を扱うのが主な目的であるが，準備をできるだけ一般化して剰余半群 S/ρ が単位元をもつような合同 ρ を考える．これは理論の発展のために有効である．$f: S\to_{\mathrm{on}}G$ を半群 S の G の上への準同形，G は単位元をもつとする．f によって導入される S の合同を ρ とすれば，$S/\rho\cong G$. f により G の単位元に写される逆像を，f または ρ の**核**といい，$\mathrm{Ker}\, f$ または $\mathrm{Ker}\,\rho$ で表わす．

以下の諸定義において H は S の部分半群である．

定義 (8·6·1) 反射的：$x, y\in S$, $xy\in H \Rightarrow yx\in H$ を満足するとき，H は S で**反射的**であるという．

(8·6·2) 左(右)単位的（または左(右)可削）：$x\in S$, $a\in H$, $ax\in H$ ($xa\in H$)

$\Rightarrow x \in H$を満足するとき，HはSで**左(右)単位的**（または**左(右)可削**）であるという．左単位的でかつ右単位的であるとき，**単位的**（または**可削**）であるという．Hが反射的であれば左右の区別を要しない．

(8·6·3)　可抽：$x, y \in S, a \in H, xay \in H \Rightarrow xy \in H$を満足するとき，$H$は$S$で**可抽**であるという．

(8·6·4)　可挿(そう)：$x, y \in S, a \in H, xy \in H \Rightarrow xay \in H$を満足するとき，$H$は$S$で**可挿**であるという．

(8·6·5)　添削的：Hが可削（すなわち単位的），可抽かつ可挿であるとき，HはSで**添削的**であるという．

(8·6·6)　可剝(はく)：$x \in S, ab \in H, axb \in H \Rightarrow x \in H$を満足するとき，$H$は$S$で**可剝**であるという．

(8·6·7)　右(左)共終：任意の$x \in S$に対し$xy \in H$ ($yx \in H$) なる$y \in S$があるとき，HはSで**右(左)共終**であるという．左共終でかつ右共終であるとき，**共終**であるという．

上に定義された概念はすべて準同形によって保存される．

(8·6·8)　Sの左(右)共終部分半群を含む部分半群は，Sで左(右)共終である．

補題 8·6·9　HがSで反射単位的（反射的でかつ単位的の意味）であれば，HはSで可抽である．

証明　$a \in H$, $x, y \in S$, $xay \in H$とする．反射性により$ayx \in H$，左可削性により$yx \in H$，再び反射性により$xy \in H$. ▌

補題 8·6·10　HがSで反射的であれば，HはSで可挿である．

証明　$xy \in H$から反射性により$yx \in H$. Hが部分半群だから$a \in H$とすれば$ayx \in H$. 反射性により$xay \in H$. ▌

命題 8·6·11　HがSで反射単位的であれば，HはSで添削的である．

証明　定義と補題 8·6·9, 8·6·10 から直ちに得られる． ▌

命題 8·6·12　HがSで可剝であれば，HはSで反射単位的である．逆もまた成り立つ．

証明　HがSで可剝であるとする．$xy \in H$とすれば$(xy)^2 = x(yx)y \in H$だから可剝性により$yx \in H$，Hの反射性が導かれた．次に$a \in H, ax \in H, x \in S$

とする．$a^2 \in H, axa \in H$ から可剝性により $x \in H$. 左可削性が証明された．ゆえに H は反射単位的である．逆に H が反射単位的であると仮定する．$axb \in H$, $ab \in H$ とすれば反射性により $bax \in H$, $ba \in H$. さらに左単位性により $x \in H$. これで可剝性が示された． ▮

以上の諸概念を合同に関連させる．

半群 S の部分半群 T（T に対しては何も条件をつけない）に対し，S における関係 σ_T, ${}_T\sigma$ を次のように定義する．

$$\sigma_T = \{(x, xa) : x \in S, a \in T\}, \quad {}_T\sigma = \{(x, ax) : x \in S, a \in T\}.$$

σ_T で生成される S の合同を ρ_T, ${}_T\sigma$ で生成される合同を ${}_T\rho$ と書く．すべての $a \in T$ に対し $x\rho xa$ $(x\rho ax)$ を満足する，すなわち a を含む ρ-類がすべて右(左)単位元をなすような合同 ρ のうち最小のものが ρ_T $({}_T\rho)$ である．

S/ρ が右(左)単位元をもつとき，ρ を S の**右(左)単位的合同**という．たとえば ρ_T は右単位的合同，${}_T\rho$ は左単位的合同である．S/ρ が単位元をもつとき ρ を S の単位的合同という．${}_T\sigma \cup \sigma_T$ で生成される合同は単位的合同である．

単位元 e を含む半群を D とする．$x \in D$ に対し $xy = e$ $(yx = e)$ なる $y \in D$ があるとき，x を**右単元**（**左単元**）という．すべての右単元の集合を P, 左単元の集合を Q とすれば，P は e を含む右消約的部分半群，Q は e を含む左消約的部分半群である．そのとき $P \cap Q$ は部分群である（§4·4をみよ）．特に $P = Q$ であるとき，D は**単反射的**であるという．D は $\{e\}$ を反射的部分半群として含むという意味で $x, y \in D$, $xy = e$ であれば $yx = e$ である．

S/ρ が単位元をもち，かつ単反射的であるとき，ρ を S の**単反射的合同**とよび，特に S/ρ が群であるとき，ρ を S の**群合同**という．

命題 8·6·13　ρ_H が半群 S の単位的合同であれば $H \subseteq \mathrm{Ker}\,\rho_H$ であって，$\mathrm{Ker}\,\rho_H$ は単位的部分半群である．

証明　ρ_H の定義によりすべての $x \in S, a \in H$ に対し $x\rho_H xa$, また仮定により $x\rho_H ax$. かくて H のすべての元は S/ρ_H の単位元となる ρ_H-類に含まれる．$\bar{H} = \mathrm{Ker}\,\rho_H$ とおく．$a \in \bar{H}$, $x \in S$, $xa \in \bar{H}$ とする．ρ_H の定義により，$x\rho_H xa \in \bar{H}$ だから $x \in \bar{H}$. 同じようにして $ax \in \bar{H}$ から $x \in \bar{H}$ を得る． ▮

命題 8·6·14　ρ_H が半群 S の単反射的合同であれば $H \subseteq \mathrm{Ker}\,\rho_H$ であって，$\mathrm{Ker}\,\rho_H$ は S の反射単位的部分半群である．

証明 後半のうち $\mathrm{Ker}\,\rho_H$ が反射的であることだけを証明すればよい．他は命題 8·6·13 から明らかである．x を含む ρ_H-類を $\bar{x}$ で表わす．$xy\in\mathrm{Ker}\,\rho_H$ とする．ρ_H が単反射的だから $\bar{x}$ は右単元であると同時に左単元になる：$\bar{x}\bar{y}=\bar{z}\bar{x}=\bar{a}$, $a\in H$ なる $\bar{y},\bar{z}$ がある．しかし $\bar{z}=\bar{y}$ となることが §4·4 で示されたから $\bar{x}\bar{y}=\bar{y}\bar{x}=\bar{a}$, すなわち $xy\in\mathrm{Ker}\,\rho_H$ から $yx\in\mathrm{Ker}\,\rho_H$ が導かれた． ∎

命題 8·6·15 ρ_H が半群 S の群合同であれば $H\subseteq\mathrm{Ker}\,\rho_H$ であって，$\mathrm{Ker}\,\rho_H$ は S の反射単位的共終部分半群である．

証明 $\mathrm{Ker}\,\rho_H$ が右共終であることだけを示す．群合同は単反射的であるから他の結論は命題 8·6·14 から得られる．S/ρ_H が群だから任意の $x\in S$ に対し x を含む ρ_H-類を $\bar{x}$ とすれば，$\bar{x}$ の逆元 $\bar{y}$ が S/ρ_H にある．したがって $xy\in\mathrm{Ker}\,\rho_H$ なる $y\in S$ がある． ∎

命題 8·6·13, 8·6·14, 8·6·15 では ρ_H を ${}_H\rho$ でおきかえてそのまま成立する．

命題 8·6·16 H が半群 S の右共終部分半群であれば，ρ_H は S の群合同であり，$H\subseteq\mathrm{Ker}\,\rho_H$.

証明 H が右共終だから任意の $x\in S$ に対し $xy=a\in H$ なる $y\in S$ と $a\in H$ がある．$xy\rho_H a$. また σ_H,ρ_H の定義により $x\rho_H xa$ がすべての $x\in S$ に対し成り立つ．a を含む ρ-類を $\bar{a}$ とすれば $\bar{a}$ は $G=S/\rho_H$ の右単位元で G のすべての元 $\bar{x}$ は右逆元 $\bar{y}$ をもつ．ゆえに G は群，したがって ρ_H は群合同である．残りの結論は命題 8·6·15 の前半による． ∎

定理 8·6·17 半群 S の右共終部分半群を H とする．準同形写像 $S\to S/\rho_H$ の核を U とすれば，$\rho_H=\rho_U$ である．S の任意の群合同を σ とし，$S\to S/\sigma$ の核を V とすれば，$\sigma=\rho_V$ である．

証明 定理 8·4·2 の証明と同じ方針であるが，$\rho_U\subseteq\rho_H$ の証明を以下に示す．$x\rho_U y$ とする．$x=x_1,x_2,\cdots,x_{m-1},x_m=y$ なる列があって $x_i=x_{i+1}$ または

$$x_i=u_ix'_iz_i,\quad x_{i+1}=u_ix'_{i+1}z_i,\quad x'_i\sigma_U^{\pm1}x'_{i+1}\quad(i=1,\cdots,m-1)$$

なる $x'_i,x'_{i+1}\in S$, $u_i,z_i\in S^1$ がある．ただし $\sigma_U^{\pm1}$ は σ_U または σ_U^{-1} を表わす．すなわち $x'_i\sigma_U x'_{i+1}$ または $x'_{i+1}\sigma_U x'_i$ のいずれかである．x の S/ρ_H への像を $\bar{x}$ と書く．U と σ_U の定義から $\overline{x'_i}=\overline{x'_{i+1}}$ が $i=1,\cdots,m-1$ に対して成り立つから $\bar{x}=\bar{y}$, ゆえに $x\rho_H y$. 後半の証明は ρ_V の取扱い方に注意すれば，定理 8·4·2 の (ii) の証明と同じようにすればよい． ∎

命題 8·6·16, 8·6·17 では ρ_H を $_H\rho$ で，右を左でそれぞれおきかえても成立する．

命題 8·6·18　H が S の共終部分半群であれば，$_H\rho=\rho_H$.

証明　ρ_H は群合同で命題 8·6·15 により，すべての $a\in H$ に対し a は S/ρ_H の単位元に写されるから $x\rho_H ax$. しかし $_H\rho$ はすべての $a\in H$ に対し $x\rho ax$ を満足する合同 ρ の最小のものであるから $_H\rho\subseteq\rho_H$. 双対的に $\rho_H\subseteq {}_H\rho$ を得る．▌

命題 8·6·16 により群合同は右共終部分半群 H に対し ρ_H の形で求められるが，$H=\mathrm{Ker}\,\rho_H$ は一般に成立しない．$H=\mathrm{Ker}\,\rho_H$ になるための必要十分条件を群合同だけでなく少し一般的な場合で求める．

定理 8·6·19　ρ_H を半群 S の単位的合同とする．$H=\mathrm{Ker}\,\rho_H$ であるためには，H が添削的であることが必要十分である．

証明　十分性の証明．$H\subseteq\mathrm{Ker}\,\rho_H$ は明らかだから $\mathrm{Ker}\,\rho_H\subseteq H$ を証明する．$x\in\mathrm{Ker}\,\rho_H$ とする．$a\in H$ を任意にとれば $H\subseteq\mathrm{Ker}\,\rho_H$ だから $a\rho_H x$. 一方 ρ_H の定義によれば，$a=b_1, b_2, \cdots, b_{m-1}, b_m=x$ なる列があって相隣る 2 元は次の三条件のうちの一つを満足する：

$$b_i=b_{i+1},\qquad \begin{cases} b_i=yx_ia_iz \\ b_{i+1}=yx_iz, \end{cases}\qquad \begin{cases} b_i=yx_iz \\ b_{i+1}=yx_ia_iz \end{cases}$$

なる $x_i\in S$, $y, z\in S^1$, $a_i\in H$ がある．仮定により H が添削的で $b_1=a\in H$ であるから $b_2\in H$, 一般に $b_i\in H$ から $b_{i+1}\in H$, ついに $x\in H$ を結論する．

逆の証明．ρ_H が右単位的であることに注意して，まず $a\in H, xa\in H$ とすれば $x\rho_H xa\in H$ から $x\in\mathrm{Ker}\,\rho_H=H$. 左可削性も同じように証明される．次に $a\in H$, $xay\in H$ とすれば $xy\rho_H(xa)y\in H$ より $xy\in H$. 最後に $a\in H$, $xy\in H$ とすれば$(xa)y\rho_H xy\in H$ より $xay\in H$. 結局 H の添削性が証明された．▌

定理 8·6·20　半群 S の部分半群を H とし，ρ_H は単反射的合同であるとする．$H=\mathrm{Ker}\,\rho_H$ であるためには H が反射単位的であることが必要十分である．

証明　H が反射単位的であると仮定する．命題 8·6·11 により H は添削的であり，したがって定理 8·6·19 により $H=\mathrm{Ker}\,\rho_H$ を得る．逆の証明は命題 8·6·14 から直ちに得られる．▌

系　8·6·20′　半群 S の部分半群を H とし，ρ_H を S の単反射的合同とすれば次の 4 条件は同値である．

(8・6・20′・1) H は S で反射単位的である．

(8・6・20′・2) H は S で可剝である．

(8・6・20′・3) H は S で添削的である．

(8・6・20′・4) $\mathrm{Ker}\,\rho_H = H$

証明は読者の練習に任す．

定義 半群 S の反射単位的共終部分半群を S の**正規部分半群**とよぶ．

群合同に関しては定理 8・6・17 と定理 8・6・20 をまとめて定理 8・4・4 と同じ定理を得る．

定理 8・6・21 半群 S の正規部分半群 N と S の群合同 σ は

$$\rho_N = \sigma \quad \text{すなわち} \quad \mathrm{Ker}\,\sigma = N$$

により 1 対 1 に対応する．したがってすべての N のなす半束とすべての σ のなす半束は同形である．

H を S の反射単位的部分半群とする．ρ_H が単位的合同であれば，ρ_H は H を核とする単反射的合同のうち最小のものである．すなわち S の任意の単反射的合同 σ に対し $\rho_{\mathrm{Ker}\,\sigma} \subseteq \sigma$ である．単反射的合同については以下に問題としてのべておく（p. 305 の補遺 6 をみよ）．

問 1 S を群以外の半群とする．S の素イデアルの余集合である部分半群を S の**フィルター**という．半群 S が単位元をもつとする．S が単反射的であるためには，部分群をフィルターとしてもつことが必要十分である．

問 2 半群 S の単反射的合同 σ の核を H とする．

$$C_H = \{x \in S : xy \in H \text{ なる } y \in S \text{ がある}\},\ D_H = S \backslash C_H \text{ とおく．}$$

H が S で共終でないとすれば，D_H は空でない素イデアルであり，H は C_H の正規部分半群，$\sigma|C_H$ は C_H の群合同である．$S/\rho_H \to S/\sigma$ は S/ρ_H の最大部分群の各元を動かさない準同形である．

問 3 群に 0 を添加して得られる半群を **0-群**とよぶ．S/ρ が 0-群であるとき ρ を S の **0-群合同**とよぶことにする．0-群合同は単反射的合同である．S の 0-群合同は S の共終でない反射単位的部分半群で決定される．

A を S の部分半群とする．ρ_A を定義するのに，σ_A で生成される合同関係をもってしたが，もう少し具体的に叙述されないか．

この質問は共終部分半群から反射単位的共終部分半群を生成する方法にも関連する．すでにのべた結果からいくつかの基本操作を見出すことができる．

$a\in A$ に対し

$$\varphi_a: x\mapsto xa,\ \ \psi_a: x\mapsto ax,\ \ \xi_a: xy\mapsto xay,$$
$$\varphi_a^{-1}: xa\mapsto x,\ \psi_a^{-1}: ax\mapsto x,\ \xi_a^{-1}: xay\mapsto xy,\ \eta: xy\mapsto yx, (xy\in A).$$

φ_a, ψ_a は S の変換であるが，そのほかのものは S で定義される二項関係とみることができる．それらは多意偏変換（S のある元に対して定義されて，像は必ずしも一意でない）である．たとえば ξ_a は $z\in S$ で，もし $z=xy$ であれば，z に xay を対応させる意味である．η は A から S の中への多意偏変換である．これら7種の操作のすべてを総合して A による**交換添削操作**といい，A による交換添削操作を x に施すという．さらに細別して命名する必要があれば，φ_a を**右乗操作**，ψ_a を**左乗操作**，ξ_a を**挿入操作**；総合して**乗入操作**；φ_a^{-1} を**右削操作**，ψ_a^{-1} を**左削操作**，ξ_a^{-1} を**抽出操作**；総合して**削出操作**，η を**交換操作**という．

さて A を S の部分半群（共終でなくてもよい）とするとき，すでにわれわれの知っている ρ_A の定義は次のごとくのべられる．

$x, y\in S$ に対し $\{\varphi_a, \varphi_a^{-1}, \xi_a, \xi_a^{-1}: a\in A\}$ を x にくり返し施して y を得るとき，$x\rho_A y$ と定義する．

S の部分半群 H のすべての元に，H による交換添削操作を施して得られる S のすべての元の有限積全体の集合が，H によって生成される反射単位的部分半群である．いいかえると，部分半群 U が反射単位的であるためには，U による交換添削操作で，U が不変なことである．

最後に半束分解不能半群（素単純半群）における共終性に関連する特殊な性質をのべる．

定理 8·6·22 S が素単純半群であれば，S のすべての反射的部分半群は S で共終である．逆に半群 S のすべての反射的部分半群が右(左)共終であれば S は素単純である．

証明 S の反射的部分半群を H とする．$a\in H, x\in S$ を任意にとる．S が素単純だから系 7·2·7 により a と x を S の中で結ぶ S の包容の鎖がある：すなわち S の元の列 $a=x_0, x_1, \cdots, x_{m-1}, x_m=x$ があって x_i と x_{i+1} が同じ包容 C_i に含まれる．

まず $x_1=b_1^{n_1}\cdots b_k^{n_k}$, $a=b_{i_1}^{l_1}\cdots b_{i_s}^{l_s}$, ただし $C_0=C[b_1, \cdots, b_k]$ とする．a は b_i ($i=$

$1, \cdots, k$) を約元にもつから H の反射性により

$$a_1 = b_1c_1, \quad a_2 = b_2c_2, \ \cdots, \ a_k = b_kc_k$$

なる形の H の元がある．補題 8・6・10 により H は S で可挿であるから $a_1 = b_1c_1$ に a_1 を挿入して $b_1a_1c_1 = b_1^2d_2 \in H$，くり返して $b_1^{n_1}d_{n_1} \in H$．次に a_2 を n_2 回挿入して $b_1^{n_1}b_2^{n_2}f_{n_2} \in H$，これを続けてついに $b_1^{n_1} \cdots b_k^{n_k}y_1 \in H$，こうして $a \in H \cap C_0$ と $x_1 \in C_0$ なる事実から元 $x_1y_1 \in H$ を得る．次に $x_1y_1 \in H$ と $x_1, x_2 \in C_1$ から同じような手続きで $x_2y_2 \in H$ を得る．またこれをくり返して最後に $x_my_m \in H$ に到達して前半の証明をおえる．逆の証明であるが，S が素単純でないとする．$S = I_0 \cup I_1$，I_0：素イデアル，$I_0 \cap I_1 = \varnothing$，$I_0 \neq \varnothing$，$I_1 \neq \varnothing$ なるように分解される．さて $x, y \in S$ かつ $xy \in I_1$ とすれば $x \notin I_0, y \notin I_0$ だから $x \in I_1, y \in I_1$．したがって $yx \in I_1$，ゆえに I_1 は反射的である．しかし I_1 は右(左)共終でない．なぜならいま $z \in I_0$ をとる．常に $zy \in I_0$ だから $zy \in I_1$ なる $y \in S$ はない． ▌

特に S が可換であるとき

系 8・6・23 可換半群 S のすべての部分半群が共終であるためには，S がアルキメデス的であることが必要十分である．

次の問題は最大群準同形に関するものであるが，この§8・6 の結果と関係なく解くことができる．余白の都合上ここへおいたまでである．

問 4 半群 S のイデアルを I とし，$\iota : I \to_{\text{in}} S$ を包含単射とする．$f : I \to_{\text{on}} G$ が群準同形であれば，$\iota \cdot g = f$ を満足する群準同形 $g : S \to_{\text{on}} G$ が存在する，すなわち f が g に拡大される．したがって I が最大群同形をもつときそのときに限り S が最大群準同形をもつ．

(ヒント) $a \in \operatorname{Ker} f$ とし，$x \in S$ のとき $xg = (xa)f$ で g を定義せよ．

問 5 逆半群は最大群準同形をもつ．

(ヒント) S を逆半群とする．S に ρ を次のように定義する．

$$a\rho b \Leftrightarrow ae = bf \text{ なる巾等元 } e, f \text{ がある．}$$

この定義は「$ag = bg$ なる巾等元 g がある」と同値である．この ρ が最小群合同を与える．

第9章　直積，部分直積，極限

半群の直積，部分直積は準同形，合同の立場から見るのが本質的である．本章ではゆっくりと根本的に考えたい．その裏付けの一つとして群論的な直積すなわち部分半群の拡大としての直積は，半群としては特殊な意味の直積となることが理解される．帰納的極限，射影的極限もあわせて本章で考える．半群論ではしばしば有効な概念である．

9·1　直積因子を含む直積

有限個の亜群の族 $\{G_i : i=1, \cdots, n\}$ に対する直積を

$$G=G_1\times\cdots\times G_n$$

とする．特に $G_i\,(i=1, \cdots, n)$ がすべて，単位元 e_i を含む半群であれば，群の直積の場合と同じ定理を得る．

命題　9·1·1　G は単位元を含む半群とする．G が直積 $G_1\times\cdots\times G_n$ の上に同形であるための必要十分条件は，次の条件を満足する G の部分半群 $G'_i\,(i=1, \cdots, n)$ が存在することである：

$$G'_i\cong G_i \quad (i=1, \cdots, n),$$

(9·1·2)　G'_i のすべての元は $G'_j\,(i\neq j)$ のすべての元と可換である：

$$a_ia_j=a_ja_i,\ a_i\in G'_i,\ a_j\in G'_j \quad (i\neq j),$$

(9·1·3)　G のすべての元は $G'_i\,(i=1, \cdots, n)$ の元の積としてただ一通りに表わされる．すなわち

$$a=a_1\cdots a_n, \quad a_i\in G'_i, \quad i=1, \cdots, n,$$
$$=b_1\cdots b_n, \quad b_i\in G'_i, \quad i=1, \cdots, n$$

であれば

$$a_1=b_1, \quad a_2=b_2, \quad \cdots, \quad a_n=b_n.$$

証明　$f: G\rightarrow_{\mathrm{on}} G_1\times\cdots\times G_n$ を同形とする．G が単位元 e をもつから $G_1\times\cdots\times G_n$，したがって G_i が単位元 e_i をもつ (§4·5)．下の p_j は j-射影である

$$G'_i=\{x\in G : x(fp_j)=e_j,\ j=1, \cdots, i-1, i+1, \cdots, n\}$$

とおく．すなわち $x\in G_i'\Leftrightarrow x\in G$ でかつ $xf=(e_1,\cdots,e_{i-1},x_i,e_{i+1},\cdots,e_n)$．つぎに $a_i\in G_i'$, $b_j\in G_j'$ $(i<j)$ とする．

$$\begin{aligned}(a_ib_j)f&=(a_if)(b_jf)=(e_1,\cdots,x_i,\cdots,e_n)(e_1,\cdots,y_j,\cdots,e_n)\\&=(e_1,\cdots,x_i,\cdots,y_j,\cdots,e_n)=(e_1,\cdots,y_j,\cdots,e_n)(e_1,\cdots,x_i,\cdots,e_n)\\&=(b_jf)(a_if)=(b_ja_i)f.\end{aligned}$$

f は1対1だから $a_ib_j=b_ja_i$ を得る．次に $a\in G$, $af=(x_1,\cdots,x_n)$ とする．

$$(x_1,x_2,\cdots,x_n)=(x_1,e_2,\cdots,e_n)(e_1,x_2,e_3,\cdots,e_n)\cdots(e_1,\cdots,e_{n-1},x_n)$$

だから $a_i=(e_1,\cdots,x_i,\cdots,e_n)f^{-1}$ とおくと，$a=a_1\cdots a_n$, $a_i\in G_i'$ $(i=1,\cdots,n)$．唯一性を証明するために

$$(*)\qquad a=a_1\cdots a_n=b_1\cdots b_n\quad(a_i,b_i\in G_i',\ i=1,\cdots,n)$$

とする．$b_if=(e_1,\cdots,y_i,\cdots,e_n)$ とおいて $(*)$ の両辺に f を作用すると，

$$(x_1,\cdots,x_n)=(y_1,\cdots,y_n)\quad\text{から}\quad x_i=y_i\quad(i=1,\cdots,n).$$

ゆえに $a_if=b_if$ $(i=1,\cdots,n)$．f が1対1だから $a_i=b_i$ $(i=1,\cdots,n)$．これで $(*)$ の唯一性が証明された．

逆に G が (9·1·2), (9·1·3) を満足する部分半群 $G_1',\cdots,G_n'$ をもつと仮定する．$g: G\to G_1'\times\cdots\times G_n'$ を次のように定義する．G の任意の元 a に対し a の表示 $a=a_1\cdots a_n$ $(a_i\in G_i')$ から $a=a_1\cdots a_n\mapsto(a_1,\cdots,a_n)$ を対応させる．これは明らかに全単射である．$a=a_1\cdots a_n$, $b=b_1\cdots b_n$ に対し，(9·1·2) をつかって，$(ag)(bg)=(a_1,\cdots,a_n)(b_1,\cdots,b_n)=(a_1b_1,\cdots,a_nb_n)=(a_1b_1a_2b_2\cdots a_nb_n)g=[(a_1\cdots a_n)(b_1\cdots b_n)]g=(ab)g$.

ゆえに g は同形写像である． ∎

注意 1 (9·1·3) の意味を補足説明しておく．G の元 a は $a=b_{i_1}b_{i_2}\cdots b_{i_k}$, $b_{i_j}\in G_{i_j}'$ $(j=1,\cdots,k)$, $k<n$ の形で表わされるかもしれないが，要するに G のすべての元 a は $a=a_1a_2\cdots a_n$, $a_i\in G_i'$ $(i=1,\cdots,n)$ と表わされることができて，この表わし方に関する限り一意的であるという意味である．

注意 2 命題9·1·1の逆の証明に見られるように，G が単位元をもつことを仮定しなくても，条件 (9·1·2), (9·1·3) は $G\cong G_1'\times\cdots\times G_n'$ となるための十分条件である．

問 1 半群 G の部分半群 $G_1',\cdots,G_n'$ が条件 (9·1·2), (9·1·3) を満足すれば，次の (i), (ii), (iii) が順次成り立つことを証明せよ．

(i) $G_1',\cdots,G_n'$ はそれぞれ単位元 $e_1',\cdots,e_n'$ をもつ．

(ii) G も単位元 e をもつ．

(iii)　G_i' の単位元 e_i' は G の単位元 e に一致する．

問 2　次の陳述は真でない．反例をあげよ（特に群の反例をあげよ）．

G は単位元をもつ半群，$G_1', \cdots, G_n'$ を G の部分半群とする．$G \cong G_1' \times \cdots \times G_n'$ であるための必要十分条件は (9·1·2) と (9·1·3) を満足することである．

問 3　命題 9·1·1 において「G が単位元をもつ」という条件を落とせば，(9·1·3) は成立しない．反例をあげよ．

（ヒント）　$P=\{1,2,3,\cdots\}$ を全正整数加法半群，$G=P\times P$ として考えよ．

注意 3　上述のように G は G_i と同形な部分半群 G_i' を含むから，G_i' と G_i $(i=1,\cdots,n)$ を，G と $G_1\times\cdots\times G_n$ をそれぞれ同一視して $G=G_1\times\cdots\times G_n$ と書く．

群論と同じように，G が単位元をもち $G=G_1\times\cdots\times G_n$ であれば，

i)　$G=G_1G_2\cdots G_n$ でかつ ii)　$G_i\cap(G_1\cdots G_{i-1}G_{i+1}\cdots G_n)=\{e\}$ $(i=1,\cdots,n)$ である．しかし逆は成立しない．

たとえば，$G=\{1,2,3\}$ とし演算を $i\cdot j=\max\{i,j\}$ で定義する．$G_1=\{1,2\}$，$G_2=\{1,3\}$ は，i)，ii) を満足するが，G は $G_1\times G_2$ に同形でない．この例は(9·1·2) を満足するが，(9·1·3) を満足しない：

$$3=1\cdot 3=2\cdot 3.$$

	1	2	3
1	1	2	3
2	2	2	3
3	3	3	3

G

G_i $(i=1,\cdots,n)$ が単位元をもたなくても巾等元をもてば，$G=G_1\times\cdots\times G_n$ は G_i と同形な部分半群を含む．しかしどの G_i もたとえ巾等元を含まなくても G が G_i と同形な G_i' を含むことが可能である．

例 1　全正整数加法半群 $G_1=\{1,2,3,\cdots\}$ は巾等元を含まないが，$G_1\times G_1$ は G_1 と同形な部分半群 H を含む．

$$H=\{(a,a):\ a\in G_1\}.$$

一般の場合には G は必ずしも G_i に同形な部分半群を含まない．

例 2　G_1 を位数2の群：$G_1=\{0,1\}$，$0^2=1^2=0$，$0\cdot 1=1\cdot 0=1$．G_2 を全正整数加法半群 $G_2=\{1,2,3,\cdots\}$ とするとき，$G=G_1\times G_2$ は G_1 に同形な部分半群を含まない．

「G_1 に同形な部分半群を含む」ことを簡単に「G_1 を含む」ということにする．さて G が G_1 を含むと仮定すれば，G_1 が巾等元を含むから G も巾等元を含む．しかし §4.5 によれば G_2 も巾等元を含まなければならない．これは仮定に反するから G は G_1 を含まない．

それではどんな条件の下で G は G_i を含むか．これに対する解答として

定理 9·1·4　n 個の亜群を $G_1,\cdots,G_n$ とする．$G=G_1\times\cdots\times G_n$ が G_i を含む

ための必要十分条件は，G_i から $G_j(j=1,\cdots,i-1,i+1,\cdots,n)$ の中への準同形が存在することである．

証明　<u>必要なこと</u>　$f: G_i\to H$ を G_i から G の部分亜群 H 上への同形写像，p_j を j-射影とすると，$f\cdot p_j: G_i\to G_j$ は G_i から G_j の中への準同形である．

<u>十分なこと</u>　$i\neq j$ とし，$\varphi_{i,j}: G_i\to{}_{\mathrm{in}}G_j$ を準同形とする．

$$H_i=\{(x\varphi_{i,1},\cdots,x\varphi_{i,i-1},x,x\varphi_{i,i+1},\cdots,x\varphi_{i,n}):\ x\in G_i\}$$

と定義すると，H_i は G の部分亜群で

$$x\mapsto(x\varphi_{i,1},\cdots,x\varphi_{i,i-1},x,x\varphi_{i,i+1},\cdots,x\varphi_{i,n})$$

により $G_i\cong H_i$ であることが証明される．▮

9・2 直 積 と 合 同

亜群 G が $G_1\times\cdots\times G_n$ に同形であれば，G は G_i の上に準同形であるから G の合同 ρ_i が対応する．G が $G_1\times\cdots\times G_n$ の上に同形であるための条件を ρ_i の立場から叙述する．

まず簡単のために $n=2$ の場合から始める．

定理 9・2・1　亜群 G が直積 $G_1\times G_2$ の上に同形であるための必要十分条件は $G/\rho\cong G_1$, $G/\sigma\cong G_2$ を満足する G の合同 ρ,σ が存在して，次の条件を満足することである：

(9・2・2)　$$\rho\cdot\sigma=\omega,$$

(9・2・3)　$$\rho\cap\sigma=\iota.$$

ここに ω は全関係 $(=G\times G)$，ι は相等関係 $(=\{(x,x)\})$ である．

注意　条件 (9・2・2), (9・2・3) の組合せは，次の (9・2・2′), (9・2・2″) と (9・2・3) の組合せと同等である：

(9・2・2′)　$\rho\cdot\sigma=\sigma\cdot\rho$,

(9・2・2″)　$\rho\vee\sigma=\omega$,　ρ と σ で生成される合同を $\rho\vee\sigma$ と書く．

なぜなら (9・2・2′), (9・2・2″) を仮定すれば，$\rho\cdot\sigma=\sigma\cdot\rho$ だから定理 2・5・6, 系 2・5・11 により $\rho\vee\sigma=\rho\cdot\sigma$，ゆえに (9・2・2) を得る．逆に (9・2・2) を仮定すれば $\rho\cdot\sigma=\omega$ は合同だから再び §2・5 により (9・2・2′), (9・2・2″) を得る．

定理 9・2・1 の証明　$f: G\to{}_{\mathrm{on}}G_1\times G_2$ を同形とする．$p_1: G_1\times G_2\to G_1$, $p_2: G_1\times G_2\to G_2$ を射影とするとき，準同形 fp_1, fp_2 によって生ずる G の合同をそれぞれ ρ,σ とする．すなわち

$$x\rho y \Leftrightarrow xfp_1 = yfp_1, \quad x\sigma y \Leftrightarrow xfp_2 = yfp_2.$$

(9·2·2) を証明するために $a, b \in G$ を任意にとり

$$af = (\bar{a}_1, \bar{a}_2), \quad bf = (\bar{b}_1, \bar{b}_2), \quad \bar{a}_1, \bar{b}_1 \in G_1, \quad \bar{a}_2, \bar{b}_2 \in G_2.$$

いま $(\bar{a}_1, \bar{b}_2)f^{-1} = c$ とおく．$afp_1 = cfp_1$, $cfp_2 = bfp_2$ だから $a\rho c$, $c\sigma b$. これで $\omega \subseteq \rho \cdot \sigma$, したがって $\rho \cdot \sigma = \omega$ が証明された．(9·2·3) を証明するために，$a(\rho \cap \sigma)b$ と仮定すると定義により $afp_1 = bfp_1$ かつ $afp_2 = bfp_2$. $af = (\bar{a}_1, \bar{a}_2)$, $bf = (\bar{b}_1, \bar{b}_2)$ とおけば $\bar{a}_1 = \bar{b}_1, \bar{a}_2 = \bar{b}_2$, したがって $(\bar{a}_1, \bar{a}_2) = (\bar{b}_1, \bar{b}_2)$. f が1対1だから $a = b$.

逆の証明．(9·2·2), (9·2·3) を仮定し，$G/\rho = G_1$, $G/\sigma = G_2$ とし，自然な準同形写像を $f_1 : G \to_{\mathrm{on}} G_1$, $f_2 : G \to_{\mathrm{on}} G_2$ とする．$a_1 \in G_1$, $b_2 \in G_2$ を勝手にとり，$af_1 = a_1$, $bf_2 = b_2$ とする．(9·2·2) により $a\rho c, c\sigma b$ なる $c \in G$ がある．この c が a, b の選び方に関係なく a_1, b_2 によって一意的に定まることは，次のようにしてわかる．$a\rho a', a\rho c, c\sigma b, b\sigma b', a'\rho c', c'\sigma b'$ とする．$c\rho a\rho a'\rho c'$ から $c\rho c'$. 同じようにして $c\sigma c'$. (9·2·3) により $c = c'$ を得る．f_1 と f_2 の直交性が証明されたから定理 4·5·5 により $G \cong G_1 \times G_2$ である． ∎

n 個の亜群については

定理 9·2·4 亜群 G が $G_1 \times \cdots \times G_n$ に同形であるための必要十分条件は，$G/\rho_i \cong G_i$ で，次の条件 (9·2·5), (9·2·6) を満足する G の合同 ρ_i $(i = 1, \cdots, n)$ が存在することである：

(9·2·5) $$\Bigl(\bigcap_{\substack{1 \leqq j \leqq n \\ j \neq i}} \rho_j\Bigr) \cdot \rho_i = \omega \quad (i = 1, \cdots, n),$$

(9·2·6) $$\bigcap_{i=1}^{n} \rho_i = \iota.$$

証明 定理 9·2·1 の前半の証明のときと同じ記号を用いる．準同形 $f \cdot p_i$: $G \to_{\mathrm{on}} G_i$ $(i = 1, \cdots, n)$ によって生ずる G の合同を ρ_i とする：

$$x\rho_i y \Leftrightarrow xfp_i = yfp_i \quad (i = 1, \cdots, n).$$

さて $a, b \in G$ を任意にとる．$af = (\bar{a}_1, \cdots, \bar{a}_n), bf = (\bar{b}_1, \cdots, \bar{b}_n)$ とし，

$$(\bar{a}_1, \cdots, \bar{a}_{i-1}, \bar{b}_i, \bar{a}_{i+1}, \cdots, \bar{a}_n)f^{-1} = c$$

とおく．$j \neq i$ に対し $afp_j = cfp_j$ だから $a(\bigcap_{j \neq i} \rho_j)c$, しかし $cfp_i = bfp_i$ だから $c\rho_i b$. これで (9·2·5) が証明された．(9·2·6) の証明は定理 9·2·1 のときと同

じようにすればよい．

逆の証明．n についての帰納法による．$n-1$ までについては逆は成立すると仮定する ($n=2$ のときは定理 9・2・1)．

$\sigma=\bigcap_{i=1}^{n-1}\rho_i$ とおくと (9・2・5), (9・2・6) により

$$\sigma\cdot\rho_n=\omega,\quad \sigma\cap\rho_n=\iota.$$

だから定理 9・2・1 により $G\cong G/\sigma\times G/\rho_n$．したがって

(9・2・7) $$G/\sigma\cong G/\rho_1\times\cdots\times G/\rho_{n-1}$$

を示せばよい．そのために

(9・2・8) $$\left(\bigcap_{\substack{1\leqq j\leqq n-1\\ j\neq i}}\frac{\rho_j}{\sigma}\right)\cdot\frac{\rho_i}{\sigma}=\omega_{G/\sigma}\quad(i=1,\cdots,n-1),$$

($\omega_{G/\sigma}$ は G/σ における全関係),

(9・2・9) $$\bigcap_{i=1}^{n-1}\frac{\rho_i}{\sigma}=\iota_{G/\sigma}$$

を証明すれば帰納法の仮定と系 2・7・9 により (9・2・7) を得る．さて (9・2・8) の証明にうつる： $i\leqq n-1$ のとき (9・2・5) により

$$\Big(\bigcap_{\substack{1\leqq j\leqq n-1\\ j\neq i}}\rho_j\Big)\cdot\rho_i\supseteq\Big(\bigcap_{\substack{1\leqq j\leqq n\\ j\neq i}}\rho_j\Big)\cdot\rho_i=\omega_G.$$

だから等式「この左辺$=\omega_G$」を得る．しかし $\sigma\subseteq\rho_i\,(i=1,\cdots,n-1)$ だから (2・5・13), (2・4・7) にしたがって，いま得た等式の両辺の，σ による商関係をとると，(9・2・8) すなわち

$$\left(\bigcap_{\substack{1\leqq j\leqq n-1\\ j\neq i}}\frac{\rho_j}{\sigma}\right)\cdot\frac{\rho_i}{\sigma}=\frac{\omega_G}{\sigma}=\omega_{G/\sigma}$$

を得る．(9・2・9) は σ の定義 $\sigma=\bigcap_{i=1}^{n-1}\rho_i$ から (2・4・7) によってすぐ得られる．▌

定理 9・2・4 は次のように (9・2・5) を (9・2・5′) でかえることができる．

定理 9・2・4′ $G\cong G_1\times\cdots\times G_n$ であるための必要十分条件は $G/\rho_i\cong G_i$ で

(9・2・5′) $$(\rho_1\cap\cdots\cap\rho_i)\cdot\rho_{i+1}=\omega\quad(i=1,\cdots,n-1),$$

(9・2・6′) $$\rho_1\cap\cdots\cap\rho_n=\iota.$$

問 1 定理 9・2・4 の証明と同じ方針，すなわち定理 9・2・1，n に関する帰納法，合同の商関係をつかって定理 9・2・4′ の十分性を証明せよ．

問 2 合同の商関係をつかわないで定理 9・2・4 または定理 9・2・4′ を証明せよ．

9・3　無限直積

これまで有限個の直積についてのべてきたが，有限の場合も含めて任意個の直積も当然考えられる．

亜群の族 $\{G_\lambda : \lambda\in\Lambda\}$ に対し，集合 Λ から和集合 $\bigcup_{\lambda\in\Lambda} G_\lambda$ の中への写像 f で，すべての $\lambda\in\Lambda$ について $f(\lambda)\in G_\lambda$ を満足するようなすべての f の集合を G とする．G を $\{G_\lambda : \lambda\in\Lambda\}$ の**積集合**という．$f(\lambda)$ を f の **λ-成分**とよぶ（Λ が有限のときは G の元を $(x_1, x_2, \cdots, x_n)$ で表わした．無限の場合にも $(\cdots, x_\lambda, \cdots)$ と表わしてもよいが，可付番以上のときはその感じを表わさないので，このように写像の集合として G を定義する）．G の演算を次のように定義する：

$f, g\in G$ に対し

$$(fg)(\lambda)=f(\lambda)g(\lambda).$$

亜群 G を $\{G_\lambda : \lambda\in\Lambda\}$ の**直積**といい，$\prod_{\lambda\in\Lambda} G_\lambda$ で表わす．§4・5 の命題，定理はそのまま成立する．定理 4・5・5 の証明では n が有限という仮定を特につかっていないから，そのまま無限の場合に適用される．

G_λ がいずれも単位元 e_λ を含む場合，上述の直積のほかにもう一つの直積を定義することができる．まず $f(\lambda)\in G_\lambda$ なる $f : \Lambda\to \bigcup_{\lambda\in\Lambda} G_\lambda$ の中で集合 $\{\lambda : f(\lambda)\neq e_\lambda\}$ が有限である f の全体を G' とする．

演算は前の場合と同じように定義される．このようにして得られる G' を $\{G_\lambda : \lambda\in\Lambda\}$ の**制限直積**といい，$\prod^*_{\lambda\in\Lambda} G_\lambda$ と書くことにする．すべての $\lambda\in\Lambda$ につき $f_0(\lambda)=e_\lambda$ となる f_0 が G' の単位元である．区別を要するとき，前者の直積を**完全直積**という．

無限個の制限直積に対しても §4・5 の (4・5・1)〜(4・5・4) が成立する．$\prod_\lambda G_\lambda$ は G_λ と同形な部分亜群を一般には含まないが，$\prod^*_\lambda G_\lambda$ は G_λ と同形な部分亜群 G'_λ を含む．よく考えられるのは

$$G'_\lambda=\{f\in \textstyle\prod^*_\lambda G_\lambda : \text{すべての } \mu\neq\lambda \text{ に対し } f(\mu)=e_\mu\},$$

e_μ は単位元である．$f\mapsto f(\lambda)$ により $G'_\lambda\cong G_\lambda$ である．上に定義した G'_λ を G_λ に**自然に同形な $\prod^*_\lambda G_\lambda$ の部分亜群**という．

完全直積も制限直積も $\{G_\lambda : \lambda\in\Lambda\}$ によって一意的に定まる．Λ の元の順序 Λ の分割にも関係しない，すなわち Λ の任意の分割

$$\Lambda=\bigcup_{\xi\in\Xi}\Lambda_\xi,\quad \Lambda_{\xi_1}\cap\Lambda_{\xi_2}=\varnothing,\quad \xi_1\neq\xi_2$$

に対し

$$\prod_{\lambda\in\Lambda}G_\lambda\cong\prod_{\xi\in\Xi}\prod_{\lambda\in\Lambda_\xi}G_\lambda.$$

制限直積についても同じことがいわれる．G_λ がすべて群であれば，完全直積，制限直積はいずれも群であることはいうまでもない．

G_λ をいずれも単位元をもつ半群とする．G_λ がすべて周期的であれば，制限直積は周期的であるが，完全直積は必ずしもそうでない．

G およびすべての G_λ が単位元を含むと仮定すれば，命題 **9·1·1** はほとんど同じ形で成立する．

命題 9·3·1 単位元 e をもつ半群を G とし，e を共有する部分半群の族を $\{G_\lambda:\lambda\in\Lambda\}$ とする．G が $\prod_\lambda^* G_\lambda$ に同形であるための必要十分条件は，G_λ と同形な G の部分半群で，次の条件を満足する $G'_\lambda\ (\lambda\in\Lambda)$ が存在することである：

(9·3·2) $\lambda\neq\mu,\ a_\lambda\in G'_\lambda,\ a_\mu\in G'_\mu\Rightarrow a_\lambda a_\mu=a_\mu a_\lambda$,

(9·3·3) 単位元でない元 $x\in G$ は $x=a_{\lambda_1}\cdots a_{\lambda_m},\ a_{\lambda_i}\in G'_{\lambda_i}\ (i=1,\cdots,m)$ なる形に一意的に表わされる．

問 1 命題 9·3·1 を証明せよ．

（ヒント） 必要性の証明 $\rho:G\to_{\text{on}}\prod_\lambda^* G_\lambda$ を同形，G_λ と自然に同形な $\prod_\lambda^* G_\lambda$ の部分半群を G''_λ，その自然な同形を $p_\lambda:G_\lambda\to_{\text{on}}G''_\lambda$，$G'_\lambda=G''_\lambda\rho^{-1}$ とし，$\theta_\lambda=p_\lambda\rho^{-1}$ とする．G'_λ について (9·3·2)，(9·3·3) を証明せよ．

9·4 直積と準同形の族

この節では直積のいわゆる圏論的特徴づけ，すなわち準同形の普遍写像性によって直積を特徴づける．

定理 9·4·1 $\{G_\lambda:\lambda\in\Lambda\}$ を亜群の族とする．G が $\{G_\lambda:\lambda\in\Lambda\}$ の完全直積に同形であるための必要十分条件は，次の条件を満足する準同形の族 $\{\theta_\lambda:\lambda\in\Lambda\}$，$\theta_\lambda:G\to_{\text{on}}G_\lambda$ が存在することである：

(9·4·2) 亜群 H と準同形の族 $\{\varphi_\lambda:\lambda\in\Lambda\}$，$\varphi_\lambda:H\to_{\text{on}}G_\lambda$ が任意に与えられるとき，すべての λ について $\varphi_\lambda=\varphi\theta_\lambda$ を満足する準同形 $\varphi:H\to_{\text{in}}G$ がただ

一つ存在する．

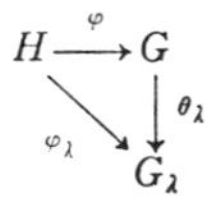

証明　$G\cong\prod_\lambda G_\lambda$ と仮定し，ρ を同形写像 $G\to\prod_\lambda G_\lambda$ とする．$x\in G$ の ρ による像 $x\rho$ の λ-成分を $(x\rho)(\lambda)$ で表わす．$\theta_\lambda: G\to G_\lambda$ を $x\theta_\lambda=(x\rho)(\lambda)$ で定義する．明らかに θ_λ は G から G_λ 上への準同形である．H と準同形 $\varphi_\lambda: H\to_{\mathrm{on}}G_\lambda$ $(\lambda\in\Lambda)$ が任意に与えられるとき，$\sigma: H\to_{\mathrm{in}}\prod_\lambda G_\lambda$ を $y\in H$ に対し $(y\sigma)(\lambda)=y\varphi_\lambda$ で定義する．

$$((yz)\sigma)(\lambda)=(yz)\varphi_\lambda=(y\varphi_\lambda)(z\varphi_\lambda)=(y\sigma)(\lambda)\cdot(z\sigma)(\lambda)$$

だから σ は準同形である．そこで $\varphi=\sigma\cdot\rho^{-1}$ とおく．φ は準同形 $H\to_{\mathrm{in}}G$ であって，$x\in H$ に対し

$$x(\varphi\cdot\theta_\lambda)=(x\sigma\cdot\rho^{-1}\cdot\rho)(\lambda)=(x\sigma)(\lambda)=x\varphi_\lambda,$$

すなわち $\varphi\theta_\lambda=\varphi_\lambda$ が証明された．次に φ' を準同形 $H\to_{\mathrm{in}}G$ で $\varphi'\cdot\theta_\lambda=\varphi_\lambda$ を満足すると仮定するとき，

$$(x(\varphi'\cdot\rho))(\lambda)=((x\varphi')\rho)(\lambda)=(x\varphi')\theta_\lambda=x\varphi_\lambda=(x\sigma)(\lambda).$$

ゆえに $\varphi'\cdot\rho=\sigma$，したがって $\varphi'=\varphi'\cdot\rho\cdot\rho^{-1}=\sigma\cdot\rho^{-1}=\varphi$．$\varphi$ の唯一性が証明された．

逆に G, $\{G_\lambda:\lambda\in\Lambda\}$ および条件 (9·4·2) を満足する準同形の族 $\theta_\lambda: G\to G_\lambda$ $(\lambda\in\Lambda)$ が与えられたとする．そこで ψ を $(x\psi)(\lambda)=x\theta_\lambda$ で定義すると，明らかに ψ は G から ΠG_λ の中への準同形となる．また p_λ を ΠG_λ から G_λ への射影とすると，$\psi p_\lambda=\theta_\lambda$．一方 $p_\lambda: \Pi G_\lambda\to G_\lambda$ は準同形だから ΠG_λ, p_λ をそれぞれ (9·4·2) の H, φ_λ とみると $\varphi\theta_\lambda=p_\lambda$ なる準同形 φ がただ一つ定まる．したがって

$$(9\cdot4\cdot3)\qquad \begin{aligned}(\psi\cdot\varphi)\cdot\theta_\lambda&=\psi\cdot(\varphi\cdot\theta_\lambda)=\psi\cdot p_\lambda=\theta_\lambda,\\ (\varphi\cdot\psi)\cdot p_\lambda&=\varphi\cdot(\psi\cdot p_\lambda)=\varphi\cdot\theta_\lambda=p_\lambda.\end{aligned}$$

$\psi\varphi$ は $G\to_{\mathrm{in}}G$, $\varphi\psi$ は $\Pi G_\lambda\to_{\mathrm{in}}\Pi G_\lambda$ である．条件 (9·4·2) でいう H として G 自身をとると，G の恒等置換 ε_G は $\varepsilon_G\theta_\lambda=\theta_\lambda$ を満足する．(9·4·3) と比較して唯一性により $\psi\cdot\varphi=\varepsilon_G$ を得る．また ΠG_λ から x を任意にとると，すべての λ に対して $x(\varphi\cdot\psi)\cdot p_\lambda=xp_\lambda$，ゆえに $x\varphi\cdot\psi=x$．よって $\varphi\cdot\psi=\varepsilon_{(\Pi G_\lambda)}$．これらから φ, ψ いずれも全単射であることがわかる．すなわち $\psi=\varphi^{-1}$．ゆえに $G\cong\Pi G_\lambda$ が証明された．　▮

次の定理 9·4·4 では $\{G_\lambda:\lambda\in\Lambda\}$ は単位元 e_λ をもつ半群 G_λ の族とする．

定理 9・4・4 半群 G が $\{G_\lambda : \lambda\in\Lambda\}$ の制限直積に同形であるための必要十分条件は，次の条件を満足する単射準同形の族 $\{\theta_\lambda : \lambda\in\Lambda\}$, $\theta_\lambda : G_\lambda\rightarrow_{\mathrm{in}}G$ が存在することである．

(9・4・5)　$a_\lambda\in G_\lambda, a_\mu\in G_\mu, \lambda\neq\mu \Rightarrow (a_\lambda\theta_\lambda)(a_\mu\theta_\mu)=(a_\mu\theta_\mu)(a_\lambda\theta_\lambda)$,

(9・4・6)　すべての $\lambda,\mu\in\Lambda$ に対し　$e_\lambda\theta_\lambda=e_\mu\theta_\mu$,

(9・4・7)　半群 H と (9・4・5), (9・4・6) の $\theta_\lambda,\theta_\mu$ をそれぞれ $\varphi_\lambda,\varphi_\mu$ でおきかえた条件を満足する準同形 φ_λ の族，$\varphi_\lambda : G_\lambda\rightarrow_{\mathrm{in}}H$ が与えられたとき，すべての $\lambda\in\Lambda$ に対し $\varphi_\lambda=\theta_\lambda\varphi$ を満足する準同形 $\varphi : G\rightarrow_{\mathrm{in}}H$ がただ一つ存在する．

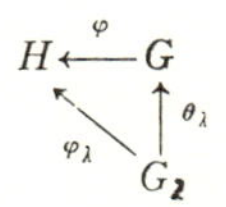

証明　$\rho : G\rightarrow_{\mathrm{on}}\prod_\lambda{}^*G_\lambda$ を同形とする．G_λ と自然に同形な $\prod_\lambda{}^*G_\lambda$ の部分半群を G_λ''，その自然同形を $p_\lambda : G_\lambda\rightarrow_{\mathrm{on}}G_\lambda''$, $G_\lambda'=G_\lambda''\rho^{-1}$ とおく．θ_λ をそれらの合成によって生ずる同形：$G_\lambda\rightarrow_{\mathrm{on}}G_\lambda'\subset G$ とする，つまり $\theta_\lambda=p_\lambda\rho^{-1}$. $a_\lambda\in G_\lambda$ のとき $a_\lambda'=a_\lambda\theta_\lambda$ とおく．$e_\lambda\theta_\lambda$ が G の単位元になること，θ_λ が (9・4・5), (9・4・6) を満足することは容易に証明される．さて半群 H と (9・4・7) にいう $\varphi_\lambda : G_\lambda\rightarrow_{\mathrm{in}}H$ の族が与えられたとする．命題 9・3・1 の (9・3・3) に見られるように，G の単位元でない任意の元 x は，ある $G_{\lambda_1}',\cdots,G_{\lambda_n}'$ について

$$x=a_{\lambda_1}'a_{\lambda_2}'\cdots a_{\lambda_n}',\ a_{\lambda_i}'\in G_{\lambda_i}'\quad(i=1,\cdots,n)$$

なる形でただ一通りに表わされる．$\varphi : G\rightarrow_{\mathrm{in}}H$ を，$x\neq e$ のとき $x\varphi=(a_{\lambda_1}'\theta_{\lambda_1}^{-1}\varphi_{\lambda_1})\cdots(a_{\lambda_n}'\theta_{\lambda_n}^{-1}\varphi_{\lambda_n})$, $e\varphi=e''$（e'' は H の単位元）で定義する．とくに $a_\lambda\theta_\lambda\varphi=a_\lambda'\varphi=a_\lambda'\theta_\lambda^{-1}\varphi_\lambda=a_\lambda\varphi_\lambda$. また，$G$ の単位元 e に対し $e_\lambda\varphi_\lambda=e\varphi$. さて $x=a_{\lambda_1}'\cdots a_{\lambda_n}'$, $y=b_{\lambda_1}'\cdots b_{\lambda_n}'$ とする（適当に単位元を補って添数をそろえる）．

$$\begin{aligned}(xy)\varphi&=((a_{\lambda_1}'\cdots a_{\lambda_n}')(b_{\lambda_1}'\cdots b_{\lambda_n}'))\varphi=(a_{\lambda_1}'b_{\lambda_1}'\cdots a_{\lambda_n}'b_{\lambda_n}')\varphi\\&=(a_{\lambda_1}'b_{\lambda_1}')\theta_{\lambda_1}^{-1}\varphi_{\lambda_1}\cdots(a_{\lambda_n}'b_{\lambda_n}')\theta_{\lambda_n}^{-1}\varphi_{\lambda_n}=(a_{\lambda_1}b_{\lambda_1})\varphi_{\lambda_1}\cdots(a_{\lambda_n}b_{\lambda_n})\varphi_{\lambda_n}\\&=(a_{\lambda_1}\varphi_{\lambda_1})(b_{\lambda_1}\varphi_{\lambda_1})\cdots(a_{\lambda_n}\varphi_{\lambda_n})(b_{\lambda_n}\varphi_{\lambda_n})\\&=(a_{\lambda_1}\varphi_{\lambda_1})(a_{\lambda_2}\varphi_{\lambda_2})\cdots(a_{\lambda_n}\varphi_{\lambda_n})(b_{\lambda_1}\varphi_{\lambda_1})\cdots(b_{\lambda_n}\varphi_{\lambda_n})\\&=(a_{\lambda_1}'\theta_{\lambda_1}^{-1}\varphi_{\lambda_1})\cdots(a_{\lambda_n}'\theta_{\lambda_n}^{-1}\varphi_{\lambda_n})(b_{\lambda_1}'\theta_{\lambda_1}^{-1}\varphi_{\lambda_1})\cdots(b_{\lambda_n}'\theta_{\lambda_n}^{-1}\varphi_{\lambda_n})=(x\varphi)(y\varphi).\end{aligned}$$

上の計算でつかったことは命題 9・3・1 により G_λ' の元と G_μ' の元が可換であることと θ_λ に関する条件 (9・4・5) である．φ がただ一つであることは $x\varphi=(a_{\lambda_1}\varphi_{\lambda_1})\cdots(a_{\lambda_n}\varphi_{\lambda_n})$ という形をもつことが示している．

逆に (9・4・5－7) をみたす準同形の族 $\theta_\lambda : G_\lambda\rightarrow_{\mathrm{in}}G$ が存在したとし，$H=$

$\prod^* G_\lambda$ とおく．前半の証明中に定義した自然同形 $p_\lambda : G_\lambda \to_{\mathrm{in}} H$ は (9·4·5), (9·4·6) をみたすから，(9·4·7) により $p_\lambda = \theta_\lambda \varphi$ を満足する φ がただ一つ定まる．また前半と同様，単位元でない H の任意の元 x は $x = a''_{\lambda_1} \cdots a''_{\lambda_n}$, $a''_{\lambda_i} \in G''_{\lambda_i} \subseteq H$ として一意的に表わされるから，$x\psi = (a''_{\lambda_1} p_{\lambda_1}^{-1} \theta_{\lambda_1}) \cdots (a''_{\lambda_n} p_{\lambda_n}^{-1} \theta_{\lambda_n})$ で $\psi : H \to_{\mathrm{in}} G$ を定義すると，ψ が準同形となり，$p_\lambda \psi = \theta_\lambda$ なることが証明できる．ゆえに $\theta_\lambda \varphi \psi = \theta_\lambda$ と (9·4·7) での唯一性により $\varphi\psi = \varepsilon_G$. また $x = a''_{\lambda_1} \cdots a''_{\lambda_n} \in H$ をとり，$a''_{\lambda_i} p_{\lambda_i}^{-1} = a_{\lambda_i}$ とおくと，$p_\lambda \psi \varphi = p_\lambda$ を使って $x\psi\varphi = [(a_{\lambda_1} p_{\lambda_1}) \cdots (a_{\lambda_n} p_{\lambda_n})]\psi\varphi = (a_{\lambda_1} p_{\lambda_1}) \cdots (a_{\lambda_n} p_{\lambda_n}) = x$, すなわち $\psi\varphi = \varepsilon_H$，ゆえに φ, ψ はともに全単射となり，$G \cong H = \prod^* G_\lambda$. ▮

問 1 定理9·4·1と定理9·4·4の条件を比較すると，どんな点が類似しているか．

問 2 定理9·4·1は亜群に対して成立したが，定理9·4·4の条件はそのままでは単位元をもつ亜群には適用されない．

9·5 部分直積，つむぎ積

亜群の族 $\{G_\lambda : \lambda \in \Lambda\}$ に対し $G = \prod_\lambda G_\lambda$ を完全直積とする．前にのべたように，G の任意の元 f に対し $f(\lambda)$ を f の **λ-射影**といい，G の部分集合 H に対し $\{f(\lambda) : f \in H\}$ を H の **λ-射影**とよんで，$p_\lambda(H)$ で表わす．

定義 H が $G = \prod_{\lambda \in \Lambda} G_\lambda$ の部分亜群でかつすべての $\lambda \in \Lambda$ に対し $p_\lambda(H) = G_\lambda$ であるとき，H を $\{G_\lambda : \lambda \in \Lambda\}$ の**部分直積**という．

G_λ がすべて半群であれば，部分直積 H も半群，G_λ がすべて可換であれば H も可換，G_λ がすべて，一つの連坐式系（恒等式系）を満足すれば H も同じ連坐式系（恒等式系）を満足する．

完全直積，制限直積は $\{G_\lambda : \lambda \in \Lambda\}$ によって，（同形を無視して）一意的に定められるが，部分直積は必ずしもそうでない．たとえば

例 1 G をすべての正整数からなる加法半群：$G = \{1, 2, 3, \cdots\}$ とする．

$$H_1 = \{(x, y) : \ x \geqq y,\ x, y \in G\},$$

$$H_2 = \{(x, y) : \ x \leqq y,\ x, y \in G\},$$

$$H_3 = \{(x, y) : \ y \leqq x < 2y,\ x, y \in G\},\quad H_4 = \{(x, x) : \ x \in G\}$$

はいずれも G と G の部分直積である．

例 2 G_λ は単位元をもつ半群とする．完全直積 $\prod_\lambda G_\lambda$ および制限直積 $\prod_\lambda^* G_\lambda$ は $\{G_\lambda : \lambda\in\Lambda\}$ の部分直積である．

簡単な場合として A と B の部分直積を C とする：

$$C\subseteq A\times B=\{(a,b) : a\in A, b\in B\}.$$

いま $A_b=\{a\in A : (a,b)\in C\}$，$B_a=\{b\in B : (a,b)\in C\}$ とおくと

$$\bigcup_{b\in B} A_b=A, \quad \bigcup_{a\in A} B_a=B$$

である．すべての $b\in B$ に対し $A_b=A$ であるとき（あるいはすべての $a\in A$ に対し $B_a=B$ であるとき）そのときに限り，C は A と B の直積である．

定理 9・5・1 亜群 G が $\{G_\lambda : \lambda\in\Lambda\}$ の部分直積に同形であるための必要十分条件は，$G/\rho_\lambda\cong G_\lambda$ なる G の合同 ρ_λ があって

$$\bigcap_{\lambda\in\Lambda}\rho_\lambda=\iota \tag{9・5・2}$$

を満足することである．

証明 H を $G_\lambda(\lambda\in\Lambda)$ の部分直積とし，$\varphi : G\to_{\text{on}}H$ を同形，$p_\lambda : \prod_\lambda G_\lambda\to G_\lambda$ を λ-射影とするとき，φp_λ は準同形 $G\to_{\text{on}}G_\lambda$ である．φp_λ によって生ずる自然な G の合同を ρ_λ とする．(9・5・2) を証明するために $a(\bigcap\rho_\lambda)b$ とする．すべての λ に対し $a\rho_\lambda b$ すなわち $a\varphi p_\lambda=b\varphi p_\lambda$，だから $a\varphi=b\varphi$．φ は1対1だから $a=b$．これで (9・5・2) が証明された．

逆に $\bigcap_\lambda\rho_\lambda=\iota$ なる G の合同 $\rho_\lambda(\lambda\in\Lambda)$ があるとする．φ_λ を ρ_λ による自然な準同形写像 $G\to_{\text{on}}G/\rho_\lambda$ とする．$G/\rho_\lambda=G_\lambda$ とおく．$\varphi : G\to_{\text{in}}\prod_\lambda G_\lambda$ を次のように定義する： $x\in G$ に対し $(x\varphi)(\lambda)=x\varphi_\lambda$．このとき $((xy)\varphi)(\lambda)=(xy)\varphi_\lambda=(x\varphi_\lambda)(y\varphi_\lambda)=(x\varphi)(\lambda)(y\varphi)(\lambda)$．だから φ は準同形である．次に φ が1対1であることを証明するためにすべての $\lambda\in\Lambda$ について $x\varphi(\lambda)=y\varphi(\lambda)$ とする．$x\varphi_\lambda=y\varphi_\lambda$ だからすべての $\lambda\in\Lambda$ につき $x\rho_\lambda y$．仮定 (9・5・2) により $x=y$，ゆえに φ は同形である．$G\varphi p_\lambda=G\varphi_\lambda=G_\lambda$ だから $G\varphi$ は $\{G_\lambda : \lambda\in\Lambda\}$ の部分直積である． ▮

つむぎ積 (Spined Product)

部分直積の特殊な場合ではあるが，直積より一般な概念としてつむぎ積を定義する．簡単のために $\{G_\lambda : \lambda\in\Lambda\}$ の Λ が有限の場合を主としてのべる．

$G_1, G_2, \cdots, G_n$ を亜群とし，各 G_λ は亜群 F の上に準同形であるとし，その写

像を $\varphi_\lambda : G_\lambda \to_{\mathrm{on}} F$ とする．集合 G を

$$G=\{(x_1,\cdots,x_n) : x_\lambda \in G_\lambda\,(\lambda=1,\cdots,n),\ x_1\varphi_1=\cdots=x_n\varphi_n\}$$

とし，演算を $(x_1,\cdots,x_n)(y_1,\cdots,y_n)=(x_1y_1,\cdots,x_ny_n)$，$x_\lambda y_\lambda \in G_\lambda\ (\lambda=1,\cdots,n)$ で定義する．この定義が可能なわけは，すべての λ について

$$x_\lambda\varphi_\lambda=\xi,\ y_\lambda\varphi_\lambda=\eta \quad \text{とすれば} \quad (x_\lambda y_\lambda)\varphi_\lambda=(x_\lambda\varphi_\lambda)(y_\lambda\varphi_\lambda)=\xi\eta$$

だからである．

定義 亜群の族 $\{G_\lambda : \lambda=1,\cdots,n\}$，亜群 F 上への準同形の族 $\Phi=\{\varphi_\lambda : \lambda=1,\cdots,n\}$，$\varphi_\lambda : G_\lambda \to_{\mathrm{on}} F$ に対して上にのべた亜群 G を $G_1,\cdots,G_n$ の F,Φ に関する**つむぎ積**といい，$G_1 \bowtie \cdots \bowtie G_{n,(F;\Phi)}$ または $\bowtie_{\lambda=1}^{n} G_{\lambda,(F;\Phi)}$ と書く．Φ の各元を示して $\bowtie_{\lambda=1}^{n} G_{\lambda,(F;\varphi_1,\cdots,\varphi_n)}$ と書くこともある．

Φ を明示する必要がないときは $\bowtie_{\lambda=1}^{n} G_{\lambda,(F)}$，また F を明示しなくても混同のおそれがないときは $\bowtie_{\lambda=1}^{n} G_\lambda$ と書いてもよい．

任意個数の族 $\{G_\lambda : \lambda \in \Lambda\}$ についても F と $\Phi=\{\varphi_\lambda : \lambda\in\Lambda\}$ に対して $\bowtie_{\lambda\in\Lambda} G_{\lambda,(F;\Phi)}$ が定義され得ることはいうまでもない．

φ_λ による自然な G_λ の分解を

$$G_\lambda=\bigcup_{\xi\in F} G_{\lambda,\xi}, \quad G_{\lambda,\xi}=\{x\in G_\lambda : x\varphi_\lambda=\xi\}$$

とするとき $\bowtie_{\lambda=1}^{n} G_\lambda=\bigcup_{\xi\in F}(G_{1,\xi}\times\cdots\times G_{n,\xi})$ は積集合 $\prod_{\lambda=1}^{n} G_{\lambda,\xi}$ の和集合である．明らかにつむぎ積は部分直積である．特に F が一元からなるときは直積に一致する．直積のときと同じように Λ の元の順序や Λ の分割に関係しない．定義から明らかなように，つむぎ積は $\{G_\lambda : \lambda\in\Lambda\}$ と F,Φ に関係するが，しかし

(9·5·3) $\{G_\lambda : \lambda=1,\cdots,n\}$，$\{G'_\lambda : \lambda=1,\cdots,n\}$ に対し $f_\lambda : G_\lambda \to_{\mathrm{on}} G'_\lambda$ を同形，$\varphi_\lambda : G_\lambda \to_{\mathrm{on}} F$，$\varphi'_\lambda : G'_\lambda \to_{\mathrm{on}} F'$ をそれぞれ準同形とする．$\Phi=\{\varphi_\lambda : \lambda=1,\cdots,n\}$ と $\Phi'=\{\varphi'_\lambda : \lambda=1,\cdots,n\}$ において，すべての λ に対し $\varphi_\lambda\psi=f_\lambda\varphi'_\lambda$ を満足する同形 $\psi : F \to_{\mathrm{on}} F'$ があれば

$$\bowtie_{\lambda=1}^{n} G_{\lambda,(F;\Phi)} \cong \bowtie_{\lambda=1}^{n} G'_{\lambda,(F';\Phi')}.$$

証明 $x_1\varphi_1=\cdots=x_n\varphi_n$ なる $(x_1,\cdots,x_n)$ に対し $(x_1f_1,\cdots,x_nf_n)$ を対応させる． ∎

$\{G_\lambda : \lambda\in\Lambda\}$ と F が同じであっても $\{\varphi_\lambda : \lambda\in\Lambda\}$ と $\{\varphi'_\lambda : \lambda\in\Lambda\}$ が異なれば，

それらによって定義されるつむぎ積は必ずしも同形でない（例として下の問1を見よ）．とにかく準同形 φ_λ と準同形像 F によって定まるから，φ_λ によって生ずる G_λ の合同関係 ρ_λ とむすびつく．すなわち G_λ/ρ_λ はいずれも F に同形である．逆に，（1）G_λ/ρ_λ がいずれも互いに同形であるように G_λ の合同関係 ρ_λ が与えられ，（2）G_λ/ρ_λ の間の同形対応が指定されるならば，$\bowtie_{\lambda\in\Lambda} G_\lambda$ が決定されるとも考えられる．同じ $\{\rho_\lambda : \lambda\in\Lambda\}$ に対しても G_λ/ρ_λ 間の同形対応を変えると同形でない $\bowtie G_\lambda$ が得られる（問2を見よ）．

(9・5・4)　$G_1\bowtie G_2\bowtie G_3,\ {}_{(F;\varphi_1,\varphi_2,\varphi_3)}\cong(G_1\bowtie G_2,\ {}_{(F;\varphi_1,\varphi_2)})\bowtie G_3,\ {}_{(F;\varphi_{1\times2},\varphi_3)}$

$\cong(G_1\bowtie(G_2\bowtie G_3,\ {}_{(F;\varphi_2,\varphi_3)})),\ {}_{(F;\varphi_1,\varphi_{2\times3})}$,

ただし $\varphi_{1\times2} : G_1\bowtie G_2\to F$ は $(x_1, x_2)\varphi_{1\times2}=x_1\varphi_1=x_2\varphi_2$ で定義される．

(9・5・5)　$\varphi_1 : G_1\to{}_{\text{on}}F$ が同形であれば，任意の $\varphi_2 : G_2\to{}_{\text{on}}F$ に対し

$$G_1\bowtie G_2,\ {}_{(F;\ \varphi_1,\varphi_2)}\cong G_2.$$

(9・5・6)　$G=\bowtie_{\lambda\in\Lambda} G_{\lambda(F;\ \varphi_\lambda)}$ は F の上に準同形である．

$p_\lambda : G\to{}_{\text{on}}G_\lambda$ を λ-射影とするとき，$p_\lambda\varphi_\lambda$ が準同形 $G\to{}_{\text{on}}F$ である．

問 1　S_1, S_2 を次のように定義する：

$S_1=\{a, b, c\}$ で演算は上半束（右図①），

$S_2=\{d, e, f\}$ で演算は上半束（右図②）．

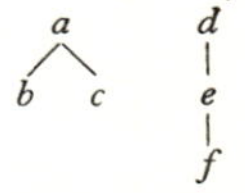

① ②

次のように F, Φ を指定するとき $S_1\bowtie S_2$ を求めよ．

（1）$F=\{0,1\}$，$\varphi_1 : \{a, b\}\mapsto0,\ c\mapsto1,\quad \varphi_2 : d\mapsto0,\ \{e, f\}\mapsto1.$

（2）$F=\{0,1\}$，$\varphi_1 : \{a, b\}\mapsto0,\ c\mapsto1,\quad \varphi_2 : \{d, e\}\mapsto0,\ f\mapsto1.$

問 2　$S_1=\{a, b, c, d\}$ の演算を右のように定義し，$S_2=\{a', b', c', d'\}$ で $a\mapsto a', b\mapsto b', c\mapsto c', d\mapsto d'$ により $S_1\cong S_2$ とする．

	a	b	c	d
a	a	a	a	a
b	a	b	a	a
c	a	a	c	d
d	a	a	d	c

S_1 の合同関係 ρ_1, S_2 の合同関係 ρ_2 を次の分解で定義する．

$S_1=\{a\}\cup\{b\}\cup\{c, d\}$，$S_2=\{a'\}\cup\{b'\}\cup\{c', d'\}$．

ρ_1, ρ_2 からすべての $S_1\bowtie S_2$ を求めよ．

定理 9・5・7　亜群 S がつむぎ積 $\bowtie_{\lambda=1}^{n} G_\lambda$ に同形であるための必要十分条件は，次の (9・5・8), (9・5・9) を満足する S の合同関係 $\sigma, \rho_\lambda (\lambda=1, \cdots, n)$ が存在することである：　$G_\lambda\cong S/\rho_\lambda\quad(\lambda=1, \cdots, n)$,

(9・5・8)　$\rho_1\cap\cdots\cap\rho_n=\iota$,

(9・5・9)　$(\rho_1\cap\cdots\cap\rho_i)\cdot\rho_{i+1}=\sigma\quad(i=1, \cdots, n-1)$.

このとき $S\cong\bowtie_{\lambda=1}^{n} S/\rho_{\lambda,\,(S/\sigma;\varphi_\lambda,\,\lambda=1,\,\cdots,\,n)}$．ただし φ_λ は σ/ρ_λ による自然な準同形 $S/\rho_\lambda\to S/\sigma$.

証明 $G=\bowtie_{\lambda=1}^{n} G_{\lambda,(F;\varphi_1,\cdots,\varphi_n)}$ とおき $f:S\to_{\mathrm{on}}G$ を同形写像とする．p_λ を G の λ-射影とするとき，$fp_\lambda:S\to G_\lambda$ によって定まる S の合同関係を ρ_λ とし，fp_λ と $\varphi_\lambda:G_\lambda\to F$ の合成 $fp_\lambda\varphi_\lambda:S\to F$ によって定まる S の合同関係を σ とすると $\rho_\lambda\subseteq\sigma$ である．S は $\{G_\lambda:\lambda=1,\cdots,n\}$ の部分直積に同形だから定理9·5·1の前半の証明を適用して (9·5·8) を得る．(9·5·9) を証明するには σ が左辺に含まれることだけを証明すればよい（反対の向きの包含関係は $\rho_\lambda\subseteq\sigma$ から直ちにいえる)．さて $a\sigma b$ とする．定義により $afp_\lambda\varphi_\lambda=bfp_\lambda\varphi_\lambda\ (\lambda=1,\cdots,n)$，$afp_\lambda=a_\lambda$, $bfp_\lambda=b_\lambda$ すなわち $af=(a_1,\cdots,a_n)$, $bf=(b_1,\cdots,b_n)$ とおくとき，$a_1\varphi_1=\cdots=a_n\varphi_n=b_1\varphi_1=\cdots=b_n\varphi_n$ なるゆえ $c'=(a_1,\cdots,a_i,b_{i+1},\cdots,b_n)\in G$，したがって $cf=c'$ なる $c\in S$ がある．$afp_\lambda=cfp_\lambda\ (\lambda=1,\cdots,i)$, $cfp_\lambda=bfp_\lambda\ (\lambda=i+1,\cdots,n)$ だから $a\rho_\lambda c\ (\lambda=1,\cdots,i)$ かつ $c\rho_{i+1}b$．ゆえに $\sigma\subseteq(\rho_1\cap\cdots\cap\rho_i)\cdot\rho_{i+1}$ が証明された $(i=1,\cdots,n-1)$．

逆に (9·5·8), (9·5·9) を満足する S の合同 $\sigma,\rho_\lambda\ (\lambda=1,\cdots,n)$ があると仮定する．$G_\lambda=S/\rho_\lambda$ とし，$p_\lambda:S\to G_\lambda\ (\lambda=1,\cdots,n)$ を自然な準同形とする．$f:S\to_{\mathrm{in}}\prod_{\lambda=1}^{n}G_\lambda$ を $xf=(xp_1,\cdots,xp_n)$ で定義する．(9·5·8) により f は1対1であり，$(xy)f=(xf)(yf)$ が容易にわかる．$Sf=G$ とおくと G は $\{G_\lambda:\lambda=1,\cdots,n\}$ の部分直積である．各 ρ_λ が反射的であるから (9·5·9) から直ちに $\rho_\lambda\subseteq\sigma$．さて $\varphi_\lambda:S/\rho_\lambda\to_{\mathrm{on}}S/\sigma$, $\varphi:S\to_{\mathrm{on}}S/\sigma$ をいずれも自然な準同形とする．当然 $\varphi=p_\lambda\varphi_\lambda$ だから $xp_1\varphi_1=\cdots=xp_n\varphi_n=x\varphi$ である．次のことをいえば証明が完了する：$\bar{z}_1\varphi_1=\cdots=\bar{z}_n\varphi_n$ なるように $\bar{z}_1\in S/\rho_1,\cdots,\bar{z}_n\in S/\rho_n$ を任意にとれば $af=(\bar{z}_1,\cdots,\bar{z}_n)$ なる $a\in S$ がある（ここに $\bar{z}_\lambda$ は $\bar{z}_\lambda=z_\lambda p_\lambda$, $z_\lambda\in S$ の意味である)．あるいは $a\rho_1z_1, a\rho_2z_2,\cdots,a\rho_nz_n$ なる $a\in S$ があるということを証明すればよい．$\lambda\neq\mu$ でも $z_\lambda\sigma z_\mu$ であることが φ_λ の定義により得られる．まず $z_1\sigma z_2$ だから (9·5·9) により $z_1\rho_1a_1, a_1\rho_2z_2$ なる $a_1\in S$ がある．さて $a_{i-1}\rho_1z_1, a_{i-1}\rho_2z_2,\cdots,a_{i-1}\rho_{i-1}z_{i-1}$ なる $a_{i-1}\in S$ があると仮定する．$a_{i-1}\sigma z_{i-1}\sigma z_i$ から (9·5·9) により $a_{i-1}(\rho_1\cap\cdots\cap\rho_{i-1})a_i, a_i\rho_iz_i$ なる $a_i\in S$ がある．$a_i\rho_ja_{i-1}\rho_jz_j$ から $a_i\rho_jz_j$ $(j=1,\cdots,i)$．これを $i=n$ までつづけると a_n が求める a である． ∎

問 3 定理9·5·7の条件 (9·5·9) は次の (9·5·10) でおきかえられる．

(9·5·10) $$(\rho_1\cap\cdots\cap\rho_{i-1}\cap\rho_{i+1}\cap\cdots\cap\rho_n)\cdot\rho_i=\sigma\quad(i=1,\cdots,n).$$

問 4　G_1, G_2 をいずれも周期的群とする．G_1 と G_2 の部分直積はつむぎ積に同形であることを証明せよ．

問 5　G を全(正)整数加法(半)群とする．G と G のすべてのつむぎ積を決定せよ．

9・6　帰納的極限と射影的極限

I を半順序集合，$\leqq$ をその半順序とする．任意の $x, y \in I$ に対し $x \leqq z$, $y \leqq z$ なる $z \in I$ があるとき，**右に（大なる方に）方向づけられた集合**（**有向集合**）という．有向半順序集合 I の各元 i に半群 X_i が対応する族 $\{X_i : i \in I\}$（ただし $X_i \cap X_j = \emptyset, i \neq j$）とともに $i \leqq j$ なる I の元の対 (i, j) に対して準同形写像 $\varphi_{ji}: X_i \to_{\text{in}} X_j$ が与えられ，次の条件を満足するものとする：

(9・6・1)　$\varphi_{ii}(x) = x$,　　(9・6・2)　$i \leqq j \leqq k$ につき $\varphi_{kj}\varphi_{ji}(x) = \varphi_{ki}(x)$.

族 $\{X_i : i \in I\}$ と $\{\varphi_{ji} : i \leqq j\}$ の集まりを**帰納的系** (inductive system) といい，(X_i, φ_{ji}) で表わす．(9・6・1), (9・6・2) を満足する $\{\varphi_{ji} : i \leqq j\}$ を**準同形(の)帰納系**という．和集合 $\bigcup_{i \in I} X_i$ に関係 ρ を次のように定義する：

$$x\rho y \text{ とは } x \in X_i, y \in X_j, i \leqq k, j \leqq k \text{ なる } k \text{ があって } \varphi_{ki}(x) = \varphi_{kj}(y).$$

そのとき ρ は $\bigcup_{i \in I} X_i$ の等値関係である．$D = (\bigcup X_i)/\rho$ とおき，$z \in \bigcup_{i \in I} X_i$ を含む ρ 類を $\bar{z}$ と書くと，$i \leqq k \leqq l, x \in X_i$ に対し $\overline{\varphi_{ki}(x)} = \overline{\varphi_{li}(x)}$ である．D に演算を次のように定義する：

$$x \in X_i, y \in X_j \text{ に対し } i \leqq k, j \leqq k \text{ なる } k \text{ をとり}$$
$$\bar{x} \cdot \bar{y} = \overline{\varphi_{ki}(x)\varphi_{kj}(y)}.$$

φ_{ji} の定義にもとづいて $x_1\rho x_2, y_1\rho y_2$ のとき $x_1y_1\rho x_2y_2$ が証明されるから，$\bar{x} \cdot \bar{y}$ は定義可能である．また容易に $(\bar{x} \cdot \bar{y}) \cdot \bar{z} = \bar{x} \cdot (\bar{y} \cdot \bar{z})$ を証明することができるから，D は半群をつくる．$x \in X_i$ を $\bar{x}$ に対応させる標準写像 $f_i : X_i \to_{\text{in}} D$ は次の性質を満足する：

(9・6・3)　$f_j \cdot \varphi_{ji} = f_i$,　$i \leqq j$,

(9・6・4)　任意の半群 X と $g_j \cdot \varphi_{ji} = g_i$ $(i \leqq j)$ を満足する準同形写像 g_i: $X_i \to X$ $(i \in I)$ に対し，$f \cdot f_i = g_i$ $(i \in I)$ を満足する準同形写像 $f : D \to X$ が一意的に存在する．

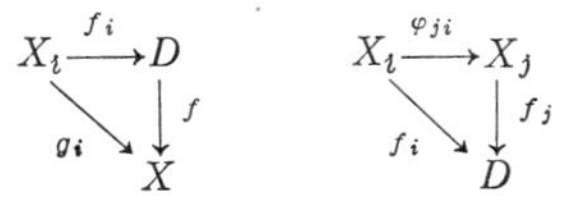

証明　(9·6·3)　$i \leqq j$, $x \in X_i$ に対し明らかに $\bar{x} = \overline{\varphi_{ji}(x)}$ だから $f_i(x) = f_j \cdot \varphi_{ji}(x)$.

(9·6·4)　X と g_i が仮定のように与えられたとする．$f: D \to_{\text{in}} X$ を

$$f(\bar{x}) = g_i(x), \quad x \in X_i$$

と定義する．まず $x \in X_i, y \in X_j$ でかつ $\bar{x} = \bar{y}$ とする．$i \leqq k, j \leqq k$ なる k に対し $\varphi_{ki}(x) = \varphi_{kj}(y)$ だから $g_i(x) = g_j(y)$ を得る．f の定義そのものが $ff_i = g_i$ を示す．f の一意性は容易に理解される．∎

(X_i, φ_{ji}) から定まる (D, f_i) または D を帰納的系 (X_i, φ_{ji}) の**帰納的極限** (inductive limit, direct limit) とよび，$\varinjlim (X_i, \varphi_{ji})$ または $\varinjlim X_i$ で表わす．I を記す必要があるときは $\varinjlim (X_i, \varphi_{ji}, I)$ と書く．

例 1　$I = \{1, 2, 3, \cdots\}$：普通の大小を順序にする．$S_i = \{e_i, a_i, a_i^2, \cdots, a_i^{p^i-1}\}$ を位数 p^i の巡回群 (p：素数)．$\varphi_{ji}\,(i \leqq j)$ を S_i から S_j の中への単射準同形 $\varphi_{ji}(a_i^k) = a_j^{p^{j-i}k}$ で与えられるものとする．$\varinjlim (S_i, \varphi_{ji}, I)$ はいわゆる p に関する**擬巡回群** (quasi cyclic group) とよばれ，p の巾を分母にもつ有理数の 1 を法とする加法群に同形である．

$$\left\{\frac{n}{p^m}: \quad n = 0, 1, \cdots, p^m - 1, \; m = 1, 2, \cdots\right\}.$$

例 2　すべての正有理数のなす加法半群を R, $1/n!$ で生成される部分半群を R_n, $R_n = [1/n!]$. このとき $R = \varinjlim [1/n!]$.

$$n \leqq m, \quad \varphi_{m,n}\left(\frac{x}{n!}\right) = \frac{(n+1)(n+2)\cdots m}{m!} x \quad \text{で与えられる．}$$

例 3　S_n を位数 2^n の巾零巡回半群：$S_n = \{a_n, a_n^2, \cdots, a_n^{2^n-1}, 0\}$, $a_n^{2^n} = 0$ とする．$n \leqq m$ のとき $\varphi_{m,n}(a_n^i) = a_m^{2^{m-n}i}$ と定義すれば $\varinjlim (S_n, \varphi_{m,n}) \cong A/B$. A は $m/2^n$ なる形のすべての正有理数のなす加法半群．B は $x \geqq 1$ なるすべての $x \in A$ からなる A のイデアルである．

半群 $X_i\,(i \in I)$ と準同形写像 $\psi_{ij}: X_j \to_{\text{in}} X_i\,(i \leqq j)$ が与えられ，次の条件

(9·6·5)　$\psi_{ii}(x) = x$,　　(9·6·6)　$i \leqq j \leqq k \Rightarrow \psi_{ik}(x) = \psi_{ij}\psi_{jk}(x)$

を満足するとき，体系 (X_i, ψ_{ij}) を**射影的系** (projective system)，$\{\psi_{ij}: i \leqq j\}$ を**準同形(の)射影系**という．

$$P=\{(x_i):\ \psi_{ij}(x_j)=x_i,\ i\leqq j\}$$

直積集合 $\prod_{i\in I}X_i=\{(x_i):x_i\in X_i, i\in I\}$ の部分集合

をとり，P の演算を自然に $(x_i)\cdot(y_i)=(x_iy_i)$ で定義すると，P は半群をなす．標準写像 $p_i:P\rightarrow X_i\ (i\in I)$ を $(x_i)\mapsto x_i$ で定義するとき，p_i は次の性質を満足する：

(9・6・7) $\psi_{ij}p_j=p_i\quad(i\leqq j)$,

(9・6・8) 任意の半群 X と条件 $\psi_{ij}q_j=q_i\ (i\leqq j)$ を満足する準同形写像 q_i：$X\rightarrow X_i(i\in I)$ に対し $p_ip=q_i\,(i\in I)$ を満足する準同形写像 $p:X\rightarrow P$ が一意的に存在する．

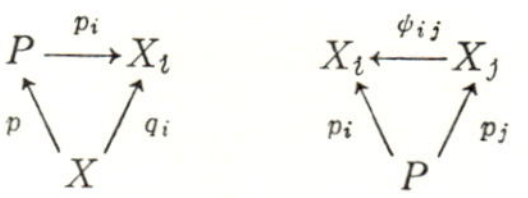

問 1 上の (9・6・7), (9・6・8) を証明せよ．

(P,p_i) を射影的系 (X_i,ψ_{ij}) の**射影的極限** (projective limit, inverse limit) といい，$\varprojlim X_i$ または $\varprojlim(X_i,\psi_{ij})$ または $\varprojlim(X_i,\psi_{ij},I)$ で表わす．射影的極限は X_i の 部分直積である．

例 1 p. 214 の例 1 と同じように S_i を定義し，$i\leqq j$ として $\psi_{ij}:S_j\rightarrow S_i$ を $\psi_{ij})(a_j^s)=a_i^t$, ここに $0\leqq s<p^j$, $0\leqq t<p^i$ で $s\equiv t$ mod. p^{j-i}, とすれば $\varprojlim(S_i,\psi_{ij},I)$ は群であるが p. 214 の例 1 とは非常に異った性質をもつ．

例 2 $\psi_{i,i+1}$ は半群 X_{i+1} から X_i の上への Rees-準同形とする．これによって定義される $\varprojlim X_i$ を Rees-射影的極限という．S_n を巾零巡回半群 $\{a_n, a_n^2,\cdots,a_n^{n-1},0\}$ とし，$n\leqq m$ のとき $\psi_{n,m}:S_m\rightarrow S_n$ を $\psi_{n,m}(a_m^i)=a_n^i\ (i<n)$, $0\ (i\geqq n)$ とすれば $\varprojlim(S_n,\psi_{n,m})$ は無限巡回半群に同形である．

問 2 I を下半束 ($\alpha\leqq\beta\Leftrightarrow\alpha\beta=\alpha$) とし，群の系 $\{S_\alpha:\alpha\in I\}$ の I に対する帰納的極限は群である．

問 3 右零半群の系 $\{S_\alpha:\alpha\in I\}$ の半束 I による帰納的極限は右零半群である．

問 4 直角帯の半束による帰納的極限はどうか．

問 5 右群の半束による帰納的極限についてしらべよ．

注意 準同形帰納(射影)系の定義において，「準同形」を「写像」でおき換えて，集合に対する**写像帰納(射影)系**を定義することができる．

第10章　移動，拡大，合成

半群の族を与えて新しい半群を作り出す操作として，イデアル拡大，半束合成，左零合成など構成論にはもちろん構造論にも非常に重要である．それには移動についてしらべることが前提となる．拡大，合成論について本章では基本的なものだけにとどめる．

10・1　移動の基本性質

すべての実数からなる加法群，または n 次元の実数ベクトルからなる加法群 S において，元 a を固定し，S の元 x を $x+a$ に対応させる変換 φ はすべての $x, y \in S$ に対して

$$(x+y)\varphi = x + y\varphi$$

を満足する．この性質に着目して一般の半群に移動という概念を定義する（前にものべたが改めて）．

定義　半群 S の変換 φ がすべての $x, y \in S$ に対し

(10・1・1)　　$(xy)\varphi = x(y\varphi)$

を満足するとき，φ を S の**右移動**という．また S の変換 ψ がすべての $x, y \in S$ に対し

(10・1・2)　　$\psi(xy) = (\psi x)y$

を満足するとき，ψ を S の**左移動**という．

ここでは，$x\varphi, \psi y$ のごとく，右移動 φ は右から，左移動 ψ は左から書く．本質的なものではないが，後に ψ と φ の対を同時に考えるとき少し便利であるが，一長一短あるともいえる．

右移動 φ が同時に左移動であるとき，**両側移動**または**移動**という．S がもし可換であれば右，左の区別を要しない．すなわち可換半群 S のすべての左移動は右移動であり，すべての右移動は左移動である．

最初にあげた例にならって，半群 S の元 a を固定し f_a, g_a をそれぞれ次のように定義する．

(10・1・3) $$xf_a=xa,$$

(10・1・4) $$g_ax=ax.$$

f_a は右移動，g_a は左移動である．これは結合法則から容易に証明される．(10・1・3) で定義される f_a を**内部右移動**，(10・1・4) で定義される g_a を**内部左移動**という．右(左)移動であるが，内部右(左)移動でないものがある．たとえば

例 1 Sをすべての正整数からなる加法半群 $S=\{1,2,3,\cdots\}$ とすると，内部移動（左右の区別はいらない）f_i は $xf_i=x+i$ $(i=1,2,\cdots)$ であるが，恒等変換 f_0（すべての x につき $xf_0=x$）は内部移動でないが，確かに移動である．

例 2 S を次の乗積表で定義される半群とする．

	a	b	c
a	a	b	a
b	a	b	a
c	a	b	a

変換 $\varphi=\begin{pmatrix} a & b & c \\ a & b & a \end{pmatrix}$ を考える．$y=a$ または b のとき $(xy)\varphi=y\varphi$, $x(y\varphi)=y\varphi$; $y=c$ のとき $(xy)\varphi=a\varphi=a$, $x(y\varphi)=xa=a$. いずれの場合も $(xy)\varphi=x(y\varphi)$ を満足するから，φ は右移動である．しかし内部右移動でない．

どんな半群に対しても恒等変換はつねに右(左)移動である．

半群の右(左)移動の間の関係および基本的性質についてしらべておこう．

半群 S のすべての右移動の集合を $\Phi(S)$ または Φ; S のすべての左移動の集合を $\Psi(S)$ または Ψ と書く．

(10・1・5) Φ および Ψ は恒等変換を単位元にもつ変換半群である．

証明 $\xi,\eta\in\Phi$ のとき $\xi\eta\in\Phi$ を証明すればよい．そうすれば全変換半群の部分半群になる．さて $x,y\in S$ とする．ξ,η が右移動だから

$$(xy)(\xi\eta)=[(xy)\xi]\eta=[x(y\xi)]\eta=x[(y\xi)\eta]=x[y(\xi\eta)].$$

これで $\xi\eta$ が右移動であることが証明された．Ψ についての証明も同じようである．恒等変換が単位元であることは明らかである． ∎

Φ を S の**全右移動半群**，Ψ を S の**全左移動半群**という．

半群 S のすべての内部右(左)移動の集合を R (L) とする．$f_a\in R$, $g_a\in L$

とする．

(10·1·6)　R (L) は Φ (Ψ) の右イデアルである．すなわち

$$\varphi\in\Phi \Rightarrow f_a\varphi=f_{a\varphi};\quad \psi\in\Psi \Rightarrow \psi g_a=g_{\psi a}.$$

証明　$x\in S$ に対し $x(f_a\varphi)=(xa)\varphi=x(a\varphi)=xf_{a\varphi}$，ゆえに $f_a\varphi=f_{a\varphi}$.

$$(\psi g_a)x=\psi(ax)=(\psi a)x=g_{\psi a}x,\ \text{ゆえに}\ \psi g_a=g_{\psi a}. \qquad ▮$$

(10·1·7)　半群 S が右(左)単位元をもつならば，内部右(左)移動の外に右(左)移動はない： $R=\Phi$ $(L=\Psi)$. 逆に $R=\Phi$ $(L=\Psi)$ ならば S は右(左)単位元をもつ．

証明　φ を S の右移動，e を S の右単位元とする．$x\in S$ に対し

$$x\varphi=(xe)\varphi=x(e\varphi)=xf_{e\varphi}.$$

ゆえに $\Phi\subseteq R$, $\Phi=R$ を得る．逆に $\Phi=R$ と仮定する．恒等変換 ε は右移動だから $\varepsilon\in R$, すなわち $\varepsilon=f_e$ なる元 $e\in S$ がある． したがって $x=x\varepsilon=xe$, e は S の右単位元である．　▮

例 1　群 G の右移動は内部右移動であり，左移動は内部左移動である．$\Phi=R,\Psi=L$. Φ は G に同形，Ψ は G に同形である．

例 2　左零半群 $S：xy=x$. すべての元は右単位元だから $\Phi=\{\varepsilon\}$. 逆に $\Phi=\{\varepsilon\}$ であれば，S は左零半群である．

例 3　右零半群 $S：xy=y$. S の全変換半群を $\mathcal{T}_S$ とする．$\varphi\in\mathcal{T}_S$ に対し $(xy)\varphi=y\varphi=x(y\varphi)$. ゆえに $\Phi=\mathcal{T}_S$.

例 4　零半群 $S：xy=0$. 0 を 0 に写す S の変換はすべて S の移動である．S の移動はそのようなものに限る．

証明　S の変換 φ が $0\varphi=0$ を満足するものとする．

$$(xy)\varphi=0\varphi=0=x(y\varphi).$$

逆に φ を任意の移動とし，$0\varphi=a$ とおく．

$$a=0\varphi=(x0)\varphi=x(0\varphi)=0. \qquad ▮$$

以上のように特殊な場合には，すべての移動を容易に決定できる．しかし一般の場合はどうであろうか．

10·2　右生成系と右基底

φ を半群 S の右移動とする．$a\in S$ とし，$z=xa$ とする．$z\varphi=x(a\varphi)$ だから

$a\varphi$ さえ与えると $z\varphi$ が定まる．これに注目してこのような元 a をできるだけ狭い範囲にとって，$a\varphi$ を定めることが望ましい．このことから次にのべる右基底なる概念を考える(「左」についても同じであるが「右」だけについてのべる)．

半群 S の空でない部分集合 X であって

$$S^1X = X \cup SX = S$$

を満足する X を考える．このような X を S の**右生成系**という．X は必ず存在する．少なくも S 自身がそうである．できるだけ小さい X が欲しいので，次のように S に仮定を設ける：

極小な右生成系がある．

(「極小」とはそれより小さいものがないという意味である)．$X \cup SX = S$ を満足する X の中で極小なもの，すなわち極小な右生成系を S の**右基底**という．同じように，$Y \cup YS = S$ を満足する Y の中で極小なものを S の**左基底**という．

右(左)基底はただ一つとは限らない．しかし

定理 10・2・1 右(左)基底の濃度は一定である．

証明 X, Y を半群 S の相異なる右基底とする．$X \cup SX = S$, $Y \cup SY = S$. 極小性により $X \subset Y$ となることはないから，$x_1 \in X$, $x_1 \notin Y$ なる x_1 がある．したがって $x_1 \in SY$ すなわち $x_1 = a_1 y_1$ なる $a_1 \in S$, $y_1 \in Y$ がある．このとき $y_1 \in SX$ を証明しよう．もし $y_1 \in X \cap Y$ と仮定する．仮定 $x_1 \in X$, $x_1 \notin Y$ により $y_1 \neq x_1$. さて $Z = X \setminus \{x_1\}$ とおく．$y_1 \in X \cap Y$ と $y_1 \neq x_1$ により $\emptyset \neq Z \subset X$. 一方 $x_1 = a_1 y_1$ により $\{x_1\} \cup Sx_1 \subseteq SZ$, したがって $S = X \cup SX \subseteq Z \cup \{x_1\} \cup SZ \cup Sx_1 = Z \cup SZ$, ついに $S = Z \cup SZ$ となり X の極小性に矛盾する．これで $y_1 \notin X$ が証明された．$y_1 \in SX$ より $y_1 = b_1 x_2$ なる $b_1 \in S$ と $x_2 \in X$ があるから，$x_1 = a_1 b_1 x_2$. このとき $x_1 = x_2$ を証明しよう．このために $x_1 \neq x_2$ でかつ $X \neq \{x_1\}$ と仮定してもよい．$Z_1 = X \setminus \{x_1\}$ とおくと上と同じ理由で Z_1 が右生成系となり，X の極小性に矛盾する．ゆえに $x_1 = x_2$ である．要約すると

$x_1 \in X, x_1 \notin Y$ であれば $x_1 = a_1 y_1, y_1 = b_1 x_1$ なる $y_1 \in Y, a_1, b_1 \in S$ がある．

さらに x_1 に対し $y_1 \in Y$ がただ一つ定まることが証明される：$x_1 \in X, x_1 \notin Y$; $x_1 = a_1 y_1$, $y_1 = b_1 x_1$, $y_1 \in Y, y_1 \notin X$; $x_1 = a_2 y_2$, $y_2 = b_2 x_1$, $y_2 \in Y$, $y_2 \notin X$ とする．直ちに $Sy_1 = Sx_1 = Sy_2$. もし $y_1 \neq y_2$ と仮定すると，Y より真に小さい $Z' = Y \setminus \{y_1\} (\neq \emptyset)$ が $Z' \cup SZ' = S$ を満足し Y の極小性に矛盾する．ゆえに $y_1 =$

y_2. こうして $X\setminus(X\cap Y)$ と $Y\setminus(X\cap Y)$ の元の間に1対1の対応がつくことが証明された．$X\cap Y$ の元にはそれ自身を対応させれば X と Y の間には1対1対応がつく．これで $|X|=|Y|$ が証明された． ▮

半群が有限であれば，明らかに右(左)基底をもつ．基底の例をあげる．

例 1 半群が（有限でなくても）右単位元 e をもてば，$\{e\}$ が右基底．

例 2 群の右基底は $\{a\}$ (a は任意の元)．

例 3 全正整数加法半群 $\{1,2,3,\cdots\}$ では $\{1\}$ がただ一つの基底．

例 4 半群 $\{a,b,c\}$

	a	b	c
a	a	b	a
b	a	b	a
c	a	b	a

$\{b,c\}$ はただ一つの右基底，
$\{c\}$ はただ一つの左基底．

例 5 半群 $\{a,b,c,d\}$

	a	b	c	d
a	a	b	a	a
b	a	b	a	a
c	a	b	c	d
d	a	b	d	c

$\{b,c\}$, $\{b,d\}$ が右基底，
$\{c\}$, $\{d\}$ が左基底．

例 6 零半群 S： $xy=0$, 右(左)基底は $S\setminus\{0\}$．

例 7 右基底，左基底をもたない半群の例：

$S=\{1,2,3,\cdots,n,\cdots\}$ すべての正整数の集合で演算を

$$x\cdot y=\min\{x,y\}\ (\text{普通の大小に関する } x,y \text{ の最小})$$

で定義する．S は半束である．正整数 n に対し $I_n=\{x\in S: n\leqq x\}$ とおくと，I_n はすべて右生成系であるから極小なものはない．

10・3 右移動の決定

半群 S の右生成系を $A(\subset S)$ とする．S のすべての右(左)移動を決定する問題の本論に入る．右移動についてだけのべる．左移動についても同じだから類推されたい．

φ を S の右移動とし，$\bar{\varphi}=\varphi|A$ ($\varphi|A$ は φ の A への制限) とする．φ が右移

動だから $a, b \in A$ (a, b は等しくてもよい), $x, y, z \in S$ に対し

$$(10\cdot3\cdot1') \qquad \begin{cases} xa = yb & \text{であれば} \quad x(a\bar{\varphi}) = y(b\bar{\varphi}), \\ za = a & \text{であれば} \quad z(a\bar{\varphi}) = a\bar{\varphi}. \end{cases}$$

この二つの条件は次のように一つにまとめてのべられる：

$$(10\cdot3\cdot1) \qquad a, b \in A,\ x, y \in S^1,\ xa = yb \Rightarrow x(a\bar{\varphi}) = y(b\bar{\varphi}).$$

右移動 φ が与えられると，(10・3・1) を満足する $\bar{\varphi}$ がただ一つに定まることは明らかであるが，逆に $\bar{\varphi}$ が (10・3・1) を満足する写像 $A \to S$ として与えられるならば，$\varphi|A = \bar{\varphi}$ となる右移動 $\varphi : S \to S$ がただ一つに定まることをたしかめよう．

$\bar{\varphi}$ が与えられたとする．A が右生成系だから，任意の元 $z \in S$ は，$z \notin A$ であれば $z = xa$, $x \in S$, $a \in A$ として表わされるから，φ を次のように定義する：

$$(10\cdot3\cdot2) \qquad z\varphi = \begin{cases} z\bar{\varphi} & (z \in A \text{ のとき}) \\ x(a\bar{\varphi}) & (z = xa \text{ のとき}). \end{cases}$$

$z = xa$ の表わし方は一般に一通りでないけれど，$z\varphi$ が一意的に定まるかという疑問が起るが，(10・3・1) により保証されているから心配はない：すなわち

$$z = xa = yb,\ a, b \in A,\ x, y \in S \text{ とすると } (10\cdot3\cdot1) \text{ により}$$
$$z\varphi = x(a\bar{\varphi}) = y(b\bar{\varphi}).$$

さて φ が右移動であることを証明する．$z, u \in S$ とし $(zu)\varphi = z(u\varphi)$ を証明するのであるが，$u \in A$ のときは (10・3・2) により直ちに得られるから $u = yb$, $b \in A$, $y \in S$ とする．φ の定義により

$$(zu)\varphi = [(zy)b]\varphi = (zy)(b\bar{\varphi}) = z[y(b\bar{\varphi})] = z(u\varphi).$$

そこで次の定理を得る．

定理 10・3・3 A を半群 S の右生成系とする．写像 $\bar{\varphi} : A \to_{\text{in}} S$ が次の条件を満足するものとする．

$$a, b \in A,\ x, y \in S^1,\ xa = yb \Rightarrow x(a\bar{\varphi}) = y(b\bar{\varphi}).$$

このような $\bar{\varphi}$ に対し $\varphi : S \to_{\text{in}} S$ を

$$z\varphi = \begin{cases} z\bar{\varphi} & (z \in A \text{ のとき}) \\ x(a\bar{\varphi}) & (z = xa \text{ のとき}) \end{cases}$$

で定義すると，φ は S の右移動である．S のすべての右移動はこのようにして

得られる．$\varphi \mapsto \bar{\varphi}$ は1対1である．

$\bar{\varphi}$ の集合は A の選び方に関係するが，φ 全体としては A に無関係である．$\bar{\varphi}$ の条件 (10·3·1) を少しのべかえてみよう．$a \in A$, $a\bar{\varphi}=a'$ とおく．

（i） $$xa=a \Rightarrow xa'=a',$$

（ii） $$xa=ya \Rightarrow xa'=ya',$$

（iii） $$a \neq b,\ xa=yb \Rightarrow xa'=yb',$$

（iv） $$a \neq b, xa=b \Rightarrow xa'=b'.$$

まず S の右生成系 A を一つとり，各 $a \in A$ に対し，(i),(ii)を満足する $a' \in S$ の集合 A_a をつくって後，$\bar{\varphi}: A \to S$ をつくるのであるが，$a', b', c', \cdots$ を同時に定めるとき (iii),(iv)を満足するように $a' \in A_a, b' \in A_b, c' \in A_c, \cdots$ を選ばなければならない．このような操作は S が有限であれば比較的簡単である．もし $a \neq b$ で $S^1a \cap S^1b=\varnothing$ であれば，a' と b' を選ぶのに (iii),(iv)を考慮に入れる必要はない．すなわち a', b' は独立に決定してよい．

$\bar{\varphi}$ が与えられたとき φ を決定するのは容易である．たとえば $p\bar{\varphi}=b, q\bar{\varphi}=c$ とすると φ によって ap は ab に，bp は b^2 に，cp は cb に，p^2 は pb に，qp は qb に，bq は bcに，cq は c^2 に，pq は pc に，q^2 は qc に，……うつされる．

以上の理論では A が右生成系でさえあればよいのであって，右基底であることを要しない．しかし実際に右基底があるとき，Aを右基底にとれば便利である．

例 1 $S=\{a, b, c\}$

	a	b	c
a	a	b	a
b	a	b	a
c	a	b	a

S の右基底は $A=\{b, c\}$．まず(i),(ii)を満足する $\bar{\varphi}: A \to S$ を求める．

$\bar{\varphi}$ によって b は a, b のいずれかに写され，c はa, b, c のいずれかに写される．$S^1b \cap S^1c=\varnothing$ だから b', c' は独立にとることができる．$\bar{\varphi}$ のすべては次の6つである：

$$\bar{\varphi}_1=\begin{pmatrix} b & c \\ a & a \end{pmatrix},\ \bar{\varphi}_2=\begin{pmatrix} b & c \\ a & b \end{pmatrix},\ \bar{\varphi}_3=\begin{pmatrix} b & c \\ a & c \end{pmatrix},\ \bar{\varphi}_4=\begin{pmatrix} b & c \\ b & a \end{pmatrix},\ \bar{\varphi}_5=\begin{pmatrix} b & c \\ b & b \end{pmatrix},\ \bar{\varphi}_6=\begin{pmatrix} b & c \\ b & c \end{pmatrix}.$$

$\bar{\varphi}_i$ に対応する φ を φ_i で表わす．たとえば $a\varphi_4$ を求めるには $c\bar{\varphi}_4=a$ だから

$a\varphi_4=a$ である．こうして S のすべての右移動は

$$\varphi_1=\begin{pmatrix} a & b & c \\ a & a & a \end{pmatrix},\ \varphi_2=\begin{pmatrix} a & b & c \\ b & a & b \end{pmatrix},\ \varphi_3=\begin{pmatrix} a & b & c \\ a & a & c \end{pmatrix},$$

$$\varphi_4=\begin{pmatrix} a & b & c \\ a & b & a \end{pmatrix},\ \varphi_5=\begin{pmatrix} a & b & c \\ b & b & b \end{pmatrix},\ \varphi_6=\begin{pmatrix} a & b & c \\ a & b & c \end{pmatrix}.$$

S の左基底は $\{c\}$ で，$\bar{\psi}$ により c は a,b,c のいずれかにうつる．同じ手続きにより，

$$\psi_1=\begin{pmatrix} a & b & c \\ a & b & a \end{pmatrix},\ \psi_2=\begin{pmatrix} a & b & c \\ a & b & b \end{pmatrix},\ \psi_3=\begin{pmatrix} a & b & c \\ a & b & c \end{pmatrix}$$

がすべての左移動である．

例 2 $S=\{1,2,3,\cdots\}$ を全正整数加法半群とすると $A=\{1\}$．だから φ は $1\bar{\varphi}$ で定まる： $x>1$ のとき $x\varphi=(x-1)+1\varphi$．ゆえにすべての右移動は $x\in S$ に対し $x\varphi_i=x+i$ $(i=0,1,2,\cdots)$．恒等変換だけが内部的でない．

例 3

S	a	b	c	d
a	a	a	a	a
b	a	a	a	a
c	a	a	c	d
d	a	a	d	c

右基底 $\{b,c\}$ をとる．(i),(ii) により

$$b\bar{\varphi}=a \text{ かまたは } b,\quad c\bar{\varphi}=a \text{ か } c \text{ か } d$$

である．$Sb\cap Sc=\{a\}$ であるが，$b\bar{\varphi}, c\bar{\varphi}$ のいずれの組合せに対しても $a\mapsto a$ だから任意に組合せてよい．

$$\bar{\varphi}_1=\begin{pmatrix} b & c \\ a & a \end{pmatrix},\ \bar{\varphi}_2=\begin{pmatrix} b & c \\ a & c \end{pmatrix},\ \bar{\varphi}_3=\begin{pmatrix} b & c \\ a & d \end{pmatrix},\ \bar{\varphi}_4=\begin{pmatrix} b & c \\ b & a \end{pmatrix},\ \bar{\varphi}_5=\begin{pmatrix} b & c \\ b & c \end{pmatrix},\ \bar{\varphi}_6=\begin{pmatrix} b & c \\ b & d \end{pmatrix}.$$

$\bar{\varphi}_i$ に a,d の像をつけ加えれば $\varphi_i(i=1,2,\cdots,6)$ を得る．右基底に $\{b,d\}$ をとっても結果は同じである．

例 4

S	a	b	c	d	e
a	a	a	a	a	a
b	a	a	a	a	a
c	a	a	a	b	b
d	a	a	b	c	c
e	a	a	b	c	c

(右) 基底は $\{d, e\}$. (i), (ii) により $d\bar{\varphi}, e\bar{\varphi}$ のおのおのは全く任意であるが，(iii), (iv) により組合せは制限される.

$$d\bar{\varphi}\in\{a, b\} \Rightarrow e\bar{\varphi}\in\{a, b\},$$
$$d\bar{\varphi}=c \Rightarrow e\bar{\varphi}=c,$$
$$d\bar{\varphi}\in\{d, e\} \Rightarrow e\bar{\varphi}\in\{d, e\}.$$

ゆえに

$$\bar{\varphi}_1=\begin{pmatrix} d & e \\ a & a \end{pmatrix},\ \bar{\varphi}_2=\begin{pmatrix} d & e \\ a & b \end{pmatrix},\ \bar{\varphi}_3=\begin{pmatrix} d & e \\ b & a \end{pmatrix},\ \bar{\varphi}_4=\begin{pmatrix} d & e \\ b & b \end{pmatrix},\ \bar{\varphi}_5=\begin{pmatrix} d & e \\ c & c \end{pmatrix},$$
$$\bar{\varphi}_6=\begin{pmatrix} d & e \\ d & d \end{pmatrix},\ \bar{\varphi}_7=\begin{pmatrix} d & e \\ d & e \end{pmatrix},\ \bar{\varphi}_8=\begin{pmatrix} d & e \\ e & d \end{pmatrix},\ \bar{\varphi}_9=\begin{pmatrix} d & e \\ e & e \end{pmatrix}.$$

したがって $\varphi_i\ (i=1, \cdots, 9)$ を次のように得る.

$$\{d, e\}\varphi_i\subseteq\{a, b\} \text{ かつ } \{a, b, c\}\varphi_i=\{a\} \quad (i=1, 2, 3, 4),$$
$$\{d, e\}\varphi_i=\{c\} \text{ かつ } \{a, b\}\varphi_i=\{a\}, c\varphi_i=b \quad (i=5),$$
$$\{d, e\}\varphi_i\subseteq\{d, e\} \text{ かつ } x\varphi_i=x\ (x=a, b, c) \quad (i=6, 7, 8, 9).$$

例 5　$S=\{1, 2, 3, \cdots\}$，$x\cdot y=\min\{x, y\}$.

基底をもたないが，φ を任意の右移動とすれば，すべての $x\in S$ に対し，

（1）　$x\varphi\leqq x$ ($\leqq$ は普通の大小) が成り立つ：

$$x\cdot(x\varphi)=(x\cdot x)\varphi=x\varphi.$$

もし $n\varphi=n$ であれば，$x\leqq n$ なるすべての x に対し $x\varphi=x$ である：

$$x\varphi=(x\cdot n)\varphi=x\cdot(n\varphi)=x\cdot n=x.$$

φ が恒等変換でなければ

（2）　$$\begin{cases} x\leqq n \Rightarrow x\varphi=x, \\ (n+1)\varphi\neq n+1 \end{cases}$$

なる n がある. この n と $x\leqq n$ なるすべての x に対し

（3）　$$x\cdot((n+1)\varphi)=(x\cdot(n+1))\varphi=x\varphi=x.$$

(1), (2), (3) により $(n+1)\varphi=n$ でなければならない. さらに $y\geqq n+1$ に対し $n=(n+1)\varphi=((n+1)\cdot y)\varphi=(n+1)\cdot(y\varphi)$. これから $y\varphi=n$ が導かれる. したがって各 n に対し φ_n が次のように定義される：

$$x\varphi_n=\begin{cases} x & (x\leqq n \text{ のとき}) \\ n & (x>n \text{ のとき}). \end{cases}$$

恒等変換以外のすべての（右）移動は φ_n の形をもつことが証明された．逆に φ_n が S の右移動であることは容易に証明される．その証明は三つの場合 $x<y\leqq n, x<n<y, n\leqq x<y$ に分けてすればよい．

結局 $\{\varphi_n : n=0,1,2,\cdots\}$ が移動のすべてである．

問 1　すべての正実数からなる加法半群を S とする．S のすべての移動を求めよ（$x\varphi=x+d$ で与えられる）．

問 2　$\varphi\,(\psi)$ を半群Sの右（左）移動とする．I が S の左（右）イデアルであれば，$I\varphi$ (ψI) は S の左（右）イデアルである．I' が $S\varphi$ に含まれる S の左イデアルであれば，φ による I' の逆像は S の左イデアルである．

問 3　右移動は右零を右零にうつし，左零をそれ自身にうつす．したがって右移動は零をそれ自身にうつす．

10・4　左右移動のつながり

左移動と右移動の関係として「つながり」という概念を導入する．φ を半群 S の右移動，ψ を S の左移動とする．次の条件を満足するとき，φ と ψ は**つながる** (link) という．すべての $x, y\in S$ に対し $x(\psi y)=(x\varphi)y$.

φ と ψ がつながることを

$$\psi\mathcal{LK}\varphi \quad \text{または} \quad \varphi\mathcal{LK}\psi$$

と書く．半群 S の右移動 φ が与えられたとする．φ に対応して集合 S に新しい演算 $(\circ)$ を

$$x\circ y=(x\varphi)y$$

で定義すると

(10・4・1)　$S(\circ)$ は半群である．

$$(x\circ y)\circ z=((x\varphi)y)\circ z=[((x\varphi)y)\varphi]z=(x\varphi)(y\varphi)z$$
$$=x\circ((y\varphi)z)=x\circ(y\circ z).$$

左移動 ψ に対して演算を $x*y=x(\psi y)$ で定義すると $S(*)$ も半群である．$S(\circ)$ $(S(*))$ を半群 S から $\varphi\,(\psi)$ によって導入された半群といい，$S_\varphi\,(S_\psi)$ と書く．

$\varphi\mathcal{LK}\psi$ であるための必要十分条件は $S_\varphi=S_\psi$ である．すなわち，すべての $x, y\in S$ に対し $x*y=x\circ y$.

半群 S の乗積表，S の右移動 φ，左移動 ψ が与えられたとき，φ と ψ がつ

ながるかどうかをしらべるには乗積表の行（または列）を φ (ψ) に従って変換することにより $S_\varphi(S_\psi)$ が $S_\psi(S_\varphi)$ に一致するかどうかをみる．

例 1　半群 S

	a	b	c	d
a	a	b	b	b
b	a	b	b	b
c	a	b	c	d
d	a	b	d	c

右移動 $\varphi=\begin{pmatrix} a & b & c & d \\ b & a & a & a \end{pmatrix}$

左移動 $\psi=\begin{pmatrix} a & b & c & d \\ a & b & b & b \end{pmatrix}$

φ に従う S の行変換により S_φ を得る．すなわち S_φ の a-行に S の b-行が，S_φ の b-行，c-行，d-行に S の a-行がうつる．

S_φ	a	b	c	d
a	a	b	b	b
b	a	b	b	b
c	a	b	b	b
d	a	b	b	b

これは ψ に従う S の列変換による結果に一致する．ゆえに φ と ψ はつながる．φ につながる左移動はこの ψ だけであることが容易にわかる．

例 2　半群 S

	a	b	c	d
a	a	b	a	a
b	a	b	a	a
c	a	b	a	a
d	a	b	a	a

左移動 $\psi=\begin{pmatrix} a & b & c & d \\ a & b & a & b \end{pmatrix}$，$S_\psi$ は

	a	b	c	d
a	a	b	a	b
b	a	b	a	b
c	a	b	a	b
d	a	b	a	b

容易にわかるように $S_\psi=S_\varphi$ なる右移動 φ は存在しない．このように任意の右（左）移動に対しこれとつながる左（右）移動がいつも存在するとは限らない．しかし S の内部右移動 f_a と内部左移動 g_a はつながる： $f_a\mathcal{LK}g_a$（同一の a であることに注意）．S が可換であれば左移動，右移動の区別を要しないで φ は φ 自身につながる．

基本的性質

φ_i を右移動，ψ_i を左移動とする $(i=1,2)$．

(10·4·2)　$\psi_1\mathcal{LK}\varphi_1,\ \psi_2\mathcal{LK}\varphi_2$　であれば，$\psi_1\psi_2\mathcal{LK}\varphi_1\varphi_2$.

証明　$x(\psi_1\psi_2 y)=(x\varphi_1)(\psi_2 y)=(x\varphi_1\varphi_2)y,\quad x, y\in S.$ ▮

半群 S において，つながる左移動 ψ と右移動 φ からなる対 (ψ, φ) のすべての集合を $\mathcal{H}(S)$：

$$\mathcal{H}(S)=\{(\psi,\varphi):\ \psi\mathcal{LK}\varphi, \psi\in\Psi, \varphi\in\Phi\}.$$

$\mathscr{H}(S)$ の元の相等 $(\psi_1,\varphi_1)=(\psi_2,\varphi_2)$ を $\psi_1=\psi_2, \varphi_1=\varphi_2$ で定義し，$\mathscr{H}(S)$ の演算を次のように定義する：

$$(\psi_1,\varphi_1)(\psi_2,\varphi_2)=(\psi_1\psi_2,\varphi_1\varphi_2).$$

(10·4·2) により $\mathscr{H}(S)$ はこの演算に関して半群をなす．$\mathscr{H}(S)$ を S の**移動莢**(きょう)といい，$\mathscr{H}(S)$ の元 (ψ,φ) を S の**双移動**という．

f_a, g_a をそれぞれ内部右，左移動すなわち $xf_a=xa, g_ax=ax$ とするとき，(g_a,f_a) を**内部双移動**とよぶ．S を固定している限り $\mathscr{H}(S)$ を $\mathscr{H}$ として表わしてよい．$\mathscr{H}(S)$ の元 (ψ,φ) に現われるすべての $\varphi\,(\psi)$ の集合を $\mathscr{H}_\Phi\,(\mathscr{H}_\Psi)$ とする．$\mathscr{H}_\Phi\,(\mathscr{H}_\Psi)$ を S の**右移動莢**（**左移動莢**）という．いずれも半群である．$R\,(L)$ を全内部右(左)移動半群とする．

$$R\subseteq\mathscr{H}_\Phi\subseteq\Phi,\quad L\subseteq\mathscr{H}_\Psi\subseteq\Psi.$$

(10·4·3)　$\varphi\in\Phi, \psi\in\Psi, f_a\in R, g_a\in L$ とする．$\psi\mathscr{L}\mathscr{K}\varphi$ であれば

$$\varphi f_a=f_{\psi a},\quad g_a\psi=g_{a\varphi}.$$

証明　$x\in S,\quad x(\varphi f_a)=(x\varphi)a=x(\psi a)=xf_{\psi a},$

$$(g_a\psi)x=a(\psi x)=(a\varphi)x=g_{a\varphi}x.$$ ∎

(10·4·4)　R は $\mathscr{H}_\Phi$ のイデアル，L は $\mathscr{H}_\Psi$ のイデアルである．

証明　(10·1·6) と (10·4·3) による．∎

さて $f_a\in R, g_a\in L$ とし，$\mathscr{D}(S)=\{(g_a,f_a)\colon a\in S\}$ とおく．$\mathscr{D}(S)$ を略して $\mathscr{D}$ と書いてもよい．$\mathscr{D}(S)$ を S の**移動対角**という．

(10·4·5)　$\mathscr{D}(S)$ は $\mathscr{H}(S)$ のイデアルで，$a\mapsto(g_a,f_a)$ により S は $\mathscr{D}(S)$ の上に準同形である．

証明　$(\psi,\varphi)\in\mathscr{H}(S)$ とする．

$$(g_a,f_a)(\psi,\varphi)=(g_a\psi,f_a\varphi)=(g_{a\varphi},f_{a\varphi}),$$

$$(\psi,\varphi)(g_a,f_a)=(\psi g_a,\varphi f_a)=(g_{\psi a},f_{\psi a}).$$

ゆえに $\mathscr{D}$ は $\mathscr{H}(S)$ のイデアルである．

$$(g_a,f_a)(g_b,f_b)=(g_ag_b,f_af_b)=(g_{ab},f_{ab}).$$

これで $a\mapsto(g_a,f_a)$ が準同形 $S\to_{\mathrm{on}}\mathscr{D}$ であることが証明された．∎

S にいかなる条件があれば，$S\to\mathscr{D}$ が同形になるか，簡単な一つの十分条件を与える．

定義　S が**弱簡約**である：すべての $x\in S$ に対し $xa=xb, ax=bx$ であれば

$a=b$.

S が**左簡約**である： すべての $x \in S$ に対し $xa=xb$ であれば $a=b$.

S が**右簡約**である： すべての $x \in S$ に対し $ax=bx$ であれば $a=b$.

左(右)簡約であれば弱簡約であるが，逆は必ずしも真でない．左(右)消約的であれば左(右)簡約であるが，逆は必ずしも成立しない．S が左(右)単位元をもてば，左(右)簡約である．

(10·4·6)　S が左(右)簡約であるのは $a \mapsto f_a$ $(a \mapsto g_a)$ が1対1であるときに限る．

(10·4·7)　S が弱簡約であるのは $a \mapsto (g_a, f_a)$ が1対1であるときに限る．

命題 10·4·8　左(右)簡約半群 S は S の右(左)移動莢の中にイデアルとしてはめこまれる．弱簡約半群 S は S の移動莢の中にイデアルとしてはめこまれる．

問 1　次の各条件を満足する半群の例をあげよ．

(1)　左簡約であるが右簡約でない．

(2)　左簡約でもなく，右簡約でもないが弱簡約である．

問 2　S が零半群であれば，$\mathscr{H}=\Psi \times \Phi$ (直積) である．

問 3　S が右零半群であれば，$\mathscr{H}=\{1\} \times \Phi$.

問 4　S が右単位元をもてば，$\mathscr{H}_\Phi=\Phi$, S が単位元をもてば

$$\mathscr{H}=\Psi \times \Phi = L \times R.$$

問 5　S が可換半群であれば，S の移動はそれ自身につながる．

10·5　左，右移動の交換可能性

φ を S の右移動，ψ を S の左移動とする．

(10·5·0)
$$\psi(x\varphi)=(\psi x)\varphi$$

がすべての $x \in S$ に対し成立するとき，φ と ψ は**交換可能**であるという．もし φ, ψ をいずれも x の右または左から書くとすれば，$x\psi\varphi=x\varphi\psi$ (または $\psi\varphi x=\varphi\psi x$) だから $\psi\varphi=\varphi\psi$ と書くことができる．しかしここでは (10·5·0) のことを簡単のために $\psi * \varphi = \varphi * \psi$ と書くことにする．

半群 S の右移動の集合 (必ずしも全部でない) を A とする．A のすべての元 φ と交換可能な S のすべての左移動 ψ の集合を $\mathscr{L}(A)$ と書く：

$$\mathscr{L}(A)=\{\psi \in \Psi : \text{ すべての } \varphi \in A \text{ に対し } \varphi * \psi = \psi * \varphi\}.$$

$L\,(R)$ は内部左(右)移動のすべてからなる半群であり，$\mathbb{1}$ は恒等写像とする．

(10･5･1)　$\mathcal{L}(A)$ は Ψ の部分半群で，$L\cup\{\mathbb{1}\}\subseteq\mathcal{L}(A)$.

証明　$\varphi\in A$, $\psi_1,\psi_2\in\mathcal{L}(A)$, $x\in S$ とする．

$$(\psi_1\psi_2x)\varphi=(\psi_1(\psi_2x))\varphi=\psi_1((\psi_2x)\varphi)=\psi_1(\psi_2(x\varphi))=\psi_1\psi_2(x\varphi).$$

ゆえに $\psi_1\psi_2\in\mathcal{L}(A)$. 次に $g_a\in L$ とする．

$$(g_ax)\varphi=(ax)\varphi=a(x\varphi)=g_a(x\varphi).$$

ゆえに $L\subseteq\mathcal{L}(A)$. $\mathbb{1}\in\mathcal{L}(A)$ は明らかである．∎

(10･5･1′)　左移動の集合 B に対し

$$\mathcal{R}(B)=\{\varphi\in\Phi:\ \text{すべての}\ \psi\in B\ \text{に対し}\ \varphi*\psi=\psi*\varphi\}$$

とすると，$R\cup\{\mathbb{1}\}\subseteq\mathcal{R}(B)$.

定理 10･5･2　半群 S が $S^2=S$ を満足すれば，S のすべての左移動はすべての右移動と交換可能である．

証明　$x\in S$ とすれば $x=yz$ なる $y,z\in S$ がある．$\varphi\in\Phi,\psi\in\Psi$ に対し

$$\begin{aligned}\psi(x\varphi)&=\psi[(yz)\varphi]=\psi[y(z\varphi)]=(\psi y)(z\varphi)=[(\psi y)z]\varphi\\&=[\psi(yz)]\varphi=(\psi x)\varphi.\end{aligned}$$ ∎

S の左移動 ψ と右移動 φ がつながっても，ψ と φ は必ずしも交換可能でない．たとえば §10･4 の例 2 の S に対し

$$\psi=\begin{pmatrix}a&b&c&d\\a&b&a&c\end{pmatrix}\quad\text{と}\quad\varphi=\begin{pmatrix}a&b&c&d\\a&a&c&c\end{pmatrix}$$

はつながるが，$\varphi*\psi\neq\psi*\varphi$. このような例は零半群からも得られる．

$\mathcal{H}_\Phi$ は右移動莢，$\mathcal{H}_\Psi$ は左移動莢である．

定理 10･5･3　S が弱簡約半群であれば，$\mathcal{H}_\Phi$ の元と $\mathcal{H}_\Psi$ の元は交換可能である．

証明　$\varphi\in\mathcal{H}_\Phi,\psi\in\mathcal{H}_\Psi$ とする．φ とつながる左移動を ψ_1 とし，ψ とつながる右移動を φ_1 とする．$x,y\in S$ に対し

$$[\psi(y\varphi)]x=\psi[(y\varphi)x]=\psi[y(\psi_1x)]=(\psi y)(\psi_1x)=[(\psi y)\varphi]x,$$
$$x[\psi(y\varphi)]=(x\varphi_1)(y\varphi)=[(x\varphi_1)y]\varphi=[x(\psi y)]\varphi=x[(\psi y)\varphi].$$

これがすべての $x\in S$ に対し成り立つ．S が弱簡約だから $\psi(y\varphi)=(\psi y)\varphi$ がすべての $y\in S$ に対して成り立つ．$\psi*\varphi=\varphi*\psi$ が結論された．∎

半群 S のすべての内部右(左)移動半群 $R\,(L)$ は $\mathcal{H}_\Phi\,(\mathcal{H}_\Psi)$ のイデアルで

あるが，

$$R\subseteq\mathcal{R}\subseteq\mathcal{H}_\Phi$$

なる部分半群 $\mathcal{R}$ に対し

$$\mathcal{L}(\mathcal{R})=\{\psi\in\mathcal{H}_\Psi:\ \text{すべての}\ \varphi\in\mathcal{R}\ \text{に対し}\psi*\varphi=\varphi*\psi\}$$

を定義し，さらに

$$\mathcal{H}_1=\{(\psi,\varphi):\ \psi\in\mathcal{L}(\mathcal{R}),\ \varphi\in\mathcal{R}\}$$

とおくと，$\mathcal{H}_1$ は半群をなし

$$(\psi,\varphi)\in\mathcal{H}_1 \Rightarrow \psi*\varphi=\varphi*\psi$$

を満足する．

$\mathcal{L}(\mathcal{R})$ と双対的に $L\subseteq\mathcal{L}\subseteq\mathcal{H}_\Psi$ なる部分半群 $\mathcal{L}$ に対し

$$\mathcal{R}(\mathcal{L})=\{\varphi\in\mathcal{H}_\Phi:\ \text{すべての}\ \psi\in\mathcal{L}\ \text{に対し}\ \varphi*\psi=\psi*\varphi\},$$

$$\mathcal{H}_2=\{(\psi,\varphi):\ \psi\in\mathcal{L},\ \varphi\in\mathcal{R}(\mathcal{L})\}$$

とすれば，$\mathcal{H}_2$ も半群をなし

$$(\psi,\varphi)\in\mathcal{H}_2 \Rightarrow \psi*\varphi=\varphi*\psi$$

を満足する．

問 次の(10·5·4), (10·5·5), (10·5·6) を証明せよ．

(10·5·4) $\mathcal{R}_1\subseteq\mathcal{R}_2\Rightarrow\mathcal{L}(\mathcal{R}_1)\supseteq\mathcal{L}(\mathcal{R}_2)$,

$\mathcal{L}_1\subseteq\mathcal{L}_2\Rightarrow\mathcal{R}(\mathcal{L}_1)\supseteq\mathcal{R}(\mathcal{L}_2)$.

(10·5·5) $\mathcal{L}(R)=\mathcal{H}_\Psi,\ \mathcal{R}(L)=\mathcal{H}_\Phi$.

(10.5.6) $\mathcal{L}(\mathcal{H}_\Phi)=L^1,\ \mathcal{R}(\mathcal{H}_\Psi)=R^1$.

10·6 完全 0-単純半群の移動

特殊な半群の移動を決定する例として完全 0-単純半群をとりあげる．完全 0-単純半群を正規行列半群で表現し

$$S=\mathcal{S}(G;\Lambda,M;\boldsymbol{F}^0).$$

完全単純半群も特別な場合に含ませて取扱う．S のすべての元は (λ,x,μ), $\lambda\in\Lambda,\mu\in M,x\in G$ で表わされる．G は群，$\boldsymbol{F}^0$ は G^0 上のサンドイッチ行列である：$\boldsymbol{F}=(f_{\mu,\lambda})$ (第5章をみよ)．以下 S の右移動を決定する．$\beta_0\in\Lambda, a_0\in G$ を固定し

$$A=\{(\beta_0,a_0,\mu):\ \mu\in M\}$$

とおく．任意の (λ, x, μ) に対し $f_{\alpha_0, \beta_0} \neq 0$ なる α_0 をとると

$$(\lambda, x, \mu) = (\lambda, xa_0^{-1} f_{\alpha_0, \beta_0}^{-1}, \alpha_0)(\beta_0, a_0, \mu).$$

だから $SA=S$. A は S の右生成系である（実は右基底にもなっている）．

φ を S の右移動とする．$\bar{\varphi}=\varphi|A$, $(\beta_0, a_0, \mu)\bar{\varphi}=(\beta_0', a_0', \mu')$ とおく．$f_{\gamma, \beta_0} \neq 0$ なる γ に対し

$$\begin{aligned}(\beta_0, a_0, \mu)\bar{\varphi} &= [(\beta_0, f_{\gamma,\beta_0}^{-1}, \gamma)(\beta_0, a_0, \mu)]\bar{\varphi} \\ &= (\beta_0, f_{\gamma,\beta_0}^{-1}, \gamma)[(\beta_0, a_0, \mu)\bar{\varphi}] = (\beta_0, f_{\gamma,\beta_0}^{-1}, \gamma)(\beta_0', a_0', \mu') \\ &= (\beta_0,\ f_{\gamma,\beta_0}^{-1} f_{\gamma,\beta_0'} a_0',\ \mu').\end{aligned}$$

仮定により，これが (β_0', a_0', μ') に等しいから $\beta_0=\beta_0'$ を得る．

$a_0^{-1}a_0'=\mu g$, $\mu'=\mu h$ とおくとき

$$(\beta_0, a_0, \mu)\bar{\varphi} = (\beta_0, a_0(\mu g), \mu h).$$

$\bar{\varphi}: A \to S$ が (10・3・1) を満足することは容易に知られる．そのとき

$$\begin{aligned}(\lambda, x, \mu)\varphi &= (\lambda, xa_0^{-1} f_{\alpha_0,\beta_0}^{-1}, \alpha_0)((\beta_0, a_0, \mu)\bar{\varphi}) \\ &= (\lambda, xa_0^{-1} f_{\alpha_0,\beta_0}^{-1},\ \alpha_0)(\beta_0, a_0(\mu g), \mu h) = (\lambda, x(\mu g), \mu h).\end{aligned}$$

かくて φ に対し変換 $h: M \to_{\text{in}} M$, 写像 $g: M \to_{\text{in}} G^0$ が定まる．逆に $h: M \to_{\text{in}} M$, $g: M \to_{\text{in}} G^0$ が与えられるとき，φ を

(10・6・1) $$(\lambda, x, \mu)\varphi = (\lambda, x(\mu g), \mu h),$$

で定義する．なおすべての λ, μ に対し $(\lambda, 0, \mu)=0$ と規約するから (10・6・1) は $0\varphi=0$ を含み，$\mu g=0$ のときは $(\lambda, x, \mu)\varphi=0$ を意味する．φ が右移動であることはここで証明する必要がない．なぜなら §10・3 の一般論で保証されているからである．

定理 10・6・2 $h: M \to_{\text{in}} M$, $g: M \to_{\text{in}} G^0$ に対し

(10・6・3) $$(\lambda, x, \mu)\varphi = (\lambda, x(\mu g), \mu h)$$

は S の右移動である．S のすべての右移動はこのようにして得られる．

同じように

定理 10・6・2′ $k: \Lambda \to_{\text{in}} \Lambda$, $p: \Lambda \to_{\text{in}} G^0$ に対し

(10・6・3′) $$\psi(\lambda, x, \mu) = (k\lambda, (p\lambda)x, \mu)$$

は S の左移動であり，S のすべての左移動はこのようにして得られる．

問 1 定理 10・6・2 は §10・3 における一般論にもとづいて右生成系を考えたが，それを考えないで次のように直接証明される．

$(\lambda, x, \mu)\varphi=(\lambda', x', \mu')$ とおいて $\lambda=\lambda'$ を証明し，次に $(\lambda_1, x, \mu)\varphi=(\lambda_1, x', \mu')$，$(\lambda_2, x, \mu)\varphi=(\lambda_2, x'', \mu'')$ とおくとき

$$x'=x'',\quad \mu'=\mu''$$

を証明せよ．$x\mapsto x'$ で定義される写像を q とおくと，q は群 G の右移動である．こうして命題 10·6·2 の後半をまず証明した後，(10·6·3) で定義される φ が S の右移動であることが証明される．

定理 10·6·2 により，S の右移動 φ に対し対 (g, h) が 1 対 1 に対応する．$\varphi_1\mapsto(g_1, h_1)$，$\varphi_2\mapsto(g_2, h_2)$ とするとき

$$(\lambda, x, \mu)\varphi_1\varphi_2=(\lambda, x(\mu g_1), \mu h_1)\varphi_2=(\lambda, x(\mu g_1)\cdot(\mu h_1 g_2), \mu h_1 h_2).$$

S のすべての右移動のなす半群 Φ の構造を g と h で叙述することができる．写像 $g: M\to_{\mathrm{in}} G^0$ のすべての集合を $\mathfrak{G}_M$，$h: M\to_{\mathrm{in}} M$ のすべての集合を $\mathcal{T}_M$ とする．$\mathcal{T}_M$ の各元 h に対し $\mathfrak{G}_M$ の演算 θ_h が次のように定義される．$g_1, g_2\in\mathfrak{G}_M$ に対し

$$\mu(g_1\theta_h g_2)=(\mu g_1)(\mu h g_2),\quad \mu\in M.$$

$\mathcal{T}_M$ の演算はもちろん変換の合成である，すなわち $\mathcal{T}_M$ は全変換半群である．

命題 10·6·4 積集合 $\mathfrak{G}_M\times\mathcal{T}_M$ に次のように演算を定義して得られる半群は Φ に同形である．

(10·6·5) $$(g_1, h_1)(g_2, h_2)=(g_1\theta_{h_1}g_2,\ h_1h_2).$$

左移動についていえば，定理 10·6·2′ により

$$\psi\mapsto((k, p))\text{ が 1 対 1 で，}\ \psi_i\mapsto((k_i, p_i)),\ i=1, 2$$

とし

$$\psi_1\psi_2(\lambda, x, \mu)=\psi_1(k_2\lambda, (p_2\lambda)x, \mu)=(k_1k_2\lambda, (p_1k_2\lambda)(p_2\lambda)x, \mu).$$

$\mathfrak{G}_M, \mathcal{T}_M$ に類似して k の集合を $\mathcal{T}_\Lambda$，p の集合を $\mathfrak{G}_\Lambda$ とする．$k\in\mathcal{T}_\Lambda$ に対し $\mathfrak{G}_\Lambda$ に演算 ${}_k\theta$ を

$$(p_1\,{}_k\theta\,p_2)\lambda=(p_1k\lambda)(p_2\lambda),\quad \lambda\in\Lambda$$

で定義すると，S のすべての左移動のなす半群 Ψ について

命題 10·6·4′ $\mathcal{T}_\Lambda\times\mathfrak{G}_\Lambda$ に次のように演算を定義して得られる半群は Ψ に同形である．

(10·6·5′) $$((k_1, p_1))((k_2, p_2))=((k_1k_2, p_1\,{}_{k_2}\theta\,p_2)).$$

命題 10·6·4, 10·6·4′ により Φ の元と (g, h) を，Ψ の元と $((k, p))$ とをそれぞれ同一視して

$$\varphi=(g,h),\ \psi=((k,p))$$

と表わす．

左右移動のつながりの条件を求める．φ を右移動，ψ を左移動とし，φ と ψ はつながるとする．$\varphi=(g,h), \psi=((k,p))$ とする．

$(\lambda,x,\mu),(\xi,y,\eta)\in S$, サンドイッチ行列を $\boldsymbol{F}=(f_{\mu,\lambda})$ とするとき，

$$[(\lambda,x,\mu)\varphi](\xi,y,\eta)=(\lambda,x(\mu g),\mu h)(\xi,y,\eta)=(\lambda,x(\mu g)f_{\mu h,\xi}y,\eta),$$
$$(\lambda,x,\mu)[\psi(\xi,y,\eta)]=(\lambda,x,\mu)(k\xi,(p\xi)y,\eta)=(\lambda,xf_{\mu,k\xi}(p\xi)y,\eta).$$

φ と ψ がつながるから

(10・6・6) $$(\mu g)f_{\mu h,\xi}=f_{\mu,k\xi}(p\xi).$$

命題 10・6・7 $\varphi=(g,h)$ と $\psi=((k,p))$ がつながるための必要十分条件は，すべての $\mu\in M, \xi\in\Lambda$ に対し (10・6・6) が成立することである．

完全 (0-) 単純半群 S は $S^2=S$ を満足するから，定理 10・5・2 により左移動と右移動はつねに交換可能である．

問 2 条件 (10・6・6) を行列の形でのべよ．

問 3 (10・6・8) (g,h) が S の内部右移動であるための必要十分条件は，すべての $\mu\in M$ に対し

$$\mu g=f_{\mu,\alpha}a,\quad \mu h=\beta$$

なる $\alpha\in\Lambda, \beta\in M, a\in G^0$ があることを証明せよ．

$((k,p))$ が内部左移動であるための条件は，すべての $\lambda\in\Lambda$ に対し

$$k\lambda=\alpha,\quad p\lambda=af_{\beta,\lambda}$$

なる $\alpha\in\Lambda, \beta\in M, a\in G^0$ があることを証明せよ．

問 4 Sを直角帯 $L\times R$, L を左零半群，R を右零半群，h を R の変換，k を L の変換とする．

$$(x,y)\varphi_h=(x,yh),\quad \psi_k(x,y)=(kx,y).$$

φ_h,ψ_k はそれぞれ右，左移動であり，S のすべての右，左移動は φ_h,ψ_k によってそれぞれ与えられる．$\mathcal{H}(S)$ の元ならびに構造を決定せよ．

問 5 S を右群，$S=G\times R$, G は群，R は右零半群である．変換 $h: R\to_{\text{in}}R$ と $a\in G$ に対し $\varphi_{((a,h))}$ を次のように定義する．

$$(x,y)\varphi_{((a,h))}=(xa,yh).$$

そのとき $\varphi_{((a,h))}$ は右移動である．S のすべての右移動は $\varphi_{((a,h))}$ によって定められる．S の左移動についてはどうか．$\mathcal{H}(S)$ の元および構造を決定せよ．

問 6 群と直角帯の直積 S の右，左移動および $\mathcal{H}(S)$ を決定せよ．

以上問 4, 5, 6 は定理の応用として求められるが，直接にも求められる．

問題　$S=\mathcal{S}(G;\Lambda,M;\boldsymbol{F})$ の $\boldsymbol{F}$ のすべての元が単位元であるときは上の問で終ったから，$S=\mathcal{S}(G;\Lambda,M;\boldsymbol{F}^0)$ のとき $\mathcal{H}(S)$ と $\boldsymbol{F}$ の間の関係を求めよう：

（i）　$\boldsymbol{F}$ のすべての元が単位元である場合.

（ii）　$\Lambda=M$ で $\mu=\xi$ のとき $f_{\mu,\xi}=e$，$\mu\neq\xi$ のとき $f_{\mu,\xi}=0$ の場合.

（iii）　$\boldsymbol{F}$ の各行，各列とも 0 でない元をただ一つ含む場合.

（iv）　$\boldsymbol{F}$ のいずれの 2 行，2 列も異なる場合.

（v）　一般の場合について.

まず Λ, M が有限の場合から考えるのが便利である.

10・7　イデアル拡大一般論

T を半群，S を T のイデアル，T の S を法とする Rees 剰余半群を Z, $Z=T/S$ とするとき，T を S の Z による**イデアル拡大**とよぶ．Z はもちろん零 0 をもつ半群である．S, Z が与えられるとき，T が S をイデアルとして含み $T/S\cong Z$ であるような T が存在するか，もし存在すれば，すべての T をいかにして求めるかという問題は，イデアル拡大を構成するためだけでなく，S, Z の構造がわかっているとき，T の構造をしらべるためにも重要である．

S の Z によるイデアル拡大 T を求めることは $Z^*=T\backslash S$ とするとき，SZ^*, Z^*S と $Z^*\cdot Z^*$ の一部分を求めることを意味する．いま T が求められたとして S の元を $x, y, z, \cdots$, Z^* の元を $a, b, c, \cdots$ で表わす．T の結合法則は，文字が S の元か，Z^* の元であるかに従って次の 8 つの場合に分けられる．下の 8 個の式はすべての x, y, z, a, b, c について成立することを意味する．

（1）　$(xy)z=x(yz)$　　　（2）　$(xy)a=x(ya)$

（3）　$(ax)y=a(xy)$　　　（4）　$(xa)b=x(ab)$

（5）　$(ab)x=a(bx)$　　　（6）　$(xa)y=x(ay)$

（7）　$(ax)b=a(xb)$　　　（8）　$(ab)c=a(bc)$.

S が半群だから (1) はすでに満足されている．(2) から (7) までを変換の記号をつかって記述する．

$$\varphi_a : S\rightarrow_{\text{in}}S \quad を \quad x\varphi_a=xa \quad で，$$

$$\psi_a : S\rightarrow_{\text{in}}S \quad を \quad \psi_a x=ax \quad で定義する．$$

(2)～(7) はそれぞれ次の (2′)～(7′) で書きかえられる．

（2′）　$(xy)\varphi_a=x(y\varphi_a)$　　　（3′）　$\psi_a(xy)=(\psi_a x)y$

(4′) $x\varphi_{ab}=x\varphi_a\varphi_b$ (5′) $\psi_{ab}x=\psi_a\psi_b x$

(6′) $(x\varphi_a)y=x(\psi_a y)$ (7′) $(\psi_a x)\varphi_b=\psi_a(x\varphi_b)$.

(2′) は各 φ_a が S の右移動であること，(3′) は各 ψ_a が S の左移動であること，(6′) は φ_a と ψ_a がつながることを示す．(4′), (5′) を解釈するために φ_a, ψ_a の a の範囲を拡張する．$z\in S$ のとき φ_z は z による S の内部右移動，ψ_z は z による S の内部左移動を表わすものとする．$x\varphi_z=xz$, $\psi_z x=zx$,

$$R=\{\varphi_z\colon z\in S\},\quad \bar{R}=\{\varphi_p\colon p\in T\},$$
$$L=\{\psi_z\colon z\in S\},\quad \bar{L}=\{\psi_p\colon p\in T\}.$$

これらは変換半群で $p\mapsto\varphi_p$ により準同形 $T\to_{\text{on}}\bar{R}$ を，$p\mapsto\psi_p$ により準同形 $T\to_{\text{on}}\bar{L}$ を引き起こす．

ab が Z で 0 でなければ $\varphi_{ab}=\varphi_a\varphi_b\in\bar{R}\backslash R$, $\psi_{ab}=\psi_a\psi_b\in\bar{L}\backslash L$,

ab が Z で 0 であれば $\varphi_a\varphi_b\in R$, $\psi_a\psi_b\in L$.

S が T のイデアルであるから R は $\bar{R}$ のイデアル，L は $\bar{L}$ のイデアルである．(1)～(6) は次の二つと同値である．

$$x\varphi_p\varphi_q=x\varphi_{pq},\ \psi_p\psi_q x=\psi_{pq}x,\quad x\in S,\ p,q\in T.$$

この二つは T における結合法則のうち，p または r のうち少なくも一つが S の元であるとき，$(pq)r=p(qr)$ が成り立つことを意味する．

(2′)～(6′) を総合し，移動莢で記述することができる．S の移動莢を $\mathscr{H}(S)$, 移動対角を $\mathscr{D}(S)$ とする：

$$\mathscr{H}(S)=\{(\psi,\varphi)\colon \psi\mathscr{L}\mathscr{K}\varphi\},\ \mathscr{D}(S)=\{(g_x,f_x)\colon x\in S\}.$$

$x\in S$ のとき φ_x, ψ_x のかわりにそれぞれ f_x, g_x と書く：$f_x=\varphi_x$, $g_x=\psi_x$ である．さて $\mathscr{D}(S)$ は $\mathscr{H}(S)$ のイデアルである．S を明記する必要がないときは $\mathscr{D}(S), \mathscr{H}(S)$ をそれぞれ $\mathscr{D}, \mathscr{H}$ と書いてもよい．

$Z^*=Z\backslash\{0\}$ とすると，Z^* は偏半群である．

S の Z によるイデアル拡大 T に対し

$\zeta: Z^*\to_{\text{in}}\mathscr{H}(S)$ を $a\in Z^*$, $a\mapsto(\psi_a,\varphi_a)$ で，

$\pi: S\to_{\text{in}}\mathscr{H}(S)$ を $s\in S, s\mapsto(g_s,f_s)$ で，

$\tau: T\to_{\text{in}}\mathscr{H}(S)$ を $t\in T$, $t\mapsto(\psi_t,\varphi_t)$ で

それぞれ定義する．ζ は偏準同形，π,τ は準同形である．ζ,π,τ による像を次のように書く．

$$\zeta_a=(\psi_a,\varphi_a),\quad \pi_s=(g_s,f_s),\quad \tau_t=(\psi_t,\varphi_t).$$

$\mathcal{H}(S)$ における積だから

$$\tau_{t_1}\tau_{t_2}=(\psi_{t_1},\varphi_{t_1})(\psi_{t_2},\varphi_{t_2})=(\psi_{t_1t_2},\varphi_{t_1t_2}).$$

τ は π の拡大である．

命題 10·7·1 次の3陳述は同値である．

(10·7·2) (2′), (3′), (4′), (5′), (6′) を満足する $\{\varphi_a : a\in Z^*\}$, $\{\psi_a : a\in Z^*\}$ が存在する．

(10·7·3) 偏半群 Z^* から $\mathcal{H}$ の中への偏準同形 ζ が存在して，$a,b\in Z^*$ に対し $ab=0$ (Z で) $\Rightarrow \zeta_a\zeta_b\in\mathcal{D}(S)$ を満足する．

(10·7·4) $\iota : Z^*\to_{\text{in}}Z$ を包含単射，$\delta : \mathcal{H}\to_{\text{on}}\mathcal{H}/\mathcal{D}$ を自然な準同形とする．偏準同形 $\zeta : Z^*\to_{\text{in}}\mathcal{H}$ と準同形 $\eta : Z\to_{\text{in}}\mathcal{H}/\mathcal{D}$ が存在して次の図式が可換である．

$$\begin{array}{ccc} Z^* & \xrightarrow{\zeta} & \mathcal{H} \\ {\scriptstyle\iota}\downarrow & & \downarrow{\scriptstyle\delta} \\ Z & \xrightarrow[\eta]{} & \mathcal{H}/\mathcal{D} \end{array} \qquad \iota\cdot\eta=\zeta\cdot\delta$$

上の命題は単なるいいかえにすぎない．定義をふりかえればおのずから明らかであるから証明は読者の練習として残す．

$\tau : T\to_{\text{in}}\mathcal{H}(S)$ は準同形である．このような τ の存在は (1)～(6) を満足するようにできることと同値である．しかし命題 10·7·1 にのべた偏準同形 ζ の決定だけでは不十分である．事実 ζ は一般に条件 (7′) を満足しない．

S の双移動の集合を B (すなわち $\mathcal{H}(S)$ の部分集合) とする．もし任意の $(\psi_1,\varphi_1),(\psi_2,\varphi_2)\in B$ に対し，ψ_1 と φ_2 が交換可能であるとき，B は**双交換可能**であるという．

ζ に対する追加条件として

(10·7·5) $Z^*\zeta$ が双交換可能である

ことが要求される．

条件 (8) にはまだ言及していなかった．$a,b,c\in Z^*$ とする．もし $(ab)c$, $a(bc)$ のいずれか一つが Z^* に属すれば他も Z^* に属し，(8) を満足するから，$(ab)c, a(bc)$ がともに Z で0のときが重要である．イデアル拡大を求めるに当り，$a, b \in Z^*$ でかつ Z で $ab=0$ のとき $T(*)$ における積 $a*b \in S$ をいかに定めるかという問題になる．$a, b \in Z^*, ab=0$ のとき $\varphi_a\varphi_b=f_p$, $\psi_a\psi_b=g_p$ なる $p \in S$ を求めること，すなわち $f_p=\varphi_{ab}$, $g_p=\psi_{ab}$ でかつ (8) を満足するように $p=a*b$ を S からみつけることを要求する．ζ でいえば

(10・7・6) Z で $ab=0$ のとき $\zeta_a\zeta_b=(g_p, f_p)$ でかつ (8) を満足するように $p=a*b$ を定めること．

分枝写像なる概念を定義し，これを用いて問題点を解くことができる．

$$A=\{(a, b) \in Z^* \times Z^* : ab=0\}$$

とおく．A を S の中へ写す写像 ρ を，Z から S の中への**分枝写像** (ramification) という．$\rho : A \to_{\mathrm{in}} S$．$(a, b)$ の ρ による像を $[a, b]$ で表わす．$\rho : (a, b) \mapsto [a, b]$.

ζ はすでに定義されている通り，Z^* から双交換可能な双移動の集合への偏準同形である．a の ζ による像を ζ_a と書く．$\zeta : a \to \zeta_a$．ζ_a を成分で書けば $\zeta_a=(\psi_a, \varphi_a)$ と表わせる．また S の内部双移動を $\pi_a=(g_a, f_a)$．π_a は $\mathcal{D}(S)$ の元である．次の定理は吉田による．

定理 10・7・7（吉田） ζ, ρ がさらに次の条件を満足するものとする．

(C 1) $ab=0 \Rightarrow \zeta_a\zeta_b=\pi_{[a,b]}$

(C 2) $abc=0,\ ab \neq 0,\ bc \neq 0 \Rightarrow [ab, c]=[a, bc]$

(C 3) $ab \neq 0,\ bc=0 \Rightarrow [ab, c]=\psi_a[b, c]$

(C 4) $ab=0,\ bc \neq 0 \Rightarrow [a, b]\varphi_c=[a, bc]$

(C 5) $ab=bc=0 \Rightarrow [a, b]\varphi_c=\psi_a[b, c]$.

集合 $T=S \cup Z^*$ に演算 $*$ を次のように定義する．

$$a*b=\begin{cases} a\varphi_b & (a \in S, b \in Z^* \text{ なるとき}) \\ \psi_a b & (a \in Z^*, b \in S \text{ なるとき}) \\ [a, b] & (a, b \in Z^*, ab=0 \text{ なるとき}) \\ ab & (\text{それ以外のとき}), \end{cases}$$

「それ以外」と書いたのは $a, b \in S$, または $a, b \in Z^*$ で $ab \neq 0$ の場合を意味する．ab とあるのは S または Z^* における積を表わす．そのとき T は S の Z によるイデアル拡大である．逆に S の Z によるすべてのイデアル拡大はこの

ようにして得られる．

$T(*)$ の結合律は ζ, ρ の定義に照らしあわせば，容易に証明されるから読者の練習に残す．

S の Z によるイデアル拡大 T は ζ, ρ によって定まるから

$$T=\langle S, Z;\ \zeta, \rho\rangle$$

と書く．

二つの拡大 $T=\langle S, Z; \zeta, \rho\rangle$, $T'=\langle S', Z'; \zeta', \rho'\rangle$ において，S を S' の上に写す同形 $T\to_{\mathrm{on}}T'$ が存在するとき，T は T' に**対等**であるという．T と T' の対等を考えるとき，S と S' は初めから同じと考えてさしつかえない．

問 1 次の命題を証明せよ．

命題 10·7·8 $T=\langle S, Z; \zeta, \rho\rangle$ と $T'=\langle S, Z'; \zeta', \rho'\rangle$ が対等であるための必要十分条件は．次の条件を満足する S の自己同形 β と同形 $\eta: Z\to_{\mathrm{on}}Z'$ が存在することである：

（i） Z^* のすべての a に対して $\varphi'_{a\eta}=\beta^{-1}\varphi_a\beta$,　$\psi'_{a\eta}=\beta^{-1}\psi_a\beta$,

（ii） すべての $ab=0$ なる $a, b\in Z^*$ に対して $[a, b]\beta=[a\eta, b\eta]'$.

定理 10·7·7 の意味は，S, Z に対し，もし ζ, ρ が (C 1)～(C 5) を満足するように求めることができるならば，S の Z によるイデアル拡大がえられ，すべてのイデアル拡大はそのようにして得られるという意味である．S, Z が任意に与えられても S の Z によるイデアル拡大が常に存在するとは限らない（§10·9 を見よ）．いうまでもなく定理 10·7·7 にのべた ζ, ρ の存在が，イデアル拡大が存在するための必要十分条件であるが，S, Z の構造をもって叙述することは一般に困難なようである．しかし S, Z に特殊な条件を与えると，イデアル拡大の議論が簡単になる．たとえば $S^2=S$ または弱簡約であれば定理 10·5·2 と定理 10·5·3 により (7′) は常に満足されるから (10·7·5) は ζ の条件から除外される．

ζ の様子によって拡大の特別な型が考えられる．すなわち

イデアル拡大 $T=\langle S, Z; \zeta, \rho\rangle$ において $Z^*\zeta\subseteq\mathcal{D}(S)$ であるとき，T を S の**きびしい拡大**，$Z^*\zeta\subseteq\mathcal{H}(S)\backslash\mathcal{D}(S)$ であるとき，T を S の**純拡大**という．S が単位元をもてば，S のすべてのイデアル拡大はきびしい拡大である．

問 2　$\tau: T\to\mathscr{H}(S)$, $\pi: S\to\mathscr{H}(S)$ は前に定義されたとおりとする．一般に τ は準同形で π の拡大であるが，S がもし弱簡約または $S^2=S$ を満足すれば，τ は π の準同形 $T\to\mathscr{H}(S)$ への拡大としてはただ一つのものであることを証明せよ．

10・8　弱簡約半群のイデアル拡大

S が弱簡約である場合 S のイデアル拡大は非常に簡単になる．定理 10・7・7 における分枝写像 ρ は (C 1) によってただ一通りに定まり (C 2)～(C 5) は自然に満足されるから次のように述べられる．

定理 10・8・1　$S(\cdot)$ を弱簡約半群，Z を 0 をもつ半群，$Z^*=Z\setminus\{0\}$ とする．Z で，$ab=0$ なる $a,b\in Z^*$ に対し $\zeta_a\zeta_b=\pi_{[a,b]}$ となるような，Z^* から $\mathscr{H}(S)$ の中への偏準同形を ζ とする：$\zeta_a=(\psi_a,\varphi_a)$．さて $T=S\cup Z^*$ に次のように演算 $(*)$ を定義する．$x,y\in S$, $a,b\in Z^*$ に対し，

$$(10\cdot8\cdot2)\quad\begin{cases} x*y=x\cdot y & (x,y\in S \text{ なるとき})\\ x*a=x\varphi_a & (x\in S, a\in Z^* \text{ なるとき})\\ a*x=\psi_a x & (a\in Z^*, x\in S \text{ なるとき})\\ a*b=\begin{cases} ab & (a,b\in Z^* \text{ で，} Z \text{ で } ab\neq 0 \text{ なるとき})\\ [a,b] & (a,b\in Z^* \text{ で，} Z \text{ で } ab=0 \text{ なるとき}).\end{cases}\end{cases}$$

このとき T は S の Z によるイデアル拡大であり，S の Z によるすべてのイデアル拡大はこのようにして得られる．

定理 10・7・7 の特別な場合であるから証明することを要しないが，練習問題として

問 1　(10・8・2) で定義される演算が (1)～(8) を満足することをたしかめよ．(1) から (6) までは命題 10・7・1 により，(7) は定理 10・5・3 により保証されているから (8) だけを証明すればよい．$t\mapsto\tau_t=(\psi_t,\varphi_t)$ が準同形 $T\to\mathscr{H}$ であることと S が弱簡約であることを用いる．

弱簡約半群 S の Z によるイデアル拡大 T は ζ によって定まるから

$$T=\langle S,Z;\zeta\rangle$$

と表わされる．S の Z によるイデアル拡大を T,T' とする．

$$T=\langle S,Z;\zeta\rangle,\quad T'=\langle S,Z;\zeta'\rangle,$$

$\zeta_a=(\psi_a,\varphi_a)$, $\zeta'_a=(\psi'_a,\varphi'_a)$ とする．

次の条件を満足する同形 $\alpha : T \rightarrow_{\mathrm{on}} T'$ があるとき，T は T' に**対等**であるという．

(10·8·3) $\gamma : T \rightarrow_{\mathrm{on}} Z$, $\gamma' : T' \rightarrow_{\mathrm{on}} Z$ を Rees-準同形とするとき

$$\gamma = \alpha\gamma'$$

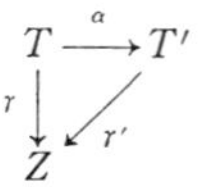

命題 10·8·4 弱簡約半群 S の Z によるイデアル拡大 $T=\langle S, Z; \zeta\rangle$, $T'=\langle S, Z; \zeta'\rangle$ (ただし $\zeta_a=(\psi_a, \varphi_a)$, $\zeta'_a=(\psi'_a, \varphi'_a)$) に対し，$T$ と T' が対等であるための必要十分条件は，次の条件を満足する S の自己同形 β と Z の自己同形 σ が存在することである．

(10·8·5) $\varphi'_{a\sigma} = \beta^{-1}\varphi_a\beta$

(10·8·6) $\psi'_{a\sigma} = \beta^{-1}\psi_a\beta$

がすべての $a \in Z^*$ に対して成り立つ，

(10·8·7) $a, b \in Z^*$ で，Z で $ab=0$ ならば，$[a, b]\beta = [a\sigma, b\sigma]'$.

証明 T, T' が対等であると仮定し，$\alpha : T \rightarrow T'$ をその同形とする．$\beta = \alpha|S$ とおくと β は S の自己同形である．また α は Z^* を Z^* の上に1対1に写す．$\sigma : Z \rightarrow Z$ を次のように定義する．

$$a\sigma = \begin{cases} a\alpha & (a \in Z^* \text{ なるとき}) \\ 0 & (a = 0 \text{ なるとき}). \end{cases}$$

σ が Z の自己同形になることは容易に示される．次に $x \in S, a \in Z^*$ とすると，$(x\beta)(a\sigma) = (x\alpha)(a\alpha) = (xa)\alpha = (xa)\beta$ より $\beta\varphi'_{a\sigma} = \varphi_a\beta$, したがって (10·8·5) を得る．また $(a\sigma)(x\beta) = (ax)\beta$ から (10·8·6) を得る．(10·8·7) は β, σ の定義から容易に示される．逆に3条件を満足する β と σ が存在すれば，$\alpha : T \rightarrow T'$ を

$$x\alpha = \begin{cases} x\beta & (x \in S \text{ なるとき}) \\ x\sigma & (x \in Z^* \text{ なるとき}) \end{cases}$$

で定義する．全単射であることは明らか．準同形であることは3条件から直ちに証明される． ∎

問 2 命題10·8·4と命題10·7·8との関係はどうか．

特別な場合として，S が左簡約である場合を考える．S が左簡約だから $a \mapsto f_a$ は1対1である．したがって $\{\varphi_a : a \in Z^*\}$ が Z^* から右移動莢 $\mathscr{H}_\Phi(S)$ の

中への偏準同形像として与えられれば，Z で $ab=0$ のときの $a*b$ は自然に一通りに定まる．下の定理 10·8·8，命題 10·8·10 は証明を記するまでもなく，読者の学習にまつ．

定理 10·8·8　S を左簡約半群，Z を 0 をもつ半群とし，Z^* から S の右移動莢 $\mathscr{H}_\Phi$ の中への偏準同形を $\zeta^r: a\mapsto\varphi_a$ とする．また R を S の全内部右移動半群，$A=\{(a,b): a,b\in Z^*,\ Z$ において $ab=0\}$ とし，Z で $ab=0$ なる $a,b\in Z^*$ に対し $\varphi_a\varphi_b\in R$ となるものとする．このとき $\psi_a\mathcal{L}\mathcal{K}\varphi_a$ なる ψ_a および $\varphi_a\varphi_b=f_{[a,b]}$ なる $[a,b]$ はただ一通りに定まる．そこで $T=S\cup Z^*$ において演算 $(*)$ を次のように定義する：

$$(10\cdot8\cdot9)\quad \begin{cases} x*y=xy & (x,y\in S \text{ なるとき}) \\ x*a=x\varphi_a & (x\in S, a\in Z^* \text{ なるとき}) \\ a*x=\psi_a x & (a\in Z^*, x\in S \text{ なるとき}) \\ a*b=\begin{cases} ab & (a,b\in Z^* \text{ で，} Z \text{ で } ab\neq 0 \text{ なるとき}) \\ [a,b] & (a,b\in Z^* \text{ で，} Z \text{ で } ab=0 \text{ なるとき}). \end{cases} \end{cases}$$

こうして定義された T は S の Z によるイデアル拡大である．S の Z によるすべてのイデアル拡大はこのようにして得られる．

T は S, Z, ζ^r によって定まる．

命題 10·8·10　$T=\langle S,Z;\zeta^r\rangle$，$T'=\langle S,Z;\zeta^{r'}\rangle$，$\zeta^r_a=\varphi_a$，$\zeta^{r'}_a=\varphi'_a$ とするとき，T と T' が対等であるための必要十分条件は，次の条件を満足する S の自己同形 β と Z の自己同形 σ が存在することである．

(10·8·11)　すべての $a\in Z^*$ に対し $\varphi'_{a\sigma}=\beta^{-1}\varphi_a\beta$.

さらに特別な場合として S が単位元を含むとき，S の Z によるイデアル拡大は Z^* から S の中への偏準同形によって定まる．S は左単位元をもつから左簡約であり，右単位元をもつから S のすべての右移動は内部的である．

定理 10·8·12　単位元をもつ半群を S，0 をもつ半群を $Z(\circ)$ とし，ξ を Z^* から S の中への偏準同形とする．$T=S\cup Z^*$ に演算 $(*)$ を次のように定義する（$\xi: a\mapsto\xi_a$，ξ_a は S の元である）．

$$a*b=\begin{cases} ab & (a,b\in S \text{ なるとき}) \\ a\cdot\xi_b & (a\in S, b\in Z^* \text{ なるとき}) \\ \xi_a\cdot b & (a\in Z^*, b\in S \text{ なるとき}) \end{cases}$$

$$\begin{cases} \xi_a\xi_b & (a,b\in Z^*, ab=0 \text{ なるとき}) \\ ab & (a,b\in Z^*, ab\neq 0 \text{ なるとき}). \end{cases}$$

$T(*)$ は S の Z によるイデアル拡大である．S の Z によるすべてのイデアル拡大はこのようにして得られる．

10・9 半束合成

半束 Γ と Γ の各元 α に対し半群 S_α が与えられるとき，半束和 $S=\bigcup\{S_\alpha : \alpha\in\Gamma\}$ を作ることを $\{S_\alpha : \alpha\in\Gamma\}$ の**半束合成**という．すなわち和集合 $S=\bigcup_{\alpha\in\Gamma} S_\alpha$ ($S_\alpha\cap S_\beta=\emptyset$, $\alpha\neq\beta$) に半群演算を定義して次の条件を満足するようにする．

（i） S_α の演算をそのまま保つ．

（ii） すべての $\alpha,\beta\in\Gamma$ に対し $S_\alpha S_\beta\subseteq S_{\alpha\beta}$.

S_α を S の**半束和成分**とよぶ．

Γ と $\{S_\alpha : \alpha\in\Gamma\}$ が与えられても半束和が存在しないこともあり（後に例を示す），たとえ存在しても一通りではない．S_α と Γ にいかなる条件があれば半束和が存在するか，もし存在するときいかにしてすべての半束和を決定するか，これが半束和問題である．しかし一般的にはまだ解決されていない．ここでは基本的な特殊なものだけをのべる．

Γ を下半束とし，Γ を素イデアル Γ_0 とフィルター Γ_1 の和集合に分ける：$\Gamma=\Gamma_0\cup\Gamma_1$. $\alpha_0\in\Gamma$ を固定し $\Gamma_1=\{\xi\in\Gamma : \xi\geqq\alpha_0\}$, $\Gamma_0=\Gamma\setminus\Gamma_1$ とすればよい．

$$T_0=\bigcup\{S_\xi : \xi\in\Gamma_0\},\quad T_1=\bigcup\{S_\xi : \xi\in\Gamma_1\}$$

とすると T_0 は S の素イデアル，T_1 は S のフィルターであっていずれも半束和である．半束和 $\bigcup\{S_\alpha : \alpha\in\Gamma\}$ は T_0, T_1 を T_0 がイデアルになるように合成したものと考えられる．Γ が有限であれば，ある種の制限を要するが帰納法が使えるから，この考え方が有効となる．

特に $|\Gamma|=2$ の場合を考えよう．$|\Gamma|=2$ の合成はいかなる半束合成にも部分的に含まれるからきわめて基本的である．

半群 S_0, S_1 が与えられ，$\Gamma=\{0,1\}$ ($S_0\cap S_1=\emptyset$ とする)，

$$S=S_0\cup S_1,\quad S_0^2\subseteq S_0,\quad S_1^2\subseteq S_1,\quad S_0S_1\subseteq S_0,\quad S_1S_0\subseteq S_0$$

なるように半群 S を定める問題である．S は S_0 の $S_1^0=S_1\cup\{0\}$ によるイデアル拡大とみなされる．S_0 の元を $x, y, \cdots$, S_1 の元を $a, b, \cdots$ で表わし，$\Phi(S_0)$ を

S_0 の全右移動半群，$\Psi(S_0)$ を S_0 の全左移動半群とする．

命題 10・9・1 $\varphi: S_1 \to {}_{\text{in}}\Phi(S_0)$, $\psi: S_1 \to {}_{\text{in}}\Psi(S_0)$ はいずれも準同形とする．$\varphi: a \mapsto \varphi_a$, $\psi: a \mapsto \psi_a$ と書けば，$x\varphi_a\varphi_b = x\varphi_{ab}$, $\psi_b\psi_a x = \psi_{ba}x$ で次の条件を満足するものとする．

（1） すべての $a \in S_1$ に対し φ_a と ψ_a はつながる．

（2） すべての $a, b \in S_1$ に対し φ_a と ψ_b は交換可能である．

与えられた φ, ψ に対し $S = S_0 \cup S_1$ に演算 ($\circ$) を，

$$x \circ a = x\varphi_a,\ a \circ x = \psi_a x, \quad a \in S_1, \quad x \in S_0$$

$$x \circ y = xy, \quad a \circ b = ab, \quad x, y \in S_0,\ a, b \in S_1$$

で定義する．そのとき S は S_0 と S_1 の半束和である．S_0 と S_1 の半束和はすべてこのようにして求められる．

上の条件は S_1 から移動莢 $\mathcal{H}(S_0)$ の中への特別の準同形としても述べられる．$a, b \in S_1$ の像をそれぞれ (ψ_a, φ_a), (ψ_b, φ_b) とすれば ψ_a と φ_b は交換可能である．任意の S_0, S_1 に対し半束和 $S_0 \cup S_1$ が少なくとも一つ存在することは次の定理の特別な場合として証せられる．

定理 10・9・2 Γ が鎖であれば，任意の $\{S_\alpha : \alpha \in \Gamma\}$ に対し半束和が少なくとも一つ存在する．それは次のように定義される．$x_\alpha \in S_\alpha$, $y_\beta \in S_\beta$ に対し

$$x_\alpha \cdot y_\beta = \begin{cases} x_\alpha y_\alpha & \alpha = \beta \text{ なるとき } (S_\alpha \text{ での積}) \\ x_\alpha & \alpha < \beta \text{ なるとき} \\ y_\beta & \alpha > \beta \text{ なるとき.} \end{cases}$$

ただし，Γ は下半束，すなわち $\alpha < \beta$ は $\alpha\beta = \alpha$, $\alpha \neq \beta$ を意味する．

証明 結合律は次の場合に分けて証明すればよい．

（i） α, β, γ がすべて異なるとき，$(x_\alpha x_\beta)x_\gamma = x_{\min(\alpha,\beta,\gamma)} = x_\alpha(x_\beta x_\gamma)$,

（ii） $\alpha = \beta > \gamma$, （iii） $\alpha = \beta < \gamma$, （iv） $\beta = \gamma > \alpha$,

（v） $\beta = \gamma < \alpha$, （vi） $\alpha = \gamma > \beta$, （vii） $\alpha = \gamma < \beta$. ▮

半束和の存在しない例

$\Gamma = \{0, 1, 2\}, 0 < 1, 0 < 2, 1 \lesseqgtr 2$. S_0 を全正整数加法半群 $\{1, 2, 3, \cdots\}$, $S_1 = \{p\}$, $S_2 = \{q\}$ を自明な半群とし，半束和 $S = S_0 \cup \{p\} \cup \{q\}$ が存在すると仮定する．$x \in S_0$ に対し $xp = x\varphi_p$, $xq = x\varphi_q$ とすれば，$\varphi_p, \varphi_q \in \Phi(S_0)$ で巾等，$\varphi_p^2 = \varphi_p$, $\varphi_q^2 = \varphi_q$ である．しかるに $\Phi(S_0)$ の元は恒等変換のほかはすべて内部移動であ

って，恒等変換のみが巾等である．したがって φ_p, φ_q はともに恒等変換である．さて $a\in S_0$ に対しても $\varphi_a : S_0 \to_{\text{in}} S_0$ を $x\varphi_a = xa$ で定義すると $z\mapsto\varphi_z$ は準同形 $S\to_{\text{in}}\Phi(S_0)$ である．さて $x=pq$ とおく．$x\in S_0$ だから $\varphi_x=\varphi_p\varphi_q$ は恒等変換でかつ内部移動であるが，そのような $x\in S_0$ は存在しない．ゆえに合成は存在しない．

任意の下半束 Γ に対し $\{S_\alpha : \alpha\in\Gamma\}$ の半束和が存在するための一つの有力な十分条件を与える．

$\alpha\leqq\beta$ なるすべての $\alpha,\beta\in\Gamma$ に対し準同形 $\varphi_\beta^\alpha : S_\beta\to_{\text{in}}S_\alpha$ の族 $\{\varphi_\beta^\alpha : \alpha\leqq\beta\}$ があって次の条件を満足するものとする．

（1）　φ_α^α は S_α における恒等変換である：　$\varphi_\alpha^\alpha(x_\alpha)=x_\alpha$,

（2）　$\alpha\leqq\beta\leqq\gamma$, $\varphi_\beta^\alpha\varphi_\gamma^\beta(x_\gamma)=\varphi_\gamma^\alpha(x_\gamma)$ がすべての $x_\gamma\in S_\gamma$ に対し成り立つ．

このとき $\{\varphi_\beta^\alpha : \alpha\leqq\beta\}$ を準同形帰納系とよんだ (§9·6).

定理 10·9·3　$\{S_\alpha : \alpha\in\Gamma\}$ に準同形帰納系 $\{\varphi_\beta^\alpha : \alpha\leqq\beta\}$ が存在すれば，半束和 $S=\bigcup\{S_\alpha : \alpha\in\Gamma\}$ が少なくも一つ次のように定義される．

（3）　$x_\alpha\cdot y_\beta=(\varphi_\alpha^{\alpha\beta}x_\alpha)(\varphi_\beta^{\alpha\beta}y_\beta)$

証明

$$
\begin{aligned}
(x_\alpha\cdot y_\beta)\cdot z_\gamma &= [(\varphi_\alpha^{\alpha\beta}x_\alpha)(\varphi_\beta^{\alpha\beta}y_\beta)]\cdot z_\gamma = [\varphi_{\alpha\beta}^{\alpha\beta\gamma}((\varphi_\alpha^{\alpha\beta}x_\alpha)(\varphi_\beta^{\alpha\beta}y_\beta))](\varphi_\gamma^{\alpha\beta\gamma}z_\gamma)\\
&=(\varphi_{\alpha\beta}^{\alpha\beta\gamma}\varphi_\alpha^{\alpha\beta}x_\alpha)(\varphi_{\alpha\beta}^{\alpha\beta\gamma}\varphi_\beta^{\alpha\beta}y_\beta)(\varphi_\gamma^{\alpha\beta\gamma}z_\gamma)\\
&=(\varphi_\alpha^{\alpha\beta\gamma}x_\alpha)(\varphi_\beta^{\alpha\beta\gamma}y_\beta)(\varphi_\gamma^{\alpha\beta\gamma}z_\gamma)\\
&=(\varphi_\alpha^{\alpha\beta\gamma}x_\alpha)(\varphi_{\beta\gamma}^{\alpha\beta\gamma}\varphi_\beta^{\beta\gamma}y_\beta)(\varphi_{\beta\gamma}^{\alpha\beta\gamma}\varphi_\gamma^{\beta\gamma}z_\gamma)\\
&=(\varphi_\alpha^{\alpha\beta\gamma}x_\alpha)[\varphi_{\beta\gamma}^{\alpha\beta\gamma}((\varphi_\beta^{\beta\gamma}y_\beta)(\varphi_\gamma^{\beta\gamma}z_\gamma))]\\
&=(\varphi_\alpha^{\alpha\beta\gamma}x_\alpha)(\varphi_{\beta\gamma}^{\alpha\beta\gamma}(y_\beta\cdot z_\gamma))=x_\alpha\cdot(y_\beta\cdot z_\gamma).
\end{aligned}
$$
▮

$\{S_\alpha : \alpha\in\Gamma\}$ の準同形帰納系 $\{\varphi_\beta^\alpha : \alpha\leqq\beta\}$ に関する帰納的極限を $D=\varinjlim(S_\alpha,\varphi_\beta^\alpha,\Gamma)$ とする (§9·6).

命題 10·9·4　定理 10·9·3 で定義される半束和 S は D の上に準同形である．

証明　D の定義によれば $D=(\bigcup S_\alpha)/\rho$ で

$$x\in S_\alpha,\ y\in S_\beta,\ x\rho y \Leftrightarrow \varphi_\alpha^\delta(x)=\varphi_\beta^\delta(y) \text{ なる } \delta\leqq\alpha\beta \text{ がある } (\Gamma \text{ は下半束}).$$

x を含む ρ-類を $\bar{x}$ で表わせば，D の演算は $x\in S_\alpha, y\in S_\beta$ のとき

$$\bar{x}\cdot\bar{y}=\overline{\varphi_\alpha^\delta(x)\varphi_\beta^\delta(y)}\quad(\text{ある } \delta\leqq\alpha\beta).$$

実は $x\mapsto\bar{x}$ が準同形 $S(\cdot)\to_{\text{on}}D$ になる．$x\in S_\alpha, y\in S_\beta$ とするとき

$$\overline{x\cdot y}=\overline{\varphi_\alpha^{\alpha\beta}(x)\varphi_\beta^{\alpha\beta}(y)}=\overline{\varphi_\alpha^\delta(x)\varphi_\beta^\delta(y)}=\bar{x}\cdot\bar{y}.$$
▮

問 1　定理 10·9·3 で定義される S は直積 $D\times\Gamma$ の中に準同形である．

定理 10·9·3 の系として準同形帰納系が存在する十分条件を与える．

系 10·9·5（山田）　S_α がいずれも巾等元を含むならば，準同形帰納系が存在する．各 S_α から巾等元 e_α を一つずつとり

φ_α^α は S_α の恒等変換，$\alpha<\beta$ のときすべての $x_\beta\in S_\beta$ に対し $\varphi_\beta^\alpha(x_\beta)=e_\alpha$ と定義すればよい．それに対応する半束和 S の演算は

$$x_\alpha\cdot y_\beta=\begin{cases} x_\alpha y_\alpha & (\alpha=\beta \text{ なるとき}) \\ x_\alpha e_\alpha & (\alpha<\beta \text{ なるとき}) \\ e_\beta y_\beta & (\alpha>\beta \text{ なるとき}) \\ e_{\alpha\beta} & (\alpha \lessgtr\!\!\!\!/\ \beta \text{ なるとき}). \end{cases}$$

注意すべきことは与えられた S のすべての半束和が定理 10·9·3 の形で表わされる場合がある．

定理 10·9·6（山田）　S_α がいずれも単位元をもち，それ以外に巾等元をもたないときは，$\{S_\alpha:\alpha\in\Gamma\}$ の半束和は存在し，かつすべての半束和は定理 10·9·3 の形で得られる．

証明　半束和 $S=\bigcup\{S_\alpha:\alpha\in\Gamma\}$ が得られたと仮定する（Γ は下半束とする）．S_α の単位元を e_α とし，$\beta\leqq\alpha$ に対し φ_α^β を $x_\alpha\in S_\alpha$ に対し

$$\varphi_\alpha^\beta x_\alpha=e_\beta x_\alpha$$

と定義する．以下 $x_\alpha, y_\alpha\in S_\alpha$, $e_\beta y_\alpha\in S_\beta$ で e_β が S_β の単位元であることに注意して

$$\begin{aligned}(\varphi_\alpha^\beta x_\alpha)(\varphi_\alpha^\beta y_\alpha)&=(e_\beta x_\alpha)(e_\beta y_\alpha)=((e_\beta x_\alpha)e_\beta)y_\alpha=e_\beta(e_\beta x_\alpha)y_\alpha\\&=e_\beta(x_\alpha y_\alpha)=\varphi_\alpha^\beta(x_\alpha y_\alpha).\end{aligned}$$

ゆえに $\varphi_\alpha^\beta: S_\alpha\to{}_{\mathrm{in}}S_\beta$ は準同形である．$\varphi_\alpha^\beta e_\alpha$ は S_β の巾等元であるが，仮定により単位元 e_β に一致する．すなわち $e_\beta e_\alpha=e_\beta$ $(\beta\leqq\alpha)$．次に $\varphi_\alpha^\alpha x_\alpha=e_\alpha x_\alpha=x_\alpha$ だから (1) を満足する．以下 (2) を満足することを示す．$\gamma\leqq\beta\leqq\alpha$ として

$$\varphi_\beta^\gamma\varphi_\alpha^\beta x_\alpha=e_\gamma(e_\beta x_\alpha)=(e_\gamma e_\beta)x_\alpha=e_\gamma x_\alpha=\varphi_\alpha^\gamma x_\alpha.$$

ゆえに $\{\varphi_\alpha^\beta:\beta\leqq\alpha\}$ は準同形帰納系である．$e_{\alpha\beta}$ が $S_{\alpha\beta}$ の単位元であるから

$$x_\alpha y_\beta=e_{\alpha\beta}^2 x_\alpha y_\beta=e_{\alpha\beta}(e_{\alpha\beta}x_\alpha)y_\beta=(e_{\alpha\beta}x_\alpha)(e_{\alpha\beta}y_\beta)=(\varphi_\alpha^{\alpha\beta}x_\alpha)(\varphi_\beta^{\alpha\beta}y_\beta).$$ ∎

系 10·9·7　すべての S_α が群であるとき，半束和 $\bigcup\{S_\alpha:\alpha\in\Gamma\}$ が存在し，すべての半束和は準同形帰納系によって求められる．

問 2　S_α がいずれも可換群であれば，半束和 $\bigcup\{S_\alpha : \alpha\in\Gamma\}$ は可換である．

問 3　$\Gamma=\{0,1\}$, S_0 を位数 m の巡回群，S_1 を位数 n の巡回群とする．S_0 をイデアルとするすべての半束和 $S_0\cup S_1$ の互いに同形でないものを定めよ．S_0, S_1 の少なくも一つが無限巡回群であるときはどうか．また Γ が位数3の半束である場合について考えよ．

問 4　S_α がすべて群であるとき，定理 10·9·4 にいう D は半束和 S の最大群準同形像であるかどうか．

いままでのべたのとは少し違った方法で半束和を議論する．はじめは弱簡約半群の族についてであるが，つづいて一般の場合を扱う．

Γ を下半束，$S_\alpha(\alpha\in\Gamma)$ をすべて弱簡約半群とする．$\mathcal{D}(S_\alpha)$ を S_α の移動対角とすれば，$S_\alpha\cong\mathcal{D}(S_\alpha)$ だから S_α と $\mathcal{D}(S_\alpha)$ を同一視して $S_\alpha=\mathcal{D}(S_\alpha)$ とする．

命題 10·9·8　弱簡約半群の集合 $\{S_\xi : \xi\in\Gamma\}$ に対し，つぎの (1), (2), (3) を満足する準同形 $\Pi^\alpha_\xi : S_\xi\to{}_{\mathrm{in}}\mathcal{H}(S_\alpha)$ の集合 $\{\Pi^\alpha_\xi : \alpha\leqq\xi, \alpha, \xi\in\Gamma\}$ が存在すると仮定する．

（1）　$\Pi^\alpha_\beta(S_\beta)\Pi^\alpha_\gamma(S_\gamma)\subseteq\Pi^\alpha_{\beta\gamma}(S_{\beta\gamma})$　$\alpha\leqq\beta, \alpha\leqq\gamma$,

（2）　すべての α に対し Π^α_α は S_α の恒等変換である（$S_\alpha=\mathcal{D}(S_\alpha)$ の意味において），

（3）　$\alpha\not\leqq\beta, \beta\not\leqq\alpha$ なるとき，$\Pi^{\alpha\beta}_\alpha(S_\alpha)\Pi^{\alpha\beta}_\beta(S_\beta)\subseteq\mathcal{D}(S_{\alpha\beta})$,

（4）　$\Pi^{\alpha\beta\gamma}_{\alpha\beta}(\Pi^{\alpha\beta}_\alpha(x_\alpha)\Pi^{\alpha\beta}_\beta(y_\beta))\Pi^{\alpha\beta\gamma}_\gamma(z_\gamma)=\Pi^{\alpha\beta\gamma}_\alpha(x_\alpha)\Pi^{\alpha\beta\gamma}_{\beta\gamma}(\Pi^{\beta\gamma}_\beta(y_\beta)\Pi^{\beta\gamma}_\gamma(z_\gamma))$

がすべての α, β, γ について成り立つ（$x_\alpha\in S_\alpha, y_\beta\in S_\beta, z_\gamma\in S_\gamma$）．

このとき和集合 $S=\bigcup\{S_\xi : \xi\in\Gamma\}$ に演算を

$$x_\alpha\cdot y_\beta=\Pi^{\alpha\beta}_\alpha(x_\alpha)\Pi^{\alpha\beta}_\beta(y_\beta)$$

で定義すれば，S は半束和である．$\{S_\alpha : \alpha\in\Gamma\}$ のすべての半束和はこのようにして得られる．

Π の積は $y_\alpha(\Pi^\alpha_\xi(x_\xi)\Pi^\alpha_\eta(x_\eta))=(y_\alpha\Pi^\alpha_\xi(x_\xi))\Pi^\alpha_\eta(x_\eta)$ の意味である．この命題の証明は容易である．

問 5　定理 10·9·6，弱簡約な場合の定理 10·9·3 の結果が，なぜ命題 10·9·8 に特別な場合として含まれるか．

問 6　Γ が3元からなるときの半束合成に命題 10·9·8 がいかに適用されるか．

問 7　S_α がすべて可換消約的であり，半束和が可換である場合，もし $\beta\leqq\alpha$, $x_\beta\Pi^\beta_\alpha(x_\alpha)$

$=x_\beta \Pi_\alpha^\beta(y_\alpha)$ がすべての $x_\beta \in S_\beta$ に対し成り立てば，$\gamma \leqq \beta$ なるすべての γ とすべての $x_\gamma \in S_\gamma$ に対し，つぎが成り立つことを証明せよ．

$$x_\gamma \Pi_\alpha^\gamma(x_\alpha)=x_\gamma \Pi_\alpha^\gamma(y_\alpha).$$

Γ を下半束，$\Omega=\{S_\gamma : \gamma\in\Gamma\}$ を半群の族とする．$\alpha\geqq\beta$ なる Γ の元の対 (α,β) に対し $S_\alpha \to_{\mathrm{in}} S_\beta$ なるすべての写像の集合を $M(\alpha,\beta)$ とする．別に $C(\alpha,\beta)=\{\xi\in\Gamma : \alpha\xi=\beta\}$ を定義する．明らかに $\beta\in C(\alpha,\beta)$ である．任意の $\xi\in C(\alpha,\beta)$ に対し，S_ξ を $M(\alpha,\beta)$ の中へ写す二つの写像を

$$a_\xi \mapsto \bar{a}_\xi^{(\alpha,\beta)}, \quad a_\xi \mapsto \tilde{a}_\xi^{(\alpha,\beta)}$$

と書く．さらに

$$\mathcal{M}_L(\Omega)=\{\bar{a}_\xi^{(\alpha,\beta)} : \alpha\geqq\beta,\ \alpha,\beta\in\Gamma,\ a_\xi\in S_\xi,\ \xi\in C(\alpha,\beta)\},$$

$$\mathcal{M}_R(\Omega)=\{\tilde{a}_\xi^{(\alpha,\beta)} : \alpha\geqq\beta,\ \alpha,\beta\in\Gamma,\ a_\xi\in S_\xi,\ \xi\in C(\alpha,\beta)\},$$

また $\mathcal{M}(\Omega)=\mathcal{M}_L(\Omega)\cup\mathcal{M}_R(\Omega)$（疎和：$\mathcal{M}_L(\Omega), \mathcal{M}_R(\Omega)$ は同じ元を含むかもしれないが，異なる元とみなす）．$\mathcal{M}(\Omega)$ が次の条件を満足するとき，Ω の**合成因子団**という（写像の積はまず右を施して後，左を施すものとする）．

（1）　$\bar{a}_\alpha^{(\beta\gamma,\alpha\beta\gamma)}\tilde{c}_\gamma^{(\beta,\beta\gamma)}=\tilde{c}_\gamma^{(\alpha\beta,\alpha\beta\gamma)}\bar{a}_\alpha^{(\beta,\alpha\beta)}$,

（2）　$\bar{a}_\alpha^{(\alpha,\alpha)}$ は S_α の内部左移動 ψ_{a_α} であり，$\tilde{a}_\alpha^{(\alpha,\alpha)}$ は S_α の内部右移動 φ_{a_α} である，

（3）　$\bar{a}_\alpha^{(\beta,\alpha\beta)}(b_\beta)=\tilde{b}_\beta^{(\alpha,\alpha\beta)}(a_\alpha)$

がすべての $\alpha,\beta,\gamma\in\Gamma$ に対して成り立つ．

定理 10・9・9（山田，吉田）　$\Omega=\{S_\gamma : \gamma\in\Gamma\}$ に対し合成因子団が存在するとき，$S=\bigcup\{S_\gamma : \gamma\in\Gamma\}$ に演算 $(\circ)$ を次のように定義する．

（4）　$a_\alpha\circ b_\beta=\bar{a}_\alpha^{(\beta,\alpha\beta)}(b_\beta)(=\tilde{b}_\beta^{(\alpha,\alpha\beta)}(a_\alpha))$,　$a_\alpha\in S_\alpha$, $b_\beta\in S_\beta$.

そのとき S は Ω の半束和である．Ω のすべての半束和はこのようにして得られる．Ω の半束和が存在するための必要十分条件は，Ω が少なくも一つの合成因子団をもつことである．

証明　(4) で定義される演算について

$$\begin{aligned}(a_\alpha\circ b_\beta)\circ c_\gamma&=(\bar{a}_\alpha^{(\beta,\alpha\beta)}(b_\beta))\circ c_\gamma=\tilde{c}_\gamma^{(\alpha\beta,\alpha\beta\gamma)}(\bar{a}_\alpha^{(\beta,\alpha\beta)}(b_\beta))\\&=\bar{a}_\alpha^{(\beta\gamma,\alpha\beta\gamma)}\tilde{c}_\gamma^{(\beta,\beta\gamma)}(b_\beta)=\bar{a}_\alpha^{(\beta\gamma,\alpha\beta\gamma)}(b_\beta\circ c_\gamma)=a_\alpha\circ(b_\beta\circ c_\gamma).\end{aligned}$$

S_γ の演算が保存されることは (4), (2) から容易に示される．

逆に S が Ω の半束和であるとする．$\alpha\geqq\beta$, $\xi\in C(\alpha,\beta)$, $a_\xi\in S_\xi$ に対し

$$\bar{a}_\xi^{(\alpha,\beta)}(b_\alpha)=a_\xi\circ b_\alpha,\quad \tilde{a}_\xi^{(\alpha,\beta)}(b_\alpha)=b_\alpha\circ a_\xi$$

と定義すれば (1), (2), (3) を満足することが証明される． ▮

問 8 前にのべた半束合成論は定理 10·9·9 からいかにして特殊化されるか．

半束和 $S=\{S_\alpha:\alpha\in\Gamma\}$ を次のようにも考えることができる．

命題 10·9·10 $\alpha\leqq\beta$ に対し半群 S_β から半群 S_α の中への写像の集合を M_β^α とする．写像 $\varphi_\alpha^{\alpha\beta}:S_\alpha\to{}_{\mathrm{in}}M_\beta^{\alpha\beta}$ が次の条件を満たすものとする．ただし $x_\alpha\mapsto\varphi_\beta^{\alpha\beta}(x_\alpha)$, x_β の $\varphi_\beta^{\alpha\beta}(x_\alpha)$ による像を $x_\beta\varphi_\beta^{\alpha\beta}(x_\alpha)$ と書く．

(4) $\varphi_\alpha^{\alpha\beta}(x_\beta)\varphi_{\alpha\beta}^{\alpha\beta\gamma}(x_\gamma)=\varphi_{\beta\gamma}^{\alpha\beta\gamma}(x_\beta\varphi_\beta^{\beta\gamma}(x_\gamma))$

がすべての $\alpha,\beta,\gamma\in\Gamma$, $x_\beta\in S_\beta$, $x_\gamma\in S_\gamma$ に対し成り立つ．

(5) $\varphi_\alpha^\alpha(x_\alpha)$ は S_α の x_α による内部右移動と一致する．

このとき $S=\bigcup\{S_\alpha:\alpha\in\Gamma\}$ の演算を

$$x_\alpha\circ y_\beta=x_\alpha\varphi_\alpha^{\alpha\beta}(y_\beta)$$

で定義すれば，S は半束和である．S のすべての半束和 $\bigcup\{S_\alpha:\alpha\in\Gamma\}$ はこのような φ で得られる．

命題 10·9·10 の考え方は Γ が半束でなくとも可能である．半群 Γ と $\{S_\alpha:\alpha\in\Gamma\}$ が与えられるとき，$S_\alpha S_\beta\subseteq S_{\alpha\beta}$ を満足する半群 $S=\bigcup\{S_\alpha:\alpha\in\Gamma\}$ を $\{S_\alpha:\alpha\in\Gamma\}$ の **$\boldsymbol{\Gamma}$-和**という．

特に Γ が右零半群であれば，(4) は

$$\varphi_\alpha^\beta(x_\beta)\varphi_\beta^\gamma(x_\gamma)=\varphi_\gamma^\gamma(x_\beta\varphi_\beta^\gamma(x_\gamma)),$$

Γ が左零半群であれば

$$\varphi_\alpha^\alpha(x_\beta)\varphi_\alpha^\alpha(x_\gamma)=\varphi_\beta^\alpha(x_\beta\varphi_\beta^\beta(x_\gamma))$$

となる．

10·10 左 零 合 成

半束合成と並んで重要な概念として左(右)零合成がある．Ω を左零半群，Ω の各元 α に半群 S_α が対応するような $\{S_\alpha:\alpha\in\Omega\}$ が与えられているとき，和集合 $S=\bigcup\{S_\alpha:\alpha\in\Omega\}$ において，S_α の演算をそのまま保って，かつすべての $\alpha,\beta\in\Omega$ に対し

$$S_\alpha S_\beta\subseteq S_\alpha$$

が成立するように S に演算が定義されるとき，S を $\{S_\alpha:\alpha\in\Omega\}$ の**左零合成**と

いう．同じようにして右零合成が定義される．

$\{S_\alpha : \alpha \in \Omega\}$ を任意に与えても左零合成が存在するとは限らない．

§4·6 の末尾，p.85 の問3にあるように

定理 10·10·1 すべての S_α $(\alpha \in \Omega)$ が群であると仮定する．左零合成 $S = \bigcup\{S_\alpha : \alpha \in \Omega\}$ が存在するためには，すべての S_α が同形であることが必要十分である．このとき S は一つの S_α と Ω の直積に同形である．

S_α が単位元をもつ単巾半群であっても同じ結果を得る（p.85 の問3）．

定理 10·10·2 $\{S_\alpha : \alpha \in \Omega\}$ において一つの S_α が左零をもつと仮定する．左零合成 $S = \bigcup\{S_\alpha : \alpha \in \Omega\}$ が存在するためには，すべての S_α が左零をもつことが必要十分である．このとき S_α の左零が S の左零である．

証明 S が存在して，S_{α_0} が左零 0_{α_0} をもつと仮定する．S_α の元を x_α, y_α で表わす．すべての $\alpha \in \Omega$ とすべての $z_\alpha \in S_\alpha$ に対し $0_{\alpha_0} z_\alpha \in S_{\alpha_0}$ だから $0_{\alpha_0} z_\alpha = (0_{\alpha_0} 0_{\alpha_0}) z_\alpha = 0_{\alpha_0}(0_{\alpha_0} z_\alpha) = 0_{\alpha_0}$. ゆえに 0_{α_0} は S の左零である．次にすべての $\alpha \in \Omega$ とすべての $z_\alpha, x_\alpha \in S_\alpha$ に対し

$$(z_\alpha 0_{\alpha_0}) x_\alpha = z_\alpha (0_{\alpha_0} x_\alpha) = z_\alpha 0_{\alpha_0}.$$

ゆえに $z_\alpha 0_{\alpha_0}$ は S_α の左零である．逆にすべての S_α が左零 0_α をもつと仮定する．$S = \bigcup\{S_\alpha : \alpha \in \Omega\}$ に演算 $(\circ)$ を $x_\alpha \circ x_\beta = x_\alpha 0_\alpha$ で定義する．そのとき S の結合法則が次のように示される．

$$(x_\alpha \circ x_\beta) \circ x_\gamma = (x_\alpha 0_\alpha) \circ x_\gamma = x_\alpha 0_\alpha 0_\alpha = x_\alpha 0_\alpha = x_\alpha \circ (x_\beta \circ x_\gamma).$$ ∎

$|\Omega| = 2$ の場合について一般論に入る．いかなる Ω に対する左零合成にも2個の成分の合成が含まれるから最も基本的である．

A, B を半群，A の元を $x, y, \cdots$, B の元を $a, b, \cdots$ で表わし，左零合成 $S = A \cup B$ が存在すると仮定する．$\rho(a), \rho_y, \sigma(x), \sigma_b$ を次のように定義する．

$$x \cdot \rho(a) = xa, \quad a \cdot \sigma(x) = ax,$$

$$x\rho_y = xy, \quad a\sigma_b = ab.$$

$\rho(a)$ は A の右移動，$\sigma(x)$ は B の右移動，ρ_y は A の内部右移動，σ_b は B の内部右移動である．結合法則は次のように列記される：

$$(xy)a = x(ya) \qquad (xy) \cdot \rho(a) = x(y \cdot \rho(a))$$

$$(xa)y = x(ay) \qquad (x \cdot \rho(a))\rho_y = x \cdot \rho(a \cdot \sigma(y))$$

$$(ax)y = a(xy) \qquad a \cdot \sigma(x)\sigma(y) = a \cdot \sigma(xy)$$

$$(ab)x=a(bx) \quad (ab)\cdot\sigma(x)=a(b\cdot\sigma(x))$$
$$(ax)b=a(xb) \quad (a\cdot\sigma(x))\sigma_b=a\cdot\sigma(x\cdot\rho(b))$$
$$(xa)b=x(ab) \quad x\cdot\rho(a)\rho(b)=x\cdot\rho(ab).$$

$\Phi(A)[\Phi(B)]$ は $A[B]$ の全右移動半群とすると $a\mapsto\rho(a)$ は準同形 $B\to{}_{\rm in}\Phi(A)$, $x\mapsto\sigma(x)$ は準同形 $A\to{}_{\rm in}\Phi(B)$ である.

定理 10·10·3（吉田） A, B を半群とする. すべての $a\in B, x\in A$ に対し

(10·10·3·1) $\rho(a)\rho_x=\rho(a\cdot\sigma(x))$, (10·10·3·2) $\sigma(x)\sigma_a=\sigma(x\cdot\rho(a))$

を満足する準同形 $\rho: B\to{}_{\rm in}\Phi(A)$, $\sigma: A\to{}_{\rm in}\Phi(B)$ があると仮定する. このとき $S=A\cup B$ に演算 $(\circ)$ を, $x, y\in A$, $a, b\in B$ に対し

$$x\circ y=xy,$$
$$a\circ b=ab,$$
$$a\circ x=a\cdot\sigma(x),$$
$$x\circ a=x\cdot\rho(a)$$

と定義すれば, S は A と B の左零合成である. A と B のすべての左零合成は（もし存在すれば）このようにして定められる. A と B の左零合成が存在するためには (10·10·3·1) と (10·10·3·2) を満足する準同形 $B\to{}_{\rm in}\Phi(A)$ と準同形 $A\to{}_{\rm in}\Phi(B)$ が存在することである.

A が左零半群であるとき, 左零合成 $A\cup B$ が存在するためには B が左零をもつことが必要十分であることは定理 10·10·2 の示すところである. そのような Bに対しすべての左零合成 $A\cup B$ をいかにして決定するか.

定理 10·10·4 A は左零半群, B は左零をもつ半群とし, B のすべての左零のなす集合を $Z(B)$ とする. $\Phi(B)$ の部分集合 $\mathcal{D}$ で次の条件を満足するものを選ぶ. すべての $\eta\in\mathcal{D}$ に対し

（1） $\eta^2=\eta$ （2） $B\cdot\eta=Z(B)$ かつ （3） $|\mathcal{D}|\leqq|A|$.

$\mathcal{D}$ は左零部分半群である. 次に写像 $\sigma: A\to{}_{\rm on}\mathcal{D}$ をとり $x\mapsto\sigma(x)$ と書く. $\mathcal{D}$ と σ に対し $S=A\cup B$ に演算 $(\circ)$ を

$$(4) \quad \begin{cases} x\circ y=x & (x, y\in A \text{ なるとき}) \\ x\circ a=x & (x\in A, a\in B \text{ なるとき}) \\ a\circ x=a\cdot\sigma(x) & (a\in B, x\in A \text{ なるとき}) \\ a\circ b=ab & (a, b\in B \text{ なるとき}). \end{cases}$$

このとき S は A と B の左零合成である．左零半群 A と B のすべての左零合成は $\mathcal{D}$ と σ によりこのようにして定められる．

証明　S が定まったと仮定する．A は左零半群であるから，右移動は恒等変換のみである．A のすべての元は S の左零であることは明らかである．B の左零が S の左零になることは定理 10・10・2 で証明された．条件 (10・10・3・2) から $\sigma(x)\sigma_a=\sigma(x)$，すべての $c\in B$ に対し $c\cdot\sigma(x)a=c\cdot\sigma(x)$ なるゆえ $c\cdot\sigma(x)$ は B の左零である．$x\mapsto\sigma(x)$ が準同形であるから $\mathcal{D}=\{\sigma(x):x\in A\}$ は左零半群をなす．$y\in A$ に対し $(c\cdot\sigma(x))y=c\cdot\sigma(x)\sigma(y)=c\cdot\sigma(xy)=c\cdot\sigma(x)$ により $c\cdot\sigma(x)$ は S の左零である．これで $B\cdot\sigma(x)=Z(B)$ が証明された．

逆に (1), (2), (3) を満足するように $\mathcal{D}$ が与えられたとする．$\eta_1,\eta_2\in\mathcal{D}$ と $a\in B$ に対し $a\cdot\eta_1\eta_2=a\cdot\eta_1$ なることが容易に示されるから，$\mathcal{D}$ は左零半群で明らかに σ は準同形である．(4) が結合法則を満足することを示すためには定理 10・10・3 の条件をたしかめればよい．(10・10・3・1) は自然に，また (10・10・3・2) は (2) によって保証される．∎

問 1　$A=\{a,b,c\}$ は位数 3 の左零半群，B は位数 3 の半群で $B=\{d,e,f\}$，d,e を左零にもち，$fd=fe=ff=d$ で定義されるとする．このときすべての左零合成 $A\cup B$ を求めよ．

問 2　問 1 において $B=\{d,e,f\}$ が d,e を左零，f を単位元にもつとき左零合成をすべて求めよ．

第 11 章　構造論，構成論の適用

半束分解論，半束合成論が適用される諸問題を与える．特に排左帯，左可換帯，山田半群，有限半群についてのべる．

11·1　排左帯，左可換帯

帯（巾等半群）は直角帯の半束和であるから，直角帯の半束合成論は帯の構造を研究するにあたり非常に重要である．定理 10·9·6 に類似して比較的簡単な方法で半束合成が求められる帯の基本的な場合をあげる．

定義　半群が恒等式 $xyz=yxz$ を満足するとき**左可換**である，$xyz=xzy$ を満足するとき**右可換**である，$xyzx=xzyx$ を満足するとき**中可換**である，$xyx=yx$ を満足するとき**排左(的)**である，$xyx=xy$ を満足するとき**排右(的)**である，$xyxzx=xyzx$ を満足するとき**排中(的)**であるという．

帯である限り左(右)可換であれば中可換でありかつ排左(右)的であり，排左(右)的であれば排中的であり，中可換であれば排中的である．また中可換帯は $xyzu=xzyu$ を満足する帯と同値である．恒等式だから部分半群，準同形，直積によって保たれることはいうまでもない．

定理 11·1·1　S が排左帯であるための必要十分条件は，S が右零半群の半束和であることである．

証明　S が右零半群 S_α の半束和 $S=\bigcup_{\alpha\in\Gamma}S_\alpha$ であると仮定する．$x,y\in S$ を任意にとり，$x\in S_\alpha, y\in S_\beta$ とする．$xy, yx\in S_{\alpha\beta}$ であるが，$S_{\alpha\beta}$ は右零半群だから $xyx=(xy)(yx)=yx$．逆に S が排左帯であると仮定する．$S=\bigcup_{\alpha\in\Gamma}S_\alpha$ を S の最大半束分解とする．S_α は直角帯であるが，同時に排左的であるため恒等式 $yx=x$ が導かれる．ゆえに S_α は右零半群である．∎

定理 11·1·2（木村，山田）　下半束 Γ と集合の族 $\{S_\alpha : \alpha\in\Gamma\}$ が与えられたとする．$\alpha\leqq\beta$ なるとき，集合 S_β から集合 S_α の中への写像の族 $\{\varphi_\beta^\alpha : \alpha\leqq\beta\}$（**写像帰納系**という）が次の条件を満足すると仮定する：

（1）　すべての $\alpha\in\Gamma$ に対し φ_α^α は S_α の恒等変換である，

（2）　$\alpha\leqq\beta\leqq\gamma$ に対し $\varphi_\beta^\alpha\varphi_\gamma^\beta x_\gamma=\varphi_\gamma^\alpha x_\gamma,\ x_\gamma\in S_\gamma$.

このとき $S=\bigcup\{S_\alpha : \alpha\in\Gamma\}$ に演算を

（3）　$x_\alpha\cdot y_\beta=\varphi_\beta^{\alpha\beta}(y_\beta)$

で定義すれば，S は右零半群 S_α の半束和でかつ左可換帯である．逆にすべての左可換帯はこのようにして得られる．

証明　S を左可換帯とする．排左的であるから定理 **11·1·1** により S は右零半群の半束和である：$S=\bigcup_{\alpha\in\Gamma}S_\alpha$．$\alpha\leqq\beta$ とし $y_\alpha, z_\alpha\in S_\alpha$，$x_\beta\in S_\beta$ とする．S_α が右零半群であることと，S の左可換性により

$$y_\alpha x_\beta=z_\alpha y_\alpha x_\beta=y_\alpha z_\alpha x_\beta=z_\alpha x_\beta.$$

ゆえに $S_\alpha x_\beta$ は1元からなる．$\alpha\leqq\beta$，$\varphi_\beta^\alpha : S_\beta\to_{\mathrm{in}}S_\alpha$ を $\varphi_\beta^\alpha x_\beta=x_\alpha x_\beta$ で定義する．明らかに φ_α^α は S_α の恒等変換であり，$\alpha\leqq\beta\leqq\gamma$ に対し

$$\varphi_\beta^\alpha\varphi_\gamma^\beta x_\gamma=\varphi_\beta^\alpha(x_\beta x_\gamma)=x_\alpha x_\beta x_\gamma=x_\beta x_\alpha x_\gamma=(x_\beta x_\alpha)x_\alpha x_\gamma=(\varphi_\alpha^{\alpha\beta}x_\alpha)x_\gamma$$
$$=(\varphi_\alpha^\alpha x_\alpha)x_\gamma=x_\alpha x_\gamma=\varphi_\gamma^\alpha x_\gamma.$$

ゆえに $\{\varphi_\beta^\alpha : \beta\geqq\alpha\}$ は帰納系である．また

$$x_\alpha y_\beta=(x_\alpha y_\beta)y_\beta=\varphi_\beta^{\alpha\beta}y_\beta.$$

逆に (1), (2) を仮定する．

$\varphi_\beta^\alpha : S_\beta\to_{\mathrm{in}}S_\alpha$ は右零半群としての準同形であり，かつ (3) は $x_\alpha y_\beta=(\varphi_\alpha^{\alpha\beta}x_\alpha)(\varphi_\beta^{\alpha\beta}y_\beta)$ であるから，逆の証明のうち結合則は定理 **10·9·3** によって保証される．左可換性の証明も容易である．∎

右可換帯は左可換帯から逆同形として得られる．右可換帯は左零半群の半束和である．

問 1　$|S_0|=m, |S_1|=n$ とするとき，左可換帯 $S=S_0\cup S_1$ を決定せよ．

問 2　S_0, S_1, S_2 を有限右零半群とするとき，左可換帯 $S_0\cup S_1\cup S_2$ を決定せよ．

11·2　中可換帯の構造について

直角帯の半束和であるが，左，右可換帯のつむぎ積として考えるのが便利である．

S を中可換帯とし，S の最大半束分解を $S=\bigcup_{\alpha\in\Gamma}S_\alpha$，それによる合同（すなわち最小半束合同）を ρ，また S の最小左可換合同を σ とする．第6章の理

論により，σ は $\{(xyz, yxz) : x, y, z \in S\}$ で生成される合同である．$a\sigma b$ とは $a=b$ または $a=a_0, a_1, \cdots, a_{n-1}, a_n=b$ なる元の列があって，$a_i=x_iy_iz_i$, $a_{i+1}=y_ix_iz_i$ $(i=0, 1, \cdots, n-1)$ なる $x_i, y_i, z_i \in S$ がある．[*]したがって（第7章の包容を思い出し）各 i につき a_i, a_{i+1} は同じ S_α に，推移性によりついに a と b は同じ S_α に含まれる．$\sigma_\alpha=\sigma|S_\alpha$ とおくと S_α/σ_α は直角帯であると同時に左可換だから右零半群である $(x, y \in S_\alpha/\sigma_\alpha,\ xy=xyy=yxy=y)$．ゆえに σ_α は S_α の右零合同である．さて σ'_α を S_α の任意の右零合同とするとき，$\sigma_\alpha \subseteq \sigma'_\alpha$ を証明する．$a\sigma_\alpha b$ とするとき，a と b の間に上述のごとき元の列がある．$xyz\sigma_\alpha yxz \Rightarrow xyz\sigma'_\alpha yxz$ は次のようにして証明せられる．$x, y, z \in S$ とする．S が中可換であることと，x, y, z の積が S_α に含まれることを用いて

$$xyz=(xyz)(xyz)=(xyz)(yxz)\sigma'_\alpha yxz.$$

これをくり返して $a\sigma'_\alpha b$ が導かれる．ゆえに σ_α は S_α の最小右零合同である．以上で $\sigma \subseteq \bigcup \sigma_\alpha$ が証明された．逆に $\bigcup \sigma_\alpha \subseteq \sigma$ を示す．$(a, b) \in \bigcup \sigma_\alpha$, $a\sigma_\alpha b$ とする．直角帯の最小右零合同 $a\sigma_\alpha b$ は $ab=a$, $ba=b$ で与えられることを知っているから $a=ab=aba$, $b=ba=baa$, ゆえに $a\sigma b$. かくて σ は S_α の最小右零合同の和集合 $\sigma=\bigcup_{\alpha \in \Gamma} \sigma_\alpha$ であることが証明された．双対的に S の最小右可換合同 τ は S_α の最小左零合同 τ_α の和集合 $\tau=\bigcup_{\alpha \in \Gamma} \tau_\alpha$ である．S_α は S_α/τ_α と S_α/σ_α の直積であるから $\tau_\alpha \cap \sigma_\alpha=\iota_\alpha$, $\tau_\alpha \cdot \sigma_\alpha=\omega_\alpha$ を用いて $\tau \cap \sigma=\iota$, $\tau \cdot \sigma=\rho$ を得る．

ゆえに S は S/τ と S/σ の $\Gamma=S/\rho$ に関するつむぎ積である．

$S_1=S/\sigma$, $S_2=S/\tau$ とおけば，S_1 は定理 11·1·2 による右零半群の半束和，S_2 は左零半群の半束和，半束は共通の Γ である．$S_1=\bigcup\{A_\alpha : \alpha \in \Gamma\}$, $S_2=\bigcup\{B_\alpha : \alpha \in \Gamma\}$, A_α は右零半群，B_α は左零半群，そのとき

$$S=S_1 \bowtie S_2=\bigcup\{A_\alpha \times B_\alpha : \alpha \in \Gamma\}$$

である．逆に左可換帯と右可換帯の部分直積が中可換帯であることは容易に示される．

定理 11·2·1（山田，木村）　半群 S が中可換帯であるためには，S が左可換帯と右可換帯のつむぎ積であることが必要十分である．

S を半束合成として準同形帰納系を考えよう．Γ を半束，$\{A_\alpha : \alpha \in \Gamma\}$, $\{B_\alpha : \alpha \in \Gamma\}$ を互いに素な集合の族，$\{\varphi^\alpha_\beta : \alpha \leqq \beta\}$ を $\{A_\alpha : \alpha \in \Gamma\}$ における写

[*] S が中可換だから右両立性だけを考えればよい．

像帰納系，$\{\psi_\beta^\alpha : \alpha \leqq \beta\}$ を $\{B_\alpha : \alpha \in \Gamma\}$ における写像帰納系とする．和集合 $S=\bigcup\{A_\alpha \times B_\alpha : \alpha \in \Gamma\}$ に次のごとく演算を定義する．

$$(a,b)\in A_\alpha \times B_\alpha,\ (c,d)\in A_\beta \times B_\beta \text{ とするとき}$$

$$(a,b)\cdot(c,d)=(\varphi_\alpha^{\alpha\beta}(a), \psi_\beta^{\alpha\beta}(d)).$$

そのとき S は中可換帯である．すべての中可換帯はこのようにして得られる．

また $\xi \leqq \alpha$ に対し $F_\alpha^\xi : A_\alpha \times B_\alpha \to_{\mathrm{in}} A_\xi \times B_\xi$ を

$$F_\alpha^\xi(a,b)=(\varphi_\alpha^\xi(a), \psi_\alpha^\xi(b)), \quad (a,b)\in A_\alpha \times B_\alpha$$

で定義すると $\{F_\alpha^\xi : \xi \leqq \alpha\}$ が帰納系であって，

$$(a,b)\in A_\alpha \times B_\alpha, \quad (c,d)\in A_\beta \times B_\beta$$

に対し

$$(a,b)\cdot(c,d)=F_\alpha^{\alpha\beta}(a,b)\cdot F_\beta^{\alpha\beta}(c,d). \quad \text{（証明略）}$$

問 1　右零半群の系の半束による帰納的極限は右零半群である．$S=\bigcup_{\alpha\in\Gamma} S_\alpha$ を左可換帯とする．帰納系 $\{\varphi_\beta^\alpha\}$ を固定するとき，帰納的極限 $D=\varinjlim(S_\alpha, \varphi_\beta^\alpha, \Gamma)$ は S の最大右零準同形像である．これは S の最大左消約的準同形像に一致する（最小左消約的合同は $\{(a,b) : xa=xb$ なる $x\in S$ がある$\}$ で与えられる）．$f : S\to_{\mathrm{in}} D\times\Gamma$ を自然に定義された準同形，$g : S\to_{\mathrm{in}} T\times\Gamma$ を S から右零半群 T と Γ の直積の中への準同形とするとき，$g=hf$ なる準同形 $h : D\times\Gamma\to_{\mathrm{in}} T\times\Gamma$ がある．（ただし $g(x)=hf(x)$ の意味である．）

問 2　左可換帯が右零半群と半束の直積の上（中）に同形であるための条件を求めよ．

問 3　中可換帯は直角帯と半束 Γ の直積の中に準同形である．問1に並行した結果が得られるか．さらに問2と同じ問題を考えよ．

11・3 山　田　半　群

次の条件を満足する半群 S を考える．

（1）　S のすべての巾等元は部分帯 E をなす．

（2）　任意の $x\in S$ に対し $xx^*x=x$, $xx^*=x^*x$ を満足する $x^*\in S$ がある．

このような半群 S を**山田半群**または **Y-半群** (inversive semigroup) とよぶ．

(2) を満足する x^* に対し $xx^*=x^*x$ は S の巾等元であるから $x, x^*\in S(xx^*)$. したがって任意の $x\in S$ に対し

$$xy=yx, \quad xyx=x, \quad yxy=y$$

を満足する y がただ一つ存在する．y を x の**逆元**とよび x^{-1} で表わす．S を Y-

半群とし，$e \in E$ に対し $S(e)=\{x \in S : x$ の逆元 x^{-1} に対し $xx^{-1}=e\}$ とするとき，$S(e)$ は S の部分群をなすから，S は部分群の和集合をなす．$S=\bigcup_{e \in E} S(e)$. しかし一般に Y-半群は逆半群でなく，逆半群は Y-半群でない（補遺7を見よ）．

S を Y-半群，S の最大半束分解を $S=\bigcup_{\alpha \in \Gamma} S_\alpha$, $E \cap S_\alpha = E_\alpha$ とおけば，$E=\bigcup_{\alpha \in \Gamma} E_\alpha$. 定理7·8·7により S_α は完全単純半群，したがって群の直角帯和 $S_\alpha=\bigcup_{\lambda \in B_\alpha} G_{\alpha\lambda}$ である．そのとき $E_\alpha \cong B_\alpha$ であることが容易に証明される．かくて S_α は巾等元が部分半群をなす完全単純半群である．§5·6の末尾の問2により，それは群と直角帯の直積に同形である．

命題 11·3·1　S が Y-半群であれば，最大半束分解において，$S=\bigcup_{\alpha \in \Gamma} S_\alpha$, その各成分 S_α は群と直角帯の直積である．

もちろん巾等元のなす部分集合 E が，部分帯をなすような半束和 $S=\bigcup_{\alpha \in \Gamma} S_\alpha$ でなければならない．E は S の構造に対し重要な位置をしめる．E が可換（すなわち半束）であるとき，S を **(*C*)-*Y*-半群**，E が直角帯をなすとき，S を **(*R*)-*Y*-半群**という．

命題 11·3·2　次は同値である．

（1）　S は (R)-Y-半群である．

（2）　S は素単純 Y-半群である．

（3）　S は群と直角帯の直積である．

証明は読者の練習に任す（命題11·3·1の前にのべた中にほとんどの証明はおわっている）．

命題 11·3·3　S が (C)-Y-半群であるための必要十分条件は，S が群の半束和であることである．

証明　S の最大半束分解 $S=\bigcup_{\alpha \in \Gamma} S_\alpha$, 巾等元の帯 $E=\bigcup_{\alpha \in \Gamma} E_\alpha$ とする．E が可換であることから $|E_\alpha|=1$ が導かれる．逆に S が群の半束和であれば，命題7·8·2により S は逆半群であるから，E は可換である（§4·8をみよ）． ∎

群の和集合であっても一般には群の巾等和にならない．たとえば2個の元からなる集合 X の全変換半群はその例である．Y-半群が群の巾等和になるための条件を求める．

定義　Y-半群 S が次の条件を満足するとき，S は**きびしい *Y*-半群**という．

$$xx^{-1}=e,\ e,f\in E,\ fe=ef=f \quad \text{であれば} \quad fx=xf.$$

定理 11・3・4（山田） Y-半群 S が群の巾等和であるためには，S がきびしい Y-半群であることが必要十分である．S の巾等和への分解は一通りである．すなわち S の最大巾等分解を与える．

証明 S が部分群の巾等和であると仮定する：

（1） $S=\bigcup_{\lambda\in\Lambda} G_\lambda$ (G_λ は群，Λ は帯，$G_\lambda G_\mu\subseteq G_{\lambda\mu}$).

一方，（2） $S=\bigcup_{e\in E} S(e)$ が部分群の互いに素な和集合であることを知っている．群は巾等分解不能だから各 $S(e)$ は適当な G_λ に含まれる．しかし G_λ も群であるから $G_\lambda=S(e)$．したがって (1), (2) の分割は一致する．

$$S(e)S(f)\subseteq S(ef),\ \ ef\in E.$$

さて $e,f\in E,\ f\leqq e$, すなわち $fe=ef=f$ と仮定する．$x\in S(e)$ をとれば $xf\in S(e)S(f)\subseteq S(ef)=S(f)$．同じように $fx\in S(f)$，f が $S(f)$ の単位元だから

$$xf=f(xf)=(fx)f=fx.$$

ゆえに S はきびしい．

逆に S がきびしい Y-半群であると仮定する．S の最大半束分解を

（3） $S=\bigcup_{\alpha\in\Gamma} S_\alpha$ とする．

分割 (2) が巾等分解であること，すなわち $a\in S(e), b\in S(f)\Rightarrow ab\in S(ef)$ を証明するのが目的である．その準備として

$$a\in S(e)\ \Rightarrow afe=efa,$$
$$b\in S(f)\Rightarrow bef=feb$$

を証明する．$efe\leqq e$ であるから仮定により $afe=aefe=efea=efa$．他も同じようにすればよい．これら二つの式を用いると

（4） $abef=afeb=efab.$

分解 (3) に関して a と e,b と f はそれぞれ同じ類に属するから ab と ef はある S_α に含まれる．$E=\bigcup_{\alpha\in\Gamma} E_\alpha, E_\alpha=E\cap S_\alpha$ で

（5） $S_\alpha=\bigcup_{g\in E_\alpha} S(g).$

S_α は群 $S(g)$ と直角帯 E_α の直積である．(5) は S_α の巾等分解になる．いま $ab\in S(g)$, $ef\in S(h)$ ($ef\in E$ だから実は $ef=h$) とする．(5) により

$$abef\in S(g)S(h)=S(gh),\quad efab\in S(h)S(g)=S(hg).$$

しかるに (4) により $S(gh)=S(hg)$，ゆえに $gh=hg$．E_α は直角帯だから $g=h$ を得る．$ab\in S(h)=S(ef)$.

$S(e)$ は群であるから巾等分解不能，したがって $S=\bigcup_{e\in E}S(e)$ が S の最大巾等分解である．唯一性はいうまでもない． ∎

記号を改めて $S(e)$ を G_α と書く．$S_\alpha=G_\alpha\times E_\alpha$. 上の証明により準同形 $S\to_{\text{on}}E$ を得た．これによって定まる S の合同を π とし，$\pi|S_\alpha=\pi_\alpha$ とする：$\pi=\bigcup_{\alpha\in\Gamma}\pi_\alpha$，$\pi_\alpha$ は射影 $S_\alpha\to E_\alpha$ による S_α の合同である．次にもう一つの準同形を導入する．$\bigcup_\alpha(E_\alpha\times E_\alpha)$ で生成される S の合同を σ とする．すなわち σ は

（6） $\{(xey, xfy): e, f\in E,\ e, f$ は同じ E_α にあり，$x, y\in S^1\}\cup\iota$ の推移閉被である．これと別に $S_\alpha=\{((x, a)): x\in G_\alpha, a\in E_\alpha\}$ と表わしておいて，τ_α を

（7） $((x, a))\tau_\alpha((y, b))\ \Leftrightarrow\ x=y$

で定義する．S_α の元を一つの文字で表わせば，$p, q\in S_\alpha$, $p=((x, a))$, $q=((y, b))$.

（8） $p\tau_\alpha q\ \Leftrightarrow$ ある $f, g\in E_\alpha$ に対し $fpg=fqg$.

(7) と (8) は同値である．$\tau=\bigcup_{\alpha\in\Gamma}\tau_\alpha$ とする．$\sigma=\tau$ を証明しよう．$p\tau_\alpha q$ と仮定し，$\bar{e}$ を G_α の単位元とする．$((\bar{e}, a)), ((\bar{e}, ba)), ((\bar{e}, b))$ はいずれも E_α にある．

$$p=((x, a))=((\bar{e}, a))((x, a))\sigma((\bar{e}, ba))((x, a))=((x, ba))$$
$$=((x, ba))((\bar{e}, ba))\sigma((x, ba))((\bar{e}, b))=((x, b))=q$$

を得るから $\tau_\alpha\subseteq\sigma$. これがすべての α について成り立つから $\tau\subseteq\sigma$. 逆を証明するために $e_\alpha, f_\alpha\in E_\alpha, x_\beta\in S_\beta, y_\gamma\in S_\gamma, x_\beta x_\beta^{-1}=e_\beta, y_\gamma y_\gamma^{-1}=e_\gamma$ とすれば，$x_\beta e_\alpha y_\gamma$, $x_\beta f_\alpha y_\gamma\in S_{\alpha\beta\gamma}$ である．$x_\beta e_\alpha y_\gamma\ \tau_{\alpha\beta\gamma}\ x_\beta f_\alpha y_\gamma$ を証明すれば (6) により $p\sigma q$ から $p\tau q$ を得る．S がきびしいから

$$(e_\beta e_\alpha e_\gamma e_\beta)(x_\beta e_\alpha y_\gamma)(e_\gamma e_\alpha e_\beta e_\gamma)=x_\beta(e_\beta e_\alpha e_\gamma e_\beta)e_\alpha(e_\gamma e_\alpha e_\beta e_\gamma)y_\gamma$$
$$=(x_\beta e_\beta e_\alpha e_\gamma)(e_\beta e_\alpha e_\gamma)(e_\alpha e_\beta e_\gamma y_\gamma),$$
$$(e_\beta e_\alpha e_\gamma e_\beta)(x_\beta f_\alpha y_\gamma)(e_\gamma e_\alpha e_\beta e_\gamma)=x_\beta(e_\beta e_\alpha e_\gamma e_\beta)f_\alpha(e_\gamma e_\alpha e_\beta e_\gamma)y_\gamma$$
$$=(x_\beta e_\beta e_\alpha e_\gamma)(e_\beta f_\alpha e_\gamma)(e_\alpha e_\beta e_\gamma y_\gamma).$$

$u=x_\beta e_\beta e_\alpha e_\gamma, v=e_\alpha e_\beta e_\gamma y_\gamma, e_\beta e_\alpha e_\gamma=g, e_\beta f_\alpha e_\gamma=h$ とおく．いずれも $S_{\alpha\beta\gamma}$ の元であり特に $g, h\in E_{\alpha\beta\gamma}$. これらを $G_{\alpha\beta\gamma}\times E_{\alpha\beta\gamma}$ の元として表わし

$$u=((x, a)),\ v=((y, b)),\ g=((e, c)),\ h=((e, d))\quad (e\text{ は }G_{\alpha\beta\gamma}\text{ の単位元})$$

とすれば

$$ugv=((x, a))((e, c))((y, b))=((xy, ab)),$$
$$uhv=((x, a))((e, d))((y, b))=((xy, ab)).$$

ゆえに $ugv=uhv$. たしかに $e_\beta e_\alpha e_\gamma e_\beta$, $e_\gamma e_\alpha e_\beta e_\gamma \in E_{\alpha\beta\gamma}$ だから (8) により $x_\beta e_\alpha y_\gamma \ \tau_{\alpha\beta\gamma} \ x_\beta f_\alpha y_\gamma$ を得る. ゆえに $\sigma\subseteq\tau$, したがって $\sigma=\tau$ が証明された.

要約すれば $S/\rho\cong\Gamma$. すなわち ρ を最小半束合同, $S=\bigcup_{\alpha\in\Gamma} S_\alpha$,

$$S/\tau=\bigcup\{G_\alpha : \alpha\in\Gamma\},\ \tau=\bigcup_{\alpha\in\Gamma}\tau_\alpha,\ S_\alpha/\tau_\alpha\cong G_\alpha,$$
$$S/\pi=\bigcup\{E_\alpha : \alpha\in\Gamma\},\ \pi=\bigcup_{\alpha\in\Gamma}\pi_\alpha,\ S_\alpha/\pi_\alpha\cong E_\alpha.$$

しかし $S_\alpha\cong G_\alpha\times E_\alpha$ であることを知っているから

$$\tau_\alpha\cap\pi_\beta=\begin{cases}\iota_\alpha & (\alpha=\beta)\\ \square & (\alpha\neq\beta),\end{cases}\qquad \tau_\alpha\cdot\pi_\beta=\begin{cases}\omega_\alpha & (\alpha=\beta)\\ \square & (\alpha\neq\beta).\end{cases}$$

さて

$$\tau\cap\pi=(\bigcup_\alpha\tau_\alpha)\cap(\bigcup_\alpha\pi_\alpha)=\bigcup_\alpha(\tau_\alpha\cap\pi_\alpha)=\bigcup_\alpha\iota_\alpha=\iota_S,$$
$$\tau\cdot\pi=(\bigcup_\alpha\tau_\alpha)\cdot(\bigcup_\alpha\pi_\alpha)=\bigcup_\alpha\tau_\alpha\cdot\pi_\alpha=\bigcup_\alpha\omega_\alpha=\rho.$$

ゆえに S は (C)-Y 半群 S/τ と帯 S/π の Γ に関するつむぎ積に同形である:

$$S\cong S/\tau\bowtie S/\pi,_{(\Gamma)}.$$

逆に (C)-Y 半群 $\bigcup\{G_\alpha : \alpha\in\Gamma\}$ と帯 $\bigcup\{E_\alpha : \alpha\in\Gamma\}$ の Γ に関するつむぎ積 S はきびしい Y-半群である. これは S が群の巾等和になるからである.

まとめて次の定理を得る.

定理 11・3・5 半群 S がきびしい Y-半群であるためには, S が (C)-Y 半群と帯との, 最大半束準同形像に関するつむぎ積に同形であることが必要十分である.

Y-半群 S の巾等元が左可換帯をなすとき, S を **(左)-Y 半群**, 右可換帯をなすとき S を **(右)-Y 半群**, 中可換帯をなすとき S を **(中)-Y 半群**という.

問 1 (中)-Y 半群はきびしい Y-半群であることを証明せよ.

問 2 S が (中)-Y 半群であるための必要十分条件は, S が (C)-Y 半群と中可換帯の最大半束準同形像に関するつむぎ積に同形であること, S が (左)-Y 半群であるための必要十分条件は, (C)-Y 半群と左可換帯のつむぎ積に同形であることである.

問 3 中 (左, 右) 可換である Y-半群を特徴づけよ.

問 4 S_0, S_1 を右零半群とするとき, すべての半束和 $S_0\cup S_1$ を決定せよ.

11・4 有限半群の構成

有限半群は有限素単純半群の有限半束和であるが，イデアル拡大のくり返しによっても構成することができる．

S を有限半群，I_0 を S の極小イデアルとする．I_0 は単純であるが，S が 0 を含むときは $I_0=\{0\}$ である．S/I_0 の 0-極小イデアルを I_1/I_0 とする．I_1 は S のイデアルで $I_0 \subset I_1$, S/I_{i-1} の 0-極小イデアルを I_i/I_{i-1} とすると，I_i は S のイデアルで $I_{i-1} \subset I_i$. かくて次の列を得る：

（1） $I_0 \subset I_1 \subset \cdots \subset I_{i-1} \subset I_i \subset \cdots \subset I_n=S.$

ここに $I_i/I_{i-1}(i>0)$ は完全 0-単純半群かまたは零半群，そして S が 0 をもたなければ，I_0 は完全単純半群，S が 0 をもてば，I_1 は零半群または完全 0-単純半群である．すべての有限半群は次の操作によって構成される：

（i） 有限 (0-)単純半群の構成，

（ii） 有限 (0-)単純半群または有限零半群の有限 0-単純半群または有限零半群によるイデアル拡大，

（iii） 型（ii）の半群の有限 0-単純半群または有限零半群によるイデアル拡大．

S に対する列 (1) は必ずしも一意的でない，0-極小イデアルが一意的でないからである．

0 をもつ半群 D のすべての 0-極小イデアル M_ξ の和集合 M を D の**台**という．M は D のイデアルで M_ξ の 0-直和，すなわち $M_\xi M_\eta=\{0\}, \xi \neq \eta$ である．

有限半群 S の極小イデアルを J_0, S/J_0 の台を $J_1/J_0, \cdots, S/J_{i-1}$ の台を J_i/J_{i-1} とする．J_i は S のイデアルで $J_{i-1} \subset J_i$ である $(i \geqq 1)$．そのとき

（2） $J_0 \subset J_1 \subset J_2 \subset \cdots \subset J_{i-1} \subset J_i \subset \cdots \subset J_n=S.$

J_0 は単純，J_i/J_{i-1} は有限 0-単純半群または有限零半群の 0-直和である．列 (2) は S に対して一意的である．

特に S が素単純であれば，上述の「0-単純半群」を「零因子をもつ 0-単純半群」でおきかえればよい．

要するに有限半群は (1) または (2) の形としてイデアル拡大のくり返しによって求めるのも一つの方法であるが，一方，まず有限素単純半群をイデアル拡大のくり返しで求めておいて，それらの有限半束和として構成することが構造

論にもとづく方法と考えられる．

問 1 位数3の半群を決定せよ．次のような分類で決定することができる．

（1） 位数2,3の単純半群は左(右)零半群または群である．位数3では $1\text{-}\alpha_0, 6\text{-}\alpha_0$ (末尾 (p. 313) の表と §4.2 を参照).

（2） 単純でない位数3の素単純半群は位数2の零半群，群，左(右)零半群の位数2の零半群によるイデアル拡大である．

$$2\text{-}\alpha_0,\ 3\text{-}\alpha_0,\ 4\text{-}\alpha_0,\ 5\text{-}\alpha_0,\ 7\text{-}\alpha_0.$$

（3） 位数3の素単純でない半群は，半束でなければ成分2個の半束和で，$\{a, b\}\cup\{c\}$ ($\{a, b\}$ がイデアル) であれば $11\text{-}\alpha_0$, $12\text{-}\alpha_0$, $13\text{-}\alpha_0$, $14\text{-}\alpha_0$, $15\text{-}\alpha_0$, $16\text{-}\alpha_0$. $\{a\}\cup\{b, c\}$, $\{a\}$ が 0 であれば，$8\text{-}\alpha_0$, $9\text{-}\alpha_0$, $10\text{-}\alpha_0$.

（4） 位数3の半束は $17\text{-}\alpha_0$, $18\text{-}\alpha_0$.

この方法は §4・2 の方法に比べて著しく早く求められる．しかし位数 4, 5 になるとこのような方法でもなお繁雑になる．著者と学生たちは 1953 に位数3を，1954 に位数4を，1955 に位数5を紙と鉛筆で計算した．一方 1954 に Forsythe が位数4を，1955 に Motzkin と Selfridge が位数5をコンピュータで求めたが，手で計算した結果と一致した．なお 1965 Plemmons は IBM 7040 で位数6までの半群を計算した．またある種の素単純半群については位数10までのものが，著者と学生たちによって計算されている．これらは有限半群の理論に例として役立った．本書の末尾に位数 3, 4 の半群の表をのせてある．

11・5 諸　問　題

1. 恒等式について

$(p_1, \cdots, p_n)$ を $(1, \cdots, n)$ の置換とするとき，恒等式 $x_1x_2\cdots x_n = x_{p_1}x_{p_2}\cdots x_{p_n}$ を**置換恒等式**という．たとえば $xy=yx$, $xyzu=xzyu$ など．

(11・5・1) (木村) $S^2=S$ をみたす半群 S が置換恒等式を満足すれば，S は恒等式 $xyzu=xzyu$ を満足する．すなわち中可換である．

証明 S の満足する置換恒等式を $x_1\cdots x_n = x_{p_1}\cdots x_{p_n}$ とすると

$$(1)\qquad xx_1\cdots x_nz = xx_{p_1}\cdots x_{p_n}z.$$

ただし，もし $p_1=1$ であれば x を掛ける必要なく，$p_n=n$ であれば z を掛ける必要がない．初めから $p_1\neq 1$, $p_n\neq n$ とする．(1) の x_{p_1} を yx_{p_1} でおきかえて

$$\begin{aligned} &xx_1\cdots x_{p_1-1}(yx_{p_1})x_{p_1+1}\cdots x_nz \\ &= x(yx_{p_1})x_{p_2}\cdots x_{p_n}z = (xy)x_{p_1}x_{p_2}\cdots x_{p_n}z = xyx_1x_2\cdots x_nz. \end{aligned}$$

$u=x_1x_2\cdots x_{p_1-1}$, $w=x_{p_1}x_{p_1+1}\cdots x_nz$ とおけば $xuyw=xyuw$ を得る．

(11·5·2) $S^2=S$をみたす半群Sにおいて置換恒等式 $x_1\cdots x_n=x_{p_1}\cdots x_{p_n}$ は

1) $p_1\neq 1$, $p_n\neq n$ であれば $xy=yx$ と，

2) $p_1=1$, $p_n\neq n$ であれば $xyz=xzy$ と，

3) $p_1\neq 1$, $p_n=n$ であれば $xyz=yxz$ と，

4) $p_1=1$, $p_n=n$ であれば $xyzu=xzyu$ と

それぞれ同値である．$S^2=S$ と (11·5·1) を用いて容易に証明される．

(11·5·3)（山田） Sが正則半群で置換恒等式を満足する（左可換である）ためには，Sが（中)-Y半群（(左)-Y半群）であることが必要十分である．また次の4条件は同値である．（i）Sは正則可換半群である．（ii）Sは置換恒等式を満足する逆半群である．（iii）Sは(C)-Y半群である．（iv）Sは可換群の半束和である．

(11·5·4)（山田，木村） 帯において，高高3変数を含むすべての恒等式は，次のいずれかに同値である．

(1) $xy=x$,	(2) $xy=y$,	(3) $xyx=x$,
(4) $xy=yx$,	(5) $xyx=xy$,	(6) $xyx=yx$,
(7) $xyz=xzy$,	(8) $xyz=yxz$,	(9) $xyzx=xzyx$,
(10) $xyxzx=xyzx$,	(11) $xyz=xzyz$,	(12) $xyz=xyxz$,
(13) $xyzx=xzyzx$,	(14) $xyzx=xyzyx$,	(15) $xyzx=xyxzxyzx$,
(16) $xyzx=xyzxyxzx$,	(17) $x=y$,	(18) $x=x$.

帯におけるn変数の恒等式は，最近 C. Fennemore, J. A. Gerhard によって互いに独立に決定された．

一般に恒等式を満足する半群の構造は，素単純でかつ同じ恒等式を満足する半群の半束和に帰着される．置換恒等式でない恒等式の例として

(11·5·5) 半群Sが恒等式 $xy=y^{m_1}x^{n_1}\cdots y^{m_k}x^{n_k}$ を満足するための必要十分条件は，Sが同じ恒等式をみたす群の半束和の膨脹であることである．これの応用として，恒等式 $xy=f(x,y)$ から $xy=yx$ が導かれるためには，$f(x,y)$ がyで始まりxで終わる形をもち，かつ「$xy=f(x,y)\Rightarrow xy=yx$」が群で成り立つことが必要十分である．なお「半束和の膨脹」という条件は p. 306 の補遺8により二通りにいいかえることができる．

2. 恒等式でない場合の例，除外的半群

半群 S がすべての x, y, z に対し $xyz=xy$ か yz か xz であるとき，S を**除外的半群**または **Schein 半群**という．特に S が可換である場合だけを考える．この条件は準同形，部分半群によって保存される．除外的な半束 L は「いかなる三つの異なる元で生成される部分半束 M も自由でない，すなわち $|M|<7$ である」ことが必要十分であり，S の最大半束準同形像 Γ もこのような性質をもつ．除外的な可換アルキメデス的半群 A は「可換巾零で，$a, b, c \in A$ のとき ab, bc, ca のうち少なくも一つが 0 になる」という性質で特徴づけられる．したがって一般の場合はこれらの半束和になる．もちろんすべての半束和でなくある制限をうける．しかし比較的簡単に半束和が求められる．可換でない除外的半群については最近 O'Carroll, Schein, 山田らの研究がある．

3. 部分半群または合同のなす半束について

半群 S のすべての部分半群は包含関係で半束をなし，S のすべての合同は束をなす．S の部分半群半束または合同関係束の形を与えて半群 S の構造を定めるという問題にも最大半束分解がしばしば重要になる．たとえば，部分半群半束が鎖をなす半群 S (**Γ-半群**とよぶ) を考えよう．Γ-半群は部分半群，準同形によって保存される．直ちに S が素単純であり単巾可逆であることがわかり，有限の場合はある特殊な巡回半群，無限の場合は擬巡回群である．Γ-半群を拡張して，すべての真部分半群が Γ-半群である半群 (Γ^*-半群) についても，すでに研究されている．

次に合同関係束が鎖をなす可換半群 S (可換 Δ-半群という) についてのべる．Δ-半群の準同形像は Δ-半群である．まずアルキメデス的 Δ-半群はアーベル群かまたは巾零であることが導かれ，群の場合は Γ-群であり，巾零の場合は約除による半順序が鎖をなすときに限る．また S の最大半束準同形像は位数が高高 2 であることが容易に示されるが，アルキメデス的でない Δ-半群は Γ-群に零 0 を添加したものか，または Δ-巾零半群に単位元を添加したものだけである．中可換 Δ-半群についても可換の場合によく似た結果を得る．

合同関係束がモヂュラー束をなす半群の決定など興味ある問題であるが，まだ解決されていない．

第12章　可換アルキメデス的半群

いかなる可換半群もアルキメデス的半群の半束和に分解されるから，可換半群の研究においてアルキメデス的半群はきわめて重要である．この種の半群は4種類に大別される．零を含む場合，零でない巾等元を含む場合，巾等元を含まないで消約的である場合，巾等元を含まないで消約的でない場合である．第2種は第1種とアーベル群から容易につくられるから，問題外である．第3種は多くの結果が知られている．第1種と第4種には将来に残される問題がある．本章では比較的基本的と思われる結果だけを列挙する．

12·1　アルキメデス的半群の分類

この章では S は一般に自明でない半群とする．S を可換アルキメデス的半群とする．命題 6·5·13 により S は巾等元を高高一つ含むから，巾等元をただ一つ含む場合と，全然含まない場合に分けられる．可換群は前者に属する．巾等元をただ一つ含む半群を**単巾半群**とよぶ．巾等元を e とする．任意の $a\in S$ に対し $ax=e$ なる $x\in S$ があるとき，S は（e に関して）**可逆**であるという（単巾可逆は§4·10で定義された）．

補題 12·1·1　巾等元をもつ可換アルキメデス的半群は単巾，可逆である．

証明　単巾であることはすでにのべたから，可逆であることを証明する．S を可換アルキメデス的，その巾等元を e とする．定義により，任意の $a\in S$ に対し $e^n=ax$ なる正整数 n と $x\in S$ がある，すなわち $e=ax$. ∎

しかし補題 12·1·1 の逆は必ずしも成立しない．可換単巾半群が巾等元に関し可逆であってもアルキメデス的とは限らない．たとえば $S=\{a,b,1,2,3,\cdots\}$ において，$\{a,b\}$ は位数2の部分群，$\{1,2,3,\cdots\}$ は正整数加法部分半群，さらに

$$a+x=x+a=a,\quad b+x=x+b=b,\quad x=1,2,3,\cdots$$

と定義すれば，$S(+)$ は可換単巾可逆であるが，$\{a,b\}\cup\{1,2,3,\cdots\}$ は最大半束分解である．

可換単巾半群を次のように分類する.

巾等元が零でない場合,　　巾等元が零である場合.

定義 半群 S（可換を仮定しなくてもよい）が零 0 をもつとする．S の元 a に対し $a^n=0$ なる正整数 n があるとき，a を**巾零元**といい（n は a に依存する），S のすべての元が巾零であるとき，S は**巾零**であるという．a に対し $a^n=0$ なる n の最小数を a の**巾零指数**という．

アルキメデス性の定義から直ちに

命題 12・1・2 S は可換半群で零 0 をもつとする．S がアルキメデス的であるための必要十分条件は，S が巾零であることである．

可換を仮定しなくても，S が巾零であれば S は素単純であるが，一般に逆が成立しないことは明らかである．

巾等元を含まない可換アルキメデス的半群は，消約的である場合とそうでない場合に分けられる．この分類は前者が今日まで比較的よく研究されてきたという歴史的理由にもとづく．

消約的でかつ巾等元を含まない可換アルキメデス的半群を **$\mathfrak{N}$-半群**とよぶ．消約性をもたない後者を**第 4 種**とよぶ．

可換アルキメデス的半群の分類

第 1 種……………………………巾零.

第 2 種 $\begin{cases}\text{アーベル群} \\ \text{固有の第 2 種……零でない巾等元をもつが，群でない.}\end{cases}$

第 3 種……………………………$\mathfrak{N}$-半群.

第 4 種……………………………消約的でなく巾等元をもたない.

簡単な例をあげる.

第 1 種　　周期 1 の巡回半群，零半群.

固有の第 2 種　　指数 $r(>1)$ でかつ周期 $p(>1)$ の巡回半群.

第 3 種　　正整数のなす加法半群.

第 4 種　　零半群と第 3 種型との直積.

この章では可換半群のみを扱うので，「可換」なる語を省略することがある．「可換アルキメデス的半群」というところを「アルキメデス的半群」とよぶことにする．

12·2　固有の第2種アルキメデス的半群

固有の第2種アルキメデス的半群は単巾可逆であるから，その構造をしらべるには単巾可逆半群の一般論が適用される（§4·10）．

定理 12·2·1　S は可換単巾半群で巾等元が零でないとする．S がアルキメデス的であるための必要十分条件は，S が可換群 G $(|G|>1)$ の可換巾零半群 Z $(|Z|>1)$ によるイデアル拡大となることである．

証明　S を可換単巾アルキメデス的半群とし，零でない巾等元を e とする．$eS\neq\{e\}$ で，eS は S の最大部分群でかつ最小イデアル(核)であり，$f(x)=ex$ で定義される写像 $f:S\to eS$ は，S から部分群 eS 上への準同形写像である．$G=eS$ とおく．可換アルキメデス性は準同形写像によって保存されるから $Z=S/G$ は 0 をもつ可換アルキメデス的半群，ゆえに命題 12·1·2 により Z は巾零である．したがって S は可換群 G の可換巾零半群 Z によるイデアル拡大である．

逆に S が可換で可換群 $G(|G|>1)$ の可換巾零半群 $Z(|Z|>1)$ によるイデアル拡大であるとする．任意の2元 $a,b\in S$ をとる．a^m, b^n がともに G に含まれるように正整数 m,n を選ぶことができる．これは S/G が巾零であるという仮定にもとづく．G が群だから $a^m=b^nx=b(b^{n-1}x)$ なる $x\in G$ がある．S がアルキメデス的であることが証明された．∎

（$|Z|=1$ であるときは，S は G 自身すなわち可換群である．）かくて S は可換群 $G(|G|>1)$ と可換巾零半群 Z によって構成されるが，G, Z が与えられても一意的に定まらない．§4·10 でのべた単巾可逆半群の構成方法によれば，S は G, Z および $Z\setminus\{0\}$ から G の中への偏準同形によって定まる．

S を可換単巾アルキメデス的半群，e を巾等元 $e\neq 0$ とする．$f(x)=ex$ は準同形写像 $S\to_{\mathrm{on}}G=eS$ であるから，$Z^*=Z\setminus\{0\}$ とすると f の Z^* 上への制限 $\varphi=f|Z^*$ は偏準同形写像 $Z^*\to_{\mathrm{in}}G$ である．逆に偏準同形写像 $\varphi: Z^*\to_{\mathrm{in}}G$ が与えられたとする．$a,b\in G$ の積を ab; $x,y\in Z^*$ の積を $x*y$ と書くことにして $S=G\cup Z^*$ における演算 $(\circ)$ を次のように定義する．

$$a\circ x=x\circ a=af(x) \quad (a\in G,\ x\in Z^* \text{ のとき})$$

$$x\circ y=\begin{cases} x*y & (x,y\in Z^*,\ x*y\neq 0 \text{ のとき}) \\ f(x)f(y) & (x,y\in Z^*,\ x*y=0 \text{ のとき}) \end{cases}$$

$$a \circ b = ab \qquad (a, b \in G \text{ のとき}).$$

このとき $S/G \cong Z$ となる．かくして S は G, Z, φ によって一意的に決定されるから $S=(G, Z, \varphi)$ と表わされる．同形問題については単巾可逆半群における一般論が適用される．

零でない巾等元を含む可換アルキメデス的半群の簡単な例は指数および周期が1より大なる巡回半群である．

問 1 G を位数3の巡回群，Z を位数3の巾零巡回半群とする．$S/G \cong Z$ なる位数5の可換アルキメデス的半群を決定せよ．

問 2 G を可換群，Z を零半群とする．G の Z によるイデアル拡大は G の膨脹である．有限的に生成される可換群 G, 零半群 Z が与えられるとき，すべての膨脹を定めよ．

問 3 可換アルキメデス的半群 S が単位元を含むならば，S は可換群である．

12・3 可換巾零半群

本章では，巾零半群といえば可換巾零半群を意味する．次の基本性質は簡単に証明される．

(12・3・1) 巾零半群の部分半群は巾零である．

(12・3・2) 巾零半群の準同形像は巾零である．

(12・3・3) 巾零半群 S_i の有限個の直積 $S_1 \times \cdots \times S_n$ は巾零である．

(12・3・4) すべてのアルキメデス的半群の Rees-準同形像は巾零である．

以下 S を巾零半群とする．

(12・3・5) $a=ab$ であれば $a=0$.

証明 巾零の定義により，$b^n=0$ なる n があるから

$$a=ab=ab^2=\cdots=ab^n=0. \qquad \blacksquare$$

S に関係 $\preceq$ を次のように定義する．

$$a=bx \text{ なる } x \in S^1 \text{ があるとき } a \preceq b \text{ と書く．}$$

すなわち $a \preceq b \Leftrightarrow a=b$ または $a=bx, x \in S$.

(12・3・6) S は $\preceq$ に関して半順序半群である．

証明 反射律，推移律は容易に示される．反対称律を証明するために $a \preceq b$ かつ $b \preceq a$ とする．$a \preceq b$, $b \preceq a$ の少なくも一つが等号であれば，目的は達せられるから $a=bx, b=ay$, $x, y \in S$ と仮定する．これから $a=a(yx)$. (12・3・5) に

より $a=0$，したがって $b=ay=0$．結局 $a=b$ を得る．両立性 $a\preceq b\Rightarrow ca\preceq cb$ の証明は容易である．▮

$\preceq$ を**約除（に関する）順序**という．S が巾零でなくても任意の半群に対して定義される．そのときは擬順序である．

零 0 は $\preceq$ に関する最小元，すなわちすべての $x\in S$ に対し $0\preceq x$ である．

$a\preceq b$ でかつ $a\neq b$ のとき $a\prec b$ と書く．

S の元 a に対し

$$a=a_1\prec a_2\prec a_3\prec\cdots$$

なる無限列があるとき，a は S で**（約除に関して）無限鎖**をもつという．元 a が無限鎖をもたないとき，すなわち

$$a\prec a_2\prec\cdots\prec a_n\prec\cdots$$

なるすべての列も有限項 a_n で止まるとき，a は S で**（約除に関する）昇鎖条件を満足する**という．そのとき a_n は $\preceq$ に関する極大元である，すなわち $a_n=xy, x\neq a_n$ なる x がない．S のすべての元が昇鎖条件を満足するとき，S は昇鎖条件を満足するという．

(12·3·7)　S の $\preceq$ に関する極大元のすべての集合は $S\backslash S^2$ に一致する．したがって S のすべての元が無限鎖をもつためには，S が**大域巾等**すなわち $S=S^2$ であることが必要十分である．

証明は容易である．

巾零半群の典型的な例は

零半群：集合 S で $x,y\in S\Rightarrow xy=0$,

零をもつ巡回半群 $S=\{a,a^2,\cdots,a^{n-1},0\}, a^n=0$.

これらの例では $S\neq S^2$ で，S は $S\backslash S^2$ をただ一つの基底としてもつ．以下，巾零半群における基底の有無，基底と $S\backslash S^2$ の関係に言及する．基底が 0 を含まないことは明らかである．

命題 12·3·8　S を巾零半群とする．S が基底 B をもつならば，$S\neq S^2$ で $B=S\backslash S^2$ である．したがって巾零半群は高高一つの基底をもつ．

証明　S が基底 B をもってしかも $S=S^2$ であると仮定する．$b\in B$ を任意にとる．B の定義により $b\neq 0$．$S=S^2$ だから $b=x_1x_2$，なる $x_1,x_2\in S$ があり，さらに x_1,x_2 は B の元の積で表わされるから $b=b_1\cdots b_k, b_i\in B\,(i=1,\cdots,k), k>1$

なる形となる．しかし $b_1, \cdots, b_k$ のうちある b_i は $b_i=b$ でなければならない．なぜならどの b_i に対しても $b_i \neq b(i=1, \cdots, k)$ であれば，$B\backslash\{b\}$ が生成系となり，B が基底であることに矛盾する．よって $b=by, y\in S$ となるが，(12・3・5) により $b=0$，これは仮定 $b\neq 0$ に矛盾する．ゆえに $S\neq S^2$ が証明された．以上の証明は同時に $B\subseteq S\backslash S^2$ の証明にもなっている．補題 1・4・5 により $S\backslash S^2\subseteq B$ だから $B=S\backslash S^2$ が証明された． ▮

命題 12・3・9 S が昇鎖条件を満足すれば，$S\backslash S^2$ が S の基底である．

証明 (12・3・7) により，すべての極大元の集合は $S\backslash S^2$ に一致する．a を 0 でない S の元とする．a が極大元でなければ $a\prec a_1\prec a_2\prec\cdots$ をたどって $a\prec p_1$ なる極大元がある．$a=p_1b_1$, $a\neq b_1$, $b_1\neq 0$. b_1 が極大元でなければ $b_1=p_2b_2$，したがって $a=p_1p_2b_2$ なる元 b_2 と極大元 p_2 がある．これをくり返して

$$a\prec b_1\prec b_2\prec\cdots\prec b_k\preceq\cdots \quad \text{かつ} \quad a=p_1p_2\cdots p_kb_k.$$

しかし昇鎖条件により $b_k=b_{k+1}=\cdots$ なる k がある．すなわち b_k は極大元，かくて a は極大元の積として表わされる，よって S は $S\backslash S^2$ で生成される．系 1・4・6 により $S\backslash S^2$ が基底である． ▮

系 12・3・10 S が有限であれば，$S\backslash S^2$ は S の基底である．

巾零半群はすべて $S\neq S^2$ か？ $S\neq S^2$ であれば基底をもつか？ S が基底をもつならば昇鎖条件を満足するか？

これらは一般に成立しない．

例 1 大域巾等 ($S=S^2$) である巾零半群の例．

すべての正実数からなる加法半群を S^* とし，$I=\{x\in S^* : x\geqq 1\}$ とする．I は S^* のイデアルである．$S=S^*/I$ とおくと，S は巾零半群である．任意の 0 でない $x\in S$ に対し $0<y<x$ なる y をとり $z=x-y$ とおけば，$x=y+z$ であるから $S=S+S$ を満足する（演算が加法だから $S+S$ と書いた）．

巾零半群 S は $S\neq S^2$ であっても基底をもつとは限らない．

例 2 $S\neq S^2$ であって，しかも基底をもたない巾零半群の例．

$|N|>1$ なる零半群を N とし，$S=S^2$ の例 1 であげた S を R と書き改める．N と R の 0-直和を S とする，すなわち $S=N\cup R$ とおくが，N の零と R の零を同一視し，N の元の間の演算はもとの演算と同じく，R の元の間の演算ももとの R の演算と同じであるが，$x\in N, y\in R$ の間の演算を

$$xy = yx = 0$$

と定義する．S は明らかに可換巾零半群であり，$S \backslash S^2 = N \backslash \{0\}$ だから $S \neq S^2$ である．しかし S は基底をもたない．なぜならもし S が基底 B をもつと仮定すれば，命題 12·3·8 により $B = S \backslash S^2 = N \backslash \{0\}$ である．事実 $N \backslash \{0\}$ は N を生成するが，R を生成しない．したがって S は基底をもたない．

例 3 基底をもつが，昇鎖条件を満足しない例．

例 1 の S を A と書き改める．別に集合 B を $A \cap B = \emptyset$, $|B| = |A \backslash \{0\}|$ なるようにとり，$f : B \to A \backslash \{0\}$ を全単射とする．$S = A \cup B$ に演算 $*$ を次のように定義する．$a, a_1, a_2 \in A$; $b, b_1, b_2 \in B$ とする．($\circ$ は A の演算を表わす．)

$$\begin{cases} a_1 * a_2 = a_1 \circ a_2 \\ a * b = a \circ f(b) \\ b * a = f(b) \circ a \\ b_1 * b_2 = f(b_1) \circ f(b_2). \end{cases}$$

S は A の膨脹であり，S が巾零であることは容易に示される．$B = S \backslash S^2$ は基底であるが，明らかに A のすべての元は無限鎖をもつ．

昇鎖条件を満足する巾零半群 S を**基本的巾零半群**という．

命題 12·3·11 S を巾零半群とする．無限鎖をもつすべての元と 0 からなる集合を I とすれば，I は S のイデアルで S/I は基本的である．$S \to S/I$ は S の最大基本的準同形である．

証明 $0 \neq a \in I$ とすれば，無限鎖 $a \prec a_1 \prec a_2 \prec \cdots \prec a_i \prec \cdots$ がある．$0 \neq x \in S$ とすれば $ax \neq a$ で，$ax \prec a \prec a_1 \prec \cdots \prec a_i \prec \cdots$．$ax$ もまた無限鎖をもつ．これで I がイデアルであることが証明された．$S \backslash I$ のすべての元は明らかに S で昇鎖条件を満足するから，S/I で昇鎖条件を満足する．最後に注意しなければならないのは S/I の零であるが，0 が S/I で無限鎖をもつ：$0 \prec \bar{a}_1 \prec \bar{a}_2 \prec \cdots$ と仮定すれば，0 でない元 $\bar{a}_1$ が無限鎖をもつ．これは上述の結果に矛盾する．ゆえに S/I は基本的である．次に $S \to S/\rho$ を S の基本的準同形（ρ は S の基本的合同）とする．$S \to S/I$ で定まる合同が ρ に含まれることを証明するためには $a \in I \Rightarrow a \rho 0$ が成り立つことを証明すればよい．$a = 0$ のときは明らかだから $0 \neq a \in I$ なる a をとる．$a \prec a_1 \prec a_2 \prec \cdots$ なる無限鎖が S にあるが，仮りに $a \not\rho 0$ とすると，すべての i に対し $a_i \not\rho 0$ である．S/ρ において a_i を含

む ρ-類を $\bar{a}_i$ で表わせば $\bar{a}_i \neq \bar{a}_j (i \neq j)$. なぜなら, $i<j, a_i \prec a_j$ だから, ある b に対し $a_i=a_jb$, したがって $\bar{a}_i=\bar{a}_j\bar{b}$. もし $\bar{a}_i=\bar{a}_j$ であれば, S/ρ が巾零だから $\bar{a}_i=0$, これは仮定に反する. ゆえに $a\rho 0$ である. ∎

命題 12·3·11 のイデアル I によって定まる Rees 合同を ρ_0 とする. ρ_0 は S の最小基本的合同である. 無限鎖をもつすべての元の集合は空でなければ, 有限ではあり得ない. 「$\rho_0=\iota$」, 「$I=\{0\}$」, 「S が昇鎖条件を満足する」の三条件は同値であり. 「$\rho_0=\omega$」, 「$I=S$」, 「$S=S^2$」の三条件は同値である.

命題 12·3·12 巾零半群 $S_\lambda(\lambda \in \Lambda)$ の系の帰納的極限 $S=\varinjlim(S_\lambda, \varphi_\lambda^\mu, \Lambda)$ は巾零半群である.

§9·6 では $\varphi_{\mu\lambda}$ と書いたが, φ_λ^μ と書くことにする.

証明 §9·6 における定義によれば $S=(\bigcup S_\lambda)/\rho$ の ρ は

$$x\rho y \Leftrightarrow \varphi_\lambda^\mu(x)=\varphi_\nu^\mu(y),\ x\in S_\lambda,\ y\in S_\nu,\ \lambda\leqq\mu,\ \nu\leqq\mu$$

で定義される. S_λ の零 0_λ はすべて一つの ρ-類に含まれる. すべての 0_λ を含む類 (S の元) を 0 で表わす. $x\in S_\lambda$ でかつ $x^l=0_\lambda$ とすれば, S_μ においては $(\varphi_\lambda^\mu(x))^l=0_\mu$ であり, S では $\bar{x}^l=0$ である ($\bar{x}$ は x を含む ρ-類). 可換性は明らかである. ∎

巾零半群 S において, 0でない元 a に対しては $a^n=0$ かつ $a^{n-1}\neq 0$ なる n を, $a=0$ であれば $n=1$ を a の巾零指数とよんだ. S のすべての元の巾零指数の集合に最大値 n_0 があれば, n_0 を S の**巾零指数**といい, そのとき S は**巾有界**であるという. S が巾有界であることは, すべての $a\in S$ に対し $a^n=0$ なる n が a に無関係に定まることと同値である. すべての $a\in S$ に対し $a^n=0$ なるすべての n の集合の最小値が S の巾零指数である.

S を任意の巾零半群とし, すべての正整数 i に対し

$$S_i=\{x\in S : x^i=0\}$$

とおく. S_i は巾零指数が高高 i なるすべての元 x の集合であって, $S_i\subseteq S_{i+1}$, S_i は S のイデアルである.

定理 12·3·13 S が巾有界であるための必要十分条件は, $S_i=S_{i+1}$ なる正整数 i が存在することである.

証明 $S_i=S_{i+1}$ なる正整数 i があると仮定する. 任意の正整数 k に対し,

巾零指数が i^2+k なる元がないことを示せば十分である．さて $a^{i^2+k}=0$, $a^{i^2+k-1}\neq 0$ とする．そのとき $(i^2+k)/i>l\geqq(i^2+k)/(i+1)$ なる正整数 l を選ぶと，$(a^l)^{i+1}=0$ しかし $(a^l)^i\neq 0$ なるゆえ，$a^l\in S_{i+1}$, $a^l\not\in S_i$. これは仮定 $S_i=S_{i+1}$ に反する．したがって S は巾有界である．逆は巾有界の定義から明らかである． ∎

定理 12·3·13 の証明によれば，$S_i=S_{i+1}$ なる i があれば，S のすべての元の巾零指数 n は $n\leqq i^2$ であるが，i^2 が最小の上界であることが知られている．補遺 18 を見よ．

例 4　もし $S_2=S_3$ であれば，S の元の巾零指数は 1, 2 または 4 である．

例 5　$S_3=S_4$ であれば，S の元の巾零指数は 1, 2, 3, 5, 6, 9 のいずれかである．

S の巾零指数が 4 であれば (p. 306 の補遺 9 を見よ)，

$$S_2\subset S_3\subset S_4 \quad \text{または} \quad S_2=S_3\subset S_4.$$

巾零指数が 5 である S においては

$$S_2\subset S_3=S_4\subset S_5 \quad \text{または} \quad S_2\subset S_3\subset S_4\subset S_5.$$

問 1　巾零指数 6 のとき S_i の列を求めよ．$S_4=S_5$ のとき元の巾零指数を求めよ．

S を任意の巾零半群とすれば

$$S_2\subseteq S_3\subseteq\cdots\subseteq S_i\subseteq\cdots.$$

$\varphi_i^{i+1}: S_i\to_{\text{in}}S_{i+1}$ を包含単射とすれば $i\leqq j, x\in S_i$ に対し $\varphi_i^j x=\varphi_{j-1}^j\cdots\varphi_{i+1}^{i+2}\varphi_i^{i+1}x$ なる包含単射 $\varphi_i^j: S_i\to_{\text{in}}S_j$ が定まる．$i\leqq j\leqq k$ に対し $\varphi_i^k=\varphi_j^k\varphi_i^j$ を満足する (φ_i^i は S_i の恒等写像)．かくて巾零半群 S は巾有界の巾零半群 S_i の系の単射準同形 φ_i^j による帰納的極限 $\varinjlim(S_i, \varphi_i^j)$ である．しかしこの叙述はあまりに一般的である．S 自身が巾有界であれば，上の列 $\{S_i\}$ は有限で止まる，たとえば

$$S_2\subseteq S_3\subseteq\cdots\subseteq S_n=S$$

であるが，定理 12·3·13 の証明および例 4，例 5 の示すように等号のあり方にはいろいろ制限がある．それによって巾有界巾零半群（巾零指数を固定して）の分類が可能であるが，詳細には立ち入らない．

S が巾有界でなければ

$$S_2\subset S_3\subset\cdots\subset S_i\subset S_{i+1}\subset\cdots.$$

上述の帰納的極限はこの場合に効果的である．

命題 12·3·14　巾有界でない巾零半群は巾有界な巾零半群 S_i の系の単射準

同形による帰納的極限に同形である．逆は命題 12・3・12 により明らかである．

命題 12・3・15 S を巾零半群とする．もし $S_i \subset S_{i+1}$ であれば，S_{i+1}/S_i は巾零指数 2 の巾零半群である．

証明 S_i が S のイデアル，したがって S_{i+1} のイデアルであることは明らかである．$Z_i = S_{i+1}/S_i$ とおく．Z_i の零でない元を a とすれば，a は $a^i \neq 0$, $a^{i+1} = 0$ なる S_{i+1} の元とみなされる．このとき $(a^2)^i = a^{2i} = a^{i+1}a^{i-1} = 0$ だから $a^2 \in S_i$. S_{i+1} は確かに 0 でない元を含むから Z_i の巾零指数は 2 である． ▮

S_3 は S_2 の Z_2 によるイデアル拡大，S_4 は S_3 の Z_3 によるイデアル拡大，巾零指数 $i+1$ の S_{i+1} は S_i の Z_i によるイデアル拡大である．巾有界な巾零半群は巾零指数 2 によるイデアル拡大を有限回続けることによって得られる．

巾零指数 2 の基本的巾零半群.

B を任意の集合，B のすべての空でない有限部分集合の集合に 0 という記号を添加した集合を $\mathcal{S}(B)$ とする．すなわち，$X \in \mathcal{S}(B)$ で $X \neq 0$ であれば，$X = \{x_1, \cdots, x_n\}$ $(x_i \in B,\ i = 1, \cdots, n)$. さて $\mathcal{S}(B)$ の演算を次のように定義する．

$$X \cdot Y = \begin{cases} 0 & (X \cap Y \neq \emptyset \text{ なるとき}) \\ X \cup Y & (X \cap Y = \emptyset \text{ なるとき}), \end{cases}$$

$$0 \cdot 0 = 0 \cdot X = X \cdot 0 = 0.$$

B の各元 x からなる一元部分集合 $\{x\}$ の集合を B_1 とすると，$B_1 \subseteq \mathcal{S}(B)$.

命題 12・3・16 $\mathcal{S}(B)$ は B_1 を基底とする巾零指数 2 の基本的巾零半群である．B_1 を基底とする巾零指数 2 の巾零半群は $\mathcal{S}(B)$ の準同形像である．厳密にいえば，$f: B_1 \to_{\text{in}} \mathcal{S}(B)$ を集合としての包含単射とし，B_1 を基底とする巾零指数 2 の巾零半群を $T(B)$, $g: B_1 \to_{\text{in}} T(B)$ をその包含単射とするとき，すべての $b \in B_1$ に対し $hf(b) = g(b)$ なる準同形 $h: \mathcal{S}(B) \to_{\text{on}} T(B)$ が一意的に定まる．

証明は読者の練習に残す．

上に述べた意味において，$\mathcal{S}(B)$ を B で生成される巾零指数 2 の**自由基本的巾零半群**という．

巾零半群を $S = S^2$ と $S \neq S^2$ の二つの場合に大別するのが順当であろう．p. 269 に掲げた例 1 は $S = S^2$ でかつ巾有界でない例であったが，次に $S = S^2$ でかつ巾有界な例を与える．

例 6 $S = S^2$ でかつ巾零指数 2 の巾零半群．

$a_1, \cdots, a_n, \cdots$ は $1, 2, 0$ のいずれかを表わす記号とし，初めの n 個だけが $1, 2$ のいずれかを表わすが，$n+1$ 番目から先すべてが 0 を表わす無限列 $(a_1, a_2, \cdots, a_n, 0, \cdots)$ のすべての集合を $\boldsymbol{B}$ とする.

$$a_i = \begin{cases} 1 \text{ または } 2 & (i \leqq n \text{ のとき}) \\ 0 & (i > n \text{ のとき}). \end{cases}$$

n を固定したときのすべての無限列の集合を $\boldsymbol{B}_n$,

$$\boldsymbol{B}_n = \{(a_1, \cdots, a_n, 0, \cdots) : a_i = 1 \text{ または } 2,\ i = 1, \cdots, n\}$$

とするとき，$\boldsymbol{B} = \bigcup_{n=1}^{\infty} \boldsymbol{B}_n$ である．さて $\boldsymbol{B}_n$ で生成される巾零指数 2 の自由基本的巾零半群を $\mathcal{S}(\boldsymbol{B}_n) = S_n$ とおく．$|S_n| = 2^{2^n}$ である．$\varphi_n^{n+1} : S_n \to_{\text{in}} S_{n+1}$ を次のように定義する．まず S_n の一元部分集合 $\{(a_1, \cdots, a_n, 0, \cdots)\}$ に対し

$$\varphi_n^{n+1}\{(a_1, \cdots, a_n, 0, \cdots)\} = \{(a_1, \cdots, a_n, 1, 0, \cdots), (a_1, \cdots, a_n, 2, 0, \cdots)\}.$$

S_n の零を 0_n とする．$0_n \neq X \in S_n$ で $X = \{B_n^{(1)}, \cdots, B_n^{(k)}\}$ (ただし $B_n^{(1)}, \cdots, B_n^{(k)}$ は相異なる $\boldsymbol{B}_n$ の元とする) に対し

$$\varphi_n^{n+1} X = \varphi_n^{n+1} B_n^{(1)} \cup \cdots \cup \varphi_n^{n+1} B_n^{(k)},$$

また $\varphi_n^{n+1} 0_n = 0_{n+1}$ とする.

$n < m$ に対し $\varphi_n^m = \varphi_{m-1}^m \varphi_{m-2}^{m-1} \cdots \varphi_{n+1}^{n+2} \varphi_n^{n+1}$ とおく．$\varphi_n^m : S_n \to_{\text{in}} S_m$ は同形である．$S = \varinjlim (S_n,\ \varphi_n^m)$ とおく.

問 2 上に定義した S は巾零指数 2 の巾零半群で $S = S^2$ を満足する.

巾零半群について本書では言及しなかった問題が多い.

(1) 与えられた集合を基底とする巾零半群を構成するに当たり，帰納的極限と基底の関係，イデアル拡大と基底の関係.

(2) 巾零半群の巾零半群による (特に巾零指数 2 の巾零半群による) イデアル拡大を決定する問題.

(3) 大域巾等な巾零半群について．B を集合とし $B_1 \subset B_2 \subset \cdots$, $B = \bigcup_{i=1}^{\infty} B_i$. B_i を基底とする巾零半群 $S_i (i = 1, 2, \cdots)$ の系で，$\varphi_i^{i+1} B_i \subset B_{i+1}^2$ なるように φ_i^{i+1} が与えられるとき，S は $\{S_i, \varphi_i^j\}$ の帰納的極限として表わされるか.

(4) 有限可換巾零半群については，基底の立場から定める田村の研究，イデアル拡大として定める山田，山田-田村，吉田その他の研究がある.

12・4 $\mathfrak{N}$-半群の基本定理

本節では，第三種アルキメデス的半群（$\mathfrak{N}$-半群）の構造を扱う．正実数，正有理数，正整数の加法半群はすべてこの例である．すでに $\mathfrak{N}$-半群の定義を与えたが，

定義 巾等元を含まないで消約律を満足する可換アルキメデス的半群を **$\mathfrak{N}$-半群**とよぶ．

$\mathfrak{N}$-半群は可換群 G とその積集合 $G\times G$ で定義される非負整数値関数で決定されるという定理を証明する．

S を $\mathfrak{N}$-半群とする．可換で消約的であるから S の商群 Q（S がはめこまれる最小の群）が存在する．$S\subset Q$ としてよい．S の任意の元 a をとる．S は巾等元を含まないから a の位数は無限である．すなわち a で生成される Q の巡回部分群を A とすれば $A=[a]$ は無限である．A を法とする Q の剰余群を G, $G=Q/A$ とすれば，Q は A を法とする剰余類 A_α の和集合である．G の元と剰余類 A_α が1対1に対応するから添数 α を G の元とみなす：

$$Q=\bigcup_{\alpha\in G}A_\alpha.$$

G の単位元を ε とすれば $A_\varepsilon=A$ である．まず

(12・4・1) すべての $\alpha\in G$ に対し A_α は S の元を含む．

$x\in A_\alpha$ とする．商群の定義から $x=bc^{-1}$, したがって $xc=b$ なる S の元 b, c がある．S がアルキメデス的であるから $cd=a^m$ なる $d\in S$ と正整数 m がある．$xc=b$ だから $xa^m=bd$. ゆえに $xa^m\in S\cap A_\alpha$. ▮

各 $\alpha\in G$ に対し $S_\alpha=S\cap A_\alpha$ とおく．$S_\varepsilon=S\cap A_\varepsilon=\{a^i : i=1, 2, \cdots\}$, そして

$$S=\bigcup_{\xi\in G}S_\xi.$$

自然な準同形 $Q\to G$ の S への制限により S は G の上に準同形である．各 A_α から一つずつ x_α をとり $\{x_\alpha : \alpha\in G\}$ を Q の A を法とする剰余代表系とする．

(12・4・2) 各 $\alpha\in G$ に対し次の条件を満足する整数 $\delta(\alpha)$ が存在する：

$$\delta(\alpha)\leqq m \quad \text{であれば} \quad a^m x_\alpha\in S \quad \text{であるが,}$$
$$m<\delta(\alpha) \quad \text{であれば} \quad a^m x_\alpha\notin S.$$

まず次の事は自明である：$a^i x_\alpha\in S_\alpha$ であれば $i\leqq j$ なるすべての j に対し $a^j x_\alpha\in S_\alpha$. (12・4・1) により各 α につき $S_\alpha\neq\emptyset$ だから (12・4・2) を証明するた

めには

$$S_\alpha \neq \{a^i x_\alpha : i=0, \pm 1, \pm 2, \cdots\}$$

を証明すればよい．等号が成立すると仮定しよう．まず $x_\alpha \in S_\alpha$．S のアルキメデス性により a と x_α に対し $x_\alpha y=a^k$ なる $y \in S$ と正整数 k がある．このとき $a^i x_\alpha y=a^{k+i}$ がすべての整数 i に対して成立する．k は一定であるから右辺は a のすべての整数巾を動く．したがって $A \subset S$ となり G の単位元が S に含まれる．しかしこれは S が巾等元を含まないという仮定に矛盾する．ゆえに上述の等号は成立しない．$a^i x_\alpha \in S_\alpha$ なる最小の i がある．それが求める $\delta(\alpha)$ である．これで (12·4·2) が証明された． ▮

さて $p_\alpha=a^{\delta(\alpha)}x_\alpha$ とおく．$p_\alpha \in S_\alpha$ であるが，p_α は a で割れない (*すなわち $p_\alpha=az$ なる $z \in S$ がない)．なぜならもし $p_\alpha=az$ なる $z \in S$ があるとすると $az=a^{\delta(\alpha)}x_\alpha$, $z=a^{\delta(\alpha)-1}x_\alpha \in S$ となり，$\delta(\alpha)$ が最小であるという (12·4·2) に矛盾する．かくて

$$S=\bigcup_{\alpha \in G} S_\alpha, \quad S_\alpha=\{a^i p_\alpha : i \geqq 0\}.$$

ただし $x_\varepsilon=a$ であり，$a^0 p_\alpha$ は p_α 自身を表わすものとする．S の任意の元 x に対し$x=a^m p_\alpha$ なる α と m がただ一通りに定まる．これは消約律から容易に見られる．

p_α を a に関する**素元**という．上述の * が「a に関する素元」の定義である．a 自身は a に関する素元である．a を固定したとき，混同のおそれがない限り「a に関する」を省いてもよい．各 S_α はただ一つの素元を含むから $\alpha \mapsto p_\alpha$ は1対1である．さて p_α, p_β を素元とする．$p_\alpha p_\beta \in S_{\alpha\beta}$ だから

$$p_\alpha p_\beta = a^k p_{\alpha\beta}$$

なる負でない整数 k がただ一つ定まる．$k=I(\alpha, \beta)$ と表わす．I は $G \times G$ から負でない整数のすべての集合 P^0 の中への関数で次の条件を満足する．

(12·4·3) すべての $\alpha, \beta, \gamma \in G$ に対し $I(\alpha, \beta) \geqq 0$ で,

(12·4·3·1) $$I(\alpha, \beta)=I(\beta, \alpha),$$

(12·4·3·2) $$I(\alpha, \beta)+I(\alpha\beta, \gamma)=I(\alpha, \beta\gamma)+I(\beta, \gamma),$$

(12·4·3·3) $$I(\varepsilon, \alpha)=1, \quad \varepsilon \text{ は } G \text{ の単位元},$$

(12·4·3·4) 任意の $\alpha \in G$ に対し $I(\alpha, \alpha^m)>0$ なる正整数 m がある．

証明 S が可換で $p_\alpha p_\beta = p_\beta p_\alpha$ だから (12・4・3・1) は明らかである．

(12・4・3・2) を証明するために $p_\alpha, p_\beta, p_\gamma$ の積を考える．

$$(p_\alpha p_\beta)p_\gamma = a^{I(\alpha,\beta)}p_{\alpha\beta}p_\gamma = a^{I(\alpha,\beta)+I(\alpha\beta,\gamma)}p_{(\alpha\beta)\gamma},$$
$$p_\alpha(p_\beta p_\gamma) = p_\alpha a^{I(\beta,\gamma)}p_{\beta\gamma} = a^{I(\alpha,\beta\gamma)+I(\beta,\gamma)}p_{\alpha(\beta\gamma)}.$$

結合法則によりこれら二つの左辺は等しいから，右辺は等しい．表示の唯一性により

$$I(\alpha,\beta)+I(\alpha\beta,\gamma)=I(\alpha,\beta\gamma)+I(\beta,\gamma),$$
$$p_{(\alpha\beta)\gamma}=p_{\alpha(\beta\gamma)}.$$

(12・4・3・3) の証明： $p_\varepsilon = a$ だから $p_\varepsilon p_\alpha = a p_\alpha$，よって $I(\varepsilon,\alpha)=1$ を得る．

(12・4・3・4)： S がアルキメデス的であるから p_α と a に対し $p_\alpha^n = ax$ なる S の元 x と正整数 n がある．p_α は素元だから $n>1$ である．$m=n-1$ とおけば，$p_\alpha p_\alpha^m = ax$ を得るから $I(\alpha,\alpha^m)>0$.

(12・4・3・3) は次の (12・4・3・3′) でかえてもよい．

(12・4・3・3′)： $I(\varepsilon,\varepsilon)=1$.

(12・4・3・3) ⇒ (12・4・3・3′) は明らか．(12・4・3・3′) を仮定する．(12・4・3・2) により $I(\varepsilon,\varepsilon)+I(\varepsilon,\alpha)=I(\varepsilon,\alpha)+I(\varepsilon,\alpha)$．これから $I(\varepsilon,\varepsilon)=I(\varepsilon,\alpha)$. ∎

かくて $\mathfrak{N}$-半群 S が与えられるとき，一つの元 a に依存する可換群 G と，(12・4・3・1)～(12・4・3・4) を満足する関数 $I: G\times G \to P^0$ が定まることが証明された．G を a に関する S の**構造群**，I を a と G に関する $\mathcal{I}$-**関数**とよぶ．a を**規準元**とよぶことがある．

逆に可換群 G と (12・4・3・1)～(12・4・3・4) を満足する関数 $I: G\times G\to P^0$ が与えられたとする．積集合 $S_0 = P^0\times G = \{(m,\alpha): m\in P^0, \alpha\in G\}$ において元の相等 $(m,\alpha)=(n,\beta)$ を $m=n$ かつ $\alpha=\beta$ で定義し，演算を次のように定義する： 任意の $(m,\alpha),(n,\beta)\in S_0$ に対し

(12・4・4) $$(m,\alpha)(n,\beta)=(m+n+I(\alpha,\beta),\alpha\beta).$$

$\alpha\beta$ は G における演算である．このとき

(12・4・5) S_0 は演算 (12・4・4) に関して $\mathfrak{N}$-半群をなす．

証明 S_0 は半群である：

$$\begin{aligned}[(l,\alpha)(m,\beta)](n,\gamma) &= (l+m+I(\alpha,\beta),\alpha\beta)(n,\gamma)\\ &= (l+m+n+I(\alpha,\beta)+I(\alpha\beta,\gamma),(\alpha\beta)\gamma),\end{aligned}$$

$$(l,\alpha)[(m,\beta)(n,\gamma)]=(l,\alpha)(m+n+I(\beta,\gamma),\beta\gamma)$$
$$=(l+m+n+I(\alpha,\beta\gamma)+I(\beta,\gamma),\alpha(\beta\gamma)).$$

G の結合法則 $(\alpha\beta)\gamma=\alpha(\beta\gamma)$ と (12·4·3·2) から

$$[(l,\alpha)(m,\beta)](n,\gamma)=(l,\alpha)[(m,\beta)(n,\gamma)]$$

を得る．明らかに S_0 は可換である．

S_0 は巾等元を含まない： S_0 が巾等元 (m,α) を含むと仮定する．

$$(m,\alpha)^2=(2m+I(\alpha,\alpha),\alpha^2)=(m,\alpha),$$

これから $\alpha^2=\alpha$, したがって $\alpha=\varepsilon$, $2m+I(\alpha,\alpha)=m$ から $m+I(\varepsilon,\varepsilon)=0$. しかし $I(\varepsilon,\varepsilon)=1$ だからこれは不可能である．

S_0 は消約的である： $(l,\alpha)(m,\beta)=(l,\alpha)(n,\gamma)$ とする．

$$(l+m+I(\alpha,\beta),\alpha\beta)=(l+n+I(\alpha,\gamma),\alpha\gamma)$$

から $\alpha\beta=\alpha\gamma$, したがって $\beta=\gamma$, $l+m+I(\alpha,\beta)=l+n+I(\alpha,\gamma)$ から $m=n$ を得る．ゆえに $(m,\beta)=(n,\gamma)$.

S_0 はアルキメデス的である： $(m,\alpha),(n,\beta)\in S_0$ に対し

$$(m,\alpha)^t=(n,\beta)(l,\gamma)$$

なる正整数 t と $(l,\gamma)\in S_0$ があることを証明しよう．次の補題に注意する．

(12·4·6) すべての $\alpha,\xi\in G$ に対し

$$I(\alpha,\xi)\leqq 1+I(\alpha,\alpha^{-1}),$$
$$I(\alpha^{-1},\xi)\leqq 1+I(\alpha,\alpha^{-1}).$$

証明 (12·4·3·2) から $I(\alpha,\alpha^{-1})+I(\varepsilon,\beta)=I(\alpha,\alpha^{-1}\beta)+I(\alpha^{-1},\beta)$. $\xi=\alpha^{-1}\beta$ とおけば第1式を得る．$\beta=\xi$ とおけば第2式を得る． ∎

「S_0 はアルキメデス的である」の証明に帰る．まず $m>0$ の場合．

$$tm>n+1+I(\beta,\beta^{-1})$$

なるように正整数 t を選ぶ．$\gamma=\beta^{-1}\alpha^t$,

$$l=tm+\sum_{i=1}^{t-1}I(\alpha,\alpha^i)-n-I(\beta,\gamma)$$

とおけば (12·4·6) により $I(\beta,\gamma)\leqq 1+I(\beta,\beta^{-1})$ だから $l>0$ であり，

$$(m,\alpha)^t=(tm+\sum_{i=1}^{t-1}I(\alpha,\alpha^i),\alpha^t)=(n+l+I(\beta,\gamma),\beta\gamma)$$
$$=(n,\beta)(l,\gamma).$$

$m=0$ の場合，$I(\alpha,\alpha^s)>0$ なるように正整数 s を選ぶ．これは (12・4・3・4) によって可能である．さて

$$(0,\alpha)^{s+1}=(m,\alpha^{s+1}).$$

ここに $m=\sum_{i=1}^{s} I(\alpha,\alpha^i)>0$. これで $m>0$ なる場合に帰着される．
(n,β) に対し

$$(0,\alpha)^{t(s+1)}=(m,\alpha^{s+1})^t=(n,\beta)(l',\gamma')$$

なる正整数 t と (l',γ') をみつけることができる． ▮

S_0 は G と関数 I で決定されるから，$S_0=(G;\ I)$ と書く．S_0 が G の上に準同形であることは，S_0 の演算の定義から直ちにわかる：

$$(m,\alpha)\to\alpha.$$

$S_0=(G;\ I)$ において元 $(0,\varepsilon)$ を規準にとるとき，G が S_0 の構造群であり，関数 I が $\mathcal{I}$-関数であることは次のようにして理解される．$a=(0,\varepsilon)$ とおく．

$$m>0 \text{ なら} \qquad (m,\alpha)=(0,\varepsilon)^m(0,\alpha)$$

であり，$\{(0,\alpha):\alpha\in G\}$ は $(0,\varepsilon)$ に関する S_0 のすべての素元の集合である．そして

$$(0,\alpha)(0,\beta)=(I(\alpha,\beta),\alpha\beta)=(0,\varepsilon)^{I(\alpha,\beta)}(0,\alpha\beta).$$

$m=0$ ならば $(0,\varepsilon)^m(0,\alpha)$ は $(0,\alpha)$ を表わすと規約する．

要約すれば，S を任意の $\mathfrak{N}$-半群とし，元 a を規準にとり，S の構造群を G，$\mathcal{I}$-関数を I とする．S の元 x はただ一通りに

$$x=a^m p_\alpha$$

で表わされる．p_α は素元で G の元 α と 1 対 1 に対応する ($m=0$ のとき x は p_α 自身を表わす)．S は $S_0=(G;\ I)$ に次の写像により同形である：

$$\varphi(a^m p_\alpha)=(m,\alpha).$$

上述により φ は 1 対 1 であるが

$$\varphi(a^m p_\alpha\cdot a^n p_\beta)=\varphi(a^{m+n+I(\alpha,\beta)}p_{\alpha\beta})=(m+n+I(\alpha,\beta),\alpha\beta)$$
$$=(m,\alpha)(n,\beta)=\varphi(a^m p_\alpha)\varphi(a^n p_\beta).$$

まとめて定理としてのべておく．

定理 12・4・7 G を可換群，P^0 をすべての非負整数の集合とし，$I(\alpha,\beta)$ を関数 $G\times G\to P^0$ で次の条件を満足するものとする．すべての $\alpha,\beta,\gamma\in G$ に対

し

（1） $I(\alpha,\beta)=I(\beta,\alpha)$

（2） $I(\alpha,\beta)+I(\alpha\beta,\gamma)=I(\alpha,\beta\gamma)+I(\beta,\gamma)$

（3） $I(\varepsilon,\alpha)=1$

（4） 任意の $\alpha\in G$ に対し $I(\alpha,\alpha^m)>0$ なる $m>0$ がある．

$S_0=\{(m,\alpha):m\in P^0,\alpha\in G\}$ とし，S_0 に演算を

$$(m,\alpha)(n,\beta)=(m+n+I(\alpha,\beta),\alpha\beta)$$

で定義すると，S_0 は $\mathfrak{N}$-半群で G が構造群，I が $\mathcal{I}$-関数となる．任意の $\mathfrak{N}$-半群 S はこのようにして得られる S_0 に同形である．$S\cong(G_a;\ I_a)$(上の G,I は a に依存するから必要ならば G_a,I_a と書く)．G_a は S の商群 Q の $A=[a]$ (a で生成される巡回部分群) を法とする剰余群 Q/A に同形である．$\mathfrak{N}$-半群 S に対する $(G;I)$ を $\mathcal{I}$-関数による表現または **TA-表現** とよぶことにする．

S,S' を同形な $\mathfrak{N}$-半群とし，$f:S\to_{\text{on}}S'$ を同形とする．すなわち $a\in S$, $x'=f(x)\in S'$, $a'=f(a)$．S の a に関する素元は S' の a' に関する素元に写され，S の $x=a^m p_\alpha$ は S' の $x'=f(x)=a'^m p'_{\alpha'}$ に写される．したがって S の a に関する構造群 G_a が S' の a' に関する構造群 $G'_{a'}$ の上に写される同形 ξ が引き起こされる：$\xi(\alpha)=\alpha'$．そして a に関する $\mathcal{I}$-関数と a' に関する $\mathcal{I}$-関数の間には

$$I(\alpha,\beta)=I'(\xi(\alpha),\xi(\beta)) \tag{12·4·8}$$

が成立する．

$S_0=(G;I),S'_0=(G';I')$ とし，(12·4·8) を満足するような同形写像 $\xi:G\to_{\text{on}}G'$ があれば

$$(m,\alpha)\to(m,\xi(\alpha))$$

によって S_0 は S'_0 の上に同形である．このとき $(G;I)$ は $(G';I')$ に**対等**であるという．G と G' が同形でなく，I と I' が異なっても $(G;I)$ と $(G';I')$ が同形になることがある．それでは G と G', I と I' にいかなる条件があれば $(G;I)\cong(G';I')$ になるか．特別な場合を除いてまだ完全に解決されていない．

問 1 $\mathfrak{N}$-半群ではすべての元 x,y に対し $x\neq xy$ であることを証明せよ．

問 2 S を $\mathfrak{N}$-半群とする．$a\in S$ を固定し関係 ρ_a を次のように定義する：$a^m x=a^n y$ なる正整数 m,n があるとき，$x\rho_a y$．このとき

（i） ρ_a は S の合同関係で S/ρ_a は可換群である．

（ii） S の商群を Q とするとき，S/ρ_a は $Q/[a]$ に同形である．$[a]$ は a で生成される巡回部分群を表わす．

𝔑-半群の特別な場合と二，三の例

直積になる場合

G を可換群，I をすべての α,β に対し $I(\alpha,\beta)=1$ と定義する．明らかに定理 12・4・7 の条件 (1)〜(4) を満足する．

命題 12・4・9 $I(\alpha,\beta)$ が恒等的に 1 であれば，$S=(G;I)$ は全正整数加法半群 P と G との直積 $P\times G$ に同形である．

証明 $I(\alpha,\beta)=1$ だから S の演算は

$$(m,\alpha)(n,\beta)=(m+n+1,\alpha\beta)$$

である．いま $P\times G$ の元を $((k,\gamma))$, $k\in P$, $\gamma\in G$ で表わすとき $P\times G$ の演算は $((k,\gamma))((l,\delta))=((k+l,\gamma\delta))$. さて $\varphi: S\to P\times G$ を

$$(m,\alpha)\mapsto((m+1,\alpha))$$

で定義すれば，φ が全単射であることは容易に見られる．

$$\begin{aligned}\varphi((m,\alpha)(n,\beta))&=\varphi((m+n+1,\alpha\beta))=((m+n+2,\alpha\beta))\\&=((m+1,\alpha))((n+1,\beta))=\varphi((m,\alpha))\varphi((n,\beta)).\end{aligned}$$

ゆえに φ は同形写像である．写像 φ により S の規準元 $a=(0,\varepsilon)$ は $P\times G$ の $((1,\varepsilon))$ に写される． ▮

$((1,\varepsilon))$ を規準にとるとき，$P\times G$ の構造群が G であり，$\mathcal{I}$-関数が $I(\alpha,\beta)=1$ である．さて半群 S が全整数加法半群 P と可換群 G との直積 $P\times G$ に同形であれば，S は 𝔑-半群であり，(12・4・8) により適当に規準元を選んで $I(\alpha,\beta)$ が恒等的に 1 であるようにすることができる．

例 1 Sを全正整数加法半群 $\{1,2,3,\cdots\}$ とする．nを規準にとる．nに関する素元は $1,2,\cdots,n$; 構造群 G の元を $(1),(2),\cdots,(n)$ とおく，(i) は i を含む合同類である．G は位数 n の巡回群で (n) が単位元である．

$$(i)+(j)=\begin{cases}(i+j-n) & i+j>n \text{ なるとき},\\(i+j) & i+j\leqq n \text{ なるとき}.\end{cases}$$

$\mathcal{I}$-関数は

$$I((i),(j))=\begin{cases}1 & i+j>n \text{ なるとき,}\\ 0 & i+j\leqq n \text{ なるとき.}\end{cases}$$

特に $n=1$ とすれば，$|G|=1$ で $I((1),(1))=1$ である．

問 3 $S=\{m, m+1, \cdots\}$ を加法半群とするとき，$n(\geqq m)$ を規準とする構造群と $\mathcal{I}$-関数を求めよ．

例 2 $S=\{(i,j) : i,j=1,2,\cdots,n,\cdots\}$ で演算を

$$(i,j)(k,l)=(i+k, j+l)$$

で定義する．S は全正整数加法半群 P と P の直積である．$(1,1)$ を規準にするとき，素元は

$$(1,1),(1,2),(1,3),\cdots,(1,n),\cdots$$
$$(2,1),(3,1),(4,1),\cdots,(n,1),\cdots.$$

$(1,j)$ および $(i,1)$ を含む合同類をそれぞれ $((1,j)),((i,1))$ で表わす．G の演算は

$$((1,j))+((1,l))=((1,j+l-1))$$
$$((i,1))+((k,1))=((i+k-1,1))$$
$$((1,j))+((k,1))=\begin{cases}((1+k-j,1)) & j<k \text{ なるとき}\\ ((1,1)) & j=k \text{ なるとき}\\ ((1,j+1-k)) & j>k \text{ なるとき.}\end{cases}$$

構造群 G が無限巡回群に同形であることを証明するために，次のように G の作用素を定義する．

$$0\cdot((1,2))=((1,1)),$$
$$(n+1)\cdot((1,2))=n\cdot((1,2))+((1,2)), \qquad n=0,1,2,\cdots,$$
$$(-1)\cdot((1,2))=((2,1)),$$
$$(-n-1)\cdot((1,2))=(-n)\cdot((1,2))+((2,1)), \qquad n=0,1,2,\cdots.$$

このとき帰納法により

$$n\cdot((1,2))=((1,n+1)), \quad (-n)\cdot((1,2))=((n+1,1)), \quad n=0,1,2,\cdots$$

が証明され

$$m\cdot((1,2))\to m, \quad m=0,\pm1,\pm2,\cdots$$

により G は全整数加法群に同形である．$\mathcal{I}$-関数は

$$I(((1,j)),((k,l)))=\min(j,k)$$

で与えられる．ただし k, l のうち少なくも一つは1であるとする．

定理 12・4・7 で述べたように，$\mathfrak{N}$-半群 S の元 a を規準とする構造群 G は，S の商群 Q の $A=[a]$ を法とする剰余群である．これを例1に見ると，Q は全整数加法群 Z であり，例2では Q は $Z\times Z$ であって，$(1,1)$ で生成される Q の部分群を A とすると $G\cong(Z\times Z)/A$．A による剰余類別の $P\times P$ への制限による剰余半群を $(P\times P)/A$ で表わすと

$$G\cong Z\cong\frac{Z\times Z}{A}\cong\frac{P\times P}{A}.$$

問 4　すべての正有理数（正実数）からなる加法半群の構造群と $\mathcal{I}$-関数を求めよ．

問 5　例2において (a,b) を規準にするときの構造群と $\mathcal{I}$-関数を求めよ．

12・5 $\mathfrak{N}$-半群と商群

先に $\mathfrak{N}$-半群構成定理の証明において，すでに商群が大なる役割を演じたが，ここではさらに詳しく $\mathfrak{N}$-半群とその商群である可換群ならびに可換群拡大との関連を考察する．

その前に可換群拡大について復習しておく．

A, B をともに群とする．A を正規部分群として含み，$C/A\cong B$ であるような群 C を，群 A の群 B による**拡大**とよぶ．特に拡大がアーベル群であるとき，**アーベル群拡大**とよぶ．以下 A, B をアーベル群とし，A の B によるすべてのアーベル群拡大を求める方法を考えよう．C をその一つのアーベル群拡大とし，A の元を $a, b, \cdots$ で B の元を $\alpha, \beta, \cdots$ で表わすことにする．A における演算を $a+b$，B における演算を $\alpha\beta$ と書き，A の単位元を 0，B の単位元を ε と書く．

関数 $f: B\times B\to A$ が次の条件を満足するものとする．

すべての $\alpha,\beta,\gamma\in B$ に対し

$$f(\alpha,\beta)=f(\beta,\alpha) \tag{12・5・1}$$

$$f(\alpha,\beta)+f(\alpha\beta,\gamma)=f(\alpha,\beta\gamma)+f(\beta,\gamma) \tag{12・5・2}$$

$$f(\varepsilon,\alpha)=0; \tag{12・5・3}$$

このような f を B の A に対する**因子団**という．因子団 f が与えられたとき，A と B の積集合 $C=\{((a,\alpha)): a\in A, \alpha\in B\}$ に次のように演算を定義する．

$$((a, \alpha))((b, \beta))=((a+b+f(\alpha, \beta), \alpha\beta)).$$

そのとき C は A の B によるアーベル群拡大であり，A の B によるすべてのアーベル群拡大はこのようにして得られる．これを **Schreier の定理**とよぶ．A, B, f によって定まるアーベル群拡大 C を $C=((A, B; f))$ と書く．

二つの因子団 f_1, f_2 に対して $\sigma(\varepsilon)=0$ を満足する $\sigma: B\to A$ が存在して

$$f_1(\alpha, \beta)=f_2(\alpha, \beta)+\sigma(\alpha)+\sigma(\beta)-\sigma(\alpha\beta)$$

なる関係があるとき，f_1 と f_2 は**同値**であるという．f_1 と f_2 が同値であれば，$C_1=((A, B; f_1)), C_2=((A, B; f_2))$ は同形で，かつ B の同じ元に対応する C_1 の類と C_2 の類が対応する．このとき C_1 と C_2 は**同値**であるという．

A, B が任意に与えられるとき，因子団は少なくも一つ存在する．たとえば，恒等的に $f(\alpha, \beta)=0$ がそうである．B の A に対する因子団の全体は，演算

$$(f+g)(\alpha, \beta)=f(\alpha, \beta)+g(\alpha, \beta)$$

に関してアーベル群 $\boldsymbol{F}$ をつくる．

$\sigma: B\to_{\mathrm{in}} A$ を $\sigma(\varepsilon)=0$ をみたす任意の写像とするとき，この σ により

$$h(\alpha, \beta)=\sigma(\alpha)+\sigma(\beta)-\sigma(\alpha\beta)$$

で定義される h は因子団であり，このような形のすべての h は $\boldsymbol{F}$ の部分群 $\boldsymbol{H}$ をなす．$\boldsymbol{F}/\boldsymbol{H}$ を A の B による**拡大の群**とよぶ．

$h\in\boldsymbol{H}$ のときに限り $((A, B; h))$ は直積 $A\times B$ に同値であり，$f_1\equiv f_2\ (\mathrm{mod.}\ \boldsymbol{H})$ のときに限り $((A, B; f_1))$ と $((A, B; f_2))$ は同値である．

ここで特に必要であるのは，A が無限巡回群，すなわち全整数加法群の場合である．B を任意のアーベル群とし，A の B による拡大のみを考える．したがって因子団は整数値をとる．アーベル群 C がねじれ群でない場合，つまり位数無限なる元 a を含むとき，C は無限巡回群 $A=[a]$ の $B=C/A$ によるアーベル群拡大である．ねじれ群でないアーベル群を(**アーベル**)**非ねじれ群**という．これは位数 ∞ の元を含むことを意味する．ねじれのない群はこの特別な場合である．

S を $\mathfrak{N}$-半群，S の **TA**-表現を $S\cong(K; I)$ とする．また Z は全整数加法群を表わすものとする．

命題 12·5·4 $f: K\times K\to Z$ を $f(\alpha, \beta)=I(\alpha, \beta)-1$ で定義するとき，$Q=$

$((Z, K; f))$ は $S=(K; I)$ の商群である．

証明 f が因子団であることは容易に証明される．

$$Q=\{((x, \alpha)) : x\in Z, \alpha\in K\}$$

$$((x, \alpha))((y, \beta))=((x+y+f(\alpha, \beta), \alpha\beta))$$

$$((x, \alpha))^{-1}=((-x-f(\alpha, \alpha^{-1}), \alpha^{-1})).$$

いま $A=\{((x, \varepsilon)) : x\in Z\}$ とおけば，Q は A の K による拡大である． ▮

補題 12・5・5 Q をアーベル非ねじれ群，S を Q の $\mathfrak{N}$–部分半群，$A=[a]$ を S の元 a で生成される Q の巡回部分群とする．次の条件は同値である．

(12・5・5・1) Q は S の商群である．

(12・5・5・2) $Q=A\cdot S$

(12・5・5・3) S は A を法とする Q のすべての剰余類と交わる．すなわち

$$Q=\bigcup_{\xi\in Q/A} A_\xi \quad \text{のとき}$$

$$S\cap A_\xi \neq \emptyset \text{ がすべての } \xi\in Q/A \text{ に対し成り立つ．}$$

証明 (12・5・5・1) ⇒ (12・5・5・3) は (12・4・1) で証明された．(12・5・5・3) ⇒ (12・5・5・2) は明らかである．

(12・5・5・2) ⇒ (12・5・5・1)：Q のすべての元が S の元 x, y に対し xy^{-1} なる形で表わされるから，直ちに証明される． ▮

定理 12・5・6 Q をアーベル非ねじれ群，位数 ∞ の元を a とする．a を含む Q の極大 $\mathfrak{N}$–部分半群が存在する．

証明を省略する．

12・6 可換巾合半群

可換アルキメデス的半群の特別な場合として，巾合という概念を導入する．可換半群において，すべての元 a, b に対し，$a^m=b^n$ を満足する正整数 m, n (m, n は a, b のとり方に関係する) があるとき，S は**巾合**であるという．明らかに可換巾合であれば，アルキメデス的である．次のことが容易に理解される．

(12・6・1) 巾合半群の部分半群は巾合である．

(12・6・2) 巾合半群の準同形像は巾合である．

これらは可換を仮定しなくても成立することがらである．

任意の可換半群は巾合部分半群の疎和になるが，可換巾合半群は 2 個以上の

部分半群の疎和になることはできない．次の命題で厳密に考えよう．

Sを可換半群とし，Sにおける関係 τ_0 を次のように定義する．

$a\tau_0 b$ とは $a^m=b^n$ なる正整数 m, n があることである．

命題 12·6·3　(1)　τ_0 は S の同値関係であり，その同値類はすべて S の巾合部分半群である．

(2)　τ_0 は S を部分半群の疎和に分割するすべての同値関係の中で最小のものである．

(2′)　したがって，可換巾合半群は2個以上の部分半群の疎和に分けることはできない．

(3)　Sを巾合部分半群の疎和に分割する同値関係は，τ_0 のほかにはない．

証明　(1)　反射的，対称的であることは明らか．推移律は $a^k=b^l, b^m=c^n$ から $a^{km}=b^{lm}=c^{ln}$．次に同値類が部分半群をなすことは $a^m=b^n$ から $a^{m+n}=(ab)^n$ として得られる．巾合であることは τ_0 の定義から明らか．

(2)　$a\tau b \Rightarrow a\tau ab$ を満足する同値関係を τ とする．$\tau_0 \subseteq \tau$ を証明するために $a\tau_0 b, a^m=b^n$ と仮定する．

$$a\tau a^m=b^n\tau b.$$

(3)　Sを巾合部分半群の疎和に分ける同値関係を τ_1 とする．(2) により $\tau_0 \subseteq \tau_1$．しかし (2′) により τ_1-類はもはや2個以上の部分半群の疎和に分けることはできないから，$\tau_0=\tau_1$．　▮

可換半群 S が巾合部分半群の疎和 $S=\bigcup_{\alpha} S_\alpha$ に分割されるとき，S_α を S の**巾合成分**という．この分割は S に関してただ一通りである．

問 1　可換半群 S をアルキメデス的半群の疎和に分ける同値関係の中で最小なものが τ_0 である．

問 2　可換半群 S が巾合であるための必要十分条件は，S が2個以上の部分半群の疎和に分割されないことである．

問 3　可換巾合半群 S_i の直積 $\prod_{i=1}^{n} S_i$ は巾合であるか．

可換巾合半群の例

正整数（すべての正整数とは限らない）からなる加法半群，正有理数からなる加法半群，巡回半群はいずれも巾合である．

可換アルキメデス的半群であるが巾合でない例．

例 1 正実数からなる加法半群．たとえばすべての正実数からなる加法半群を S とする．S の巾合成分はすべての正有理数からなる加法半群 R に同形である．任意の正の無理数（有理数でない実数の意味）を ξ とし

$$S_\xi=\{x\xi : x\in R\} \quad とおくと \quad S=R\cup[\bigcup_\xi S_\xi],$$

ξ はすべての無理数を動く．$S_\xi\cong R$．S は連続の濃度だけ巾合成分をもつ．

例 2 すべての有理数からなる加法群 G，すべての負の有理数からなる部分半群を G_-，すべての正有理数からなる部分半群を G_+，$G_0=\{0\}$ とする．

$$G=G_-\cup G_0\cup G_+,$$

G_-, G_0, G_+ が巾合成分である．

問 4 可換群 G のねじれ部分群を T（位数が有限であるすべての元からなる部分群）とするとき，G/T を G の**ねじれのない剰余群**とよぶ．G/T が全有理数加法群に同形であるときの G の巾合成分を求めよ．

問 5 S が可換半群で，周期的であるとき，S の巾合成分を求めよ．

問 6 1より大なるすべての正実数からなる加法半群を S とする．S を巾合成分の疎和に分割せよ．

問 7 有理数加法半群 S が正負有理数を含むならば，S は群である．しかし S は全有理数加法半群に同形であるとは限らない（S が単位元 0 を含んでアルキメデス的であることを示せ）．

可換巾合半群の分類

可換巾合半群はアルキメデス的であるから，次のように分類される．

1. 0をもつ場合　　2. 可換群である場合
3. 0でない巾等元をもつが可換群でない場合
4. 巾等元をもたない場合．

(12・6・4) 0をもつ可換アルキメデス的半群は巾合である．

(12・6・5) 可換群が巾合であるのは，ねじれ群であるときに限る．

証明 (12・6・4), (12・6・5) ともに定義から容易に示される． ▌

3. の場合，（巾合を仮定しなくて）S を可換アルキメデス的半群とすると き，S は可換群 G を（ただ一つの極小）イデアルとして含む．S の巾等元を e とすれば $x\mapsto xe$ により S は G の上に準同形である．この場合，

(12・6・6) S を可換アルキメデス的半群とする．S が巾合であるための必要十分条件は，G がアーベルねじれ群であることである．

証明　必要性の証明には(12·6·1)または(12·6·2)を適用する．

十分性の証明．S/G は巾零であるから，S の任意の元 a, b に対し $a^m, b^n \in G$ なる正整数 m, n がある．G がねじれ群なるゆえ $a^{mk}=b^{nl}$ なる正整数 k, l がある．S が巾合であることが証明された．▮

以上総合して

命題 12·6·7　S が巾等元をもつ可換巾合半群であるための必要十分条件は，ねじれ群 $G(|G|\geqq 1)$ の可換巾零半群によるイデアル拡大であることである．

問 8　S は巾等元をもつ可換半群とする．次の条件は同値であることを証明せよ．

(1)　S は巾合である．

(2)　S はアルキメデス的ですべての群準同形像が周期的である．

(3)　任意の $a, b \in S$ に対し $a^l=a^m b^n$ なる正整数 l, m, n がある．

巾等元を含まない可換巾合半群の正有理数半群への準同形についてのべる．

R_0 をすべての正有理数からなる加法半群とする．

定理 12·6·8　可換巾合で巾等元を含まない半群 S は，R_0 の中へ準同形である．この準同形は次の意味でただ一つである．このような二つの準同形写像を φ_0, φ とすると，$x\varphi=r\cdot(x\varphi_0), x\in S$ なる正有理数 r がある．ただし右辺の $r\cdot(x\varphi_0)$ は乗法を表わす．したがって同形 $f: S\varphi_0 \to S\varphi$ が存在して $x\varphi_0 f=x\varphi$, $x\in S$.

証明　まず準同形が存在することを証明しよう．$a\in S$ を固定する．S が巾合だから各 $x\in S$ に対し $x^n=a^m$ なる正整数 m, n が存在する．$\varphi_0: S\to R_0$ を

$$x\varphi_0=m/n$$

で定義する．φ_0 の定義可能性を示すために $x^n=a^m$, $x^{n'}=a^{m'}$ とすれば，$x^{mn'}=x^{m'n}$. S は巾等元を含まないから $mn'=m'n$, $m/n=m'/n'$. 次に $x\varphi_0=m/n$, $y\varphi_0=l/k$ とする．$a^m=x^n$, $a^l=y^k$ から $a^{mk+ln}=(xy)^{nk}$, そして $(mk+ln)/nk=(m/n)+(l/k)$ から $(xy)\varphi_0=x\varphi_0+y\varphi_0$ を得る．ゆえに φ_0 は準同形 $S\to_{\mathrm{in}} R_0$ である．さて $\varphi: S\to_{\mathrm{in}} R_0$ を任意の準同形とする．任意の $x\in S$ に対し $x^n=a^m$ より

$$n(x\varphi_0)=m(a\varphi_0),\quad n(x\varphi)=m(a\varphi).$$

これから $x\varphi=r\cdot(x\varphi_0)$. ただし $r=a\varphi/a\varphi_0=a\varphi$ (φ_0 の定義により $a\varphi_0=1$). $f: S\varphi_0\to_{\mathrm{on}} S\varphi$ を $yf=r\cdot y$ で定義すれば f は同形で $\varphi_0 f=\varphi$ を満足する．▮

問 9　S, S' を正有理数加法半群とする．φ が準同形 $S\to_{\mathrm{on}} S'$ であれば φ は同形で $x\varphi$

$=r\cdot x$（r はある正有理数）.

本節の問 8 を延長して，巾等元をもたない可換巾合半群の特徴づけを試みる．

補題 12・6・9　巾等元をもたない可換アルキメデス的半群を S とする．（巾合性を仮定しない）S のすべての元 a, b に対し $ab \neq a$ である．

証明　S がアルキメデス的であるから，$b^n=ac$ なる $c\in S$ と正整数 n がある．$a=ab$ なる $a, b\in S$ があると仮定すれば

$$a=ab=ab^2=\cdots=ab^n=a^2c.$$

したがって，$ac=a^2c^2=(ac)^2$，ac が巾等元となり矛盾する． ▮

定理 12・6・10　S は巾等元をもたない可換半群とする．次の陳述は同値である．

（1）　S は巾合である．

（2）　S はアルキメデス的ですべての群準同形像は周期的である．

（3）　すべての $a, b\in S$ に対し

$$a^l=a^mb^n$$

なる正整数 l, m, n が存在する．

証明

(1) ⇒ (2)：$\varphi: S\to_{\mathrm{on}} G$ を準同形とする．S が巾合だから G も巾合，すなわちねじれ群である（(12・6・2) と (12・6・5) による）.

(2) ⇒ (3)：$a\in S$ とし，S に ρ_a を次のように定義する．

$$x\rho_a y \Leftrightarrow a^m x=a^n y \text{ なる正整数 } m, n \text{ がある．}$$

(8・5・3) により ρ_a は S の群合同，すなわち S/ρ_a が群であるが，仮定により周期的．

$$S=\bigcup_{\lambda\in S/\rho_a} S_\lambda.$$

a を含むクラスは S_ε（ε は S/ρ_a の単位元）. $b\in S_\lambda$，$\lambda^k=\varepsilon$ とすれば $b^k\in S_\varepsilon$，これで $a\rho_a b^k$ が証せられた．ρ_a の定義により $a^{n+1}=a^m b^k$ なる正整数 n, m, k がある．$l=n+1$ とおけば所要の (3) を得る．

(3) ⇒ (1)：

（4）　$$a^l=a^mb^n,\quad b^p=b^qa^r$$

と仮定する．補題 12・6・9 により $l>m$ である．

$$a^{2l-m}=a^{l-m}a^{l}=a^{l-m}a^{m}b^{n}=a^{l}b^{n}=(a^{m}b^{n})b^{n}=a^{m}b^{2n}.$$

正整数 $k\geqq 1$ に対し

$$a^{kl-(k-1)m}=a^{m}b^{kn} \tag{5}$$

が成立すると仮定して，$a^{(k+1)l-km}=a^{m}b^{(k+1)n}$ を証明しよう．

$$\begin{aligned}a^{(k+1)l-km}&=a^{kl-km}a^{l}=a^{kl-km}(a^{m}b^{n})=(a^{kl-km}a^{m})b^{n}\\&=a^{kl-(k-1)m}b^{n}=(a^{m}b^{kn})b^{n}=a^{m}b^{(k+1)n}.\end{aligned}$$

$k=1$ のときは仮定そのものである．これですべての $k\geqq 1$ に対し (5) が成り立つ．さて $knr\geqq mq$ なるように k を選び，$n'=kn$, $l'=kl-(k-1)m$ とおく．

$$a^{l'}=a^{m}b^{n'},\quad b^{p}=b^{q}a^{r}. \tag{6}$$

(6) より直ちに

$$\begin{aligned}a^{l'qr}&=(b^{n'})^{qr}(a^{m})^{qr}=(b^{q})^{n'r}(a^{r})^{mq}=(b^{q})^{mq+(n'r-mq)}(a^{r})^{mq}\\&=(b^{q})^{mq}(b^{q})^{n'r-mq}(a^{r})^{mq}=(b^{q}a^{r})^{mq}(b^{q})^{n'r-mq}\\&=b^{pmq}b^{q(n'r-mq)}.\end{aligned}$$

そこで $u=l'qr$, $v=pmq+q(n'r-mq)$ とおけば

$$a^{u}=b^{v}.$$

これが任意の a,b に対していえるから S は巾合である． ∎

定理 12·6·10 の (3) はもちろんすべての a,b に対し

$$a^{l}=a^{m}b^{n},\quad b^{p}=b^{q}a^{r}$$

なる正整数 l,m,n,p,q,r が存在することを意味する．S を一般の可換半群（アルキメデス的を仮定しない）とし，S に関係 τ_1 を次のように定義する．

$$a\tau_1 b \Leftrightarrow a^{l}=a^{m}b^{n},\ b^{p}=b^{q}a^{r}$$

なる正整数 l,m,n,p,q,r がある．

問 (12·6·11) τ_1 は S の等値関係で $\tau_0=\tau_1$ である．ただし τ_0 は本節の初めに定義された：$a\tau_0 b\Leftrightarrow a^{m}=b^{n}$.

定理 12·6·10 の (3) は，$\tau_1=\omega(=S\times S)$ を意味する．

問 (12·6·12) 定理 12·6·10 の各条件は次の (7), (8) のいずれにも同値である．

(7) すべての $b\in S$ に対し，$a_0^{l}=a_0^{m}b^{n}$, $b^{p}=b^{q}a_0^{r}$ なる，b に無関係な $a_0\in S$ と正整数 l,m,n,p,q,r がある．

(8) 任意の $a,b\in S$ に対し，$a^{l}=(ab)^{m}$, $b^{p}=(ba)^{r}$ なる正整数 l,m,p,r がある．

S を第3または第4種のアルキメデス的半群（すなわち巾等元をもたない）

とする．ρ_a は前にのべたように「$x\rho_a y \Leftrightarrow a^m x = a^n y$ なる m, n がある」で定義される．ρ_a は S の群合同である．$G_a = S/\rho_a$ とおく．G_a を a に関する S の**構造群**という．この概念は $\mathfrak{N}$-半群に対して定義したが，消約律を仮定しない場合にも構造論で重要な役割を演ずる．

定理 12・6・13 S を巾等元をもたないアルキメデス的半群とする．次の条件は同値である．

(12・6・14) S は巾合である．

(12・6・15) すべての $a \in S$ に対し G_a は周期的である．

(12・6・16) 少なくも一つの $a \in S$ に対し G_a は周期的である．

証明 定理 12・6・10 の (3) は (12・6・15) と同値である．ρ_a の定義に照らせば明らかである．また (12・6・12) の (7) は (12・6・16) と同値である．(7) ⇒ (12・6・16) は明らかであるから (12・6・16) ⇒ (7) を証明する．S/ρ_{a_0} が周期的であると仮定する．(7) の第1式 $a_0^l = a_0^m b^n$ なる正整数 l, m, n があることは明らかである．(7) の第2式 $b^p = b^q a_0^r$ は証明を要する．

S がアルキメデス的であるから，$b^k = a_0 c$ なる $c \in S$ と正整数 k がある．$b^{kl} = a_0^l c^l$．S は巾等元を含まないから (7) の第1式において $l > m$．ゆえに

$$b^{kl} a_0^{l-m} = a_0^{l-m} a_0^l c^l = a_0^{l-m} a_0^m b^n c^l = b^n a_0^l c^l = b^n b^{kl} = b^{n+kl}$$

となるから $q = kl$, $r = l - m$, $p = n + kl$ とおけばよい．定理 12・6・10 と (12・6・12) を合わせ考えればこの定理の証明をおえる． ▮

12・7 巾 合 $\mathfrak{N}$-半 群

巾合性を仮定すると $\mathfrak{N}$-半群の理論は特殊化されて多くの興味ある結果を導くことができる．§12・4 により $\mathfrak{N}$-半群 S は $S = (G; I)$ で表わされる．構造群 G は，規準元を示すときは G_a と書く．I は $\mathcal{J}$-関数である．

定理 12・6・13 によれば，次の3条件は同値である．

(12・7・1) $(G_a; I)$ は巾合である．

(12・7・2) すべての $a \in S$ に対し，構造群 G_a はねじれ群である．

(12・7・3) 少なくも一つの $a \in S$ に対し構造群 G_a はねじれ群である．

$\mathfrak{N}$-半群の場合には早く証明できる．

$\mathfrak{N}$-半群に対する**定理 12・6・13 の別証明**

(12·7·1) ⇒ (12·7·2)： S は G_a の上に準同形であるから，S が巾合であれば G_a も巾合，したがってねじれ群である．

(12·7·2) ⇒ (12·7·3)： 明らか．

(12·7·3) ⇒ (12·7·1)： G がねじれ群であると仮定する．(x,α), $(y,\beta)\in S$ を任意にとる．$\alpha^m=\beta^n=\varepsilon$ なる正整数 m, n があって，$(x,\alpha)^m=(x',\varepsilon)$, $(y,\beta)^n=(y',\varepsilon)$ において $x'>0$, $y'>0$ なるようにすることができる（α, β の位数をそれぞれ r, s とすれば $m=2r$, $n=2s$ とすればよい）．さて $k=y'+1$, $l=x'+1$ とおけば，$kx'+k=(x'+1)(y'+1)=ly'+l$ だから

$$(x',\varepsilon)^k=(kx'+k-1,\varepsilon)=(ly'+l-1,\varepsilon)=(y',\varepsilon)^l.$$

ゆえに

$$(x,\alpha)^{mk}=(y,\beta)^{nl},$$

S は巾合である．∎

巾合の特別な場合として有限的に生成される場合を考える．

定理 12·7·4 $\mathfrak{N}$–半群 $S=(G;I)$ に関して次の 3 条件は同値である．

(12·7·5) S は有限的に生成される．

(12·7·6) すべての $a\in S$ に対し構造群 G_a は有限である．

(12·7·7) 少なくも一つの $a\in S$ に対し構造群 G_a は有限である．

証明 (12·7·5) ⇒ (12·7·6) S の任意の構造群を G とし，$S=(G;I)$ の有限生成系を T とする．T の元で $(0,\alpha)$ なる形のすべての元の集合を T_0 とする．$T_0\neq\emptyset$ である．なぜならもし $T_0=\emptyset$ とすれば，$(0,\beta)$ なる形の元は T で生成されないからである．

$$T_0=\{(0,\alpha_1),\cdots,(0,\alpha_k)\}$$

とおく．$i=1,\cdots,k$ の各 i に対し (12·4·3·4) により $I(\alpha_i,\alpha_i^{m_i})>0$ なる正整数 m_i がある．

$$(0,\alpha_i)^n=\left(\sum_{j=1}^{n-1}I(\alpha_i,\alpha_i^j),\alpha_i^n\right)$$

だから $m=(\max_{1\leqq i\leqq k} m_i)+1$ とおけば

$$(0,\alpha_i)^m=(p,\beta),\quad p>0$$

である．さて $(0,\gamma)$ の形の S の元は，T_0 の元 $(0,\alpha_i)$ の積：

$$(*)\qquad (0,\alpha_1)^{s_1}(0,\alpha_2)^{s_2}\cdots(0,\alpha_k)^{s_k}$$

で表わされる．可換だからこの表わし方にさしつかえはない．$s_1, \cdots, s_k$ はすべては 0 にならないが，あるものは 0 になり得る．そのときは $X^0 Y=Y$ の規約に従う．しかし s_i のいずれも $m-1$ をこえることはできない．ゆえに (*) で表わされる $(0, \gamma)$ は有限個しかない，結局 $\{(0, \alpha) : \alpha \in G\}$，したがって G は有限である．

(12・7・6) ⇒ (12・7・7)： 自明．

(12・7・7) ⇒ (12・7・5)： G が有限であるから $B=\{(0, \alpha) : \alpha \in G\}$ は有限である．$S=(G; I)$ の任意の元 (m, α) は

$$(m, \alpha)=(0, \alpha)(0, \varepsilon)^m$$

であるから S は B で生成される． ▌

巾合または有限的に生成される $\mathfrak{R}$-半群とその商群との関係を究明する．事実巾合 $\mathfrak{R}$-半群の商群は特殊なものに制約されるばかりでなく，定理 12・6・13 の性質が商群に拡張される．

問 1 定理 12・7・4，定理 12・6・13 の結果を用いて，有限的に生成される $\mathfrak{R}$-半群は巾合であることを証明せよ．また 12・7・4, 12・6・13 の結果を用いないで，直接表現 $(G; I)$ を用いて証明することができるが複雑になる．

定義 Q をアーベル非ねじれ群，位数 ∞ のすべての元 $a, b \in Q$ に対し，$a^m = b^n$ なる 0 でない整数 m, n が存在するとき，Q は**整巾合**であるという．

整巾合可換群の構造は次の補題で特徴づけられる．

補題 12・7・8 アーベル非ねじれ群 Q が整巾合であるためには，Q がねじれ群 T の有理数加法群 R によるアーベル群拡大であることが必要十分である．

証明を省略する．

アーベル群論*) において R は階数 1 のねじれのない群とよばれる．アーベル非ねじれ群 Q の最大ねじれ部分群を T_0 とするとき，Q/T_0 を Q の**ねじれのない剰余群**といい，T_0 を簡単に Q の**ねじれ部分群**という．補題 12・7・8 は次のごとく述べられる．

補題 12・7・8′ Q が整巾合であるためには，Q のねじれのない剰余群が有理数加法群に同形であることが必要十分である．

---

*) A. G. Kurosh : The theory of Groups,（英訳）Chelsea Publ. Comp.
L. Fuchs : Abelian groups, Budapest, 1958.
Kaplansky : Infinite abelian groups.
本田欣哉，永田雅宜：アーベル群・代数群，共立出版．

補題 12·7·9 整巾合のアーベル非ねじれ群を Q とする．すべての位数 ∞ の元 a に対し $Q/[a]$ はねじれ群である．

証明省略．

補題 12·7·10 Q を非ねじれ群，$[a]$ を Q の無限巡回部分群とする．$Q/[a]$ がねじれ群であれば，Q は整巾合である．

証明省略．

定理 12·7·11 S を $\mathfrak{N}$–半群，Q をその商群とする．次の条件は同値である．

(12·7·12) S は巾合である．

(12·7·13) 少なくとも一つの位数 ∞ の元 $a \in Q$ に対し $Q/[a]$ がねじれ群である．

(12·7·14) すべての位数 ∞ の元 $a \in Q$ に対し $Q/[a]$ がねじれ群である．

(12·7·15) Q は整巾合である．

(12·7·16) Q のねじれのない剰余群が有理数加法群に同形である．

証明 補題 12·7·8′, 12·7·9, 12·7·10 により (12·7·13), (12·7·14), (12·7·15), (12·7·16) がいずれも同値であることが証明される．

(12·7·12) ⇒ (12·7·13): S が巾合だから定理 12·6·13 により任意の構造群 G_a は周期的であり，定理 12·4·7 の証明（その後の問 2）により G_a は $Q/[a]$ に同形であるから (12·7·13) を得る．

(12·7·14) ⇒ (12·7·12): $a \in S$ をとる．$G_a \cong Q/[a]$ であって仮定により $Q/[a]$ が周期的だから G_a も周期的，再び定理 12·6·13 により S は巾合である．▮

かくて定理 12·6·13, 定理 12·7·11 にのべた条件はすべて同値である．容易に確かめられるように定理 12·7·11 における Q の巾合成分は 3 個である．最も興味あることは有限個の巾合成分をもつ可換群は整巾合なる非ねじれ群以外にない．よって次のようなもう一つの同値条件を得る（証明を省く）．

(12·7·16′) Q は有限個の巾合成分からなる．

次の定理は有限的に生成される $\mathfrak{N}$–半群を商群によって特徴づける．

定理 12·7·17 $\mathfrak{N}$–半群 S の商群を Q とする．次の条件は同値である．

(12·7·18) S は有限的に生成される．

(12·7·19) 位数 ∞ なる少なくも一つの $a \in Q$ に対し $Q/[a]$ が有限である．

(12·7·20) 位数 ∞ なるすべての $a \in Q$ に対し $Q/[a]$ が有限である．

(12・7・21) Q は有限的に生成される整巾合群である．

(12・7・22) Q は有限群とただ一つの無限巡回群との直積である．

注意 群が群の意味で有限的に生成されることと，半群の意味で有限的に生成されることとは同値である．

証明 (12・7・18) ⇒ (12・7・19)：定理 12・7・4 により $a \in S$ に対し G_a が有限，したがって $Q/[a]$ は有限．(12・7・19) ⇒ (12・7・21)：$Q/[a]$ は有限だから周期的，定理 12・7・11 により Q は整巾合，また Q は $[a]$ の有限アーベル群によるアーベル群拡大であるから Q は有限的に生成される．(12・7・21) ⇒ (12・7・22)：T を Q のねじれ部分群とする．定理 12・7・11 により $R=Q/T$ は有限的に生成される有理数加法群であるから，整数加法群に同形である．R はまた自由アーベル群だから Q は直積 $Q \cong T \times R$ (アーベル群論をみよ)．(12・7・22) ⇒ (12・7・20)：Q は有限的に生成されるから，位数 ∞ なる任意の $a \in Q$ に対し $Q/[a]$ は有限的に生成され，定理 12・7・11 により Q は整巾合だから $Q/[a]$ は周期的，ゆえに有限である．(12・7・20) ⇒ (12・7・18)：任意の $a \in S$ に対し $G_a \cong Q/[a]$ が有限だから定理 12・7・4 により S は有限的に生成される． ∎

これをもって巾合 $\mathfrak{N}$-半群の群論的考察をおえ，以下，巾合 $\mathfrak{N}$-半群 S の表現 $(G;I)$ についてのべる．

S を巾合 $\mathfrak{N}$-半群 $S=(G;I)$ とする．したがって G はねじれ群，すなわち周期的アーベル群である．

すべての正有理数からなる集合を R_0 で表わす．$\bar{\varphi}: G \to R_0$ を次のように定義する．

(12・7・23) $$\bar{\varphi}(\alpha)=\left(\sum_{i=1}^{s} I(\alpha, \alpha^i)\right)\Big/ s,$$

ただし s は元 $\alpha \in G$ の位数である．しかし s を s の倍数でおきかえても $\bar{\varphi}$ の値は不変である．なぜなら，n を s の倍数とすれば

$$\left(\sum_{i=1}^{n} I(\alpha, \alpha^i)\right)\Big/ n=\left(\frac{n}{s} \cdot \sum_{i=1}^{s} I(\alpha, \alpha^i)\right)\Big/ n=\left(\sum_{i=1}^{s} I(\alpha, \alpha^i)\right)\Big/ s.$$

定理 12・7・24 $\bar{\varphi}$ は次の条件を満足する．

(12・7・25) $\bar{\varphi}(\varepsilon)=1$, ε は G の単位元.

(12・7・26) $\bar{\varphi}(\alpha)+\bar{\varphi}(\beta)-\bar{\varphi}(\alpha\beta)$ は負でない整数である．

(12・7・27) $I(\alpha, \beta)=\bar{\varphi}(\alpha)+\bar{\varphi}(\beta)-\bar{\varphi}(\alpha\beta)$.

逆に $\bar{\varphi}: G \to R_0$ が (12·7·25), (12·7·26) を満足する関数であるとする．そのとき (12·7·27) によって $I: G\times G \to P^0$ (P^0 は負でない整数の集合) を定義すれば，I は $\mathcal{J}$-関数である．すなわち (12·4·3) の 4 条件を満足し，$\bar{\varphi}$ は (12·7·23) をみたす．

証明 (12·7·26) の証明：

$\alpha^s=\beta^t=\varepsilon$ とする．したがって $(\alpha\beta)^{st}=\varepsilon$ である．

$$\bar{\varphi}(\alpha)+\bar{\varphi}(\beta)-\bar{\varphi}(\alpha\beta)=\left(\sum_{i=1}^{s} I(\alpha,\alpha^i)\right)\Big/s+\left(\sum_{i=1}^{t} I(\beta,\beta^i)\right)\Big/t$$
$$-\left(\sum_{i=1}^{st} I(\alpha\beta,(\alpha\beta)^i)\right)\Big/st.$$

I の第 2 の条件を用いて最後の項を変形する．

$$I(\alpha,\beta)+I(\alpha\beta,\alpha^i\beta^i)=I(\alpha,\beta^{i+1}\alpha^i)+I(\beta,\alpha^i\beta^i),$$
$$I(\beta,\alpha^i\beta^i)+I(\alpha^i,\beta^i)=I(\beta,\beta^i)+I(\beta^{i+1},\alpha^i),$$
$$I(\beta^{i+1},\alpha^i)+I(\beta^{i+1}\alpha^i,\alpha)=I(\beta^{i+1},\alpha^{i+1})+I(\alpha^i,\alpha).$$

両辺をそれぞれ加え，同じ項を消して整頓すれば

$$I(\alpha\beta,\alpha^i\beta^i)=I(\alpha,\alpha^i)+I(\beta,\beta^i)+I(\alpha^{i+1},\beta^{i+1})-I(\alpha,\beta)-I(\alpha^i,\beta^i).$$

各項を $i=1$ から st まで加えれば

$$\sum_{i=1}^{st} I(\alpha\beta,(\alpha\beta)^i)=-stI(\alpha,\beta)+t\cdot\sum_{i=1}^{s} I(\alpha,\alpha^i)+s\cdot\sum_{i=1}^{t} I(\beta,\beta^i),$$

したがって $\bar{\varphi}(\alpha)+\bar{\varphi}(\beta)-\bar{\varphi}(\alpha\beta)=I(\alpha,\beta)$ を得る．特に $\alpha=\varepsilon$ とおけば $\bar{\varphi}(\varepsilon)=I(\varepsilon,\beta)=1$.

逆を証明する．I を (12·7·27) で定義すると，明らかに $I(\alpha,\beta)=I(\beta,\alpha)$ 次に，

$$I(\alpha,\beta)+I(\alpha\beta,\gamma)=\bar{\varphi}(\alpha)+\bar{\varphi}(\beta)-\bar{\varphi}(\alpha\beta)+\bar{\varphi}(\alpha\beta)+\bar{\varphi}(\gamma)-\bar{\varphi}(\alpha\beta\gamma)$$
$$=\bar{\varphi}(\alpha)+\bar{\varphi}(\beta\gamma)-\bar{\varphi}(\alpha\beta\gamma)+\bar{\varphi}(\beta)+\bar{\varphi}(\gamma)-\bar{\varphi}(\beta\gamma)$$
$$=I(\alpha,\beta\gamma)+I(\beta,\gamma).$$
$$I(\varepsilon,\alpha)=\bar{\varphi}(\varepsilon)+\bar{\varphi}(\alpha)-\bar{\varphi}(\varepsilon\alpha)=\bar{\varphi}(\varepsilon)=1.$$

G が周期的であるから任意の $\alpha\in G$ に対し $\alpha^n=\varepsilon$ なる $n>0$ があり $I(\alpha,\alpha^n)=1>0$. 最後に (12·7·23) を証明しよう．α の位数を s とすると

$$\sum_{i=1}^{s} I(\alpha,\alpha^i)=\sum_{i=1}^{s}(\bar{\varphi}(\alpha)+\bar{\varphi}(\alpha^i)-\bar{\varphi}(\alpha^{i+1}))=(s+1)\bar{\varphi}(\alpha)-\bar{\varphi}(\alpha^{s+1})$$
$$=s\bar{\varphi}(\alpha).$$

∎

かくて巾合 $\mathfrak{N}$-半群 S は周期的な G と，(12・7・25), (12・7・26) を満足する $\bar{\varphi}$ で決定される．(12・7・25), (12・7・26) を満足する $\bar{\varphi}: G \to R_0$ を **$\bar{\varphi}$-関数**とよぶ．S が巾合である限り $\bar{\varphi}$ は I の役にとってかわることができる．I は2変数関数であるに対し，$\bar{\varphi}$ は1変数関数なるゆえ取扱いやすい．

特に S が有限的に生成される $\mathfrak{N}$-半群であるときは，$S=(G;I)$ で G は有限だから次の定理を得る．

定理 12・7・28 $S=(G;I)$ を有限的に生成される $\mathfrak{N}$-半群であるとする．$g=|G|$ (G の元の個数) とおく．

(12・7・29)
$$g\cdot\bar{\varphi}(\alpha)=\sum_{\xi\in G} I(\alpha,\xi).$$

証明 $\alpha\in G$ で生成される G の部分群を $[\alpha]$ とし，$[\alpha]$ を法とする G の剰余類を $G=[\alpha]\tau_1\cup\cdots\cup[\alpha]\tau_r$ とする．$\tau_1,\cdots,\tau_r$ は剰余代表系，$\tau_1=\varepsilon$, $r=g/s$, $s=|[\alpha]|$ とする．そのとき

$$\sum_{\xi\in G} I(\alpha,\xi)=\sum_{j=1}^{r}\sum_{i=1}^{s} I(\alpha,\alpha^i\tau_j)=\sum_{j=1}^{r}\left(\sum_{i=1}^{s} I(\alpha,\alpha^i)+I(\alpha^{i+1},\tau_j)-I(\alpha^i,\tau_j)\right)$$
$$=\sum_{j=1}^{r}\left(\sum_{i=1}^{s} I(\alpha,\alpha^i)\right)=\frac{g}{s}\cdot\left(\sum_{i=1}^{s} I(\alpha,\alpha^i)\right)=g\cdot\bar{\varphi}(\alpha). \quad ∎$$

巾合 $\mathfrak{N}$-半群 S から，すべての正の有理数からなる加法半群 R_0 の中への準同形 $S\to_{\text{in}} R_0$ がただ一通りに定まることは定理 12・6・8 によって知られるが，準同形を $\bar{\varphi}$ で表わすことができる．

命題 12・7・30 $S=(G;I)$ を巾合 $\mathfrak{N}$-半群とし，任意の正有理数 r に対し，φ_r を次のごとく定義する．$(m,\alpha)\in S$ とし

$$\varphi_r((m,\alpha))=r(m+\bar{\varphi}(\alpha)),$$

φ_r は準同形 $S\to_{\text{in}} R_0$ である．すべての準同形 $S\to_{\text{in}} R_0$ はこのようにして与えられる．

証明 φ_1 ($r=1$ のとき) が準同形であることを示せば十分である．残りの部分は定理 12・6・8 によって保証される．

$$\varphi_1((m,\alpha)(n,\beta))=\varphi_1((m+n+I(\alpha,\beta),\alpha\beta))=m+n+I(\alpha,\beta)+\bar{\varphi}(\alpha\beta)$$
$$=m+n+\bar{\varphi}(\alpha)+\bar{\varphi}(\beta) \qquad ((12\cdot7\cdot27)\text{ による})$$
$$=\varphi_1((m,\alpha))+\varphi_1((n,\beta)). \quad ∎$$

命題 12・7・31 $S=(G;I)$ を有限的に生成される $\mathfrak{N}$-半群，$g=|G|$ とする．

$g\cdot(m+\bar{\varphi}(\alpha))$ は元 (m,α) に関する構造群 $G_{(m,\alpha)}$ の位数に等しい．

証明 $G_{(m,\alpha)}$ の位数は (m,α) に関する素元の個数に等しい．元 (x,ξ) が (m,α) に関する素元であるためには，$\xi\in G$ は任意であるが，

$$x<m+I(\alpha,\alpha^{-1}\xi)$$

であることが必要十分である．したがって (m,α) に関するすべての素元の集合は

$$\{(x,\xi):\xi\in G,\ x=0,1,\cdots,m-1+I(\alpha,\alpha^{-1}\xi)\}.$$

その個数は

$$\sum_{\xi\in G}(m+I(\alpha,\alpha^{-1}\xi))=gm+g\bar{\varphi}(\alpha). \qquad \blacksquare$$

次の定理は部分直積によって S の構造を記述する．

定理 12·7·32 可換半群 S が巾合 $\mathfrak{N}$-半群に同形であるためには，S が正有理数加法半群と周期的なアーベル群の部分直積に同形であることが必要十分である．

証明 $S\cong(G;I)$, G を周期的と仮定する．簡単のために $S=(G;I)$ としてよい．準同形 $\zeta:S\to_{\mathrm{on}}G$ と $\varphi:S\to_{\mathrm{in}}R_0$ (R_0 は全正有理数加法半群) をそれぞれ次のように定義する：

$$\zeta((m,\alpha))=\alpha,\quad \varphi=\varphi_1\quad (\text{命題 } 12\cdot7\cdot30 \text{ における } r=1 \text{ の場合}).$$

ζ,φ によって引き起こされる S の合同をそれぞれ ρ_ζ,ρ_φ とするとき $\rho_\zeta\cap\rho_\varphi=\iota$ (ι は恒等関係) を証明すれば，S は $S/\rho_\varphi(=\varphi(S))$ と $S/\rho_\zeta(=G)$ の部分直積になる．そのために

$$\{\zeta((m,\alpha))=\zeta((n,\beta)),\ \varphi((m,\alpha))=\varphi((n,\beta))\}\ \Rightarrow\ (m,\alpha)=(n,\beta)$$

を証明すればよい．まず ζ の定義から $\alpha=\beta$. φ の定義により $m+\bar{\varphi}(\alpha)=n+\bar{\varphi}(\beta)$, $\alpha=\beta$ だから $m=n$. ゆえに $(m,\alpha)=(n,\beta)$.

逆に S が正有理数加法半群 M と周期的アーベル群 G の部分直積であると仮定する．S の元はすべて $((r,\xi))$, $r\in M$, $\xi\in G$ で表わされ，演算は成分ごとの演算で定義される．$((r,\xi))((s,\eta))=((r+s,\xi\eta))$. S が可換，消約的半群で巾等元をもたないことは容易に確かめられる．S が巾合であることを証明する．$((r,\xi))$, $((s,\eta))\in S$ とする．

$m\cdot r=n\cdot s$, $\xi^p=\eta^q=\varepsilon$ ($m\cdot r$ は有理数 r に正整数 m を掛ける普通の乗法)

なる正整数 m, n, p, q がある．そのとき

$$((r, \xi))^{mpq}=((mpq\cdot r, \xi^{mpq}))=((npq\cdot s, \varepsilon))=((s, \eta))^{npq}. \qquad \blacksquare$$

問　次の命題を証明せよ．次の命題は Higgins による．

命題 12･7･33　可換半群 S が有限的に生成される $\mathfrak{N}$-半群に同形であるためには，S が正整数加法半群 M と有限アーベル群の部分直積に同形であることが必要十分である．

証明のヒント　必要性の証明には定理 12·7·4, 12·6·13, 12·7·32 を用いる．逆の証明には定理 12·7·17 を適用せよ．

12･8　可換巾約とアルキメデス的半群

半群 S が次の条件を満足するとき，**巾約(的)**であるという．

$$x^m=y^m \Rightarrow x=y \quad (m=2, 3, \cdots).$$

これは第 6 章ですでに定義された．

(12･8･1)　巾約半群の部分半群は巾約である．

(12･8･2)　巾約半群の族 $\{S_\alpha : \alpha\in\Lambda\}$ の直積 $\prod S_\alpha$ は巾約である．

しかし巾約半群の準同形像は必ずしも巾約でない．第 6 章でのべたごとく巾約なる概念は連坐式系で表わされるから，任意の半群 S は次のように定義される最小巾約合同 β_0 をもつ：

$$x\beta_0 y \Leftrightarrow x^m=y^m \text{ なる正整数 } m \text{ がある}.$$

特に S は巾等元を含まない可換巾合半群とする．定理 12･6･8 において $x^n=a^m$ のとき $x\varphi_0=m/n$ で定義される φ_0 は，S を正有理数加法半群にうつす準同形である．この φ_0 によって引き起こされる合同を γ_0 とする．

補題 12･8･3　S が可換巾合半群で，巾等元を含まないならば

$$\beta_0=\gamma_0.$$

証明　正有理数加法半群 S/γ_0 は明らかに巾約であるから $\beta_0\subseteq\gamma_0$．次に $\gamma_0\subseteq\beta_0$ を証明する．$x\gamma_0 y$ とすれば γ_0 の定義により $x^n=a^m, y^l=a^k$ とするとき $x\varphi_0=y\varphi_0$．すなわち $m/n=k/l$, $ml=nk$ そして $x^{kn}=y^{lm}$，ゆえに $x\beta_0 y$. これで $\gamma_0\subseteq\beta_0$ がいえたから $\beta_0=\gamma_0$. $\blacksquare$

定理 12･8･4　半群 S が $|S|>1$ で可換巾合，巾約であるための必要十分条件は，S が正有理数加法半群に同形なることである．

証明　必要なことの証．まず $|S|>1$ で可換巾合巾約であれば，巾等元をも

たないことを証明しよう．Sが巾等元eを含むと仮定する．$|S|>1$だからSの異なる2元x, yをとる．巾合だから$x^n=e$, $y^l=e$なる正整数n, lがある．そのとき$x^{nl}=y^{nl}$. しかし巾約だから$x=y$, これは仮定に反する．ゆえにSは巾等元を含まない．補題12·8·3によれば$\beta_0=\gamma_0$であるが，Sが巾約であることは$\beta_0=\iota$を意味する（ιは恒等関係）．したがって$\gamma_0=\iota$. ゆえにSは正有理数加法半群に同形である．逆は明らかである．▮

問 1 次を証明せよ．

系 12·8·5 Sが有限的に生成される可換巾合巾約半群であるための必要十分条件は，Sが正整数加法半群に同形なることである．

証明のヒント 有限的に生成される正有理数加法半群は正整数加法半群に同形である．正整数半群が有限的に生成されることは第3章で証明せられた．

問 2 可換巾合半群Sの最小消約合同は最小巾約的合同に含まれる．この結果として，可換巾合巾約半群は消約的であることの別証明が得られる．

定理12·8·4，問2によって明らかにされたように，可換半群では巾合，巾約性から消約性が導かれる．可換巾約的であっても消約的であるとは限らない．巾約的な可換半群に零を添加して得られる半群はその例である．また可換巾合消約的な半群は必ずしも巾約的でない．有限可換群がその例である．巾等元をもたない例としては，有限可換群と無限巡回半群との直積がそうである．

(12·8·6) Sを可換消約的半群とする．Sが巾約であるためには，Sの商群がねじれのない群であることが必要十分である．

証明は容易である．

巾約とアルキメデス的との関係

(12·8·7) 可換群が巾約であるのは，ねじれのない群であるときに限る．

(12·8·8) 可換巾零半群は自明でなければ巾約でない．

(12·8·9) Sは可換アルキメデス的で$|S|>1$, かつ零でない巾等元eをもつと仮定する．Sが巾約であるためには，Sがねじれのない群であることが必要十分である．

証明 Sは第2種アルキメデス的であるから，群$G=Se$の$Z=S/G$によるイデアル拡大である．Sが巾約であるとすれば，部分群Gも巾約．(12·8·7)によりGはねじれのない群であり，eはGの単位元となる．$x\varphi=ex$で定義され

る φ は準同形 $S\to_{\mathrm{on}}G$ であって，φ は G 上では恒等写像である．さて Z が自明でないと仮定し，$a\in S\backslash G$ とする．Z が巾零だから $a^m\in G$ なる正整数 m がある．$b=a^m$ とおく，$b\in G$. $a^m=b=b\varphi=(a\varphi)^m$. $a\notin G, a\varphi\in G$ だから $a\neq a\varphi$. S は巾約だからこれは矛盾である．ゆえに $|Z|=1$, すなわち $S=G$. 逆は明らかである． ∎

以上を総合すれば，

命題 12・8・10 巾等元を含む可換アルキメデス的半群 S が巾約であるためには，S がねじれのない群であることが必要十分である．

巾合成分によって巾約性を特徴づけることができる．

定理 12・8・11 可換半群 S が巾約的であるためには，S のすべての巾合成分が自明であるかまたは正有理数加法半群に同形であることが必要十分である．

証明 S は巾合部分半群の疎和に分割される：$S=\bigcup_{\lambda\in\Lambda}S_\lambda$ (§12・6)．S が巾約だからすべての S_λ もまた巾約である．S_λ が自明でなければ S_λ は巾合巾約，したがって定理 12・8・4 により正有理数加法半群に同形である．逆に $S=\bigcup_{\lambda\in\Lambda}S_\lambda$ でおのおのの巾合成分 S_λ は $|S_\lambda|=1$ または正有理数加法半群に同形であると仮定する．S の巾約性を示すために $a, b\in S, a^m=b^m$ とする．a, b, a^m, b^m は同じ巾合成分 S_λ に属する．S_λ が巾約だから $a=b$ を得る． ∎

問 3 正整数加法半群に同形な半群の系の単射準同形による帰納的極限は，正有理数加法半群に同形であることを証明せよ．

12・9 巾等元をもたないアルキメデス的半群

最後に巾等元をもたず，消約律も仮定しない可換アルキメデス的半群 S について一言する．すべての元 $a\in S$ に対し $S\supset aS\supset\cdots\supset a^nS\supset\cdots$ を主張するために，まず命題 12・9・1 をのべる．それは同時に補題 12・6・9 の精密化でもある．

命題 12・9・1 S の任意の元 a に対し

$$\bigcap_{n=1}^{\infty}a^nS=\varnothing.$$

証明 $D=\bigcap_{n=1}^{\infty}a^nS$ とおき，$D\neq\varnothing$ と仮定する．任意の $y\in D$, 各 n に対し $y=a^nt$ なる $t\in S$ がある．そのとき任意の $x\in S$ に対し，$yx=(a^nt)x=a^n(tx)\in a^nS$ なるゆえ $Dx\subseteq D$. 次に $z\in S$ を任意にとる．S がアルキメデス的だから

$a^m=zu$ なる正整数 m と $u\in S$ がある．また任意の $d\in D$ に対し $d=a^my=(zu)y=z(uy)\in zS$ なる $y\in S$ がある．ゆえに $D\subseteq zS$ がすべての z に対し成り立つ．S の任意のイデアルを I とする．$y\in I$ について $D\subseteq yS\subseteq IS\subseteq I$. したがって D は S の最小イデアル，ゆえに D は単純半群である（D は自明になることもあり得る）．しかし可換な単純半群は群である．これは S が巾等元を含まないことに矛盾する．∎

系 12·9·2　すべての $a, b\in S$ に対し，$ab\neq a$.

証明（補題 12·6·9 の別証明である．）　$a=ab$ と仮定する．

$$a=ab=ab^2=\cdots=ab^n=\cdots,$$

ゆえに $\bigcap_{n=1}^{\infty} b^nS\neq\varnothing$ となり，命題 12·9·1 に矛盾する．∎

(12·9·3)　$$S\supset aS\supset a^2S\supset\cdots\supset a^nS\supset\cdots.$$

証明　一般に $a^nS\supseteq a^{n+1}S$ である．もし $a^nS=a^{n+1}S$ とすれば，すべての $i>0$ に対し $a^nS=a^{n+i}S$ となり，$\bigcap_n a^nS\neq\varnothing$ となり矛盾する．∎

$$T_i=a^iS\backslash a^{i+1}S,\ T_0=S\backslash aS \quad \text{とおけば} \quad S=\bigcup_{i=0}^{\infty}T_i.$$

次のことは容易に導かれる．$a\in S$ を固定する．

(12·9·4)　$a^mx=a^nx$ であれば $m=n$.

(12·9·5)　$a^mx=a^ny$, $a^{m'}x=a^{n'}y$ であれば，$m-m'=n-n'$.

固定した $a\in S$ に対し関係 τ_a を定義する．

$x\tau_a y$（または $x\underset{\tau_a}{\leqq}y$ あるいは $y\underset{\tau_a}{\geqq}x$ とも書く）$\Leftrightarrow$
$x=a^ny$ なる負でない整数 n がある，

ただし a^0y は y を表わすものとする．

(12·9·6)　τ_a は S における両立的な半順序である．

また a に関連して，ρ_a を次のように定義する．

$$x\rho_a y \Leftrightarrow a^mx=a^ny \text{ なる正整数 } m, n \text{ がある．}$$

a で生成される部分半群 $[a]$ は S の共終部分半群であるが，必ずしも単位的でない（$\mathfrak{N}$-半群のときは単位的となる）．

(12·9·7)　ρ_a は S の群合同であり，$\tau_a\cup\tau_a^{-1}$ の推移閉被である．

S/ρ_a を S の a に関する**構造群**，a をその**規準元**とよぶ．$G_a=S/\rho_a$ とおけば

$$S=\bigcup_{\lambda\in G_a} S_\lambda.$$

τ_a の S_λ への制限を簡単のため $\leqq$ で表わす．

$$x\tau_a y \Leftrightarrow x\leqq y.$$

$x\leqq y$ でかつ $x\neq y$ のとき $x<y$ と書く．

　S_λ は $\leqq$ に関して疎樹（p. 89 をみよ）をなし，昇鎖律を満足し，最小元を含まない．

ことが示される．$\leqq$ に関する極大元を a に関する**素元**という．

S に関係 η を次のように定義する．

$$x\eta y \Leftrightarrow a^n x=a^n y \text{ なる正整数 } n \text{ がある．}$$

命題 12・9・8　η は S の最小消約的合同であって，S/η は $\mathfrak{N}$-半群である．

証明　η が最小消約的合同であることは(6・5・19)で証明された．S/η が巾等元を含まないことだけを示せばよい．S/η が巾等元を含むと仮定すると，$c^2\eta c$ なる $c\in S$ があるから定義により $a^k c^2=a^k c$ なる正整数 k がある．これは(12・9・2)に矛盾する．∎

η は a に関係しているようにみえて実は a に関係しない．

再び ρ_a-類 S_λ にもどる．S_λ の疎樹は η によって最大元を有する一つの鎖にうつされる．つまり S_λ の疎樹の枝がすぼんで S_λ/η では鎖になる．

S_λ/η の鎖の最大元にうつされる S_λ の極大元を**最高極大元**（または**最高素元**）とよぶ．

命題 12・9・9　S の ρ_a-類 S_λ は $\leqq$ に関して最小元をもたないが，昇鎖律を満足し最高極大元をもつ疎樹である．

第4種アルキメデス的半群については，巾合の場合においてすら多くの問題が未解決のまま残っている．構造の一般論について言及すべきであるが，ページ数の都合上，本書では立入ることができない．

問　M を自明でない巾零半群，T を $\mathfrak{N}$-半群とする．M と T の直積は第4種アルキメデス的である．

問題　可換巾零半群 M と巾合 $\mathfrak{N}$-半群の部分直積は第4種アルキメデス的であるか．すべての第4種アルキメデス的半群はこのようにのべることができるか．

補　　遺

1. p. 12, 例4, 例7. 与えられた半群を S とする. S のすべての元に普通の大小に従って全順序≦を定義する. (例7では x が1でない限り) すべての x, y について $x<x+y$ である. さて S が基底 B をもつと仮定する (例7の零1は B に含まれない). $a\in B$ とすると $a/2$ は S の元であるが, もし $(a/2)\in B$ であれば $a=(a/2)+(a/2)$ かつ $a/2<a$ であるから p. 11 の (ii′) に矛盾する. もし $a/2\notin B$ であれば, S が B で生成されるから $a/2=b_1+\cdots+b_m$ なる $b_i\in B$ があって $b_i<a/2\ (i=1, \cdots, m)$. そのとき $a=b_1+\cdots+b_m+b_1+\cdots+b_m$ であるが, $b_i<a/2<a$ であるから再び (ii′) に矛盾する. ゆえに S は基底をもたない.

2. p. 19, §1.7. もし (1·7·1), (1·7·2) の代りにそれぞれ $\varphi_a x=xa, \psi_a x=ax$ と定義すれば, $\varphi_a\varphi_b=\varphi_{ba}$, $\psi_a\psi_b=\psi_{ab}$ である.

3. p. 40. 定理 2·7·7 に示された図を**図式**という. $\varphi=\psi\eta$ を満足するとき, **図式が可換である**という. $\varphi=\psi\eta$ を除いた命題:「$\varphi: G \longrightarrow_{\text{on}} G'$ が準同形であれば, G の合同 ρ と同形 $\eta: G/\rho \longrightarrow_{\text{on}} G'$ が存在する.」においては ρ および η の唯一性は一般に成立しない.

4. p. 42, §2.8 の終. $f: S \longrightarrow_{\text{on}} S'$ を準同形とし, S' が0をもつとする. $\{x\in S: xf=0\}=I$ とすれば, I は S のイデアルである. $g: S \longrightarrow_{\text{on}} S/I$ を Rees-準同形とすれば, $f=gh$ を満足する準同形 $h: S/I \longrightarrow_{\text{on}} S'$ がただ一つ定まる.

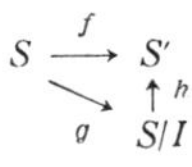

5. p. 146～p. 147, 例0の ρ_1, ρ_2 について. 一般に半群 D の最小 $\mathcal{T}_1$-合同は $\{(a^2, b^2a^2): a, b\in D\}$ で生成される合同である. S の元を (ξ, x), $\xi\in A, x\in B$ とするとき, (0, 1) および $\xi\neq 0$ のとき $(\xi, 1)$, $(\xi, 2)$, … はいずれも一元からなる ρ_1-類をつくる. 可換半群 D の最小消約的合同 ρ_2 は「$a\rho_2 b \Longleftrightarrow ax=bx$ なる $x\in D^1$ がある」で与えられる ((6·4·10) をみよ).

6. p. 195, 13, 14 行目に「ρ_H が単反射的合同」ということを理由なしにのべた. そのためにも次の命題を加えるべきであった.

命題　H が S の反射単位的部分半群, ρ_H が S の単位的合同であれば, ρ_H は S の単反射的合同である.

証明　$x', y'\in S/\rho_H$, $x'y'=e'$ (e' は S/ρ_H の単位元) を仮定して $y'x'=e'$ を証明すればよい (x' は $x\in S$ の自然準同形像である). $xy\in \mathrm{Ker}\,\rho_H$ だから任意の $h\in H$ に対し $xy\rho_H h$ である. ρ_H の定義により $xy=a_1, a_2, \cdots, a_n=h$ なる列 (定理 8·6·19 の証明に出る列) がある. 命題 8·6·11 により H が添削的だから $a_n\in H$ から $a_{n-1}\in H$, ついで $a_{n-2}\in H$, …, ついに $xy\in H$ が導かれる. H が反射的だから $yx\in H$, すなわち任意の

$h \in H$ に対し $yx\rho_H h$, したがって $y'x'=e'$. ▮

命題 8·6·13, 8·6·14, 定理 8·6·19 に「ρ_H が単位的合同であれば」の仮定があって目ざわりのようであるが, ρ_H のままでは右単位的合同でしかない. ${}_T\sigma \cup \sigma_T$ で生成される合同をはじめからとっておけばこの仮定は不必要である.

核について, 容易に得られることであるが,

（1） S の任意の単位的合同を σ とすれば, $\mathrm{Ker}\,\sigma$ は S の単位的部分半群である.

（2） S の任意の単反射的合同を σ とすれば, $\mathrm{Ker}\,\sigma$ は S の反射単位的部分半群である.

（3） S の任意の群合同を σ とすれば, $\mathrm{Ker}\,\sigma$ は S の反射単位的共終部分半群である.

7. p. 256, Y-半群と逆半群について

Y-半群と逆半群は互いに独立な概念である. 直角帯は Y-半群であるが逆半群でない. 自明な群を構造群にもち, 単位行列を定義行列にもつ完全 0-単純半群は逆半群であるが, Y-半群でない.

8. p. 262, §11·5 に関連する問題の一つの例として読者は次の問題を試みられたい.

（1） すべての部分集合が部分半群である半群は, 左零半群または右零半群の鎖和であるときに限ることを証明せよ.「鎖和」とは半束和であって, かつその半束が鎖をなすことをいう.

（2） 次の 3 条件は同値である. S は半群とする.

（i） S^2 は群 $G_\alpha(\alpha \in L)$ の半束和 $S^2=\bigcup_{\alpha \in L} G_\alpha$ である.

（ii） S は半群 $S_\alpha(\alpha \in L)$ の半束和である. ただし各 S_α は群 G_α の膨脹であって, $x_\alpha \in S_\alpha$, $y_\beta \in S_\beta$ のとき $x_\alpha y_\beta \in G_{\alpha\beta}$ を満足する.

（iii） S は群 $G_\alpha(\alpha \in L)$ の半束和 $\bigcup_{\alpha \in L} G_\alpha$ の膨脹である.

9. p. 272, **巾零指数について**. 可換巾零半群 S の巾零指数が 4 であれば, $S_2 \subset S_3 \subset S_4$ または $S_2=S_3 \subset S_4$ であるが, このような S の例として, 前者に対しては位数 4 の巡回巾零半群と位数 3 の巡回巾零半群の直積がその例であり, 後者の例として位数 4 の巡回巾零半群がある.

10. いろいろな最大分解について

練習問題として次の問題を試みられたい. S, D はいずれも半群とする.

（1） S において $\sigma=\{(xy, y) : x, y \in S\}$ とする. S の最小右零合同は $\iota \cup \sigma \cup \sigma^{-1}$ の推移閉被である.

（2） D が恒等式 $xyz=xz$ を満足するための必要十分条件は, D が零半群の直角帯和であることである.

（3） $D^2=D$ であれば, D が $xyz=xz$ を満足するための必要十分条件は, D が直角帯なることである.

（4）　$\tau=\{(xyz, xz) : x, y, z\in S\}$ とするとき，$S^2=S$ であれば S の最小直角帯合同は $\iota\cap\tau\cap\tau^{-1}$ の推移閉被である．

（5）　S の合同を ρ, S の右移動を φ とする．$x\rho y \Rightarrow x\varphi\rho y\varphi$ であるとき，ρ は φ に対し両立的であるという．たとえば

i）　S のすべての半束合同は S のすべての右(左)移動に対し両立的である．

ii）　S のすべての群合同は S のすべての右(左)移動に対し両立的である．

iii）　S の最小右零合同は S のすべての右移動に対し両立的である．

iv）　$S^2=S$ を満足する S の最小直角帯合同は S のすべての左(右)移動に対し両立的である．

v）　S の最小左簡約合同はすべての右移動に対し両立的である．

vi）　$S^2=S$ を満足する S が T のイデアルであるとき，S の最小右零（直角帯）合同はそのまま（S の外側では相等関係として）T の合同になる．

（6）　$S=\bigcup_{\alpha\in\Gamma} S_\alpha$ を中可換半群 S の最大半束分解，V を巾零半群とする．S の V によるイデアル拡大は，S_α の V によるイデアル拡大の半束和（半束はやはり Γ）である．次に Z を零をもつ中可換半群とすれば，上の結果から S の Z によるイデアル拡大についてどんなことがいえるか．ただしイデアル拡大は存在するものと仮定する．

11.　アルキメデス的半群の半束和

p. 153 のアルキメデス性は S が中可換でなくても定義される．半群 S がすべての x, $y\in S$ とすべての正整数 n に対し $(xy)^n=x^ny^n$ を満足するとき，S は**指数的** (exponential) であるという．

p. 154 の定理 6·5·14 は「中可換」を「指数的」でおきかえても成立する．しかしこれはどこまで拡張されるだろうか．最近 M. S. Putcha によってその限界が発見され，著者がその証明を簡素化した．

$b\in S^1aS^1$ のとき $a|b$ と書く．半群 S が次の条件を満足するとき，P–条件を満足するという．

（1）　$a|b \Rightarrow a^2|b^m$ なる正整数 m がある．

簡単のために $x|y^m$ なる m があるとき $x||y$ と書くと，（1）は

（1′）　$a||b \Rightarrow a^2||b$

と同値である．いま ρ を「$a\rho b \Longleftrightarrow a||b$ かつ $b||a$」で定義する．S が P–条件を満足すれば，ρ は S の最小半束合同で各 ρ–類はアルキメデス的であることを証明しよう．

$||$ の推移性は $|$ の推移性から導かれる．反射，対称性についてはいうまでもない．

補題　$b||a$, $c||a \Rightarrow bc||a$.

証明　仮定により $xby=a^l$, $zcu=a^m$ なる x, y, z, $u\in S^1$ と l, $m>0$ がある．さて $zcuxby=a^{m+l}$ から $cuxb|a^{m+l}$, P–条件により $(cuxb)^2|a^n$ なる n がある．ゆえに $bc|a^n$.

$||$ の両立性：$a||b$ を仮定し $c\in S$ とする．$b||bc$, $c||bc$ から $||$ の推移性により $a||bc$. 補題により $ac||bc$. $ca||cb$ も同じようにできる．

ρ-類はアルキメデス的である：S_α を ρ-類，$a,b\in S_\alpha$ とすれば $a||b$ かつ $b||a$ である．$b||a$ から $a^l=xby$，$a^{l+2}=(ax)b(ya)$ より $ax||a$ を得る．$a||ax$ は明らかだから，$ax\rho a$．同じようにして $ya\rho a$．こうして ax，$ya\in S_\alpha$．また $b^{m+2}=(bz)a(ub)$ から $bz,ub\in S_\alpha$ を得る．最後に「アルキメデス的半群は素単純である」の証明は読者の練習にまかす．▮

定理 次の条件は同値である．

(i) $a||b\Rightarrow a^2||b$ (P-条件).

(ii) $a||b, b||c\Rightarrow a||c$ (推移性).

(iii) $b||a,\ c||a\Rightarrow bc||a$ (公倍性).

(iv) S はアルキメデス的半群の半束和である．

12. 最大半束分解について

一般の半群の最大半束分解は第6章，第7章で議論されたが，可換，中可換，P-条件を満足するときの最小半束合同の定義を少し修正すれば，一般の場合に適用され，半束の到達性も容易に導かれる．まず σ を

$$a\sigma b\Longleftrightarrow xay=b^m \text{ なる } x,y\in S^1 \text{ と正整数 } m \text{ がある}$$

で定義し，ρ を σ の推移閉被とし，$\tilde{\rho}=\rho\cap\rho^{-1}$ とおく．

$\tilde{\rho}$ は S の最小半束合同で各 $\tilde{\rho}$-類は素単純半群である．σ は反射的，ρ は擬順序，$\tilde{\rho}$ は等値関係である．$\tilde{\rho}$ の両立性をいうには ρ の両立性をいえば十分である．

補題 1 $a^mb^m\rho ab\rho ba$ がすべての $a,b\in S$，すべての m に対し成り立つ．

証明 m に関する帰納法による．$\sigma\subseteq\rho$ だからすべての $x\in S$ に対し $x^2\sigma x$ に注意して $ab\sigma baba=(ba)^2\sigma ba$，ゆえにすべての $x,y\in S$ に対し $xy\rho yx$．次に $m>1$ とし

$$a^mb^m=a(a^{m-1}b^m)\rho(a^{m-1}b^m)a\sigma(a^{m-1}b^m)^2\sigma a^{m-1}b^m=(a^{m-1}b^{m-1})b$$
$$\rho ba^{m-1}b^{m-1}\sigma(a^{m-1}b^{m-1})^2\sigma a^{m-1}b^{m-1}\rho ab\rho ba.$$

最後の部分は帰納法の仮定による．▮

ρ の両立性を証明するために

補題 2 $a\sigma b\Rightarrow$ すべての $c\in S$ に対し $ca\rho cb, ac\rho bc$.

証明 仮定により $xay=b^m$ とする．

$$ca\sigma(ayc)^2\sigma(ayc)\sigma(c^mxay)^2\sigma c^mxay=c^mb^m\rho cb,$$

ゆえに $ca\rho cb$．$ac\rho bc$ の証明も同じである．▮

これから ρ の両立性および，$\tilde{\rho}$ が半束合同であることは直ちに導かれる．$\tilde{\rho}$ の最小性をいうために，ξ を S の任意の半束合同とする．$\Gamma=S/\xi$ とおいて $\alpha\beta=\beta(\alpha,\beta\in\Gamma)$ のとき $\alpha\leq\beta$ と定義する．また S に $\underset{\xi}{\leq}$ を

$$x\underset{\xi}{\leq}y\Longleftrightarrow\alpha\leq\beta \text{ で } x\in S_\alpha,\ y\in S_\beta$$

と定義する．$\underset{\xi}{\leq}$ は S の両立的擬順序であって，$x\xi y$ は「$x\underset{\xi}{\leq}y$ かつ $y\underset{\xi}{\leq}x$」と同値である．$x\sigma y\Rightarrow x\underset{\xi}{\leq}y$ だから $a\rho b\Rightarrow a\underset{\xi}{\leq}b$，したがって $a\tilde{\rho}b\Rightarrow a\underset{\xi}{\leq}b$ かつ $b\underset{\xi}{\leq}a$．かくて $\tilde{\rho}\subseteq\xi$ が証明された．最後に「$\tilde{\rho}$-類 S_α が素単純である」ことを証明しよう．$a,b\in S_\alpha$ とする．

$a\tilde{\rho}b$ だから

$$a=a_0,\ a_1,\cdots,\ a_{k-1},\ a_k=b=b_0,\ b_1,\cdots,\ b_{l-1},\ b_l=a$$

でかつ

$$x_{i-1}a_{i-1}y_{i-1}=a_i{}^{m_i}\quad (i=1,\cdots,k),$$
$$z_{j-1}b_{j-1}u_{j-1}=b_j{}^{n_j}\quad (j=1,\cdots,l).$$

上に注意したように $a_0\underset{\tilde{\rho}}{\leqq}a_1\underset{\tilde{\rho}}{\leqq}\cdots\underset{\tilde{\rho}}{\leqq}a_k\underset{\tilde{\rho}}{\leqq}b_1\underset{\tilde{\rho}}{\leqq}\cdots\underset{\tilde{\rho}}{\leqq}b_l$, ゆえに $a\tilde{\rho}b\tilde{\rho}a_i\tilde{\rho}b_j$ がすべての i,j に対し成り立つから，a_i, b_j はともに S_α に含まれる．さて $x_{i-1}a_{i-1}y_{i-1}=a_i{}^{m_i}$ から $(a_ix_{i-1})a_{i-1}(y_{i-1}a_i)=a_i{}^{m_i+2}$. 一方 $a_i\underset{\tilde{\rho}}{\leqq}a_ix_{i-1}\underset{\tilde{\rho}}{\leqq}a_i{}^{m_i+2}$ だから $a_ix_{i-1}\in S_\alpha$. 同じように $y_{i-1}a_i$, b_jz_{j-1}, $u_{j-1}b_j$ はいずれも S_α に含まれる．S_α に対する $\sigma,\rho,\tilde{\rho}$ をそれぞれ σ_α, ρ_α, $\tilde{\rho}_\alpha$ と書くことにする．上の結果から $a_{i-1}\sigma_\alpha a_i\,(i=1,\cdots,k)$, $b_{j-1}\sigma_\alpha b_j\,(j=1,\cdots,l)$, ゆえに $a\rho_\alpha b$ かつ $b\rho_\alpha a$. すでに $\tilde{\rho}$ が S の最小半束合同であることを証明したから $\tilde{\rho}_\alpha$ は S_α の最小半束合同である．結局 S_α が半束分解不能であることが証明された．

第6章の一般論に基づいて上述 $\tilde{\rho}$ を導くこともできるが，ここではそれを省略する．

13.　1パラメーター半群の代数的構造

1パラメーター半群は関数解析においてはあまりにも有名である．用語，記号の定義はここでは省略するが，詳しくは吉田耕作，位相解析（岩波書店，現代数学）または同氏の Functional Analysis (Springer) を参照されたい．バーナッハ空間 L から L の中への線形作用素 U を考える（$x\in L$ のとき Ux を x の U による像とする）．$0\leqq t<\infty$ なる実数値 t に対し線形作用素 U_t が対応して，すべての $s,t\geqq 0$, すべての $x\in L$ に対し

（1）　$U_sU_t=U_{s+t}$,　U_0 は恒等作用素，

（2）　$\lim\limits_{t\to t_0} U_t\cdot x=U_{t_0}\cdot x$,

（3）　$\|U_t\cdot x\|\leqq\|x\|$

が成立するとき，$\{U_t : 0\leqq t<\infty\}$ は**1パラメーター半群**をなすという．たとえば $[0,\infty)$ で連続な関数の全体のなす空間を L とする．L の元 $x(s)$ に対し

$$(U_t\cdot x)(s)=e^{\alpha t}\cdot x(s)$$

と定義すれば1パラメーター半群を得る．ここでは U_t の内容や効果は問題外として $\{U_t : 0\leqq t<\infty\}$ の代数的構造をとりあげる．（1）から明らかなように，負でないすべての実数からなる加法半群の準同形像にほかならない．問題を一般にして半群 S の合同と $S^0(=S\cup\{0\}$, 加法だから 0 は単位元）の合同の関係を考えよう．S^0 の合同を ρ とし，$\sigma=\rho|S$ とすれば S の合同 σ を得る．逆に σ を S の合同とする．$\rho=\sigma\cup\{(0,0)\}$ が S^0 の合同になり，S^0/ρ は S/σ に単位元 0 を添加したものである．S/σ が単位元をもつときは，いまのべた ρ のほかに，もう一つの合同をつくることができる：S/σ の単位元に対応する σ-類に 0 をつけ加えてできる合同がある．したがって S の合同が本質的なものになる．さていまの場合 S を全正実数加法半群とする．S はアルキメデス的であり，S

の真の準同形像は巾等元を含むから，第1種または第2種アルキメデス的である．詳しい証明は練習に任す．

14. 半オートマトンと半群

有限個の元からなる集合 $S=\{s_1, s_2, \cdots, s_n\}$ と，もう一つの有限集合 $\Sigma=\{\sigma_1, \cdots, \sigma_m\}$ があり，各 σ_i に対し S の変換 $M\sigma_1, \cdots, M\sigma_m$ が対応する．$M=\{M\sigma_1, \cdots, M\sigma_m\}$ とおく（$M\sigma_i$ と $M\sigma_j$ は同じものであってもよい）．S, Σ, M の三つからなる系 $\boldsymbol{A}=(S, \Sigma, M)$ を**半オートマトン** (semiautomaton) とよぶ．S の元 s_i を $\boldsymbol{A}$ の**内部状態** (state)，Σ の元 σ_i を $\boldsymbol{A}$ の**入力記号** (imput) という．

たとえば $S=\{1,2,3,4,5\}$, $\Sigma=\{\sigma_1, \sigma_2\}$,

$$M\sigma_1=\begin{pmatrix}1&2&3&4&5\\3&1&2&1&4\end{pmatrix}, \quad M\sigma_2=\begin{pmatrix}1&2&3&4&5\\4&3&2&3&5\end{pmatrix}$$ とする．

$\boldsymbol{A}$ を次のように表わす．

		内部状態
	$\boldsymbol{A}$	1 2 3 4 5
入力記号	σ_1	3 1 2 1 4
	σ_2	4 3 2 3 5

別の表わし方として下の図は**推移図**とよばれる．

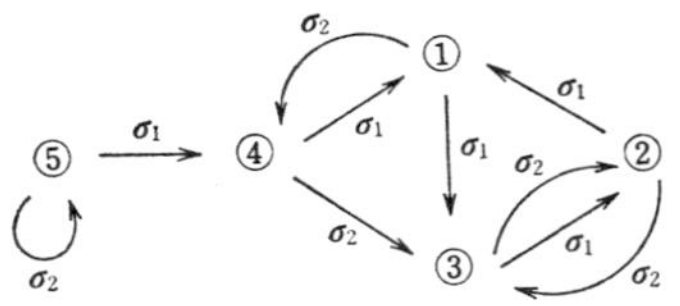

Σ で生成される自由半群を Σ^* とする．Σ^* の各元 $x=\sigma_{i_1}\sigma_{i_2}\cdots\sigma_{i_k}$ に対し $M_x=M\sigma_{i_1}M\sigma_{i_2}\cdots M\sigma_{i_k}$（右辺は変換の積で左から先に作用する）を対応させる．M_x は S の変換である．$\boldsymbol{A}$ が s_i という状態にあるとき，x を構成する入力記号の列を $\boldsymbol{A}$ に作用すれば，s_iM_x という状態になると考えられる．別に M_1 を S の恒等変換とする．M_1 と $\{M_x : x\in\Sigma^*\}$ で生成される S の変換半群を**半オートマトン $\boldsymbol{A}$ の半群**といい，$G_{\boldsymbol{A}}$ と書く．$G_{\boldsymbol{A}}$ は明らかに単位元を有する有限半群である．Σ^* に空なる語1（単位元）を添加した Σ^{*1} から，あらかじめ与えられた写像 $\Sigma \longrightarrow_{\text{on}} M$ を Σ^{*1} に拡大した準同形による像が，$G_{\boldsymbol{A}}$ である．このようにして半オートマトン $\boldsymbol{A}$ が与えられるとき，半群 $G_{\boldsymbol{A}}$ が定まる．一方単位元をもつ有限半群 G が与えられるとき，G の元を内部状態，G の生成元を入力記号（G のすべての元をとってもよい）とし，$\sigma\in\Sigma$ のとき M_σ として G の内部右移動をとる．こうして $\boldsymbol{A}$ を作るとき，$\boldsymbol{A}$ の半群は G 自身に同形である．しかし G に対する $\boldsymbol{A}$ はただ一つとは限らない．

S, Σ, M は前に定義した通りであるが，このほかに S の一つの元 s_0（**初期状態**という)，S の一つの部分集合 F (**終期状態の集合**という) を指定した S, Σ, M, s_0, F の五つの系

$$\hat{A}=(S,\ \Sigma,\ M,\ s_0,\ F)$$

を**オートマン** (automaton) という．このとき $A=(S, \Sigma, M)$ をオートマトン $\hat{A}$ の半オートマトンとよぶ．初期状態 s_0，終期状態の集合 F をいろいろ変えることにより同じ A に対し種種の $\hat{A}$ を考えることができる．$x \in \Sigma^*$ を読みとって後，$\hat{A}$ が F に属する状態にあるならば x を承諾 (accept) するといい，そうでないとき x を拒絶 (reject) するという．こうして $\hat{A}$ は Σ^* の元をどちらかに分類 (recognize) する働きをするわけである．参考書として，A. Ginzburg, Algebraic theory of automata, Academic Press, 1968 をあげる．

15.　言語と半群

数学でいう言語とはアルファベットの有限列 (普通の言語でいう「文章」に当る) の集合のことである．アルファベットの集合を A とし，A で生成される自由半群を F，F の空でない部分集合を L とする．L を**言語** (language) という．

F に関係 Δ を次のように定義する：$\alpha, \beta \in F$ とする．

　すべての $x, y \in F^1$ に対し，$x\alpha y$ と $x\beta y$ がともに L に属するかまたはともに L に属さないとき，$\alpha \Delta \beta$ とする．

Δ は F の合同関係である．$S=F/\Delta$ を**言語** L **の半群**とよぶ．$\alpha \Delta \beta$ をおおざっぱにいえば，α を含む形式的な文字の並びが L という言語の範囲で許される (すなわち「意味」がある) なら，α のところだけを β でおきかえたものも L の範囲で許され，またその逆も成り立つと考えられる．その解釈はさておき，数学的に簡単にわかることは

言語 L は Δ-類の和集合であり，Δ は L が合同類の和集合になるような F の合同のうちで最大のものである．また $\Delta=\omega_F(=F\times F)$ であるのは，$L=F$ であるときに限る．

「言語の半群」の例をあげよう．

例 1　$A=\{s, a\}$，$L=\{sa^{2n} : n=0, 1, 2, \cdots\}$ (ただし sa^0 は s を表わす) とするとき，F の Δ-類は

$$A_1=\{s, sa^2, sa^4, \cdots\},\ A_2=\{sa, sa^3, sa^5, \cdots\},\ A_3=\{a^2, a^4, \cdots\}, A_4=\{a, a^3, \cdots\},$$

これらのほかのすべての元からなる類を A_0 とする．したがって S は5元からなる半群であり，零半群 $\{A_0, A_1, A_2\}$ と群 $\{A_3, A_4\}$ の半束和であって $\{A_0, A_1, A_2\}$ がイデアルである．

	A_0	A_1	A_2	A_3	A_4
A_0	A_0	A_0	A_0	A_0	A_0
A_1	A_0	A_0	A_0	A_1	A_2
A_2	A_0	A_0	A_0	A_2	A_1
A_3	A_0	A_0	A_0	A_3	A_4
A_4	A_0	A_0	A_0	A_4	A_3

例 2　A, F は例1と同じであるとし，$L=\{a^nsa^n : n=0, 1, 2, \cdots\}$ とする．$n \neq m$ であれば $a^nsa^n \in L$ であるが $a^nsa^m \notin L$．$x, y \in F^1$ とするとき，$a^nsa^n \in L$ であるが，$xsysa^n \notin L$ だから結局 a^n は1元だけで Δ-類を作る．よって F/Δ は無限である．F/Δ がどんな構造をもつかは読者の練習に残す．

さて例1では s を sa^2 でおきかえる変換 $s \longmapsto sa^2$ によって各 Δ-類が不変である，すなわちすべての $x, y \in F^1$ に対し xsy と xsa^2y が同じ Δ-類に属する．すべての $x, y \in F^1$ に対して $xsy\rho xsa^2y$ が成立する F の合同 ρ のうち最小のものが Δ である．この意味で $s \longmapsto sa^2$ は Δ を定める一つの手段となる．このような変換を代入法則(substitution rule)という．例2では $s \longmapsto asa$ が代入法則である．しかしすべての Δ が代入法則で定まるとは限らない．たとえば同じ $A=\{s, a\}$ の下で $L=\{s, sa\}$ とおけば，L に対応する Δ は代入法則で定まらない．

$S=F/\Delta$ が可換半群であるのは，いかなる言語のときであろうか．S が可換半群であるための必要十分条件は

$x_1, \cdots, x_n \in L \Rightarrow \{1, \cdots, n\}$ のすべての置換 σ に対し $x_{1\sigma} \cdots x_{n\sigma} \in L$ を満足することである．

16. 第6章．P を $\mathcal{B}$ の作用素とするとき，空関係□に対して□P をどのように定義するか，はっきり述べなかった恨みがあるが，P を具体的に定義するとき，□P は自然に定まるものと解釈される．たとえば□$R=\iota$ であり，□$(-\mathbb{1})=$□ とみなすから□$S=$□ また□$T=$□ である．

17. 定理 4·3·2 は G' の可換性を仮定しなくても成立する．

18. 定理 12·3·13 に関して最近次の結果が知られた．

n を $n \geqq 2$ なる正整数とするとき，$S_n=S_{n+1}$ なる巾零半群 S が存在する．m を $m>2$ なる正整数とする．S が巾零指数 m なる元を含むための必要十分条件は次の条件を満足する正整数 k が存在することである．

$$1<k<m, \quad \left[\frac{m}{k}\right] \leqq n, \quad \left[\frac{m}{k-1}\right] > n+1.$$

ただし $[x]$ は $[x]-1<x \leqq [x]$ なる正整数のことである．n が与えられたとき m の最大値は n^2 である．なお $S \neq \{0\}$ だから $n \geqq 2$ とした．$m \leqq 2$ であれば S は必ず巾零指数 m の元を含むから $m>2$ と仮定した．

位数3の半群

番号	§4·2 における順	α_0 $\begin{pmatrix} a & b & c \\ a & b & c \end{pmatrix}$	α_1 $\begin{pmatrix} a & b & c \\ a & c & b \end{pmatrix}$	α_2 $\begin{pmatrix} a & b & c \\ b & a & c \end{pmatrix}$	α_3 $\begin{pmatrix} a & b & c \\ b & c & a \end{pmatrix}$	α_4 $\begin{pmatrix} a & b & c \\ c & a & b \end{pmatrix}$	α_5 $\begin{pmatrix} a & b & c \\ c & b & a \end{pmatrix}$	備考
1	(18)	a b c a b c a b c	$1\text{-}\alpha_0$	$1\text{-}\alpha_0$	$1\text{-}\alpha_0$	$1\text{-}\alpha_0$	$1\text{-}\alpha_0$	右零半群
2	(7)	a a a a a a a a a	$2\text{-}\alpha_0$	b b b b b b b b b	$2\text{-}\alpha_2$	c c c c c c c c c	$2\text{-}\alpha_4$	零半群
3	(13)	a a a a a a a a b	a a a a c a a a a	b b b b b b b b a	c b b b b b b b b	c c c c a c c c c	b c c c c c c c c	巾零巡回半群
4	(2)	a b a b a b a b a	a a c a a c c c a	b a a a b b a b b	b b c b b c c c b	c a a a c c a c c	c b c b c b c b c	固有第2種アルキメデス的
5	(4)	a b b b a a b a a	a c c c a a c a a	b a b a b a b a b	b c b c b c b c b	c c a c c a a a c	c c b c c b b b c	固有第2種アルキメデス的
6	(1)	a b c b c a c a b	$6\text{-}\alpha_0$	c a b a b c b c a	$6\text{-}\alpha_2$	b c a c a b a b c	$6\text{-}\alpha_4$	群
7	(16)	a b a a b a a b a	a a c a a c a a c	a b b a b b a b b	b b c b b c b b c	a c c a c c a c c	c b c c b c c b c	右零半群の膨脹
8	(6)	a a a a b c a b c	$8\text{-}\alpha_0$	a b c b b b a b c	$8\text{-}\alpha_2$	a b c a b c c c c	$8\text{-}\alpha_4$	右零半群の0-添加
9	(14)	a a a a b b a b b	a a a a c c a c c	a b a b b b a b a	c b c b b b c b c	a a c a a c c c c	b b c b b c c c c	零半群の0-添加
10	(5)	a a a a b c a c b	a a a a c b a b c	a b c b b b c b a	c b a b b b a b c	a b c b a c c c c	b a c a b c c c c	群の0-添加
11	(15)	a b a a b b a b c	a a c a b c a c c	$11\text{-}\alpha_0$	a b c b b c c b c	$11\text{-}\alpha_1$	$11\text{-}\alpha_3$	右零半群の1-添加
12	(17)	a b b a b b a b c	a c c a b c a c c	a b a a b a a b c	a b c c b c c b c	a a c a b c a a c	a b c b b c b b c	{右零半群} | {c}
13	(8)	a a a a a a a a c	a a a a b a a a a	b b b b b b b b c	a b b b b b b b b	c c c c b c c c c	a c c c c c c c c	{零半群} | {c}
14	(10)	a a a a a b a a c	a a a a b a a c a	b b a b b b b b c	a b b b b b c b b	c a c c b c c c c	a c c b c c c c c	{零半群} | {c}
15	(11)	a a a a a b a b c	a a a a b c a c a	b b a b b b a b c	a b c b b b c b b	c a c a b c c c c	a b c b c c c c c	零半群の1-添加
16	(3)	a b a b a b a b c	a a c a b c c c a	b a a a b b a b c	a b c b b c c c b	c a a a b c a c c	a b c b c b c b c	群の1-添加
17	(9)	a a a a b a a a c	$17\text{-}\alpha_0$	a b b b b b b b c	$17\text{-}\alpha_2$	a c c c b c c c c	$17\text{-}\alpha_4$	半束 
18	(12)	a a a a b b a b c	a a a a b c a c c	a b a b b b a b c	a b c b b b c b c	a a c a b c c c c	a b c b b c c c c	半束(鎖)

位 数 4 の 半 群

*印は可換でなくかつ自身に逆同形であるものを示す.

I. 素 単 純

（1） 可換分解不能

1(右零半群)	2*(直角帯)
$a\ b\ c\ d$	$a\ b\ a\ b$
$a\ b\ c\ d$	$a\ b\ a\ b$
$a\ b\ c\ d$	$c\ d\ c\ d$
$a\ b\ c\ d$	$c\ d\ c\ d$

（2） 巾零半群

$a\ a\ a\ a$
$a\ a\ a\ a$
$a\ a$ □
$a\ a$

□ の部分だけ以下に示す.

3(零半群)	4	5*	6	7	8	9	10*	11	12(巡回巾零)
$a\ a$	$a\ a$	$a\ a$	$a\ a$	$a\ b$	$a\ b$	$b\ a$	$b\ a$	$b\ b$	$a\ b$
$a\ a$	$a\ b$	$b\ a$	$b\ b$	$b\ a$	$b\ b$	$a\ b$	$b\ b$	$b\ b$	$b\ c$

（3） 群の巾零半群によるイデアル拡大

13	14(直積)	15	16	17	18	19
$a\ b\ a\ a$	$a\ b\ a\ b$	$a\ b\ b\ b$	$a\ b\ a\ a$	$a\ b\ a\ b$	$a\ b\ c\ a$	$a\ b\ c\ b$
$b\ a\ b\ b$	$b\ a\ b\ a$	$b\ a\ a\ a$	$b\ a\ b\ b$	$b\ a\ b\ a$	$b\ c\ a\ b$	$b\ c\ a\ c$
$a\ b\ a\ a$	$a\ b\ a\ b$	$b\ a\ a\ a$	$a\ b\ a\ a$	$a\ b\ a\ b$	$c\ a\ b\ c$	$c\ a\ b\ a$
$a\ b\ a\ a$	$b\ a\ b\ a$	$b\ a\ a\ a$	$a\ b\ a\ c$	$b\ a\ b\ c$	$a\ b\ c\ a$	$b\ c\ a\ c$

20(巡回群)	21(2×2群)
$a\ b\ c\ d$	$a\ b\ c\ d$
$b\ c\ d\ a$	$b\ a\ d\ c$
$c\ d\ a\ b$	$c\ d\ a\ b$
$d\ a\ b\ c$	$d\ c\ b\ a$

（4） 巾等分解可能, 可換分解可能であるが素単純

22	23	24(右群)	25	26	27
$a\ b\ c\ a$	$a\ b\ c\ a$	$a\ b\ c\ d$	$a\ b\ a\ a$	$a\ b\ a\ a$	$a\ b\ a\ b$
$a\ b\ c\ a$	$a\ b\ c\ a$	$a\ b\ c\ d$	$a\ b\ a\ a$	$a\ b\ a\ a$	$a\ b\ a\ b$
$a\ b\ c\ a$	$a\ b\ c\ b$	$c\ d\ a\ b$	$a\ b\ a\ a$	$a\ b\ a\ a$	$a\ b\ a\ b$
$a\ b\ c\ a$	$a\ b\ c\ a$	$c\ d\ a\ b$	$a\ b\ a\ a$	$a\ b\ a\ c$	$a\ b\ a\ b$

II.

$\{a\}$
|
$\{b, c, d\}$

28	29	30	31	32	33	34
$a\ a\ a\ a$	$a\ a\ a\ a$	$a\ a\ a\ a$	$a\ a\ a\ a$	$a\ a\ a\ a$	$a\ a\ a\ a$	$a\ a\ a\ a$
$a\ b\ c\ d$	$a\ b\ b\ b$	$a\ b\ b\ b$	$a\ b\ c\ b$	$a\ b\ c\ c$	$a\ b\ c\ d$	$a\ b\ c\ b$
$a\ b\ c\ d$	$a\ b\ b\ b$	$a\ b\ b\ b$	$a\ c\ b\ c$	$a\ c\ b\ b$	$a\ c\ d\ b$	$a\ b\ c\ b$
$a\ b\ c\ d$	$a\ b\ b\ b$	$a\ b\ b\ c$	$a\ b\ c\ b$	$a\ c\ b\ b$	$a\ d\ b\ c$	$a\ b\ c\ b$

III.

$\{a, b\}$
|
$\{c, d\}$

$$\begin{array}{cccc} a&b&a&a\\ a&b&a&a\\ a&b&c&d\\ a&b&c&d \end{array}$$
35

$$\begin{array}{cccc} a&b&a&b\\ a&b&a&b\\ a&b&c&d\\ a&b&c&d \end{array}$$
36(直積)

$$\begin{array}{cccc} a&b&a&a\\ a&b&b&b\\ a&b&c&d\\ a&b&c&d \end{array}$$
37

$$\begin{array}{cccc} a&b&a&a\\ a&b&a&a\\ a&b&c&c\\ a&b&d&d \end{array}$$
38

$$\begin{array}{cccc} a&b&a&a\\ a&b&b&b\\ a&b&c&c\\ a&b&d&d \end{array}$$
39

$$\begin{array}{cccc} a&b&a&a\\ a&b&b&b\\ a&b&c&c\\ a&b&c&c \end{array}$$
40

$$\begin{array}{cccc} a&b&b&b\\ a&b&b&b\\ a&b&c&c\\ a&b&c&c \end{array}$$
41

$$\begin{array}{cccc} a&b&a&a\\ a&b&b&b\\ a&b&c&d\\ a&b&d&c \end{array}$$
42

$$\begin{array}{cccc} a&b&a&b\\ a&b&b&a\\ a&b&c&d\\ a&b&d&c \end{array}$$
43

$$\begin{array}{cccc} a&b&b&b\\ a&b&b&b\\ a&b&c&d\\ a&b&d&c \end{array}$$
44

$$\begin{array}{cccc} a&a&a&a\\ a&a&a&a\\ a&a&c&d\\ a&a&c&d \end{array}$$
45

$$\begin{array}{cccc} a&a&a&a\\ a&a&a&a\\ a&b&c&d\\ a&b&c&d \end{array}$$
46

$$\begin{array}{cccc} a&a&a&a\\ a&a&b&b\\ a&a&c&d\\ a&a&c&d \end{array}$$
47

$$\begin{array}{cccc} a&a&a&a\\ a&a&b&b\\ a&b&c&d\\ a&b&c&d \end{array}$$
48

$$\begin{array}{cccc} a&a&a&a\\ a&a&a&a\\ a&a&c&c\\ a&a&c&c \end{array}$$
49(直積)

$$\begin{array}{cccc} a&a&a&a\\ a&a&b&b\\ a&a&c&c\\ a&a&c&c \end{array}$$
50

$$\begin{array}{cccc} a&a&a&a\\ a&a&b&b\\ a&b&c&c\\ a&b&c&c \end{array}$$
51

$$\begin{array}{cccc} a&a&a&a\\ a&a&a&a\\ a&a&c&d\\ a&a&d&c \end{array}$$
52

$$\begin{array}{cccc} a&a&a&a\\ a&a&a&a\\ a&b&c&d\\ a&b&d&c \end{array}$$
53

$$\begin{array}{cccc} a&a&a&a\\ a&a&b&b\\ a&b&c&d\\ a&b&d&c \end{array}$$
54

$$\begin{array}{cccc} a&b&a&a\\ b&a&b&b\\ a&b&c&d\\ a&b&c&d \end{array}$$
55

$$\begin{array}{cccc} a&b&a&a\\ b&a&b&b\\ a&b&c&c\\ a&b&c&c \end{array}$$
56

$$\begin{array}{cccc} a&b&a&a\\ b&a&b&b\\ a&b&c&d\\ a&b&d&c \end{array}$$
57

$$\begin{array}{cccc} a&b&a&b\\ b&a&b&a\\ a&b&c&d\\ b&a&d&c \end{array}$$
58(直積)

IV. $\{a, b, c\}$
|
$\{d\}$

$$\begin{array}{cccc} a&b&c&a\\ a&b&c&a\\ a&b&c&a\\ a&b&c&d \end{array}$$
59

$$\begin{array}{cccc} a&b&c&a\\ a&b&c&b\\ a&b&c&a\\ a&b&c&d \end{array}$$
60

$$\begin{array}{cccc} a&b&c&a\\ a&b&c&b\\ a&b&c&c\\ a&b&c&d \end{array}$$
61

$$\begin{array}{cccc} a&a&a&a\\ a&a&a&a\\ a&a&a&a\\ a&a&a&d \end{array}$$
62

$$\begin{array}{cccc} a&a&a&a\\ a&a&a&b\\ a&a&a&a\\ a&a&a&d \end{array}$$
63

$$\begin{array}{cccc} a&a&a&a\\ a&a&a&b\\ a&a&a&b\\ a&a&a&d \end{array}$$
64

$$\begin{array}{cccc} a&a&a&a\\ a&a&a&b\\ a&a&a&c\\ a&a&a&d \end{array}$$
65

$$\begin{array}{cccc} a&a&a&a\\ a&a&a&a\\ a&a&a&c\\ a&a&c&d \end{array}$$
66

$$\begin{array}{cccc} a&a&a&a\\ a&a&a&b\\ a&a&a&a\\ a&a&c&d \end{array}$$
67*

$$\begin{array}{cccc} a&a&a&a\\ a&a&a&b\\ a&a&a&c\\ a&a&c&d \end{array}$$
68

$$\begin{array}{cccc} a&a&a&a\\ a&a&a&b\\ a&a&a&b\\ a&b&b&d \end{array}$$
69

$$\begin{array}{cccc} a&a&a&a\\ a&a&a&c\\ a&a&a&c\\ a&b&c&d \end{array}$$
70

$$\begin{array}{cccc} a&a&a&a\\ a&a&a&b\\ a&a&a&c\\ a&b&c&d \end{array}$$
71

$$\begin{array}{cccc} a&a&a&a\\ a&a&a&a\\ a&a&b&a\\ a&a&a&d \end{array}$$
72

$$\begin{array}{cccc} a&a&a&a\\ a&a&a&b\\ a&a&b&c\\ a&b&c&d \end{array}$$
73

$$\begin{array}{cccc} a&b&a&a\\ b&a&b&b\\ a&b&a&a\\ a&b&a&d \end{array}$$
74

$$\begin{array}{cccc} a&b&a&a\\ b&a&b&b\\ a&b&a&c\\ a&b&a&d \end{array}$$
75

$$\begin{array}{cccc} a&b&a&a\\ b&a&b&b\\ a&b&a&c\\ a&b&c&d \end{array}$$
76

$$\begin{array}{cccc} a&b&b&a\\ b&a&a&b\\ b&a&a&b\\ a&b&b&d \end{array}$$
77

$$\begin{array}{cccc} a&b&b&a\\ b&a&a&b\\ b&a&a&c\\ a&b&b&d \end{array}$$
78

$$\begin{array}{cccc} a&b&b&a\\ b&a&a&b\\ b&a&a&c\\ a&b&c&d \end{array}$$
79

$$\begin{array}{cccc} a&b&c&a\\ b&c&a&b\\ c&a&b&c\\ a&b&c&d \end{array}$$
80

$$\begin{array}{cccc} a&b&a&a\\ a&b&a&a\\ a&b&a&a\\ a&b&a&d \end{array}$$
81

$$\begin{array}{cccc} a&b&a&a\\ a&b&a&a\\ a&b&a&c\\ a&b&a&d \end{array}$$
82

$$\begin{array}{cccc} a&b&a&a\\ a&b&a&b\\ a&b&a&a\\ a&b&a&d \end{array}$$
83

$$\begin{array}{cccc} a&b&a&a\\ a&b&a&b\\ a&b&a&c\\ a&b&a&d \end{array}$$
84

$$\begin{array}{cccc} a&b&a&b\\ a&b&a&b\\ a&b&a&b\\ a&b&a&d \end{array}$$
85

$$\begin{array}{cccc} a&b&a&a\\ a&b&a&a\\ a&b&a&a\\ a&b&c&d \end{array}$$
86

$$\begin{array}{cccc} a&b&a&a\\ a&b&a&a\\ a&b&a&c\\ a&b&c&d \end{array}$$
87

$$\begin{array}{cccc} a&b&a&a\\ a&b&a&b\\ a&b&a&a\\ a&b&c&d \end{array}$$
88

$$\begin{array}{cccc} a&b&a&a\\ a&b&a&b\\ a&b&a&c\\ a&b&c&d \end{array}$$
89

$$\begin{array}{cccc} a&b&a&b\\ a&b&a&b\\ a&b&a&b\\ a&b&c&d \end{array}$$
90

V.

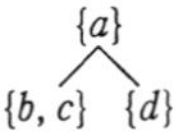

a	a	a	a
a	b	c	a
a	b	c	a
a	a	a	d

91

a	a	a	a
a	b	b	a
a	b	b	a
a	a	a	d

92

a	a	a	a
a	b	c	a
a	c	b	a
a	a	a	d

93

VI.

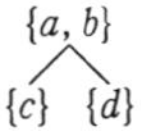

a	b	a	a
a	b	b	a
a	b	c	a
a	b	a	d

94

a	b	b	a
a	b	b	a
a	b	c	a
a	b	b	d

95

a	b	b	b
a	b	b	b
a	b	c	b
a	b	b	d

96

a	a	a	a
a	a	a	a
a	a	c	a
a	a	a	d

97

a	a	a	a
a	a	b	a
a	a	c	a
a	a	a	d

98

a	a	a	a
a	a	b	a
a	a	c	a
a	b	a	d

99*

a	a	a	a
a	a	b	a
a	a	c	a
a	b	b	d

100*

a	a	a	a
a	a	b	a
a	b	c	a
a	a	a	d

101

a	b	a	a
b	a	b	b
a	b	c	a
a	b	a	d

102

VII.

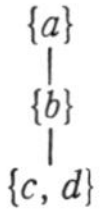

a	a	a	a
a	b	b	b
a	b	c	d
a	b	c	d

103

a	a	a	a
a	b	b	b
a	b	c	c
a	b	c	c

104

a	a	a	a
a	b	b	b
a	b	c	d
a	b	d	c

105

VIII.

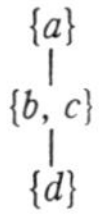

a	a	a	a
a	b	c	b
a	b	c	c
a	b	c	d

106

a	a	a	a
a	b	c	c
a	b	c	c
a	b	c	d

107

a	a	a	a
a	b	b	b
a	b	b	b
a	b	b	d

108

a	a	a	a
a	b	b	b
a	b	b	c
a	b	b	d

109

a	a	a	a
a	b	b	b
a	b	b	c
a	b	c	d

110

a	a	a	a
a	b	c	b
a	c	b	c
a	b	c	d

111

IX.

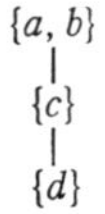

a	b	a	a
a	b	b	b
a	b	c	c
a	b	c	d

112

a	b	b	a
a	b	b	b
a	b	c	c
a	b	c	d

113

a	b	b	b
a	b	b	b
a	b	c	c
a	b	c	d

114

a	a	a	a
a	a	a	a
a	a	c	c
a	a	c	d

115

a	a	a	a
a	a	a	b
a	a	c	c
a	a	c	d

116

a	a	a	a
a	a	a	b
a	a	c	c
a	b	c	d

117

a	a	a	a
a	a	b	b
a	a	c	c
a	a	c	d

118

a	a	a	a
a	a	b	b
a	a	c	c
a	b	c	d

119

a	a	a	a
a	a	b	b
a	b	c	c
a	b	c	d

120

a	b	a	a
b	a	b	b
a	b	c	c
a	b	c	d

121

X. 半束

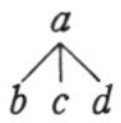

122

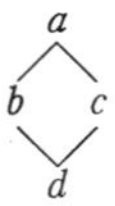

123

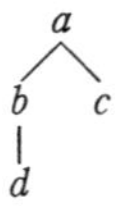

124

125

126

参考文献についての注意

第 4 章　§4·3 はたとえば Van der Waerden §13 に扱われている．直角帯については木村（2）1958．右群については Clifford（1）1933 を，逆半群については Liber 1954, Thierrin 1952, Munn-Penrose 1955, Vagner 1952, Preston（1）1954,（2）1956 を，極大部分群については Wallace 1953, 木村（1）1954 を参照．

第 5 章　歴史的には Suschkewitsch, Rees（1）1940,（2）1941, また現代的整頓としてClifford-Preston, Vol. 1 参照．

第 6 章　大部分は著者の The theory of operations on binary relations, Trans. Amer. Math. Soc. (120) 1965, 343-358 の中から整理した．また Cifford-Preston Vol. 2 参照．帯の半束分解 McLean の定理の証明は彼の 1954 を改良したものである．可換半群の場合は田村-木村 1954, 沼倉 1954, 分離的分解は Hewitt-Zuckerman（2）1956 (§4)による．中可換の場合の半束分解については Chrislock 1969.

第 7 章　命題 7·2·2, 定理 7·4·1 は田村（8）1964 の証明を改良した．§7·7 にのべた証明は田村（4）1956よりとる．フィルター，素イデアルの立場からの議論としてPetrich（2）1964 は「最大半束分解における各合同類のイデアルは素イデアルを含まない」ことを証明した．これから合同類が素単純であることが直ちに証明される．半束の到達可能性は田村（9）1966 で証明されている．§7·8 については Clifford-Preston Vol. 1, Putcha による．

第 8 章　K-群は Atiyah 1967 による．群合同について Dubreil 1941, Clifford-Preston Vol. 2 参照．

第 9 章　つむぎ積は山田（3）1962, 木村（2）1958 による．

第 10 章　移動については田村, Math. Japonicae 3, 1955, 137-141, Clifford-Preston Vol. 1, 移動疾ならびにイデアル拡大についてはClifford-Preston Vol. 1, 吉田（1）1965 を参考にされたい．Petrich（3）1970 のほかに彼の多くの研究がある．半束和について山田（2）1956,（3）1962,（6）1967, 吉田-山田 1969．左零合成については吉田（2）1965,（3）1966 参照．

第 11 章　山田半群については山田（4）1963,（5）1964, 山田（3）1962, 山田-木村 Proc. Japan Acad. 34, 1958, 110-112 を，有限素単純半群については田村 Proc. Japan Acad. 43, 1967, 93-97 など参照．有限半群の位数高高 5 については田村（3）1955, 田村, 徳島大学芸紀要 2, 1952, 1-12; 同 5, 1954, 17-27.

第 12 章　田村（7）1957, (10) 1968, (11) 1970, Levin-田村 1970 など．

オートマトンへの応用，位相半群，順序のついた半群についてまとめることができなかったが，後日に譲る．順序半群については日本では斎藤亨氏の研究がある．

文　献

半群の単行本

Bruck, R. H., A survey of Binary Systems, Ergebnisse der Math., Heft 20, Springer, Berlin, 1958.

Clifford, A. H. and Preston, G. B., The Algebraic Theory of Semigroups, Vol. 1, American Mathematical Society Surveys 7, Providence, R. I., 1961.

Clifford, A. H. and Preston, G. B., The Algebraic Theory of Semigroups Vol. 2, American Mathematical Society Surveys 7, Providence, R. I., 1967.

Hofmann, K. H. and Mostert, D. S., Elements of Compact Semigroups, Charles E. Merrill Books, 1966.

Ljapin, E. S., Semigroups, Gosudarstv. Izdat. Fiz-Mat. Lit., Moscow, 1960. English translation, American Mathematical Society, Providence, R. I., 1963.

Petrich, M., Lectures in Abstract Semigroups, Vol. 1, C. E. Merrill Publ. Co. (近く刊行される見込)

Rédei, The Theory of Finitely Generated Commutative Semigroups, Pergamon, 1965.

論文ならびに関係する単行本

Atiyah, M. F., *K*-Theory, W. A. Benjamin Inc., New York, 1967.

Biggs, R., Sasaki, M. (佐々木) and Tamura, T. (田村), Non-negative integer valued functions on commutative groups I, Proc. Japan Acad., **41** (1965), 564-569.

Chrislock, J. L.

(1) The structure of archimedean semigroups, Dissertation, University of California, Davis, 1966.

(2) On medial Semigroups, Jour. of Algebra, **12** (1969), 1-9.

Clifford, A. H.,

(1) A system arising from a weakened set of group postulates, Annals of Math., **34** (1933), 865-871.

(2) Semigroups admitting relative inverses, Annals of Math., **42** (1941), 1037-1049.

(3) Matrix representations of completely simple semigroups, Amer. Jour.

Math., **64** (1942), 327-342.

(4) Extensions of semigroups, Trans. Amer. Math. Soc., **68** (1950), 165-173.

(5) Bands of semigroups, Proc. Amer. Math. Soc., **5** (1954), 499-504.

(6) Basic representations of completely simple semigroups, Amer. Jour. Math., **82** (1960), 430-434.

Clifford, A. H. and Miller, D. D., Semigroups having zeroid elements, Amer. J. Math., **70** (1948), 117-125.

Croisot, R., Équivalences principales bilatères définies dans un demi-groupe, J. Math. Pures Appl. (9) **36** (1957), 373-417.

Dubreil, P., Contribution à la théorie des demi-groupes, Mém. Acad. Sci. Inst. France (2) **63**, no. 3 (1941), 52 pp.

Fennemore, C., All varieties of bands, Semigroup Forum. Vol. 1, No. 2, 1970, 172-179.

Forsythe, G. E., SWAC computes 126 distinct semigroups of order 4, Proc. Amer. Math. Soc., **6** (1955), 443-445.

Green, J. A., On the structure of semigroups, Annals of Math., **54** (1951), 163-172.

Grillet, P. A., Extensions idéales strictes et pures d'un demi-groupes, Sém. Dubreil-Pisot, Univ. de Paris **18** (1964/65), no. 11, 21 pp.

Grillet, P. A. and Petrich, M., Ideal extensions of semigroups, Pacific J. Math. **26** (1968), 493-508.

Hall, R. E., The structure of certain commutative separative and commutative cancellative semigroups, Dissertation, Pennsylvania State University, 1969.

Hewitt, E. and Zuckerman, H. S.

(1) Finite dimensional convolution algebras, Acta Math., **93** (1955), 67-119.

(2) The l_1-algebra of a commutative semigroup, Trans. Amer. Math. Soc., **83** (1956), 70-97.

Higgins, J. C.

(1) Representing N-semigroups, Bull. Australian Math. Soc., t. 1, 1969, 115-125.

(2) A faithful canonical representation for finitely generated N-semigroups, Czechoslovak Math. Jour., t. 19, 1969. 375-379.

Iseki, K., A characterization, of regular semigroup, Proc. Japan Acad. **32** (1956). 676-677.

Kimura, N.

(1) Maximal subgroups of a semigroup, Kōdai Math. Sem. Rep., 1954, 85-88.

(2) The structure of idempotent semigroups I, Pacific. Jour. Math., 8 (1958), 257-275.

(3) On some existence theorems on multiplicative systems I, Greatest quotient, Proc. Japan Acad., **34** (1958), 305-309.

(4) Note on idempotent semigroups IV, Identities of three variables, Proc. Japan Acad., **34** (1958), 121-123.

Levi, F. W.

(1) On semigroups, Bull. Calcutta Math. Soc., **36** (1944), 141-146.

(2) On semigroups II, Bull. Calcutta Math. Soc., **38** (1946), 123-124.

Levin, R. G., On commutative nonpotent archimedean semigroups, Pacific Jour. Math., **27** (1968), 365-371.

Levin, R. G. and Tamura, T., Note on commutative power joined semigroups, Pacific Jour. Math., **35** (1970), 673-679.

Liber, A. E., On the theory of generalized groups (ロシヤ文), Doklady Akad. Nauk SSSR, **97** (1954), 25-28.

Motzkin, T. S. and Selfridge, J. L., Semigroups of order five, Presented in Amer. Math. Soc., Los Angeles Meeting on November 12, 1955.

McLean, D., Idempotent semigroups, Amer. Math. Monthly, **61** (1954), 110-113.

Murata, K., On the quotient semigroup of a noncommutative semigroup, Osaka Math. J., **2** (1950), 1-5.

Munn, W. D. and Penrose, R., A note on inverse semigroups, Proc. Cambridge Phil. Soc., **51** (1955), 396-399.

Munn, W. D., A class of irreducible matrix representations of an arbitrary inverse semigroup, Proc. Glasgow Math. Assoc., **5** (1961), 41-48.

Numakura, K., A note on the structure of commutative semigroups, Proc. Japan Acad., **30** (1954), 262-265.

O'Carroll, L. and Schein, B. M., On exclusive semigroups, Semigroup Forum **3** (1972), 338-348.

Petrich, M.

(1) On the structure of a class of commutative semigroups, Czechoslovak Math. Jour., **14** (1964), 147-153.

(2) The maximal semilattice decomposition of a semigroup, Math. Zeit., **85** (1964), 68-82.

(3) Topics in Semigroups, (Lecture Notes), The Pennsylvania State University, 1967.

(4) The translational hull of a completely o-simple semigroup, Glasgow Math. J. **9** (1968), 1-11.

(5) The translational hull in semigroups and rings, Semigroup Forum Vol.1, No.4, 1970, 1-78.

Petrich, M. and Grillet, P.A., Extensions of an arbitrary semigroup, J. reine angew. Math. (近刊の予定).

Plemmons, R.J., Cayley tables for all semigroups of order ≤6 (Distributed by Department of Mathematics, Auburn University, Alabama, 1965.

Preston, G.B.

(1) Inverse Semigroups, J. London Math. Soc., **29** (1954), 396-403.

(2) The structure of normal inverse semigroups, Proc. Glasgow Math. Assoc., **3** (1956), 1-9.

(3) Congruences on completely 0-simple semigroups, Proc. London Math. Soc., (3) **11** (1961), 557-576.

Putcha, M.S., Semilattice decompositions of Semigroups, Jour. of Algebra に掲載される予定.

Rees, D.

(1) On semigroups, Proc. Cambridge Phil. Soc., **36** (1940), 387-400.

(2) Note on semigroups, Proc. Cambridge Phil. Soc., **37** (1941), 434-435.

Saito, T. and Hori, S., On semigroups with minimal left ideals and without minimal right ideals, J. Math. Soc. Japan **10** (1958), 64-70.

Saito, T.

(1) Ordered idempotent semigroups, J. Math. Soc. Japan **14** (1962), 150-169.

(2) Regular elements in an ordered semigroup, Pacific J. Math. **13** (1963), 263-295.

(3) Prpoer ordered inverse semigroup, Pacific J. Math. **15** (1965), 649-666.

(4) Ordered inverse semigroups, Trans. Amer. Math. Soc. **153** (1971), 99-138.

Sasaki, M.

(1) On the isomorphism problem of certain semigroups constructed from indexed groups, proc. Japan Acad., **41** (1965), 763-766.

(2) Commutative nonpotent archimedean semigroups with cancellation law II, Math. Japonicae, **11** (1966), 153-165.

Schein, B.M.

(1) Embedding semigroups in generalized groups (ロシヤ文), Mat. Sbornik (N. S.) **55** (97), 1961, 379-400.

(2) On transitive representations of semigroups, Uspehi Mat. Nauk, **18** (1963), no. 3 (111), 215-222.

(3) Homomorphisms and subdirect decompositions of semigroups, Pacific Jour. Math., **17** (1966), 529-547.

(4) Commutative semigroups where Congruences form a chain, Bull. de L'Academie Polonaise des Sciences Vol. XVII, **9** (1969), 523-527.

Schwarz, S.

(1) On the structure of simple semigroups without zero, Czechoslovak Math. J., **1** (1951), 41-53.

(2) Homomorphisms of a completely simple semigroup onto a group, Mat. Fyz. Časopis Sloven. Akad. Vied., **12** (1962), 293-300.

Suschkewitsch, A., Über die endlichen Gruppen ohne das Gesetz der eindeutigen Umkehrbarkeit, Math. Ann., **99** (1928), 30-50.

Tamura, T. and Kimura, N., On decompositions of a commutative semigroup, Kōdai Math. Sem. Rep., 1954, 109-112.

Tamura, T.

(1) Note on unipotent inversible semigroups, Kōdai Math. Sem. Rep., **3** (1954), 93-95.

(2) On a monoid whose submonoids form a chain, Jour. of Gakugei Tokushima Univ, **5** (1954), 8-16.

(3) All semigroups of order at most 5, Jour. Gakugei. Tokushima Univ., **6** (1955), 19-39 (学生数名と共著).

(4) The theory of construction of finite semigroups I, Osaka Math. Jour., 8 (1956), 243-261.

(5) The theory of construction of finite semigroups II, Osaka Math. Jour., **9** (1957), 1-12.

(6) Supplement to paper "The theory of construction of finite semigroups II", Osaka Math. Jour., **9** (1957), 235-237.

(7) Commutative nonpotent archimedean semigroup with cancellation law, Jour. of Gakugei, Tokushima Univ., **8** (1957), 5-11.

(8) Another proof of a theorem concerning the greatest semilattice-decomposition of a semigroup, Proc. Japan Acad., **40** (1964), 777-780.

(9) Attainability of systems of identities on semigroups, Jour. of Algebra, **3** (1966), 261-276.

(10) Construction of trees and commutative archimedean semigroups, Math. Nachr., **36** (1968), 264-271.

(11) Abelian groups and 𝔑-semigroups, Proc. Japan Acad., **46** (1970), 212-216.

Thierrin, G., Sur les éléments inversifs et les éléments unitaires d'un demi-groupe inversif, C. R. Acad. Sci. Paris, **234** (1952), 33-34.

Tully, E. J. Jr.

(1) Representation of a semigroup by transformations of a set, Doctoral Dissertation, Tulane University, 1960, 123 pp.

(2) Representation of a semigroup by transformations acting transitively on a set, Amer. J. Math., **83** (1961), 533-541.

Vagner, V. V.

(1) On the theory of partial transformations (ロシヤ文), Doklady Akad. Nauk SSSR (N. S.), **84** (1952), 653-656.

(2) Generalized groups, Doklady Akad. Nauk SSSR (N. S.), **84** (1952), 1119-1122.

Yamada, M.

(1) On the greatest semilattice decomposition of a semigroup, Kōdai Math. Sem. Rep., **7** (1955), 59-62.

(2) Compositions of Semigroups, Kōdai Math. Sem. Rep., **8** (1956), 107-111.

(3) The structure of separative bands, Doctoral Dissertation, University of Utah, 1962.

(4) Inversive semigroups I, Proc. Japan Acad., **39** (1963), 100-103.

(5) Strictly inversive semigroups, Sci. Rep. Shimane Univ., **13** (1964), 128-138.

(6) Regular semigroups whose idempotents satisfy permutation identities, Pacific Jour. Math., **27** (1967), 371-392.

(7) Note on exclusive semigroups , Semigroup Forum **3** (1971), 160-167.

Yoshida, R. and Yamada, M., On commutativity of a semigroup which is a semilattice of commutative semigroups, Jour. of Algebra, **11** (2) 1969, 278-297.

Yoshida, R.

(1) Ideal extensions of semigroups and compound semigroups, Mem. Res. Inst. Sci. Eng. Ritumeikan University, **13** (1965), 1-8.

(2) l-Compositions of Semigroups I, Mem. Res. Inst. Sci. Eng. Ritumei-

kan University, **14** (1965), 1–12.

(3) *l*-Compositions of Semigroups II, Mem. Res. Inst. Sci. Eng. Ritumeikan University, **15** (1966), 1–5.

Yoshida, Ichikawa, Kubo, Shimokawa and Fukui, Remarks on finite commutative *z*-semigroups, Mem. Res. Inst. Sci. Eng. Ritumeikan University, **16** (1967), 1–11.

問題のヒント

p.4　問　すべての ab に対し，$(ab)^m=a^m b^m$ が $m=2, n, n+1, n+2$ のとき成立するならば $m=n+3$ のときにも成立することを示せ.

p.38　問 1　$\{1, 2, 3\}$ において $\zeta\cdot\eta=\omega$ かつ $\tilde{\xi}=\tilde{\eta}=\iota$ なる擬順序 ξ, η を作れ.

p.45　問 3　$|X|=3$ のとき階数 1 の元は 3 個，階数 2 の元は 18 個，階数 3 の元（置換）は 6 個からなる．すべてを列挙しなくても，代表的な型を指摘することが大切である.

p.75　問 2, 3　それぞれの部分群を含む極大部分群を考えよ.

p.80　問　定理 4·6·2 の証明の最初の部分をみよ.

p.82　問 1　極大部分群，すべての巾等元のなす部分半群は同形によって変わらない.

p.85　問 3　定理 4·5·5 の応用である．条件（2）を有効に用いる．問 4　$e_\alpha e_\beta$ が巾等元であることを導け.

p.89　問 3　(1) ⇒ (2) ⇒ (4) ⇒ (3) ⇒ (5) ⇒ (1) の順で証明せよ．問 4　L のすべての元に番号をつけ $a_1, a_2, \cdots, a_n, \cdots$ とし $b_1=a_1, b_2=b_1\wedge a_2, \cdots, b_n=b_{n-1}\wedge a_i, \cdots$ とするとき $b_1, \cdots, b_n, \cdots$ が求めるものである．**注意**　可付番より大であれば一般に成立しない.

p.91　問 1　$a=axa$ のとき $xa=e$，$ax=f$ とおけ．逆が成立しない例は零半群．問 2　$xa=e, ax=f$ とおいて (1) ⟺ (2)，(1) ⟺ (3) を証明する．p.93　問 4　巾等元 $e=aa^{-1}=a^{-1}a$ を含む極大部分群を考えよ．後半の証明は容易である.

p.97　問 7　α の変域，値域をそれぞれ $D(\alpha), R(\alpha)$ で表わす．与えられた二つの関係式と演算の定義から $D(\alpha)=R(\beta)$，$R(\alpha)=D(\beta)$ を示せ．問 8　任意の a, b に対し $Sa\cap Sb^{-1}\neq\emptyset$ だから $f_a f_b\neq 0$.

p.98　問 10　ただ一つの巾等元をもつ逆半群であることを導け．問 11　S の正則性は直ちに得られる．次に $aba=a$，$bab=b$，$a\in G_\alpha$ とするとき $b\in G_\alpha$ をいえ．問 12　$|\mathcal{I}_X|=7$．位数 2 の対称群 H を極大部分群として含む．その余集合 I はイデアルである．このイデアル I の構造は第 5 章で明らかにされる．後半の問に対しては $\mathcal{I}_X$ の元のほかに位数 2 の右零部分半群 R がつけ加えられ，$R\cup\boldsymbol{O}$ がイデアルになる.

p.101　問 1　既約生成系は準同形で既約生成系の上に写される．問 2　$|X_1|<|X_2|$ のとき $F(X_1)$ が $F(X_2)$ の中に同形であることを示すのはやさしい．$|X_2|=2$，$|X_1|=n>1$，$X_1=\{a_1, \cdots, a_n\}$ とする．$F(X_1)$ の元 $f(a_1, \cdots, a_n)$ に対し $f(ab, ab^2, \cdots, ab^n)$ を対応させよ．$|X_1|>1$ だから $|X_2|=1$ でないことは直ちにわかる.

p.123　問 2　G, Λ, M のいずれかを自明なものにしてみよ.

p.130　問 2　0 でない巾等元は $(\lambda, f_{\mu\lambda}^{-1}, \mu)$，$f_{\mu\lambda}\neq 0$ なる形をしているものに限る．$\boldsymbol{F}$ は標準形であると考えて差しつかえない．p.123，問 1 の a が単位元である場合に帰着させる．後半の問に対しては図のような形の定義行列をもつものに同形である．した

がって S は群と直角帯の直積 H_α の 0-直和である．すなわち，$\alpha \neq \beta$ のとき H_α の元と H_β の元の積は 0 であると定義する．

$$\left(\begin{array}{c|c|c} \begin{matrix} 1 \cdots 1 \\ \vdots \\ 1 \cdots 1 \end{matrix} & 0 & 0 \\ \hline 0 & \begin{matrix} 1 \cdots 1 \\ \vdots \\ 1 \cdots 1 \end{matrix} & 0 \\ \hline 0 & 0 & \begin{matrix} 1 \cdots \\ \\ \end{matrix} \end{array}\right)$$

p. 130　**問 3**　すぐ前の問 2 の応用である．$\boldsymbol{F}^0$ が単項行列であることが必要十分である（定義から単項行列は正方行列である）．

p. 148　**問 1**　S の最大 $\mathcal{T}_2$-準同形像は B であって，$(0,2)$ が 2 に写される．B の最大 $\mathcal{T}_1$-準同形像 T は A に同形，すなわち B のうち $\{2,3,\cdots\}$ が A の零にうつされる．一方 S の最大 $\mathcal{T}_1$- 準同形像は $S_1=\{\infty, (0,1), (1,i) : i \geqq 1\}$，分解でいえば $(0,1)$，$(1,i)$，$i \geqq 1$ はいずれも一元の類をなし $\{(0,i)\,;\, i \geqq 2\}$ が一つの類をつくる．しかし S_1 は零をもつから S_1 の最大 $\mathcal{T}_2$-準同形像は自明となる．すなわち S_1 のすべての元で一つの類をつくる．このとき S_1 は $\mathcal{T}_2$-分解不能（消約的分解不能）という．

p. 149　**問 2**　m 個の恒等式による作用素を一つにまとめると 6·4·9 と全く同じ形になる．二つ以上の作用素に分ければいろいろな形で表わされるが，やはり $\overset{\infty}{\bigcup}$ を含まない形で表わされる（固有連坐式が二つ以上含まれるときは $\overset{\infty}{\bigcup}$ を除くことは一般にできない）．

p. 149　**問題（1）**　一例をあげる．可換半群の類の上で，$\mathcal{T}_1=\{xy=xz \Rightarrow y=z\}$，$\mathcal{T}_2=\{x^2=y^3 \Rightarrow x=y\}$ とする．$A=\{1,2,3,\cdots\}$ を全正整数加法半群，$B=\{e,b\}$，$b^2=e$ を位数 2 の群，$S=A \cup B$ (A, B の疎和) とし，A の元 a と B の元 b の積を $a \cdot b=b \cdot a=a$ で定義する．この S について考えよ．（2）二つの文字 a, b で生成される自由半群の元のうち，a と b を必ず含む元の全体を S とする（第 7 章でいう自由包容）．S は消約的であるが，S の最大可換準同形像は消約的でないことが知られている（J. Shafer による）．このほかに簡単な例がつくられるかも知れない．

p. 153　**問 1〜3**　成分の個数は 1 は 2 個，2 は 4 個，3 はもちろん可付番である．全正整数乗法半群の最大半束準同形像は，可付番集合のすべての有限部分集合（空集合も含める）からなる，和集合を演算すると半束に同形である．

p. 153　**問 4**　定理 6·5·14．可換の場合にならえ．中可換のときも $(xy)^m=x^m y^m$ がすべての m, x, y について成立する．

p. 169　**問 1**　$\prod A_n$ は 0 を含むから，もしアルキメデス的であればすべての元のある巾は 0 である．**問 2**　S の任意の半束合同を ξ として $\xi=\omega$ を導け．

p. 195　**問 2**　$\sigma|C_H$ に対し定理 8·6·17 を適用せよ．**問 3**　問 2 の特別な場合である．D_H を 0 に写すから 0-群合同と反射単位的部分半群の間に 1 対 1 の対応がつく．

p. 199　**問 1**　条件 (9·1·2)，(9·1·3) は，G に単位元が存在するときにだけ成立するという命題 9·1·1 を意義づける点で重要である．注意 1 を念頭において（i）G_i' の元の表示における $G_j'(j \neq i)$ の成分に注目せよ．（ii）$e_1' \cdots e_n'$ をみよ．（iii）e_i' の表示を考えよ.

p.200 問 2 Zを全整数加法群, $G=Z\times Z$ とする. G の部分群 A, B を選んで (1) $G=AB$ であるが元の表示が一意的でない例, (2) $G\neq AB$ である例をつくれ.

p.203 問 1 (9·2·5)⇒(9·2·5′) は容易である. (9·2·5′) と (9·2·6) から $G\cong G_1\times\cdots\times G_n$ の証明を定理 9·2·4 にならってせよ. 問 2 $f_i: G\longrightarrow_{\mathrm{on}} G/\rho_i$ とし, $a\in G$ のとき $a\mapsto(f_1(a),\cdots,f_n(a))$ が同形を与えることを証明せよ.

p.212 問 3 定理 9·5·7 の証明を修正すればよい.

p.213 問 4 この問題の本質は次のことにある. 群Gが2つの半群 H, K (当然 H, K は群) の部分直積であれば, それはつむぎ積である.「周期的」という条件は, G_1 と G_2 のすべての部分直積が群であることを保証するだけである.

p.233 問 6 $S=L\times G\times R$ (L:左零半群, G:群, R:右零半群) とする. $\mathcal{T}_L, \mathcal{T}_R$ をそれぞれ L, R の全変換半群とすれば $\mathcal{H}(S)\cong\mathcal{T}_L\times G\times\mathcal{T}_R$.

p.239 問 2 p.235 の下の方の記号を用いる. $(\psi,\varphi), (\psi',\varphi')\in\mathcal{H}(S)$ とする. Sが弱簡約または $S^2=S$ を満すとき, すべての $s\in S$ に対し $(\psi,\varphi)(g_s,f_s)=(\psi',\varphi')(g_s,f_s)$ かつ $(g_s,f_s)(\psi,\varphi)=(g_s,f_s)(\psi',\varphi')$ であれば, $(\psi,\varphi)=(\psi',\varphi')$ となることを証明せよ. これを補題として用いよ.

p.246 問 2 定理 10·9·6, 定理 10·9·3, 特に (3) の定義をみよ. 問 3 $S_0\cup S_1$ のときは群 S_1 から群 S_0 の中への準同形を求めることに帰着される. $|\Gamma|=3$ でΓが鎖 ($S_2-S_1-S_0$, S_0 がイデアル) の場合を考えよう. $T=S_1\cup S_2$ (S_1 が Tのイデアル) が与えられたとすると, $S=S_0\cup S_1\cup S_2=S_0\cup T$ は T から群 S_0 の中への準同形 φ を求める問題となる. 今の場合 S_0 が有限だから φ はやはり群準同形である. 群 S_1 が T の最大群準同形像であるから, すべてのφを求めることは困難でない. 次に $|\Gamma|=3$ でΓが鎖でない (S_0 がイデアル) 場合. $S=S_0\cup S_1\cup S_2$, $S/S_0=Z$ とおくとき S は群 S_0 の Z によるイデアル拡大と考えられるから, 二つの準同形 $\varphi_1{}^0: S_1\rightarrow_{\mathrm{in}}S_0$, $\varphi_2{}^0: S_2\rightarrow_{\mathrm{in}}S_0$ で定まる.

p.246 問 4 Dは半束和Sの最大群準同形像である. 群準同形 $S\rightarrow D$ の核を A, 準同形で起こされる合同をσとするとき, §8·4 の記号で $\rho_A=\sigma$ となることを証明せよ. Dが K-群になることをいうためである (p.185 の問1による). Sが最大群準同形をもつことは Sが逆半群であることからもいわれる (p.197 の問5).

p.251 問 1 互いに同形でないものを決定することが重要点である. 次の事実に注意せよ. Aの自己同形は任意の置換, Bの自己同形は恒等変換以外にない. 左零合成 $S=A\cup B$ は左零半群 $\{a,b,c,d,e\}$ の位数2の零半群によるイデアル拡大 (ただし $f^2=d$) とみられる. すべての左零合成は次の三つのいずれかに同形である:

(1) $A\sigma=\begin{pmatrix} d & e & f\\ d & e & d\end{pmatrix}$, (2) $\{a,b\}\sigma=\begin{pmatrix} d & e & f\\ d & e & d\end{pmatrix}$, $c\sigma=\begin{pmatrix} d & e & f\\ d & e & e\end{pmatrix}$,

(3) $\{a, b\}\sigma=\begin{pmatrix} d & e & f \\ d & e & e \end{pmatrix}$, $c\sigma=\begin{pmatrix} d & e & f \\ d & e & d \end{pmatrix}$.

問 2 問1にならえ.

p. 253 **問 1** S_0 をイデアルとする. S_1 から S_0 の中への写像によって定まるが, 互いに同形でないものを決定せよ. S_0, S_1 を成分にもち, S_0 をイデアルとする左可換帯を T, U とする. $S_0 \cup S_1$ が最大半束分解だから, $T \cong U$ であれば T の S_0 は U の S_0 に写される. S_0, S_1 の任意の置換が自己同形である. これらを用いて精細な同形条件を求める. m, n が有限でなくても, $S_0 \cup S_1$ の同形条件をのべる命題が得られる. **問 2** S_0 をイデアルとする. 半束が鎖になる場合と, そうでない場合に分ける. 問1の結果を用いることもできるが, それと無関係に扱ってもよい.

p. 255 **問 1** 左可換帯 S の最小右零合同は $\{(xy, y) : x, y \in S\}$ の等値閉被である. 後半は Γ が最大半束分解であることに注意する. **問 2** φ_α^β がすべて単射(全射)であることが, 中(上)に同形であるための必要十分条件である. **問 3** 問1, 問2に同じような結果を得る.

p. 259 **問 1** 次の問題を考える. $S=I \cup H$, $I=L \times G \times R$ (L : 左零半群, G : 群, R : 右零半群) で I は S のイデアル, S は I と群 H の半束和, e, f を巾等元, $e \in H$, $f \in I$ とする. もし S が (M)-Y 半群で $fe=ef=f$ であれば, S は群の巾等和であることを証明する. そのために $a \in H$ に対し $x\varphi_a=xa$, $\psi_a x=ax\,(x \in I)$ とし, B を I の巾等元のなす直角帯とする. まず $B \cup \{e\}$ が中可換帯であるための $\varphi_e|B$, $\psi_e|B$ の必要十分条件を求めよ. 次に $a \in H$ のとき $\varphi_e(\psi_e)$ と $\varphi_a(\psi_a)$ は値域, 分割が同じであることに注意する. **問 4** $S=S_0 \cup S_1$, S_0 を S のイデアルとし, 集合 S_0 の分割 Δ を一つ固定する. Δ の各類から1個ずつ元をとり, その集合を A, このようなすべてのAの集合を $\mathcal{A}_\Delta$ とする. 半束和 S は写像 $S_1 \to \mathrm{in}\,\mathcal{A}_\Delta$ で決定される.

p. 272 **問 1** $S_2 \subset S_3 = S_4 \subset S_5 \subset S_6$, $S_2 \subset S_3 = S_4 = S_5 \subset S_6$,

$S_2 \subset S_3 \subset S_4 = S_5 \subset S_6$. 後半の答 2, 3, 4, 6, 7, 8 のいずれか.

p. 283 **問 4** たとえば1を規準にとれ. また他の元をとってみよ.

p. 287 **問 6** α, β を1より大なる無理数とし, $\alpha = r\beta$ なる有理数 r がないとき α と β は独立であるという. 各無理数 $\alpha (>1)$ に対し α を含む巾合成分 $P(\alpha)$ を考えよ. $P(\alpha) \neq P(\beta)$ であるのは α と β が独立であるときに限る. $P(\alpha)$ と $P(\beta)$ は $\alpha \neq \beta$ であれば同形でない.

索　引

ア

$\mathcal{J}$-関数　$\mathcal{J}$-function ……………………277
亜　群　groupoid ……………………3
アーベル群拡大　Abelian group-extension ……………………283
アルキメデス的半群　Archimedean —— ……………………152, 264
安定的関係　stable —— ……………………27

イ

1対1偏変換　one-to-one partial transformation ……………………95
一般化恒等式　generalized identity……18, 142
一般化連坐式　generalized implication……142
イデアル　ideal ……………………14
　半順序集合の—— ……………………45
イデアル拡大　ideal extension ……42, 234
移　動　translation ……………………216
　——の交換可能 ……………………228
移動莢　translational hull ……………………227
移動対角　translational diagonal ……………………227
因子団　factor system ……………………283

ウ

右　群　right group ……………………78

エ

$\mathfrak{N}$-半群 ……………………265, 275
演　算　(binary) operation ……………………3

オ

オートマトン　automaton ……………………311
　——の初期状態　initial state of —— …310
　——の終期状態の集合　set of final states of —— ……………………311

カ

階　数　rank
　変換の—— ……………………45
　自由包容の—— ……………………159
下　界　lower bound ……………………85
可換半群　commutative —— ……………………4
可逆元　inversible ——,　invertible ——…103
可逆半群 ……………………101, 264
核　kernel ……………………107
　群合同の—— ……………………186, 190
拡　大
　——の群　group of extension ……………………284
　群の群による——　extension of — by — ……………………283
　準同形の—— ……………………170
拡大作用素　extensive —— ……………………35
下　限　greatest lower bound,　meet……85
可　削　eliminable ……………………191
可除的　divisible ……………………61
可　挿　insertable ……………………191
可　抽　extractable ……………………191
可　剝　pealable ……………………191
下半束　lower —— ……………………86
加法的作用素　join-conservative —— ……133
加法的素元　additive —— ……………………53
関　係　relation ……………………26
　Green の—— ……………………45
　——の合同閉被　congruence closure generated by —— ……………………34
完全順序　total ordering ……………………2, 26
完全単純半群　completely simple —— ……112
完全直積　complete —— ……………………204
完全 0-単純半群　—— 0-simple —— ……112
完備上半束　complete upper —— ……………………89
完備束　complete lattice ……………………89
Γ-和　Γ-composition —— ……………………248

キ

基　元　base-element ……………………11
規準元　standard —— ……………277, 302
擬巡回群　quasi-cyclic —— ……………214
擬順序関係　quasi-order ………………26
擬順序閉被　quasi-order closure…………34
基　底　base……………………………11, 48
帰納的極限　inductive limit, direct limit ……………………………58, 214
帰納的系　inductive system……………213
きびしい拡大　strict ideal extension ……238
きびしい Y-半群　strictly ——…………256
基本的巾零半群　fundamental —— ………270
既約生成系　irreducible —— ……………14
逆　元　inverse —— ……………………89
逆準同形写像　anti-homomorphism ………19
逆　像　inverse image……………………1
逆同形（写像）　anti-isomorphism …………19
逆半群　inverse —— ……………………90
極小イデアル　minimal —— ……………107
極小生成系（極小生成集合）…………………11
極小左イデアル……………………………109
極大元　maximal —— ………………………2
極大部分群…………………………………73
共終鎖　cofinal —— ………………………189
共終部分半群　cofinal —— ……………186, 191
共終半束……………………………………189

ク

空関係　empty —— …………………………28
鎖　chain……………………………………2
Grothendieck 群 ……………………………176
群　group ……………………………………9
群合同　group- —— ………………188, 192
群部分　group-part …………………………63
群分解………………………………………184

ケ

K-群　K-group………………………………176
構成的に等しい—— ………………………182
準同形的に等しい—— ……………………177
全射的に等しい—— ………………………177
単射的に等しい—— ………………………177
K-準同形（写像）……………………………176
結合的　associative…………………………3
元　element …………………………………1
言　語　language …………………………311
——の半群　semigroup of —— ………311
原始的巾等元　primitive —— ……………123
原　像　inverse image ………………………1

コ

語　word ……………………………………98
交換操作　commuting operation …………196
合成因子団　set of composite factors……247
構造群　structure group
アルキメデス的半群の—— ………………302
𝔑-半群の—— ……………………………291
完全（0-）単純半群の—— ………………122
正規（Rees）行列半群の—— ……………121
合同（関係）　congruence (relation) ……27, 39
——の基本型　basic type of —— ………142
合同作用素　congruence operation ……37, 139
恒等式　identity ……………………………17
恒等式系　system of identites ……………17
合同閉被　congruence closure ……………34

サ

最高極大元　highest —— …………………303
最高素元　highest prime …………………303
最小可換合同………………………………147
最小群合同　smallest —— ………………184
最小 𝔗-合同　𝔗—— -congruence…………142
最小直角帯合同……………………………306
最小半束合同………………………………147
最小巾等合同………………………………147
最小右零合同…………………………254, 307
最大群準同形………………………………184
最大群準同形像……………………………184
最大群分解…………………………………184
最大元　greatest —— ………………………2
最大 𝔗-分解—— 𝔗-decomposition ………142
左群　left group ……………………………78
作用素　semi-closure operation ………35, 131

誘導される―― ―― derived from……144
サンドイッチ行列 Sandwich matrix……119

シ

Schein 半群……283
自己準同形写像 endomorphism……17
自己同形写像 automorphism……17
指数 index……63
自然核 (natural) kernel……186
自然な合同関係……40
自然な準同形……40
自然な準同形像……40
C-半群……101
自明な半群 trivial ―― ……7
射影 projection……75
射影的極限 projective limit……215
射影系 projective system……214
射影像 projective image……75
弱簡約 weakly reductive……157, 227
写像 mapping……1
写像帰納系 inductive system of ――……215, 252
樹 tree……89
主イデアル principal ――……15
自由基本的巾零半群……273
自由 C-半群……101
自由 $\mathfrak{T}$-半群……148
自由である free……99
自由半群 free semigroup……98
自由包容 free content……159
周期 period……63
集合 set……1
縮小的作用素 contractive ――……38
主左イデアル……15
主要部 main part……147
Schreier の定理 Schreier's Theorem……284
巡回半群 cyclic ――……12, 62
純拡大 pure ideal extension……238
巡環 cycle……63
準群 semigroup……3
準同形（写像） homomorphism……16
――の帰納系 inductive system of ――……213
――の射影系 projective system of ――……214
準同形像 homomorphic image……16
上界 upper bound……85
商関係 quotient relation……32
上限 least upper bound, join……85
昇鎖条件 ascending chain condition……268
商集合 quotient set……31
乗積表 multiplication table……5
上初 upper start……54
上片 upper segment……88
消約的 cancellative……9
剰余亜群 factor ――……39
剰余半群……39
除外的半群 exclusive ――……283
(C)-Y 半群……256
真の準同形 proper ――……17
真部分亜群 proper ――……10

ス

推移的関係 transitive ――……26
推移閉被 transitive closure……34
数半群 semigroups of numbers……60
図式 diagram……2
――の可換 commutativity of ――……

セ

正規行列半群 regular matrix ――……121
正規部分半群 normal subsemigroup……195
制限 restriction
関係の――……31
写像の――……1
制限直積 restricted direct product……204
生成系 generating system……11
生成元 generating element……11
生成される generated by
有限的に――部分半群 subsemigroup finitely generated by……12
――左イデアル……15
――部分半群……11
正整数加法半群 additive semigroup of positive integers……46
正則 regular……90

整巾合 integrally power joined…………293
積 product ……………………………………3
積集合 product set………………………1, 204
切 断 cut……………………………………88
全関係 universal relation…………………28
線形順序 linearly order……………………26
全左移動半群 full left translation ———…217
全 射 surjection ……………………………1
全順序亜群 linearly ordered —— …………27
全順序関係 total ordering ………………2, 26
全順序半群 totally ordered —— …………27
全成基 fully generating base ……………158
全成元 fully generating element…………158
全成される元 element generated fully…158
全単射 bijection ……………………………1
全変換半群 full transformation semigroup ……………………………………6

ソ

素イデアル prime ——……………………165
双移動 bitranslation………………………227
素 元 prime element
アルキメデス的半群の——………………303
𝔑-半群の—— ………………………………276
正整数加法半群の——……………………53
双交換可能 bi-commutative………………236
双単純 bisimple……………………………45
相等関係 equality ——……………………28
疎 樹 discrete tree…………………………89
素単純半群 𝔓-simple ——…………………167
疎 和 disjoint union ………………………53

タ

帯 band ……………………………………8, 83
台 support …………………………………260
大域巾等半群 global idempotent ———…268
対角線 diagonal subsemigroup……………179
対称逆半群 symmetric inverse ——………97
対称的関係 symmetric —— ………………26
対称半群 symmetric —— ……………………6
対 等 equivalent
イデアル拡大の —— ……………………238, 240
𝔑-半群の ——………………………………280
代入法則 substitution rule…………………312
第4種可換アルキメデス的半群……………265
互いに素 mutually disjoint …………………1
単位元 identity (element)……………………5
単位的部分半群 unitary ——, eliminable ——
可換半群の——……………………………187
半群の——…………………………………191
単 元 unit……………………………………75, 103
単項行列 monomial —— …………………130
単 射 injection………………………………1
単純半群 simple —— ……………………15, 104
単調作用素 isotonic —— …………………35
単反射的合同 identity-reflexive ——, ide-reflexive —— ……………………………192
単反射的半群………………………………192
単巾半群 unipotent —— ……………101, 264

チ

値 域 range ………………………………1, 95
置換行列 permutation matrix………………130
置換恒等式 permutation identity…………261
忠実な正則表現 faithful —— ………………20
直角帯 rectangular band……………………84
直角帯和 rectangular band union …………306
直交する準同形 orthogonal homomorphism ……………………………………76
直積（集合） direct product ………1, 75, 204

ツ

つながった移動 linked —— ……………24, 225
つむぎ積 spined product …………………210

テ

TA-表現 TA-representation………………280
定義行列 defining matrix……………………119
——の標準形 normal form of ——……130
定元 constant element………………………18
添削操作 touching operation………………196
添削的 touchable……………………………191

ト

同形（写像） isomorphism…………………2, 16

等　指　equiexponential……………………174
到達可能　attainable……………………………174
等値関係　equivalence relation…………1, 26
等値閉被　equivalence closure………………34
等値類　equivalence class………………2, 32
同　値　equivalent
　因子団の——………………………………284
　命題の——……………………………………1
　連坐式の——………………………………143
同　等　equivalent ……………………………1
閉じる　closed…………………………………10

ナ

内正則　intra-regular ………………………172
内部双移動　inner bi-translation…………227
内部左移動　inner left translation……24, 217
中可換　medial …………………………153, 252
中可換アルキメデス的…………………………153
(中)-Y 半群　(M)-inversive ——………259
長　さ　length…………………………………100

ニ

二項演算　binary operation……………………3
二項関係　binary relation……………………26
2-重共終部分半群　doubly cofinal ——……182

ネ

ねじれのない剰余群　torsion free ——
　……………………………………287, 293
ねじれ部分群　torsion subgroup……………293

ノ

濃　度　cardinal number ………………………1

ハ

排左（的）　right regular …………………252
排中（的）　regular …………………………252
はめこみ　embedding…………………70, 178
半オートマトン　semiautomaton……………310
　——の半群　semigroup of ——…………310
　——の推移図………………………………310
　——の内部状態　state of ——…………310
　——の入力記号　input signal of ——…310
半　環　semi-ring……………………………56
半　群　semigroup ……………………………3
反射的関係　reflexive —— ………………26
反射的部分半群………………………………190
半順序亜群　partially ordered —— ………27
半順序関係　partial ordering…………2, 26
半順序半群　partially ordered —— ………27
反準同形（写像）　anti-homomorphism ……19
半　束　semilattice……………………………8
半束合成　semilattice-composition…………242
半束分解　semilattice-decomposition
　……………………………………166, 172
半束分解成分　component of —— ………172
半束和　semilattice union …………………242
半束和成分……………………………………242
反対称的関係　anti-symmetric ——…………26
反同形（写像）……………………………2, 19

ヒ

比較不能　incomparable ………………………2
P-関係　P-closed relation………………132
左イデアル　left ideal ………………………14
左移動　left translation ……………24, 216
左移動莢　—— translational hull…………227
左可換　left commutative, right normal
　……………………………………………252
左可逆元　left inversible ——……………103
左可削…………………………………………191
左可約的　left divisible………………………9
左完全系　left complete set…………………115
左完全底　left complete base ………………115
左簡約　left reductive………………157, 228
左基底　left base……………………………219
左逆元　left inverse —— …………………75
左共終　left cofinal…………………………191
左合同関係……………………………………27
左消約的　left cancellative……………………9
左正則表現　left regular representation …20
左単位元　left identity…………………………5
左単位的合同　left unitary ——,
　left eliminable —— ……………………192
左単位的部分半群……………………………191
左単元　left unit……………………75, 103, 192

左単純半群 left simple ——……………………104
左約元 left divisor……………………………149
左両立的関係 left compatible ——………27
左 零 left zero (element)……………………5
左零合成 left zero composition………85, 248
(左)-Y 半群 (R. N)-inversive ——……259
非ねじれ群 non-torsion group…………284
標準基底 canonical base……………………51
標準的正整数加法半群 canonical ——……51

フ

フィルター filter …………165, 171, 195, 242
$\bar{\varphi}$-関数 $\bar{\varphi}$-function ……………………………297
部分亜群 subgroupoid……………………10
自然に同形な制限直積の——……………204
部分群 subgroup……………………………73
部分直積 subdirect product…………168, 208
部分半群 subsemigroup……………………10
分 解 decomposition ……………………39
分 割 partition ……………………………2
分枝写像 ramification……………………237
分離する separate…………………………166
分離的半群 separable —— ………………154

へ

閉作用素 closure operation ………………35
閉 被 closure ………………………………133
巾 合 power joined …………………59, 285
巾合成分 power joined component……286
巾等元 idempotent……………………………5
巾等作用素 idempotent —— ………………35
巾等半群 idempotent —— …………………8
巾約的 power cancellative………58, 154, 299
巾有界 nilpotent bounded ………………271
巾零元 nilpotent ——………………………265
巾零指数 nilpotent index …………265, 271
巾零巡回半群 cyclic nil —— ……………63
巾零半群 nil semigroup…………………265
偏亜群 partial groupoid ……………………5
変 域 domain……………………………1, 95
変 換 transformation…………………………6
変換半群 transformation —— ………………6
変 元 variable ………………………………17
偏準同形 partial homomorphism…………102
偏置換………………………………………95
偏同形………………………………………102
偏半群…………………………………………5

ホ

包含単射 inclusion injection…………………2
膨 脹 inflation……………………………102
包 容 content……………………………158
——の鎖……………………………………160

ミ

右生成系 right generating set …………219
右に方向づけられた集合 (right) directed
——……………………………………………213
右零半群 right zero ——……………………7
(右)-Y 半群 (L. N)-inversive ——……259

ム

無限（位数の） infinite order………………64
無限鎖………………………………………268

ヤ

約 元 divisor ………………………………149
約除（に関する）順序 divisibility order
……………………………………………………268
山田半群 inversive semigroup……………255

ユ

有限（位数の） finite order…………………64
有向部分集合 directed subset ………133, 213

ヨ

要 素 element ………………………………1
弱い意味の最大 $\mathfrak{T}$-準同形 greatest $\mathfrak{T}$-
homomorphism in weak sense…………143

ラ

Light の方法 Light's method ……………23

リ

Rees-行列 …………………………………125
Rees-合同 …………………………………42

Rees-射影的極限 ……………………………215
Rees 準同形 ……………………………………42
Rees 剰余亜群 …………………………………42
Rees の行列半群　Rees matrix —— ……121
両側イデアル　two-sided ideal ……………14
両側移動……………………………………216
両側単位元……………………………………5
両側零…………………………………………5
両立的関係……………………………………27
両立的作用素………………………………139

ル

類　class ……………………………………143
——における恒等系………………………143
——における自明な系……………………143
類　別　partition ……………………………2

レ

零　zero ………………………………………5
零因子　divisor of zero……………15, 168
0-極小イデアル　0-minimal ideal…………107
(0-) 極小左イデアルの完全系………………115
0-群　0-group ………………………………195
0-群合同……………………………………195
0-単純半群　0-simple semigroup……15, 104
0-直和　0-direct union……………169, 260
零半群　null semigroup ……………………7
連坐式　implication ………………………18
固有の——　proper —— ………………146

ワ

Y-半群　inversive semigroup……………255
1パラメーター半群…………………………309

Memorandum

Memorandum

著者紹介

田村孝行（たむら たかゆき）

最終学歴　1944 大阪帝国大学理学部数学科卒業
　　　　　1958 理学博士

職　　歴　1960 招聘され渡米．以後
　　　　　1984 までカリフォルニア大学教授．この間
　　　　　1976 オーストラリア・モナシュ大学客員教授
　　　　　1984 カリフォルニア大学名誉教授，今日に至る．

著作業績　半群に関する英文論文 170 篇余．
　　　　　たびたび国際会議，国際シンポジウムに出席し論文発表．
　　　　　1966 ソビエト連邦モスクワ，1967 イギリス・オックスフォード，1968 チェコスロバキア・ブラチスラバ，1970 プエルトルコ，1970 フランス・ニース，1974 カナダ・バンクーバー，1978 スコットランド・セントアンドルー，1987 カリフォルニア・チコ　など．
　　　　　現在も研究をつづける．

検 印 廃 止

復刊 半 群 論

1972 年 6 月 10 日　初版 1 刷発行
1977 年 2 月 25 日　初版 2 刷発行
2001 年 5 月 25 日　復刊 1 刷発行

著　者　田 村 孝 行
発行者　南 條 光 章
　　　　東京都文京区小日向 4 丁目 6 番19号
印刷者　杉 本 幹 夫
　　　　東京都新宿区市谷本村町 3 丁目29番

NDC 411.6

発行所　共立出版株式会社
東京都文京区小日向 4 丁目 6 番19号
電話　東京(03)3947-2511 番（代表）
郵便番号112-8700
振替口座 00110-2-57035 番
URL　http://www.kyoritsu-pub.co.jp/

印刷・新日本印刷　　製本・中條製本

Printed in Japan

社団法人
自然科学書協会
会　員

ISBN4-320-01676-9